中国绿色工业年鉴

（2020）

中国工业节能与清洁生产协会　编

人民日报出版社

北　京

图书在版编目（CIP）数据

中国绿色工业年鉴. 2020 / 中国工业节能与清洁生
产协会编 . -- 北京：人民日报出版社，2021. 2

ISBN 978-7-5115-6919-6

Ⅰ. ①中… Ⅱ. ①中… Ⅲ. ①工业生产—无污染工艺
—中国—2020—年鉴 Ⅳ. ①X7－54

中国版本图书馆 CIP 数据核字（2021）第 028723 号

书　　　名：	中国绿色工业年鉴（2020）
编　　　者：	中国工业节能与清洁生产协会

出　版　人：	刘华新
责任编辑：	孙　祺
封面设计：	董奕泉

出版发行	人民日报出版社
社　　　址：	北京金台西路 2 号
邮政编码：	100733
发行热线：	（010）65369527　65369846　65369509　65369510
邮购热线：	（010）65369530　65363527
编辑热线：	（010）65369518
网　　　址：	www. peopledailypress. com
经　　　销：	新华书店
印　　　刷：	天津和萱印刷有限公司

开　　　本：	889mm×1194mm　　　1/16
字　　　数：	595 千字
印　　　张：	21.75
版　　　次：	2021 年 3 月第 1 版　　2021 年 3 月第 1 次印刷

书　　　号：	ISBN 978-7-5115-6919-6
定　　　价：	298.00 元

内 容 简 介

　　2020 年是全面贯彻落实《工业绿色发展规划（2016－2020 年）》的收官之年，为了发挥中国工业节能与清洁生产协会在绿色工业发展领域的资源平台优势和桥梁纽带作用，贯彻落实国家绿色制造、节能减排、清洁生产的决策部署，引导工业企业采用先进适用的新技术、新设备、新材料，中国工业节能与清洁生产协会组织编写了《中国绿色工业年鉴》（2020）。

　　《年鉴》涵盖绿色工业发展的各个领域，全面翔实地反映"十三五"期间我国绿色工业发展情况，集中展示为中国绿色工业发展做出贡献的具有典型性、示范性的优秀企事业单位和境内外合作示范项目，重点推广绿色工业领域市场应用广、节能减排潜力大、需求拉动效应明显的先进技术与装备，将成为实践工作中具有较强推广性和实用性的工具书，可为绿色工业发展领域及相关行业主管部门提供参考。

《中国绿色工业年鉴》（2020）编辑委员会

支持单位（排名不分先后）

云南省普洱市工业园区管理委员会	金昌经济技术开发区管理委员会
国际铜业协会（美国）北京代表处	中国环境保护集团有限公司
山西晋南钢铁集团有限公司	江西铜业股份有限公司
河北东海特钢集团有限公司	大冶有色金属集团控股有限公司
唐山东华钢铁企业集团有限公司	唐山港陆钢铁有限公司
中节能（合肥）可再生能源有限公司	北京利尔高温材料股份有限公司
北京中卓时代消防装备科技有限公司	山东鲁泰控股集团有限公司鹿洼煤矿
中环保水务投资有限公司	中铁工程装备集团（天津）有限公司
中节能工业节能有限公司	山西安泰集团股份有限公司
成都中节能环保发展有限公司	重庆三峰卡万塔环境产业有限公司
洛阳双瑞特种装备有限公司	中节能（泰州）环保科技发展有限公司
沈阳宏远电磁线股份有限公司	赛莱默水处理系统（沈阳）有限公司
河北中煤旭阳能源有限公司	哈尔滨广旺机电设备制造有限公司
山西通才工贸有限公司	嘉峪关索通炭材料有限公司
甘肃银光聚银化工有限公司	中节能（宿迁）生物质能发电有限公司
广州能源检测研究院	广西东怀矿业有限责任公司
唐山市德龙钢铁有限公司	广西贺州华润循环经济产业示范区管理委员会

序　言

　　改革开放以来，我国工业化发展水平取得举世瞩目的成就，已经建成独立完整的现代工业体系，是全世界唯一拥有联合国产业分类中所列全部工业门类的国家。然而，以"高投入、高消耗、高污染"和"先污染，后治理"为特征的增长模式，导致资源浪费、环境恶化等问题十分突出。以资源集约利用和环境友好为导向、以绿色创新为核心、以实现经济效益与环境效益双赢为目标的工业绿色化发展，既有一定的技术基础，又有巨大的投资空间，且能够产生可持续的增长效应，能够有效缓解资源能源约束，减轻生态环境压力，是破解工业化导致的经济发展和环境保护问题的根本之策，更是推动工业转型升级，培育新的经济增长点的有效途径，对促进工业文明与生态文明和谐共融具有重要的意义。

　　为推动工业绿色转型发展，国家不断完善工业绿色发展机制，制定了《中国制造2025》《工业绿色发展规划（2016－2020年）》和《绿色制造工程实施指南（2016－2020年）》等一系列政策文件，明确了全面推行绿色制造、加快工业绿色发展的总体思路、重点任务和保障措施。进入新时代，党中央、国务院关于应对气候变化，加快生态文明建设和实现经济高质量发展的一系列新部署、新举措对工业节能与绿色发展工作提出了新的更高要求。2020年，习近平总书记就我国碳达峰目标和碳中和向国际社会做出的庄严承诺，积极彰显了我们走绿色低碳发展道路的决心。工业绿色化发展，不仅符合当今世界人与自然和谐共融的基本要求，更是实现工业现代化与建设社会主义现代化强国的必由之路，是加快中国工业转型升级，构建高质量现代化经济体系的必然选择。

　　"十三五"是我国工业绿色发展的攻坚阶段，尤其在"十三五"末期，面对新冠肺炎疫情带来的严重冲击和复杂的国内外形势，我国工业绿色发展逆势而行。五年来，我国工业结构持续优化，淘汰落后和化解过剩产能取得实效，提前两年完成钢铁去产能1.5亿吨目标，同时新动能保持较快发展。节能环保产业持续壮大，高效节能装备产品市场占比不断提升。绿色制造体系基本构建，全面推行绿色制造，连续发布五批国家绿色制造名单。工业绿色关键技术产业化应用效果显著，部分技术装备实现从"跟跑"到"领跑"的跨越式发展。预计"十三五"期间，我国规模以上企业单位工业增加值能耗下降16%，相当于节能5.1亿吨标准煤，节约能源成本超4266亿元，减少二氧化碳排放超过13.3亿吨，实现了经济效益和环境效益的双赢。

"十四五"时期，站在两个"一百年"的交汇点上，我国总体上仍将处于工业化中后期，能源资源瓶颈进一步凸显，重点行业能源资源消费还将有一定增长，人民群众对绿色产品需求进一步提升，我国工业绿色发展面临新的机遇和挑战。从国际形势看，当今世界正处于百年未有之大变局。一方面，新一轮科技革命和工业革命蓬勃兴起，发达国家推动再工业化，加紧新兴战略性产业的战略布局，大数据、云计算、人工智能等新技术新产业以及平台经济、共享经济等新业态新模式快速发展；另一方面，保护主义、单边主义冲击产业分工和要素流动的全球化体系，加之新冠肺炎疫情的影响，各国经济分化加剧，对世界经济增长带来了严重的负面影响，国际贸易规则和全球治理体系亟待调整和重构。从国内情况来看，当前我国总体上仍处于工业化中后期，工业化道路尚未走完。要清醒地认识到，过去几十年创造"中国奇迹"的工业化发展，是赶超型的工业化。不仅消耗了大量国内资源，占据了有限的环境容量，而且我国工业化发展不均衡的矛盾突出，地区之间工业化水平的差距在较长时间内难以消除。因此，应立足于 2030 年中国碳排放总量达峰、2060 年前努力实现"碳中和"的战略目标，深入贯彻落实五大发展理念，调整优化产业结构和能源结构，积极推进绿色技术创新，着力增加绿色产品供给，大力增强市场主体主导工业绿色发展的主动性以及政府高水平服务绿色发展的综合能力，全面构建开放式、多层级、多元主体、广泛参与的工业绿色发展体系，有效提升工业绿色发展整体水平，加快形成国内国外双循环新发展格局，努力引领我国由制造大国迈向制造强国。

值此"十三五"圆满收官，"十四五"全面擘画之际，中国工业节能与清洁生产协会编制了《中国绿色工业年鉴》（2020），从专家论述、专题研究、典型案例等多个维度全面呈现了"十三五"期间，尤其是 2020 年我国工业绿色发展取得的新进展、新突破、新成效，分析了"十四五"期间工业绿色发展面临的新形势、新任务、新要求，同时，对准工业发展痛点、难点，探讨了深入推进工业绿色发展的新思考、新路径、新模式，以期为政府部门、从业人员和广大读者提供参考与借鉴。

王小康

2021 年 1 月 16 日

目　录

典型案例

信息统计

大事记

专家论述

绿色复苏——低碳转型

刘燕华　国家气候变化专家委员会主任、国务院原参事、科技部原副部长

李宇航　科技部中国 21 世纪议程管理中心、助理研究员

绿色发展是全世界范围内共同的认识。2020 年，新冠肺炎疫情对世界经济造成了重大冲击，全球经济整体下滑，或出现负增长。面对新冠肺炎第二、第三波疫情在欧美暴发，气候变化导致的风险和危害加剧，能源转型任务紧迫的严峻形势，面向可持续发展，绿色复苏将成为开放合作打赢全球防疫保卫阻击战，应对气候变化，建立人类命运共同体的重要方向和途径。

一、全球关于绿色复苏的共识

应对气候变化是人类向绿色转型的一场自我革命，是保护地球家园最低限度行动，中国的努力将为世界做出贡献，特别是在新冠疫情和疫情之后，绿色复苏成为世界经济的主流方向。绿色复苏包含两个含义，一是针对新冠疫情对世界经济冲击的复苏。2020 年世界经济下滑，疫情还未得到全面控制。按通常的定义，经济低迷三年左右即为萧条，现在看来，疫情可能造成世界经济萧条。经历了疫情之后，人们的生产和生活方式已回不到过去，与 2008 年出现世界经济危机的应对措施相比，本次复苏不可能靠拉动传统产业来实现，因为人们对生产、消费、生活方式取向已经发生了变化。二是针对气候变化导致人类共同家园的危害，需要世界范围的大转型，落实巴黎协定，实施低碳的全球合作。要想改变、改善人类生活家园，必须走绿色的发展道路，形成新的活力和动力。

（一）中国的绿色复苏

当前，全球在绿色复苏方面已形成共识，是当前世界的大势所趋。2020 年 9 月 22 日，国家主席习近平在第七十五届联合国大会上指出，新冠肺炎疫情启示我们，人类需要一场自我革命，加快形成绿色发展方式和生活方式，建设生态文明和美丽地球。应对气候变化，《巴黎协定》代表了全球绿色低碳转型的大方向，各国必须迈出决定性步伐。中国将提高国家自主贡献力度，采取更加有力的政策和措施，二氧化碳排放力争于 2030 年前达到峰值，努力争取 2060 年前实现碳中和。各国要树立创新、协调、绿色、开放、共享的新发展理念，抓住新一轮科技革命和产业变革的历史性机遇，推动疫情后世界经济绿色复苏，汇聚起可持续发展的强大合力。

2020 年 10 月，党的十九届五中全会公布了我国"十四五"时期经济社会发展的主要目标，指出"十四五"时期生态文明建设要实现新进步，具体体现在国土空间开发保护格局得到优化，生产生活方式绿色转型成效显著，能源资源配置更加合理、利用效率大幅提高，主要污染物排放总量持续减少，生态环境持续改善，生态安全屏障更加牢固，城乡人居环境明显改善等七个方面。同时，我国"十四五"时期

经济社会发展主要目标还指出，要推动绿色发展，促进人与自然和谐共生。坚持绿水青山就是金山银山理念，坚持尊重自然、顺应自然、保护自然，坚持节约优先、保护优先、自然恢复为主，守住自然生态安全边界。深入实施可持续发展战略，完善生态文明领域统筹协调机制，构建生态文明体系，促进经济社会发展全面绿色转型，建设人与自然和谐共生的现代化。要加快推动绿色低碳发展，持续改善环境质量，提升生态系统质量和稳定性，全面提高资源利用效率。

2020年，我国明确提出要加强新型基础设施建设。新型基础设施即"新基建"，主要包括5G基建、工业互联网、特高压、城际高速铁路和城际轨道交通、新能源汽车及充电桩、大数据中心、人工智能7个领域。预计到2025年，我国在"新基建"上的直接投资将达10万亿元左右。我国提出的新基建就是要瞄准新兴产业，瞄准绿色发展进行新的投资，同时，我国提出了要形成国内国际双循环发展新格局。我国制定了"十四五"规划，同时也对2035年基本实现现代化目标进行了设计。

根据国家统计局对中国的经济发展的统计。2020年前三季度中国经济已经从负转正，前三季度增长率0.7%，预计到年底中国GDP增长率可达2%。中国的经济复苏为世界经济提振了希望。中国经济运行持续恢复稳定，在恢复过程中新动能的作用凸显。互联网经济、高新科技等绿色产业逆势增长，这体现了中国在应对气候变化、应对疫情方面在全球范围内起到了参与贡献和引领作用。

当前，中国仍是发展中国家，实现碳达峰和碳中和需要克服许多困难，一是中国当前仍处于工业2.5阶段，许多领域仍处于产业链低端，实现转变需解决障碍和过渡时间。二是中国人口众多，脱贫攻坚取得历史性成就后，但防止返贫将是长期任务。三是中国以煤为主的能源结构在短期内解决不太可能，能源转型和能源安全需要的投入巨大。四是中国目前碳排放量是世界第一，如此大的总量减排影响会很大，需要承担暂时的经济损失和就业的社会负担。五是中国在绿色低碳技术的研发和装备方面仍有许多不足或短板，既需要资质研发，也要参与国际合作和竞争。尽管中国仍有很多困难要克服，但中国已认定方向，即实现国内转型，走现代化道路，也要为去全球化做贡献。另外，实现中国的达峰和碳中和，时间非常紧迫，2030年之前达峰，还有不到十年的时间，各行各业、个地方必须以只争朝夕的精神，采用倒逼机制来实现，早转型，早受益。对于碳中和，欧盟从达峰到碳中和，用了71年，美国用了43年，而中国从达峰到碳中和只有30年时间，压力较大，把压力转化为动力也表明了中国的政治定力和责任担当。

（二）欧盟的绿色复苏

2019年12月，欧盟公布了"欧洲绿色协议"，也就是绿色新政，旨在通过将气候和环境挑战转化为政策领域的机遇，以实现欧盟经济可持续发展，其已经成为指导欧洲经济新的核心发展战略。2020年年初，欧盟公布"欧洲绿色协议"投资计划，该计划总投资规模预计将达到1万亿欧元，涉及建筑翻新、绿色交通、降低化石能源使用、提高可再生能源发电比例、开发氢能等低碳能源等投资重点领域，将在未来10年内陆续实施，以帮助欧盟国家在2050年实现"碳中和"目标。

在欧盟的总体计划之下，欧盟各国在绿色复苏方面也做了很多工作。例如法国全面开启了建筑物"翻新浪潮"，并将翻新行动的重点优先放在公共建筑物上，投入了大量精力和技术、资金，目标是使目前仅为1%的翻新率翻三番。德国启动了"绿氢计划"，在氢能开发利用方面加大投入。比利时开展了绿色交通计划，在风能上做了很多工作。绿色复苏计划作为促进经济新增长的动能的同时，还将为欧盟提供大量的就业机会。

（三）其他国家的经济复苏

2020 年，新冠疫情暴发之后，许多国家采取了经济刺激计划，一方面力图缓解疫情损失，另一方面也有意识地以绿色产业作为引擎带动经济增长点和就业机会。为缓解新冠疫情带来的经济冲击，各国都正在制定一系列的经济刺激政策来加速本国的经济复苏。如韩国的"绿色新政"，美国的"清洁经济工作和创新法案"，在储能方面做了很多工作。世界有关能源机构也提出了绿色复苏计划。例如，国际货币基金组织发布了可持续报告，提出今后要投入 1 万亿美元用于绿色复苏，进而实现 GDP 增长 1%，就业增加 900 万的目标。国际可再生能源机构发布《全球可再生能源展望：2050 年能源转型》，指出如果将更多的刺激资金投入绿色基础设施建设，不仅能使各国加快其经济复苏，而且更有助于应对全球气候危机。同时对 2050 年之前的绿色复苏提出了宏伟计划，认为在 2050 年之前全球需要投入 110 万亿美元进行拓展计划，以促进实现全球碳中和。

二、绿色复苏的切入点

绿色复苏从短期来说是要解决疫情问题，要在疫情之中得到复苏；从中长期来说，是要面对全球科技革命，实现现代化宏伟蓝图。从空间上来讲，世界要有共识，国家要有战略，大区域（如京津冀、长三角、粤港澳、成渝等）、次区域也要有战略，同时，地方基层社会也要参与。整体上看，绿色复苏的切入点有六个方面。

第一个方面是国土空间布局，实际上是战略布局，战略部署从开发到保护，从存量到增量，生态环境的承载力、环境容量如何转向经济、转向高质量发展。《"十四五"规划和 2035 年远景目标建议》中明确要推进区域办调发展和新型城镇化。绿色复苏在新型城镇化的过程中可发挥重大作用，如推动主体功能区实现精准化，构建高质量发展的国土空间布局和支撑体系，提高以人为核心的生产生活方式，使生态系统更加稳定。换句话说，就是要不断提高单位土地的产出。

第二个方面是能源转型。低碳发展要解决的是分布式能源、可再生能源、清洁式能源的发展。要改变交通、建筑、工业等的能源结构，既要解决能源安全，又要解决不断增加的能源需求。此外，清洁能源成本要大幅度降低，新能源基础设施要进行大幅度改造。在世界范围，按照目前的技术和管理制度，实现巴黎协议的目标是很困难的，或者说是难以实现。因此，创新是解决问题的驱动因素。低碳发展实质上是一场能源革命，要从生产、消费、技术和体制机制上实现创新，要通过广泛的国际合作来推动互补互利和共赢。

第三个方面是产业结构调整。要开展传统产业改造和新兴产业培育工作，朝着低碳方向发展，解决利用效率问题，形成新兴产业群，实现创新驱动。在新一轮科技革命和产业变革的浪潮中，能源技术正在快速进步，可喜的是，中国在可再生能源方面有了较好的基础。2019 年，中国风电累计装机量占全球的比重达 37%，仅 2019 年新装机就占全球 48%。全球 50% 的新能源汽车在中国。但是，我们也认识到仍有许多技术要攻关和成熟技术推广，如核能模块化、小型化、储能、氢能利用、柔性建筑等，关键是要降低技术成本，助力企业及地方深度脱碳。

第四个方面是生态恢复与生态价值，也就是环境质量。要提高生态环境与环境质量指标；生态价值要给予生态环境可复制，进而实现低碳发展的复制；要解决环境污染问题，改善人居环境；要进行土地整治，在推进新型城镇化的同时，解决城乡统筹问题。

第五个方面是国土安全。安全是一个国家发展的基础。对于中国来说，长远发展要解决粮食问、资源问题、灾害防范问题以及公共卫生与人居环境安全。

第六个方面是绿色投融资。绿色投融资的基本方向是，把绿色的资源转化为绿色资产，再转化为绿色资本。投融资体系有多个层次，包括国家的、地方的、银行的、社会的等。而绿色投融资的蓬勃发展，需要投资政策、绿色信贷、绿色债券、绿色产业风投等多维度的支撑。绿色复苏是一场社会经济变革的拐点，在拐点过程中有阵痛也有潜力。目前，当务之急要在疫情中恢复元气，要把有限的资金投入长远的发展中，在变革中实现自然环境、产业环境、社会环境的价值，提高投资回报率。

三、开展绿色复苏行动的国际合作

世界是开放的，开展国际合作是我们必须要坚持的基本方向。当前"绿色引擎"正成为经济发展的新动能，绿色产业顺势蓬勃发展。立足全球的绿色复苏，可在绿色创新、绿色发展高层对话、绿色技术和产品标准、绿色金融、公共卫生与健康等五个方面开展绿色复苏国际合作。

第一，开展绿色创新国际合作。绿色创新主要是指技术的国际合作。目前已有的绿色创新技术绝大部分是新能源技术，不能完全满足应对气候变化的控制需求，所以必须要有所突破。因为任何产业上下游之间均不能完全包办，所以开展技术合作是基本方向。可以把绿色技术合作纳入国际科技合作框架，建立联合技术创新研究院，建立多元化的绿色产业联盟。此外，要将技术与市场连接起来，建立技术转移机制。中国是国际市场的重要组成部分，是世界上最大的一个消费国，有消费就有需求，把技术和市场紧密联系，才有发展的前景。

第二，开展绿色发展高层对话。要采取 GEP 政策，在国家之间开展 GEP 激励政策的交流，学术与经验交流，建立全球化的供需互补共赢机制。以深圳绿色 GEP 评价为例，深圳绿色 GEP 在全国做了很好的示范，其评价体系和指标可以和国际进行接轨沟通。

第三，开展绿色技术和产品标准国际合作。开展国际贸易，有了标准体系就有共同语言。新的贸易体系下要有新的标准，要在电力、工业、建筑、交通、新能源等方面建立新的标准，用标准、制度、国际规则来实现新的国际化。

第四，开展绿色金融国际合作。要推动投资与需求的对接，强化投资与产业的对接，与生态建设的对接，与结构转型的对接，与低碳方向的对接，以及与双循环、扩大内需的对接，建立需求和投资的网络关系。今后我们在国际合作方面，可以开展一些示范城市的对接，加强产业、金融、技术等多方面的合作。

第五，开展公共卫生与健康国际合作。可以在新冠疫情的防控、检测与疫苗、公共场所的公共卫生设施、食品冷链检测等多个方面开展国际合作。实际上，中国开展公共卫生与健康国际合作有着特殊优势，如医疗与保健关系、中西医结合等，合作前景非常广阔。

总的来说，应对气候变化和公共卫生健康的国际合作符合各方的需求和利益。产业和市场是开展国际合作的纽带，把新兴产业渗透到能源和健康领域，以绿色复苏实现低碳转型，将大大提高合作水平与效率。

"碳中和"背景下的工业绿色转型

李惠民　张哲瑜　北京建筑大学环境与能源工程学院

2020年9月22日，习近平主席在第75届联合国大会一般性辩论上发表讲话，承诺"中国将提高国家自主贡献力度，采取更加有力的政策和措施，二氧化碳排放力争于2030年前达到峰值，努力争取2060年前实现碳中和"。这是我国第一次提出"碳中和"国际承诺，对中国社会经济发展和应对气候变化具有里程碑意义。2020年10月29日，党的十九届五中全会审议通过《中共中央关于制定国民经济和社会发展第十四个五年规划和二〇三五年远景目标的建议》，其中明确提到，"展望2035年……广泛形成绿色生产生活方式，碳排放达峰后稳中有降，生态环境根本好转，美丽中国建设目标基本实现"。2020年12月18日，习近平总书记在中央经济工作会议上做出重要讲话指出，要"加快建设全国碳交易市场，做好'碳达峰''碳中和'工作"。中央的这一系列部署，奠定了未来几十年我国温室气体减排的总基调。

在碳中和愿景的引领下，中国的产业和能源形态会发生突破性、根本性的转变。从"碳达峰"到"碳中和"，发达国家经历了60年左右的时间，而我国只有30年左右。尽管2060年仍有些遥远，但工业基础设施具有非常高的碳锁定效应，工业部门必须从"十四五"开始，瞄准"碳中和"推动绿色转型。

一、什么是"碳中和"？

（一）"碳中和"的内涵

什么是"碳中和"？根据IPCC发布的《全球升温1.5℃特别报告》，碳中和（carbon neutrality）指人类活动造成的CO_2排放与全球人为CO_2吸收量在一定时期内达到平衡。与之相对应的，还有气候中和（climate neutrality）、净零碳排放（net–zero carbon emissions）和净零排放（net–zero emissions）等概念。气候中和与碳中和相比，更加明确地强调了其他温室气体，如CH_4、NO_2等的作用；碳中和与净零碳排放相比，强调了碳吸收的作用。尽管这几个概念都不尽相同，但都展现了未来温室气体减排的雄伟决心，一般的文献中均将其统称为"碳中和"。截至2020年6月12日，已有125个国家承诺了21世纪中叶前实现碳中和的目标，其中，不丹和苏里南已经实现了碳中和目标，英国、瑞典等六国将碳中和目标写入法律，欧盟、西班牙等四个国家和地区提出了相关法律草案，一个全球性的"碳中和"目标已经显现。

（二）"碳中和"路径

根据我国提出的"碳达峰""碳中和"时间表，从"十四五"开始，碳中和路径大致可以分为三个阶段。第一个阶段是2021–2030年，主要目标是实现碳排放达峰。尽管"碳达峰"是"碳中和"路径中的第一步，但仍面临着非常大的挑战。这一阶段的主要措施是提高能源效率，控制煤炭消费总量，大力发展可再生能源，推进新能源在工业、生活等多个领域的替代。

第二个阶段是 2031－2045 年，主要任务是快速降低碳排放。在碳达峰目标实现之后，中国需要在接下来的三十年内将超过 100 亿吨的碳排放实现净零排放。这一阶段的主要手段除大规模利用可再生能源外，还需要加大碳捕获、碳吸收等技术的推广使用。

第三个阶段是 2046－2060 年，主要任务是深度脱碳，实现碳中和目标。这一阶段相关的脱碳技术已经较为成熟，工业将面临颠覆性转型。

（三）"碳中和"的企业实践

随着国际社会对"碳中和"的日益重视，许多企业纷纷提出了"碳中和"目标并付诸实践。2020 年 7 月，美国苹果公司宣布了其"碳中和"战略，即到 2030 年，在整个业务、生产供应链及产品生命周期内将净碳排放量降至零。具体路径是 2030 年前将碳排放减少 75%，剩余 25% 的碳排放通过投资自然环境保护项目等方式来抵消。在苹果公司"碳中和"战略引导下，全球已有 70 多家供应商承诺使用 100% 可再生能源制造苹果产品。

由中央企业带头，国内许多企业也开展了"碳中和"相关探索。中国石油和化学工业联合会在 2020 年 11 月，正式启动了"碳达峰""碳中和"战略路径课题研究；2021 年 1 月，《石油和化学工业"十四五"发展指南》《中国石油和化学工业碳达峰与碳中和宣言》在京发布。根据《宣言》，中国石油和化学工业联合会将推进能源结构清洁低碳化、大力提高能效、提升高端石化产品供给水平、加快部署二氧化碳捕集利用、加大科技研发力度、大幅增加绿色低碳投资强度。此外，国家能源集团、中国石油、腾讯集团等企业也纷纷开展"碳中和"战略研究，提前部署企业的绿色转型。"碳中和"正加速成为未来企业的核心竞争力。

二、"碳中和"对工业意味着什么？

（一）"碳中和"目标将重塑传统产业

工业作为我国温室气体排放最大的部门，"碳中和"目标将对其绿色转型产生深刻而又长远的影响。根据现有研究，"碳中和"目标下，工业需要大幅度提升电力化水平，更新生产工艺，安装碳捕获与封存设施（CCS）。对于难以减排的行业，如钢铁、水泥、石化、化工、有色等必须改变能源路线，采用可再生能源。

长期以来，我国的这些传统行业面临着诸多矛盾，除"高能耗、高排放"等环境问题外，还面临着产能结构性过剩、经济效益低等问题。"碳中和"目标是重大的制度供给，为传统产业的转型提出了具体目标和时间表。高碳企业将越来越难以获得投融资机构的支持。《2020 银行业气候变化化石燃料融资报告》调查显示，被调查的银行中有超过 70% 的银行有限制煤炭融资的政策，越来越多的银行开始限制对部分石油和天然气行业的融资。随着我国应对气候变化工作的不断深入，银行将逐渐对化石燃料的融资加以限制，从只针对煤炭项目的限制性政策，逐步进一步增加煤电领域的融资限制，并进一步增加对石油和天然气的限制，以及其他高耗能行业和对化石能源高度依赖行业的限制。在碳达峰、碳中和目标的约束下，传统行业不能满足于部分生产环节的减排，必须以技术创新为基础，从生产工艺、新材料、新产品等角度谋求转型，进而推动高质量发展。

（二）"碳中和"目标将有力促进绿色制造

"十三五"期间，工业和信息化部制定并实施了《工业绿色发展规划（2016－2020年）》和《绿色制造工程实施指南（2016－2020年）》，以企业为主体，先后评选认证了五批绿色工厂、绿色产品、绿色园区、绿色供应链，为"碳达峰""碳中和"奠定了扎实的企业基础。

2021年1月，生态环境部发布《关于统筹和加强应对气候变化与生态环境保护相关工作的指导意见》，将"全力推进达峰行动"作为一项重要任务，其中明确提出"鼓励能源、工业、交通、建筑等重点领域制定达峰专项方案。推动钢铁、建材、有色、化工、石化、电力、煤炭等重点行业提出明确的达峰目标并制定达峰行动方案"。根据现有研究，工业部门必须在国家整体达峰之前达峰。这意味着在"十四五"期间，推动"碳达峰"将成为工业部门的一项重点任务。

在"碳达峰"和"碳中和"目标下，将催生出一系列的制度创新，推动绿色制造的深入发展。首先，我国的碳交易市场已经开启，绿色制造能力正转换成"碳资产"。碳市场是利用市场机制控制和减少温室气体排放、推动经济发展方式绿色低碳转型的一项重要制度创新。企业的温室气体减排量将成为企业的重要资产，绿色制造能力将成为企业的核心竞争力。其次，"碳中和"目标将强化绿色金融体系。绿色金融将引导更多的资金流向绿色行业，倒逼高污染行业技术改造、产品升级，缓解企业绿色发展的融资困难，优化资源配置。根据相关研究，我国气候投融资额正在不断增长，2017年6月气候投融资信贷余额为5.7万亿元，2019年上半年将达到7.4万亿元。

（三）"碳中和"目标催生新的产业增长点

在"碳中和"目标下，应以低碳、零碳以及负碳技术为核心，一方面加速淘汰落后的产业形态，另一方面催生新的产业增长点。在"碳达峰"阶段，提高工业端的能源使用效率、控制煤炭消费以及加快煤炭替代是降低碳排放的重要手段。自2014年起，国家发展改革委先后发布了三批《国家重点推广的低碳技术目录》，主要包括非化石能源类技术、燃料及原料替代类技术、工艺过程等非二氧化碳减排类技术、碳捕集和利用与封存类技术、碳汇类技术五大类。这些技术正成为"碳达峰"阶段的主要技术。

在"碳中和"阶段，可再生能源、储能行业、碳捕集、利用与封存（CCUS）、生物质能碳捕集与封存（BECCS）等相关低碳、零碳以及负碳行业需要加速推广。企业需要抓住未来的技术需求，提前布局。

三、如何走向"碳中和"？

（一）节能是实现"碳中和"目标的基本前提

努力争取在2060年前实现碳中和，意味着2020年到2060年这40年间，我国温室气体排放总量要大致等于温室气体吸收量。综合现有研究，到2050年，我国的二氧化碳排放需要从100亿吨左右降到15亿至20亿吨，加上碳汇和碳清除技术等，才能实现碳中和。目前，温室气体吸收的技术还主要集中于CCS

（碳捕获与封存）、BECCS（生物质能—碳捕获和封存）等方面，而 CCS 的成本一般在 400 元/吨以上。根据全球 CCS 委员会发布的报告，目前全球 CCS 能力约在 4000 万吨，即使是乐观估计，2040 年的捕集能力也才 40 亿吨。近期来看，节能仍然是最经济、最重要的"碳中和"手段。

节能也是推动环境治理和经济高质量发展的重要手段。近年来，我国不断强化污染治理，环境质量改善之快前所未有。但随着末端治理的空间不断收窄、成本持续上升，必须从源头上大幅提高能源利用效率，协同推进源头预防、过程控制、末端治理。无论是从应对气候变化的角度，还是从大气污染控制的角度，节能都是至关重要的措施。当前世界经济不确定性增强，在经济下行压力加大情况下，深入挖掘节能潜力，对降低企业用能成本、增强绿色消费内需和拉动有效投资具有重要作用。工业部门必须高度重视行业结构和产品结构的调整，对标能效标杆，加强技术进步，从设备、工艺流程、原材料等各个环节实现清洁、环保，构建完整的绿色、低碳产业链。

（二）非化石能源是实现"碳中和"目标的核心手段

发展非化石能源，促进能源系统的"零碳"转型是实现"碳中和"目标的核心手段。要实现 2060 年碳中和目标，传统的化石能源必须被可再生能源所替代。这意味着我国需要将非化石能源的比例从目前的 20% 左右提高到接近 100%。在现有的"碳中和"路径研究中，都对非化石能源给予了足够的重视。核能、风能、生物质能、氢能等将在未来发挥关键性作用。

中国风电、光伏已经到达了平价的历史性节点。在全世界的大多数地区，风电、光伏甚至比煤电更便宜。这意味着在发电侧，用风电、光伏替代煤电不仅可以提供更清洁的电力，还可以实现更低的发电成本。但风电、光伏波动性的特点为电网的调峰能力带来了挑战，储能技术将成为未来能源体系中的核心竞争力。

（三）负碳技术是实现"碳中和"目标的重要保障

从目前的技术条件和经济条件来看，人类还无法与化石能源完全告别。即使在实现"碳中和"以后，仍将有相当一部分碳排放需要通过碳清除技术将其中和。因此，"负碳"技术是非常必要和不可或缺的。现阶段常见的"负碳"技术包括自然碳汇、碳捕获与封存（CCS）等。自然碳汇主要是指通过植树造林、森林管理、植被恢复等措施，其利用植物光合作用吸收大气中的二氧化碳，并将其固定在植被和土壤中，从而实现负排放。除自然碳汇外，其他负排放措施还包括生物质能—碳捕获和封存（BECCS）、直接空气碳捕获和封存（DACCS）技术、生物炭、增强风化、海洋碱化和海洋施肥等。但目前绝大部分的负排放技术都处于发展初期阶段，成本较高，有效性也尚待验证。其中，BECCS 通常与植树造林一起被视为可以永久从大气中清除二氧化碳以实现《巴黎协定》目标的两种主要方式。BECCS 是一项结合生物质能和二氧化碳捕获与封存（CCS）来实现温室气体负排放的技术，它被视为最有效的负排放方式之一。负排放技术在一定程度上弥补传统减排手段可能存在的诸多局限，如可再生能源发电不稳定、化石能源排放高等问题。负排放是一项面向未来的技术，应提前谋划。

结语

2060 年实现"碳中和"的目标为中国未来低碳转型、促进经济高质量发展、生态文明建设指明了方向、明确了目标。总体上，中国碳中和愿景下的排放路径将呈现尽早达峰、稳中有降、快速降低、趋稳中和的过程。对工业部门来说，碳中和将重塑传统产业、促进绿色制造，并催生新的产业增长点。从实现"碳中和"的途径来看，节能、非化石能源、负排放技术是三大关键路径。近期应将节能和非化石能源作为主体，并瞄准负排放技术的研发和中试。对企业来说，能否成功实现脱碳跨越，将成为决定企业未来市场竞争力的重要因素。企业应尽早行动，加强碳资产管理，不断提升自身的低碳竞争力。

专题研究

"十四五"时期中国工业发展战略研究

中国社会科学院工业经济研究所

改革开放以来，中国工业发展取得了举世瞩目的成就。2010 年成为世界第一制造大国之后，工业生产能力持续稳步增长。2018 年制造业增加值占世界的比重达到 28.3%，主要工业品产量居世界前列，创新能力显著增强，传统产业加快转型升级，新兴产业不断孕育壮大，一些高科技领域进入世界领先行列，出口结构不断优化，高技术、高附加值产品成为出口主力。

"十四五"时期是中国由全面建成小康社会迈向全面建设社会主义现代化国家新征程的关键时期、"两个一百年"奋斗目标的历史交汇期，同时也是新一轮科技革命和产业变革的发力期，国际环境不确定性影响的进一步凸显期，中国工业将进入一个新趋势、新挑战、新机遇共同作用的关键发展阶段。"十四五"时期，找准新定位、培育新优势、采取新举措，对于中国工业加快建设现代化产业体系、实现高质量发展至关重要。

一、中国工业竞争优势的形成与演变

在全球化时代，能否保持和发展竞争优势事关一个国家的经济发展和国民福祉。随着国际经济联系日益密切、国际分工日益深化，世界各国经济已经形成"你中有我、我中有你"的高度依赖、融合关系。

在参与国际分工的过程中，尽可能多地占领市场、带动就业、获得利润是世界各国追求的目标，而这又取决于该国产业竞争优势的发挥程度。改革开放 40 多年来，发挥比较优势、形成竞争优势并实现竞争优势不断转变对推动中国工业的高速增长发挥了重要的作用。

（一）竞争优势的要素构成

国家的竞争优势至少包括资源禀赋、产业能力、优势领域三方面的要素。

资源禀赋，是指一个国家所拥有并能为生产活动选择的生产要素的集合。要素的内涵会随着生产力的发展而不断扩大。早期的生产要素主要是自然资源、气候、地理位置、非技术与半技术劳动力等天然形成或只需要少量投资就能获得的"初级生产要素"。随着生产力水平的提高与分工的细化，生产要素的范围扩大到高素质人力资本、大学与科研机构、现代化基础设施、完善的产业配套体系、高水平的管理、丰富的数据等更广泛的方面。显然这些生产要素是需要大量资本与人力资源投入才能获得，被称为"高级生产要素"。知识、技能等高级生产要素蕴藏在制度、组织和高素质人才之中，难以形成也难以替代，对于国家的产业和经济发展更为重要。

产业能力，是指一个国家的产业所具有的组合生产要素及生产、提供产品和服务的能力。一个国家的产业能力建立在该国要素禀赋的基础之上，虽然贸易自由化促进了生产要素特别是工业中间品的流动，生产活动可以分布于不同国家，但无论是初级生产要素还是高级生产要素都具有根植性，属于特定位置相关的优势。如土地、气候、区位都是无法移动的，劳动力的移动也受到各种限制。跨国企业通常将绝大多数的生产作业、核心技术以及先进的经验技巧放在母国，技术、数据的流动受到很大程度的管制。与生产要素可区分为初级生产要素和高级生产要素类似，产业能力也可以分为初级产业能力与高级产业能力。初级产业能力是主要基于初级生产要素而形成的能力，如低成本/低价格、特定产品的生产；高级产业能力是主要基于高级生产要素而形成的能力，如规模、质量、性能、品牌、工程化、市场响应等，这些能力实际上都与创新紧密联系。

优势领域，是指一个国家的竞争优势在具体产业领域的体现，优势领域是产业能力的外在反映。与初级生产要素和初级产业能力相对应的主要是资源密集型产业、劳动密集型产业以及高技术产业的劳动密集型加工组装环节，如服装加工、IT制造业的装配环节等。与高级生产要素和产业能力相对应的主要是资本密集型产业、知识和技术密集型产业以及一些产业的研发设计、品牌营销等价值链高附加值环节，如石油化工、钢铁冶金、机械、交通运输设备等产业，以及IT制造业的研发设计、零部件制造等环节。

（二）产业竞争优势演变机制

一个国家的产业竞争优势不是固定不变的，而是随着经济发展、内外部环境的变化而不断演变。一般而言，在工业化的起步或早期阶段，生产力发展水平低，能够利用的生产要素基上本都是初级生产要素。

初级生产要素丰富程度的不同带来不同产业生产率的差异，各国在参与国际分工时就会按照比较优势原则，主要生产使用本国最丰富的初级生产要素的产品。

随着经济发展水平的提高，一方面，原有要素禀赋会弱化，如工资水平提高、可利用的土地空间减少；另一方面，经济投入中高级生产要素所占的比重越来越高。在这种情况下，一个国家的产业在世界市场中的成功更主要是靠后天习得而不是自然形成。能够不断形成并强化高级要素和高级产业能力的国家才能在更广泛的产业领域形成更强的国际竞争力。

从初级生产要素到高级生产要素、从初级产业能力到高级产业能力，产业竞争优势的演变不是一次性跃迁，而是一个渐进的过程，体现出竞争优势的动态性。竞争优势的演进主要是产业和经济内在发展规律作用的结果。在经济发展过程中，人口结构、工资水平、土地价格会不断发生改变，同时企业不断扩大资本积累，产业分工不断细化，产业配套体系不断完善，在特定产业发展过程中通过较长时间的资本和人力资源投入，形成关于具体产业的大量知识、技能。

传统的比较优势理论解释了工业化初期世界各国主要依赖初级生产要素参与国际分工的图景，但是在今天，以初级产品为主的经济已经被以工业制成品、服务为主且技术快速演进的经济所替代，而且已经形成了发展中国家（后发国家）与发达国家在资源禀赋、产业能力和优势领域三个层面的产业竞争优势的差距。由于初级生产要素的供给充裕、可替代性强，后发国家在国际分工中处于被控制、被压榨的地位，大量的资源消耗和人力投入只能获得微薄的收益。

因此，如果严格遵循传统的比较优势理论，那么后发国家只能亦步亦趋地跟在发达国家后面，锁定在全球价值链低端。对于后发国家而言，初级生产要素优势会由于人口结构的变化使劳动力不再供不应求、更低成本国家的出现、资源的枯竭等因素而被削弱，如果不能发展起基于高级生产要素和高级产业能力的竞争优势，就很可能会掉入"低水平陷阱"或"中等收入陷阱"。

相反，由于高级生产要素是通过大量的资金、人力投入形成的，并表现为人的能力、技能以及对相关知识（理论）、技术诀窍（工艺）、方法（技术软件包）、专利等的掌握，因此如果有来自外界的干预，如集中资金、人力投入某些特定产业部门，那么一个国家就会在该产业更快地形成高级生产要素和高级产业能力。

市场本身是一个最基本的公共产品，特别是对于后发国家和转轨国家而言，依靠"看不见的手"自发形成市场交易秩序与规则是一个漫长的过程，国家在创造良好的经营环境和支持性制度，从而确保投入要素能够得到高效地使用和升级换代方面能发挥积极的作用。

从世界经济发展史可以看到，美国、德国、日本在成为工业强国的过程中都曾采取过积极的产业政策，新兴工业化国家和地区如韩国、中国台湾地区的集成电路产业的崛起也受益于产业政策作用的发挥。

在后发国家培育和强化工业竞争优势、实现工业化和赶超的过程中，为更好地发挥产业政策的作用，应注意以下几个方面：一是虽然可以集中力量支持产业发展，但是由于其本身经济实力弱且在国际分工中所获微薄，因此只能选择少数产业加以支持；二是所选择支持产业的发展路径应相对比较稳定，如果技术路线变化频繁、剧烈，选择性产业政策出错的概率就会大增；三是通过产业政策推动高级生产要素和高级产业能力的形成并不意味着市场机制不再重要，产业政策面临的种种约束要求市场机制发挥决定性作用。

一方面，产业不是独立存在的，一个产业的发展往往需要其他产业的支撑，后发国家有限的资金很难支撑整个工业体系的快速发展；另一方面，新兴产业领域具有高度的不确定性，大量企业的试错更为重要，产业政策的作用应更多体现在对竞争前阶段的支持、加速科学技术成熟等方面。

（三）改革开放以来中国工业竞争优势演变

改革开放以来特别是21世纪以来，中国工业发展取得了举世瞩目的成就，不仅实现了规模的显著扩大，也取得了发展水平的跃升。根据世界银行的数据，2004年，中国制造业增加值62522亿美元，占世界制造业增加值的8.6%，仅相当于美国的38.8%；2010年，中国制造业增加值达到19243.2亿美元，占世界制造业增加值的18.3%，超过美国一跃成为世界第一；2017年，中国制造业增加值相当于美国的1.6倍，占世界的27.1%；2018年进一步提高到28.3%。

中国工业取得量增质升伟大成就的深层原因是工业竞争优势随着经济发展水平、外部环境等条件的变化适时演变，不断形成新的高级生产要素和产业能力。中国工业竞争优势演变可以划分为价格优势、规模优势、创新优势三个阶段。总的来说，改革开放前三十年，中国工业竞争优势完成了从价格优势向规模优势的第一次转换，当前正处于从规模优势向创新优势转变的关键时期。

1. 基于要素禀赋尤其是劳动力禀赋优势形成的价格优势

改革开放之初，中国制造业的基础非常薄弱，大量劳动力集中在农村和低效率的农业部门。1978年，农村人口占全国人口的比重高达82.1%，第一产业就业人员占全部就业人员总数的70.5%。通过实施家庭联产承包责任制、推动国有企业改革、引进外资、发展集体经济和民营经济等市场化导向的改革措施，农村劳动力开始了大规模的经济活动领域和地域的转移，大量劳动力进入城市和非农产业部门。依托供给丰富、工资水平低的劳动力优势，中国工业形成在全球具有竞争力的价格优势。凭借低成本优势，中国抓住20世纪80年代国际产业转移的机遇，承接了大量发达国家产业的离岸外包，带动了中国工业产品进出口的高速增长。当时的竞争优势主要是建立在初级生产要素基础之上的，因此，中国在国际市场上具有竞争力的工业产品主要以纺织品和服装等劳动密集型产品为主。

2. 基于产业体系形成的产业规模优势

在工业高速增长的过程中，中国的交通、通信等基础设施持续改善，大学、科研机构的投入和招生规模不断扩大，工业企业的资金、技术、人力资本不断积累，企业有实力不断扩大生产规模；市场化改革大潮下各种所有制企业不断涌现，工业各细分行业的分工不断深化，产业配套体系逐步完善。这些新要素的逐步形成进一步促进了成本优势的发挥。

2001 年中国加入 WTO 后，由于国际贸易条件的改善，中国工业的价格优势得到充分释放，国际市场对中国工业产品的需求不断增长，反过来又带动中国工业企业生产规模的扩大，规模经济进一步得到发挥。中国成为世界主要的工业生产基地、工业产品的主要生产国和出口国之一，被称为新的"世界工厂"。

中国工业的优势行业从纺织、服装扩大到规模经济显著、产业分工细化的 IT 制造业的装配环节以及部分资本密集型行业。研究表明，1995 - 2011 年，中国的劳动密集型行业始终保持较强的国际竞争力，资本密集型行业和技术密集型行业的国际竞争力不断增强。

3. 从规模优势向创新优势转变的起步阶段

借助于全球产业转移的机遇和充分发挥自身的比较优势，中国工业较为成功地完成了从价格优势向规模优势的转变，建成了全球唯一的拥有 41 个大类、207 个中类、66 个小类的工业生产体系，为国内外消费者提供品种多样、花色齐全的工业产品，中国的工业产品和投资分别遍布 230 多个国家（地区）和190 个国家（地区），在全球产业链中占有重要地位。

2008 年国际金融危机后，中国工资水平相对主要工业生产国上涨明显，成本优势不断缩小，但随着中国产业配套体系的完善、技术创新能力的增强和人力资本的不断积累，一种能够将新的产品设计快速工程化和规模化生产并在生产过程中不断进行产品改进、持续降低成本的优势开始形成，在多晶硅、无人机等新兴产业领域表现得尤为明显，这一优势被一些学者称为"创新型制造"优势。

许多研究表明，加入 WTO 后，中国资本密集型产业和技术密集型产业的国际竞争力快速上升，中国工业的优势进入产品复杂、技术水平高、资金投入大的 IT 上游组件、机械、通信设备、电气设备等领域。

根据联合国商品贸易统计数据库的数据，中国出口商品中资本品及其零部件（不包括运输设备）的比重从 2000 年的 26.0% 提高到近年来的 40% 左右；消费品占比从 38.7% 下降到 2018 年的 21.4%，其中，耐用消费品、半耐用消费品、非耐用消费品占比分别从 2000 年的 6.3%、27.2%、5.2% 下降到 2018 年的54%、129%、3.2%。

中国出口制成品的性能、质量层面附加价值也有了显著的提高。以几种代表性的产品为例，2000 - 2018 年，皮鞋出口单价从 5 美元/双提高到 14 美元/双，钢材单价从 359 美元/吨提高到 874 美元/吨，金属加工机床单价从 68 美元/台提高到 416 美元/台，电动机及发电机出口单价从 1 美元/台提高到 4 美元/台，汽车出口单价从 8505 美元/辆提高到 12837 美元/辆。但总体上看，中国工业的创新能力以及高精尖产业的国际竞争力与发达国家仍存在较大差距，亟待增强创新能力，向全球价值链中高端攀升。

二、中国工业发展面临的新挑战新机遇

当前，中国工业发展正进入新的历史时期。从国内看，要素价格上涨正在削弱劳动密集型产业的国际竞争力，但工业创新能力显著增强，现代化工业体系正在形成。从国际看，新一轮科技革命和产业变

革蓬勃兴起，正在改变工业范式和全球产业格局；发达国家重振制造业，"逆全球化"暗流涌动，发展中国家大力推动劳动密集型产业发展，中国工业面临"双端挤压"。

（一）中国工业发展面临的新挑战

中国工业发展面临的外部挑战主要源于一些发达国家实施单边主义和贸易保护主义对全球产业分工格局的破坏，以及中国制造走近世界舞台中央所面对的竞争对手的变化。

1. "逆全球化"暗流涌动影响中国工业参与国际分工

近年来，以美国为代表的发达国家为了保持本国产业的国际竞争力，采取了更多的贸易和投资保护措施，世界范围"逆全球化"暗流涌动。2017 年 7 月英国经济政策研究中心（CEPR）发布的《全球贸易预警》报告显示，2008 年 11 月至 2017 年 6 月，二十国集团（G20）的 19 个成员国（不包括欧盟）总计出台了 6616 项贸易和投资限制措施，而贸易和投资自由化措施仅为 2254 项。其中，美国在金融危机后累计出台贸易和投资限制措施 1191 项，居全球首位，占 G20 成员国家保护主义措施总数的 18.0%，比排名第二的印度多 462 项，是中国的 4.5 倍多，成为全球贸易保护主义的主要推手。

面对以中国为代表的发展中国家的崛起，除关税等贸易壁垒外，美国等发达国家还直接采取技术封锁手段遏制发展中国家在前沿技术和战略性新兴产业的发展，如限制高技术中间投入品出口、对在美国高科技领域的投资和收购设置障碍、禁止前沿技术领域的交流合作等。正如戈莫里和鲍莫尔的研究所揭示的"一个工业化国家将受益于非常落后的贸易伙伴发展新产业，从而使生产率获得普遍提高"，这一受益过程将一直持续到其贸易伙伴达到在全球市场上占有更重要地位的发展水平为止。通常，这种发展水平仍然远不及发达的工业化国家，但是，这是一个重要的转折点。

新兴贸易伙伴更多的产业达到该转折点将不利于发达国家，发达国家将通过激烈的竞争来维持其相对于新兴对手的巨大优势，从而确保其最佳利益。由于世界经济已经形成彼此高度依赖的关系，工业行业的价值链、供应链高度全球化，因此贸易热战更多的是一种短期讨价还价策略，但科技冷战将会长期持续。

中国工业的高速增长、转型升级得益于在相对宽松的全球自由贸易格局下对全球范围内资本、技术、资源、中间产品和市场的利用。逆全球化对中国工业发展影响的主要表现在以下几个方面。

一是中国工业产品的出口增长受到抑制，在逆全球化的国际环境下很难有大的提高空间。事实上，中国制成品出口占世界的比重从 1980 年的 0.8% 提高到 2013 年的 175%，在 2015 年达到最高点的 189% 后就回落并稳定在 2016－2018 年大约 17.5% 的水平。

二是对全球产业分工信心的动摇导致供应链外迁加剧。发达国家动辄以增加关税、高技术产品断供谋取谈判利益的做法不但会推高在发展中国家采购的成本，而且加大了全球供应链中断的风险。跨国公司为降低采购成本、保障供应链安全，会分散生产基地和采购来源，从而造成在中国的外资企业向其他发展中国家转移。

三是"科技冷战"增加了技术获得与产业升级的难度。学习发达国家的先进技术是发展中国家的后发优势，中国工业技术水平的提高除得益于国内研发投入的持续增长外，外商在华投资的技术扩散、购买国外先进的仪器设备、国外专利授权、引进海外人才等同样使中国工业发展受益良多，科技冷战会造成中国引进国外先进产品、技术和人才的难度加大。

但是也要看到，发达国家在高端装备、精密仪器、先进零部件、工业软件等领域的限制，虽然在短期会制约中国工业的升级，但是也使中国不得不破釜沉舟，对一些关键核心技术开展进口替代，国外竞争的"消失"和国内巨大的市场需求意味着这些产业实现了技术突破，面临发展壮大的机遇。

2. 中国工业面临发展中国家和发达国家的两端挤压

随着经济发展水平的提高以及与之相伴而生的要素成本上涨，中国的劳动密集型产业发展面临着严峻的挑战。许多发展中国家利用要素低成本优势，积极吸引全球劳动密集型产业和低附加值环节的转移，一些跨国公司加大了向中低收入水平发展中国家的投资力度。

根据国际劳工组织的数据，2017 年中国从业人员平均月收入为 847 美元，大约相当于柬埔寨、印度尼西亚、斯里兰卡、坦桑尼亚等发展中国家的 4 倍以上。即使考虑到工人素质、基础设施、产业配套、生产效率方面的优势，中国劳动密集型产业也已经渐失成本优势。低成本发展中国家从低端对中国工业的挤压在出口数据上已有所反映。

例如，中国服装出口额占世界的比重从 2013 年最高点的 39.2% 下降到 2017 年的 33.6%，而南亚国家和东盟国家的份额从 9.3% 提高到 122%。中国幅员辽阔，生产力发展不平衡，中西部地区发展工业、加快经济发展的需求非常迫切，承接东部地区劳动密集型产业转移是重要的发展路径。

新兴工业化国家劳动密集型产业的快速发展使得中国国内产业梯度转移受到冲击，欠发达的中西部地区依靠国内"雁阵模式"实现工业化的进程受到一定程度的影响。

中国工业还面临发达国家从高端的挤压。国际金融危机发生后，以美国为代表的发达国家重新认识到离岸外包造成的产业空心化的危害和制造业对支持创新、促进就业的重要作用，纷纷出台一系列"再工业化"的法律、战略和政策，一方面希望能够保持在高科技产业的世界领先地位，另一方面也希望通过推动相对较低技术产业的回流，吸纳国内就业。

随着中国工业向全球价值链中高端升级，产业谱系即优势产业领域和具有国际竞争力的产品与发达国家的重叠度进一步提高，中国与发达国家的关系由产业上下游分工的协作关系逐步转变为同一产业链环节的竞争关系，中国工业向全球价值链中高端的升级将面临来自发达国家企业日益加剧的竞争与发达国家政府的阻击。但是也要看到，受国内产业配套体系不全、熟练工人短缺、综合成本居高不下的制约，发达国家劳动密集型产业的回流困难重重。

2013－2018 年，美国制造业、耐用品制造业、纺织和服装产业、服装皮革及相关产品制造业的增速相对于国际金融危机之前有所回升，但非耐用品制造业的增速明显下降，且美国制造业、耐用品制造业、非耐用品制造业占 GCDP 的比重都有明显下降，说明重振制造业的成效并不明显。

（二）中国工业发展面临的新机遇

"十四五"时期中国将步入全面小康社会，人民生活水平进一步提高，共建"一带一路"倡议得到越来越广泛的响应，新工业革命也将给中国工业带来换道超车的新机遇。国内外市场环境和技术条件的变化将使供给侧和需求侧同时呈现出一系列有利于中国工业发展的新特征。

1. 全面建成小康社会带动国内新需求

"十四五"时期国内市场需求规模的持续扩张与需求层次的提升，将会形成显著的本土市场优势，成为中国工业发展的重要依托。

消费需求扩张。经济成长阶段的跃升通常伴随着需求结构的变迁。从发达国家需求结构的演进历程看，不同国家需求结构特征的变化路径与经济发展水平高度相关，呈现出显著的趋同性。"十四五"时期，在就业和通货膨胀不出现重大负面冲击的条件下，中国居民消费需求总额将稳步增长，在社会总需求的占比将不断提高，消费需求在推动经济增长方面的作用变得更加重要。中国消费规模有望在近几年内超过美国，成为世界第一大消费市场。

新型耐用消费品兴起。2014－2018年，中国按购买力平价（PPP）衡量的人均GDP（2011年不变价国际元）与日本1968－1972年按购买力平价（PPP）衡量的人均GDP高度相似，因此可以将这一时段日本消费结构的变化作为判断未来一个时期中国居民消费结构变化的一个参考。对比中国2018年的全国居民人均消费支出结构与1973－1979年日本居民消费的构成可以发现，两国在食物支出占比、服饰支出占比、家庭用品支出占比、医疗保健支出占比上差别不大，但中国居民的居住支出占比比样本期内日本最高的年份还要高出37%。如果房地产价格以及由此引致的房租价格能够保持基本稳定，那么，"十四五"时期中国居民消费结构还有较大调整空间，价值相对较低但能提高生活品质的新型耐用品是推动居民消费增长的重要依托。中国居民消费需求增长的主要推动力可能是在发达国家已经成熟应用但国内近年来才出现、普及率相对较低的新型家电（如洗碗机等），以及与IT新兴技术相关的新型消费电子产品（如VR设备、智能家居、可穿戴设备等）。

技术投资需求增强。国际经验表明，在经济增速放缓的背景下，投资需求结构会有很大的变化。例如，1973年之后日本的投资需求出现了重大的结构性变化，总投资增速逐渐放缓，但对先进技术设备的投资则高速增长。产业机器人在日本制造业的渗透率从1974年的0.08台千人提升至1979年的0.8台千人，5年提高了近9倍，年均增长速度达58.1%，而在同期，日本总资本形成的年均增速只有75%。中国工业在先进技术设备投资方面存在巨额欠账，在人口红利消失和智能＋时代到来的双重影响下，机器人等数字化、智能化装备和系统将会成为驱动投资结构升级的重要力量。

2. 发展中国家高增长形成国际新市场

近年来，一批发展中国家的经济展现出强劲增长的势头。根据世界银行的数据，2018年GDP增速的国家中，GDP增速超过中国（6.6%）的国家共有19个，GDP增速超过6.0%的国家共有32个。这些国家的人均GDP水平都低于3000美元，其中一些非洲国家还不到1000美元，在进入经济起飞阶段后，对于基础设施和工业基础建设所需钢铁、建材、有色等基础原材料与铁路、发电设备、生产装备以及居民生活提高所需的电视、空调、洗衣机、电脑、手机等改善性消费品需求将会快速增长，中国在这些领域恰恰具有很强的国际竞争力。

自"一带一路"倡议提出以来，中国已经与152个国家签订共建"一带一路"合作文件，政策沟通、设施联通、贸易畅通、资金融通、民心相通不断加强。

2010－2018年中国对136个已签订共建"一带一路"合作文件的国家的工业制成品出口数据实证分析，得到的结果显示：从出口产品类型看，2013－2018年，中国对这136个国家出口的四大类工业制成品中，资源型制成品、低技术制成品、中等技术制成品、高技术制成品的出口贸易效率提升幅度分别为8.1%、53%、17.2%、10.6%。

换言之，"一带一路"倡议提出以来，在出口贸易效率提升方面得益最大的是以汽车、化学品、机械装备等为代表的中等技术制成品，其次是以电子信息产品、电力设备、医药品等为代表的高技术制成品，木材等资源型制成品、纺织服装等低技术制成品的受益程度相对较低。

"十四五"时期，若这四类制成品的出口效率提高幅度与2013－2018年相同，那么，按2018年各类工业制成品出口额保守估算，仅出口贸易效率提升这一项，中国对参与共建"一带一路"的136个国家的中等技术制成品出口额就会增长2500亿美元，高技术制成品出口额增长161.5亿美元，低技术制成品出口额增长988亿美元，资源型制成品出口额增长23.7亿美元。

共建"一带一路"国家对中等技术制成品的需求将显著改善中国的外需结构，并且随着共建"一带一路"国家收入水平的提高，对高技术制成品的需求将会对中国相应产业发展形成强劲拉动力，而资源型制成品和低技术制成品由于出口贸易效率提升而形成的新增需求相对较少。

表1　中国对参与共建"一带一路"的136个国家的出口贸易效率

	2010年	2011年	2012年	2013年	2014年	2015年	2016年	2017年	2018年	2013－2018提升幅度（％）
非洲（44国）	0.35	0.35	0.34	0.36	0.37	0.39	0.42	0.45	0.48	33.33
亚洲（37国）	0.78	0.77	0.81	0.80	0.83	0.85	0.85	0.86	0.86	7.50
欧洲（27国）	0.62	0.61	0.60	0.62	0.64	0.65	0.65	0.67	0.68	9.68
大洋洲（9国）	0.55	0.53	0.53	0.54	0.56	0.57	0.57	0.59	0.59	9.26
南美洲（8国）	0.58	0.54	0.57	0.57	0.58	0.57	0.60	0.61	0.63	10.53
北美洲（11国）	0.49	0.52	0.51	0.51	0.53	0.55	0.58	0.59	0.58	13.73
资源型制成品	0.62	0.61	0.61	0.62	0.64	0.65	0.63	0.65	0.67	8.06
低技术制成品	0.76	0.77	0.76	0.75	0.76	0.77	0.78	0.77	0.79	5.33
中等技术制成品	0.57	0.56	0.56	0.58	0.59	0.61	0.63	0.65	0.68	17.24
高技术制成品	0.46	0.46	0.46	0.47	0.46	0.48	0.51	0.50	0.52	10.64

3. 新工业革命带来换道超车新契机

近年来，以新一代信息技术、新能源、新材料、生命科学为代表的新一轮科技革命和产业变革在全球范围蓬勃兴起，其中，云计算、大数据、物联网、移动互联网、人工智能、区块链、虚拟现实增强现实、量子计算等数字技术是技术创新和产业转化最活跃的领域。

新科技的加快成熟和产业转化正在对世界各国经济结构和全球价值链分布产生深刻影响。工业领域颠覆性的科技创新不断涌现，这些颠覆性创新的成熟和商业化应用又催生新产品、新模式和新业态，随着市场接受程度的提高和生产规模的扩大就会形成新产业，成为经济增长的新动能。

在传统产业领域，发达国家经过几十年甚至上百年的积累，在人才、技术上具有明显的优势，并且已经形成较为完善的产业链条；后发国家需要花费巨大的代价、耗费较长的时间才能缩小差距。而在新技术突破催生的新兴产业，后发国家与发达国家均未具有特定的产业能力，都处在大致相同的起跑线上，因此如果产业政策能够有效发力，往往会成为后发国家换道超车的机遇。

更重要的是，新一代信息技术、新能源等通用目的技术具有强大的赋能力，这些技术的广泛应用及其与其他产业的深度融合能够推动工业发展绿色化、智能化、服务化和定制化，即所谓的工业"新四化"趋势。新工业革命条件下新的工业化与历史上的工业化将呈现出在发展理念、能源基础、生产要素、生产方式等方面的根本性不同。

新一代信息技术与工业的深度融合能够帮助工业企业提高生产效率，减少物料和能源消耗及污染物排放，有效缓解人力成本上涨压力，准确预测市场和匹配供需，提高生产的柔性化程度，从而提高整个工业的国际竞争力。"新四化"已经成为中国工业适应新工业革命发展、应对传统要素成本上涨和国际贸易环境恶化的转型升级方向。

三、"十四五"时期中国工业竞争新优势的支撑条件与发展方向

尽管中国工业发展面临内外部的压力和挑战，曾经赖以参与国际分工的低成本优势正在丧失，但是支撑中国工业竞争新优势的条件也已初步形成。

（一）中国工业竞争新优势的支撑条件

1. 产业链配套完善

中国拥有全球最齐全的产业门类，细化的产业分工形成完善的产业配套和快速的供应链响应能力。而且随着中国工业创新能力的不断提升，越来越多的中间产品可以在中国本土生产，产业配套能力还将进一步增强。产业配套程度取决于产业门类、产业规模进而分工程度、技术水平等多种因素。

目前，低成本发展中国家上游资本和技术密集型产业配套能力薄弱。大多数低成本发展中国家由于人口规模与中国差距巨大，因此难以容纳齐备的产业门类，从而无法形成完善的上游配套体系；即使专注于少数产业，但由于规模有限，也很难发展出细致的分工关系。因此，中国制造业的供应链优势是其他发展中国家短期难以超越的。

发达国家的问题在于，经过"二战"后的产业转移和20世纪80年代以来的离岸外包，除了少数先进制造业的装备、零部件和材料有优势，产业体系、产业门类已经不完整，产业链配套能力相对较弱。即便增加先进机器的使用能够一定程度上减弱劳动力成本高的劣势，但发达国家要弥补国内产业链的残缺并非易事，不得不面对高昂的采购成本，这使劳动密集型产业难以立足，创新和新技术的工程化和规模化生产也受到制约。

2. 综合要素成本低

受人口红利消退、生活成本提高等因素的推动，中国工资水平大幅度上涨，且土地、能源等生产要素价格较高，对中国工业传统的低价格优势造成一定影响。但成本和价格优势不仅取决于工资水平，还是劳动力素质、装备水平、基础设施、产业配套条件等多种因素共同作用的结果。劳动力素质的改善会显著提高劳动生产率，资本密集度与装备水平的提高会在一定程度上抵消工资的上涨，良好的基础设施和完善的产业链配套对于成本优势的发挥也起到重要作用。

与发展中国家相比，虽然它们的工资水平明显低于中国，即使综合考虑工资水平与劳动生产率的单位劳动成本也更具优势，但落后的基础设施与产业配套制约了低成本制造优势的发挥，而且港口、公路、铁路、通信等基础设施与完善产业配套的形成需要长时间的积累。与发达国家相比，中国的工资水平仍然具有明显优势，而且中国的成本优势不仅体现在全球价值链低端的加工组装环节，随着国民教育水平的提高，越来越多的高素质劳动力进入工业领域，中国的劳动力红利已从数量红利转变为质量红利，使中国工业

在研发设计、产品服务等方面都具备较低的成本，从而形成在全生命周期相对发达国家的成本优势。

3. 工程师红利凸显

先进制造业是工业的高附加值部分，也是全球制造业和全球价值链的制高点，因此成为发达国家重振制造业和增强制造业竞争力的着力点。相对于传统制造业和劳动密集型产业，先进制造业的发展对自然资源、区位条件、劳动力成本等初级要素的依赖性较低，其发展主要受制于高素质的研究开发与工程技术人才。

21世纪以来，中国高等教育特别是理工科高等教育快速发展，培养了规模庞大的有一定专业知识储备的工程技术人员。根据美国国家科学基金会发布的《2018科学与工程指标报告》，2000－2014年，中国科学与工程学专业大学毕业生总人数为1478.7万人，位居世界第一，比美国多65.1%。相对于先进制造业发展水平更高的发达经济体，中国工程技术人员的工资较低，对工作环境的适应能力也更强。

也需要看到，尽管目前中国已有1000多万受过理工科大学教育的工程技术人员，但也存在技能错配的突出问题，随着制造业自动化、智能化的发展，对能够从事计算机和精密仪器操作的工程师和技术员需求持续上升。如果不能继续加大高等教育特别是理工科高等教育的发展力度，工程师红利的可持续性就会受到影响。

4. 创新能力持续增强

经过改革开放以来40多年的发展，中国工业的创新能力有了显著提高并持续增强。从创新投入看，中国R&D强度已从1996年的0.6%提高到2018年的2.2%，虽然仍低于美国、日本、德国等传统工业强国，但已经高于英国、意大利等发达国家以及欧盟平均水平。

从创新产出看，中国科技论文发表数量、专利申请和授权量连续多年居世界前列。创新能力的增强有力支撑了中国钢铁、水泥、纺织等原材料工业以及服装、电子装配等产业产能的扩张，并使这些产业或产业链环节的技术水平进入世界一流之列，解决了许多先进材料、核心零部件、重大装备从无到有的问题，在战略性新兴产业与前沿技术领域实现了一系列重大技术突破，有力地支撑了中国战略性新兴产业的发展。

中国的制造业不仅能够按照用户的设计方案进行简单的加工组装，而且能够根据用户的需求进行产品开发和工程化；不仅拥有强大的模仿能力，而且具备了较强的消化吸收再创新能力，一些高技术产品的技术水平甚至居于世界前沿。

5. 经济超大规模性

尽管全球化与国际产业分工是现代经济的显著特征，但一个国家的市场对该国产业的发展仍具有不可替代的作用。中国是世界上人口最多、经济体量最大的国家之一，具有经济超大规模性，体现为超大规模人口、国土空间、经济体量和统一市场，四大因素又叠加耦合形成规模经济效应超大、范围经济效应超大、空间集聚效应超大、创新学习效应超大、发展外溢效应超大五大特征。

由于中国经济体量大、增长速度高，因而成为世界名副其实的增量大国，许多产业大部分的新增市场需求都来自中国。中国企业能够依靠持续增长的巨大市场需求培育壮大自己的能力和技术水平。例如，建筑机械特别是桥梁、隧道工程机械等行业利用中国巨大的市场需求、复杂的应用场景，不仅实现了对发达国家先进水平的追赶，而且形成了中国自己的优势。本土市场持续增长的前沿需求对高技术产业发展发挥着重要作用。

美国、日本、德国等工业强国的发展经验都表明，国内市场稳定增长的前沿需求是助推本国高技术产业发展的无价之宝。例如，在半导体产业发展初期，美国国内的需求超过了世界其他国家的总需求。以1956年为例，当年美国、日本、德国、英国、法国的半导体产品消费额分别是8000万美元、500万美元、300万美元、200万美元、200万美元。美国庞大的国内市场需求为其半导体技术研发、产品工程化和大规模商业化提供了宝贵的"试验田"，并为美国在全球领跑之后的ICT革命打下了坚实的基础。

中国国内市场规模大、成长性好，未来较长一段时间中国经济仍将保持中高速增长态势，全社会消费品零售总额将超过美国成为最大的消费国，同时随着人均GDP水平的提高，国内需求结构将会不断升级，对高技术消费品和投资品的需求持续增长。为应对国内外竞争压力和需求变化，中国产业也在不断升级，以使供给和需求更加匹配。

6. "互联网+"稳步推进

随着云计算、大数据、物联网、移动互联网、人工智能等新一代信息技术的成熟以及虚拟现实、区块链等新兴信息技术蓄势待发，新一代信息技术作为通用目的技术的特征和影响愈发明显。未来的工业必将是工业技术与信息技术两个IT深度融合、先进制造业与现代服务业深度融合的产业，高水平的数字化将是未来工业强国的典型特征。

作为新工业革命核心的数字技术具有自己的特性：一是具有典型的网络效应，最先获得足够用户基础的技术标准、商业模式及其相关企业会在市场竞争中胜出并形成"赢家通吃"的市场格局，因此人口规模大、潜在用户多的国家就容易建立起用户基础，发挥网络外部性，培育出全球领先的企业。二是新兴数字产业发展具有路径依赖的特征，早期消费互联网的发展对后续产业互联网的发展会产生重要的影响。例如，当前正在快速发展的第三次人工智能热潮的典型特征是"机器学习+大数据"，消费互联网企业在发展过程中积累了海量的数据，在算力和算法实现突破后，它们能够利用数据优势发展自己的人工智能技术。中国是世界人口最多的国家，而且居民购买力不断提升，数字消费规模和潜力巨大。

同时，近年来中国在人工智能等数字经济新兴领域的研发投入大、创新活跃，专利数、论文数、企业数量、融资规模等方面都居于世界前列。目前，中国的数字经济规模仅次于美国居全球第二位，世界数字经济呈现两强并立的格局。

近年来，中国中央政府和地方政府出台了"互联网+""智能+"、工业互联网、智能制造、服务型制造、企业上云等一系列战略和政策推动工业的数字化和智能化转型，工业企业、互联网企业、软件企业也积极参与其中。高度发达的数字经济将成为中国工业竞争新优势培育的重要基础和向全球价值链中高端迈进的强大动力，而中国工业具有的规模大、企业数量多、发展层次多样、应用场景丰富等特点，也为数字经济企业由以消费市场为主向产业领域迈进，为消费互联网向产业互联网转型提供了巨大的市场空间。

（二）中国工业竞争新优势的发展方向

面对新工业革命带来的颠覆性创新与生产范式变革，以及国内要素禀赋和需求结构、国际发展环境的变化，中国工业需要实现竞争优势的第二次转变。无论是发达国家还是发展中国家，独特且难以模仿和复制的竞争新优势既是中国工业持续健康发展的重要基础，也是中国工业向全球价值链中高端攀升、实现高质量发展、维护国家安全的重要保障。

从生产要素看，未来中国工业竞争新优势仍然需要依托劳动力、土地等初级生产要素，但更重要的是利用并发展人力资本、产业生态、数据等高级生产要素，发挥由科学家、工程师、技术工人、企业家、经理人等构成的人口质量红利，保持产业链的完整性并推动在高科技产业和战略性新兴产业建立起完善的产业生态，通过数字化智能化转型深度挖掘数据的价值。

从产业能力看，"十四五"时期中国工业仍然要保持大规模制造能力，同时继续强化创新型制造能力，培育并强化性能、质量、品牌、个性化定制等新的产业能力，加快实现从规模优势到创新优势的转变。未来中国工业的创新优势是一种综合性的竞争新优势，建立在良好的基础设施、齐全的产业门类、完整的产业链、完善的产业配套、领先的数字经济等高级要素的基础之上，代表新工业革命条件下工业发展的方向，是低成本、强创新、快速工程化、品牌力、智能化、个性化定制等能力的综合体现。

从优势领域看，中国工业既要坚持劳动密集型产业的发展，解决国内巨大人口规模带来的就业压力，更要不断深化供给侧结构性改革，发展资本、知识和技术密集型产业与产业链环节，增强产业控制力、提高附加价值。

未来中国工业竞争新优势将是以高级生产要素为基础、以创新能力为核心、以中高技术产业为外在表现的创新优势。以下五大支撑条件对中国工业竞争新优势的培育和壮大形成有力的支撑。

一是完善的产业配套有利于将中国工业产品的生产成本保持在一个较低水平；完善的产业链还会使制造企业具有更强的快速反应能力，不但能够响应快速变化的市场需求，应对因突发性事件引发的需求暴涨，还能够更好适应市场需求的个性化发展方向；制造环节与研发设计环节在地域上的接近性能够形成良好的创新生态和产业公地，两个环节间人员的高效互动有利于推动新设计的工程化与产业化生产。

二是较低的综合要素成本不但是中国继续发展劳动密集型产业的关键支撑，而且能够使中国工业在中高技术产品上形成明显的价格优势。中国在家电、通信设备、消费电子等中高技术产品领域的国际竞争力很大程度上得益于较低的综合要素成本。

三是正在形成的工程师红利为研发设计、产品的工程化、规模化生产体系的优化、增值服务的开发与提供等技术含量更高、附加价值更大的先进制造业环节提供了良好的人力资源基础，而且使这些创新性的生产经营过程能够以较低的人工成本实现，从而在同等的质量性能下，中国的先进制造业产品具有更高的性价比。

四是不断增强的创新能力是中国工业创新优势的核心，既包括在传统产业和产业基础领域，也包括在高科技领域创新能力的增强，还需要在战略性新兴产业和前沿技术产业抢占先机；既包括在产品研发设计、工程化产业化以及产业共性技术方面创新能力的增强，也需要基础科学领域创新能力的稳步提升。

五是经济超大规模性是少数工业大国独特的优势，居民与产业、消费品与投资品市场规模的持续扩大和升级，为技术更高、质量更高、性能更强的产品提出要求，能够为中国工业向中高端攀升和高技术产业发展提供巨大的国内市场支撑。发达的数字经济使中国工业在智能化转型中占有先机，赋能工业企业价值链全流程创新能力的提高，使工业生产更柔性、更高效，能够更好地适应定制化、服务化的发展趋势。

四、"十四五"时期中国工业的定位、战略任务与重点领域

中国工业具有良好的发展基础，"十四五"时期应根据发展条件与环境的变化适时调整定位，明确发展任务和重点领域，培育壮大工业竞争新优势，加快推进工业的现代化。

（一）"十四五"时期中国工业的新定位

2012 年开始，中国工业增速明显放缓，从 2011 年的 10.9% 下降到 2018 年的 61%，2015 年和 2016 年工业增速下降到 5.7%。从月度数据看，规模以上工业增加值增速在 2019 年的部分月份下降到 5.0% 以下。受"逆全球化"特别是美国加征关税的影响，中国工业下行压力加大。从国际经验看，工业和制造业占比下降是经济发展进入高收入阶段的显著特征，例如，美国在 1968 年之前，制造业比重一直在 25% 以上，而此时人均 GDP 达到 2.3 万美元（2010 年不变价国际元），日本在人均 GDP1.9 万美元（2010 年不变价国际元）时出现制造业比重持续下降的拐点。目前中国服务业占比达到 53.3% 并仍快速度提高，但经济发展尚处在高收入国家门槛之外，与美日两国相比，中国制造业占比下降过早过快，存在"产业结构早熟"问题。陷入"中等收入陷阱"的国家如巴西、阿根廷等都存在"产业结构早熟"现象，这些国家制造业比重的过快下降和经济的停滞不前几乎是同步的。此外，从发达国家深受国际金融危机冲击的教训看，工业不仅是从中等收入国家迈向高收入国家的一个关键"踏板"，也是维持国家经济实力的重要保障。

"十四五"期间，中国工业虽然对拉动经济增长的贡献会低于服务业，但对国民经济发展仍将发挥五个方面不可替代的作用。

1. 建成全面小康和现代化强国的基础作用不可替代

中国工业比重从 2006 年最高点的 42.0% 下降到 2018 年的 32.8%，服务业比重达到 53.3%，但工业仍将在国民经济发展、全面建成小康社会与建设现代化强国中发挥基础性支撑作用。这是因为工业是最主要的物质生产部门，为居民生活、各行业的经济活动提供其他任何行业都无法替代的物质产品。没有现代化工业，经济活动就缺乏运行的物质基础，就会在全球国际竞争中处于受制于人、"被动挨打"的地位，就不能满足人民追求美好生活对物质产品的需要，就不能有力应对自然灾害、传染病疫情等重大突发事件，就不能维护国家安全、保证人民安居乐业。

2. 跨越中等收入陷阱和高收入之墙的推动作用不可替代

从全球经济发展的历史可以看到，一些国家的人均 GDP 仅为 4000－5000 国际元、在尚远离高收入国家门槛时陷入停滞，还有一些国家在人均 GDP 达到 10000 国际元左右的发展阶段后难以进一步增长，分别被经济学家称为"中等收入陷阱"与高收入之墙。中等收入陷阱与高收入之墙的成因在于竞争优势没有实现适时转变，当初级生产要素的优势丧失后，知识、技术等高级生产要素没有成为产业竞争优势与经济增长的源泉，本质上是技术停滞陷。

工业是研发投入最多、技术创新最活跃，辐射带动力最强的产业部门，成功跨越"中等收入陷阱"并进入发达经济体行列的国家和地区一个普遍特征是，在工业化发展的后期阶段保持了较高比重的制造业。如日本在 20 世纪 60 年代第二产业比重提高到近 40%，韩国在 80 年代第二产业比重超过 40%。

3. 国际贸易与投资的关键支撑产业作用不可替代

制造业是中国对外贸易的主力军。虽然中国服务业出口快速增长，但 2018 年工业制成品出口规模仍然是服务业的约 10 倍。自 1994 年以来，工业制成品贸易一直呈顺差状态，2018 年贸易顺差高达 9177.0 亿美元，而服务贸易却存在 25820 亿美元的逆差。制造业是中国吸引外资的重要领域，在对外投资中的重要性也不断提高。

2018 年，中国制造业实际利用外资 411.7 亿美元，占实际利用外资总额的 30.5%；截至 2018 年，中国制造业对外投资存量 1823.1 亿美元，占全部对外直接投资存量的比重从 2010 年的 5.6% 提高到 95%。2019 年，中国（含港澳台地区）有 129 家企业进入世界 500 强行列，有 14 的主业是制造业，且从行业看，中国大型企业中制造业的国际化程度更高。近年来，随着"一带一路"倡议的广泛接受和落实，中国工业制成品在帮助更多国家完善基础设施、加强产业配套体系、改善居民生活等方面发挥了积极作用。

4. 新技术与新模式创新的重要载体作用不可替代

创新活动涉及的人才、资金、硬件设施等很多都依赖于工业，同时工业还搭建了创新活动的物理系统，提供创新成果产业化商业化应用的验证场所，是技术创新的"母体"。即便是制造业比重很低的美国，也有约 70% 的创新活动直接依托于制造业或者间接受制造业的资助。近年来，在自主创新、创新驱动等国家战略的指引下，中国通过建设制造业创新中心、开展试点示范、夯实产业技术基础、实施重大专项、促进军民融合、加强产学研合作等措施，积极推动科技创新和科技成果转化，创新体系建设全面提升，不仅工业自身发展水平得到提高，还打造了技术创新、业态创新与产业部门紧密结合的重要载体。

5. 带动落后地区经济发展的作用不可替代

工业因其产业链长、带动性广、吸纳就业和技术扩散作用强等特点，是启动经济快速发展的重要产业部门。中国一些地区例如东北地区，因制造业兴而兴、因制造业衰而衰。结合本地条件选择发展适合本地需求的工业（制造业）是中国许多地区摆脱落后、加快经济发展的成功经验。中国一些地区经济发展水平只是刚刚脱贫，经济发展的任务仍然十分艰巨，上述经验在人均 GDP 达到 1 万美元的今天仍不过时。

（二）"十四五"时期中国工业发展的战略任务

2020 年，中国基本实现工业化和全面建成小康社会。按照传统工业化理论和工业化水平判别方法，实现工业化就意味着进入后工业化社会。一种观点认为，工业比重下降是国民经济结构优化的表现，甚至认为在后工业化社会，工业化的任务就已经结束，工业的发展变得无足轻重。如果按照这种观点制定政策，会加速"产业结构早熟"，使国民经济发展迷失方向。

工业是立国之本、兴国之器、强国之基、富国之源，这一定位任何时候都不应该动摇。基本实现工业化甚至进入后工业化社会，不是不要工业和不要继续推进工业化，而是工业的定位、工业化的方向需要改变，要推动工业化向更高水平迈进。

"十四五"时期各种历史性目标交织、历史性机遇交汇，是中国工业竞争优势转变的关键阶段。要深刻认识到，本轮新工业革命使全球正在开始全然不同于以往的工业化过程。在这轮全球工业革命的大颠覆、大变革中，中国与发达国家在许多方面处于大致相同的起跑线，既是实现"换道超车"的历史契机，也是利用推动新工业革命的通用目的技术群改造提升已有产业的"机会窗口"。如果不能抓住历史机遇使中国工业化深入推进，就会被发达国家甩开更大距离，在国际竞争中处于更加不利的地位，需要花费数倍的代价和时间才能缩小差距。

因此，"十四五"时期，中国工业应顺应新工业革命的趋势，在前沿技术产业和战略性新兴产业以及绿色化、智能化、服务化等方面加紧抢跑，促进工业化进一步深入推进，实现中国制造向中国创造转变、中国速度向中国质量转变、中国产品向中国品牌转变，迈向全球价值链的中高端，掌控价值链的关键环节，并成为全面建设社会主义现代化强国的重要推动力。具体而言，"十四五"时期中国工业发展应完成以下战略任务。

1. 以先进制造业为核心，保持制造业比重基本稳定

工业强国都有一定规模和比例的制造业特别是先进制造业作为支撑。例如，2018 年美国国家科学技术委员会发布《美国先进制造业领导战略》提出，先进制造业是美国经济实力的引擎和国家安全的支柱，美国需要保持先进制造业的领导地位从而确保国家安全和经济繁荣；2019 年发布的《德国国家工业战略2030》提出到 2030 年德国制造业比重从 23% 提高到 25%，欧盟比重提高到 20% 的目标。

根据世界银行的数据，中国制造业占 GDP 的比重从 2006 年的 32.5% 下降到 2016 年的 29.0%，2018 年回升到 29.4%。2018 年中国人均 GDP 为 97708 美元，但制造业比重仅略高于人均 GDP 达到 313628 美元的韩国（制造业占比 27.2%）。从整个国民经济的层面看，按照传统的统计口径，作为主要物质产品生产部门的制造业在中国经济由大到强转变的过程中需要保持与经济发展水平相适应的比重，扭转"脱实向虚"的趋势和避免制造业空心化的倾向，通过传统产业转型升级、新兴产业培育、先进制造业发展壮大，到 2030 年，中国制造业占 GDP 的比重保持在大约 30% 的水平为宜，至少应保持在 27% 以上。

2. 实施创新驱动战略，实现工业高质量发展

改革开放以来的很长一段时间，由于中国工业基础薄弱，在技术水平上与发达国家存在巨大差距，因此工业发展以模仿、跟随发达国家的技术路线为主，主要通过增加资源、要素投入实现产业规模的扩张。

2010 年以来，中国已经是世界第一制造业大国，规模和数量已经不是中国工业的主要矛盾，而且目前在许多产业存在严重的产能过剩，粗放式、高速增长给资源、生态、环境、减排等方面造成巨大压力。

"十四五"期间，工业发展要依靠技术创新的带动，以发展质量提升弥补发展速度减缓的负面影响。从结构的角度看，工业实现"高质量"发展的重点包括过程质量提升和结果质量提升。过程质量提升是指工业的运营过程中减少和优化要素投入，降低对环境社会的不良影响。在资源和能源投入方面，降低一次能源消耗的比重，采用更环保的生产装备和工艺，减少污染物的排放；在资本和技术投入方面，不断提高制造业研发投入强度，重点推进制造业数字化、智能化改造，实现创新驱动制造业的发展；在劳动力投入方面，实现制造业劳动生产率的明显提升和制造业人力资源的明显提升。质量提升是指工业产品和服务的附加值和科技含量明显提升，先进制造业的比重明显提高。

3. 推进工业化深度发展，构建现代化产业体系

2020 年中国即将基本实现工业化，这并不意味着工业化就要结束，中国工业化仍有很大的发展空间。经过改革开放 40 多年的发展，中国在大多数工业细分领域都实现了从 0 到 1 的突破，但高精尖产品的技术水平、产品性能、稳定性、可靠性和使用寿命等方面整体上与世界领先水平存在较大差距，许多核心技术和产品严重依赖进口，基础不牢、缺乏核心技术成为制约中国工业进一步发展的瓶颈，也使中国面临供应链中断的巨大风险。

推进深度工业化，一方面需要找准关键痛点下功夫，加强在核心基础零部件（元器件）、关键基础材料、先进基础工艺、产业技术基础以及工业软件等方面的产业基础能力建设，补齐工业短板；另一方面，要抓住新工业革命的机遇及早布局，实现战略性新兴产业和前沿技术产业的突破，占领未来产业竞争的制高点。

4. 实施"智能+"战略，推动产业深度融合

在发达国家的工业化进程以及在中国工业化的大部分时间里，工业和制造业的发展主要依靠其本身技术创新持续形成的动力。新工业革命使"两个IT"深度融合、先进制造业与现代服务业深度融合，互联网、大数据、人工智能等新一代信息技术成为给工业发展赋能的重要力量，服务化转型成为制造业发展的重要方向。

"十四五"时期的工业结构调整的重点应从一些特定产业部门产值比重的提高转向工业与其他产业的融合发展，大力推动"互联网+制造""智能+制造"，加快推进数字化、网络化、智能化、服务化转型，既要重视数字经济的模式、业态创新，又要重视数字经济为实体经济赋能，利用信息技术提高传统产业的创新能力以及效率和效益，通过服务化开拓新的增长点、提高市场竞争力。

5. 推进全面开放，增强全球价值链掌控力

在工业化的过程中，由于企业实力弱、技术水平低，中国主要通过发挥比较优势、以贸易为主的方式参与全球价值链分工。实力的壮大和技术水平的提升使中国企业具备了通过直接投资方式进行深度国际化的能力，而国内要素成本的快速上涨也给中国企业特别是劳动密集型企业提出了扩大国际化布局的要求。随着经济发展水平的提高，丧失在劳动密集型产业的比较优势是一般规律，因此需要打造以中国为"头雁"的"国际版雁阵模式"。

"十四五"时期，工业布局结构调整的重点除了继续优化各个产业部门在国内不同发展水平区域间的布局，还要通过国际产能合作、绿地投资、跨国并购等模式加强和优化中国工业企业在全球的布局。

通过国内"腾笼换鸟"和产业升级以及劳动密集型产业向低成本发展中国家转移，逐步构建由中国参与的、区别于发达国家过去仅仅利用当地廉价劳动资源的、最大限度实现双边或多边共赢的国际制造业分工新框架；利用中国在数字技术方面的优势，构建以数字技术为基础的全球制造网络，进而培育一批全球价值链的旗舰企业、链主企业。

6. 释放内需潜力，增强内需对工业发展的拉动

2018年中国商品出口24867.0亿美元，其中，制成品出口23181.5亿美元，占世界制成品出口总额的17.6%，中国制成品出口额相当于中国制造业增加值的57.9%。通过积极参与国际市场分工、增加出口可以带动经济的发展，但是国内经济也容易受到国际经济周期波动的影响，而且容易引发贸易摩擦和冲突。2008年的国际金融危机和2018年以来爆发的中美贸易摩擦给我们提出了警示。

中国具有超大规模的市场优势和内需潜力，但国内供给能力尚不能完全匹配国内需求，大量内需要通过进口来满足，同时随着经济增长，内需规模持续扩大，内需水平不断升级。"十四五"时期制造业发展要抓住随着消费升级、产业升级带来的国内市场扩大和需求升级的机遇，针对国内模仿型、排浪式消费向个性化、多样化消费转型形成的热点，有针对性地开发产品，将工业增长的拉动力更多转移到内需上来。

（三）"十四五"时期中国工业发展的重点领域

"十四五"时期中国工业的发展需要立足于传统产业规模大、吸纳就业多的现实条件，着眼于应对新挑战与抢抓新机遇，提升存量与开拓增量并举，在推动传统产业转型升级的同时，加快发展战略性新兴产业，培育壮大前沿技术产业。中国工业发展的重点领域具体包括以下几点。

1. 新科技驱动的战略性新兴产业

当前正在兴起的新一轮科技革命和产业变革是后发国家实现"换道超车"的机遇。中国工业需要及早进行战略布局，按照主动跟进、精心选择、有所为有所不为的方针，明确中国科技创新主攻方向和突破口。对看准的方向，要超前规划布局、加大投入力度，着力攻克一批关键核心技术，加速赶超甚至引领步伐。加快推动先进技术、前沿技术的工程化转化和规模化生产，在抢占新兴产业发展先机的同时，力争形成一批不可替代的"撒手锏"产品，破解西方发达国家对中国"卡脖子"的制约。

2. 应用数字技术的智能制造产业

在中国低成本优势逐步减弱的背景下，必须着力提高产品品质和生产管理效率，而应用数字技术的智能制造产业正是提升制造业竞争力的重要途径。目前，国内汽车、家电等行业自动化和信息化程度相对较高，食品饮料、化工等行业正在加快自动化和信息化进程。

虽然在政府层面的政策制定、企业层面的转型升级、研究层面的技术突破都将智能制造作为重点支持的方向，但中国智能制造在实际应用上尚处于起步阶段。缺乏专业化的智能制造解决方案提供商成为中国工业智能化转型的关键阻碍之一。加速培育应用数字技术的智能制造产业不但成为切实推动制造业高质量发展的当务之急，而且该产业有成为经济增长新动能的巨大潜力。

3. 促进生态文明建设的绿色制造产业

绿色制造是指既保证产品质量和生产成本，也能兼顾环境影响和资源使用效率的先进制造模式。在过去较长的一段时间里，中国工业呈现出高投入、高消耗、高污染、低效益的粗放型增长模式，在先污染、后治理思维的影响下，造成了资源浪费和生态环境破坏等问题。中国正处于工业化后期和消费结构升级的重要阶段，工业作为实体经济的主要载体仍在经济增长中发挥重要作用，同时粗放型模式带来的产能过剩、资源浪费、生态破坏、结构扭曲等问题仍然十分突出，制约着中国工业的可持续发展。

近年来，低碳发展成为全球普遍接受的理念，在世界各国着力推动绿色经济和绿色新政的大趋势下，实现中国工业集约型增长，加速推进绿色制造，不仅有利于维护节能减排和产业结构调整的自主性，而且由于工业节能减排潜力大、技术和市场条件相对较好，能够产生更显著的效果和广泛影响，并催生新的产业部门。

4. 高效带动就业的劳动密集型产业

当前，全球经济风险挑战明显上升，并与国内结构性、周期性问题相互叠加，导致中国经济下行压力加大，给稳定就业形势带来了一定挑战。在此背景下，坚持发展高效带动就业的劳动密集型产业，创造更多就业岗位，是实现全面小康、推动经济高质量发展的内在要求。一方面，应坚持发展具备国际竞争优势、吸纳就业能力较强的电子产品组装、纺织服装等劳动密集型制造业，通过加速行业整合、减轻国有企业社会负担、落实减税降费政策等综合措施，进一步推动劳动密集型行业的供给侧结构性改革；另一方面，转型发展产能过剩、竞争力较弱的困难行业，利用数字技术改造传统制造业，提高产品技术含量，拓展产品应用空间，创造更多需求市场，以此稳定和增加新的就业岗位。通过升级产业结构和劳动者技能，推动人力资本和就业能力不断提升。

5. 满足美好生活需要的新型消费品产业

国内居民消费升级已为制造业乃至整个国民经济的结构调整与转型创造了有利条件，是中国内需最大潜力所在。充分挖掘内需，发展满足美好生活需要的新型消费品产业，不仅有利于减轻国民经济对出口、投资的依赖，为保增长贡献力量，也有利于适应新工业革命背景下的科技创新浪潮，为中国在新一轮科技竞争中占据主动位置提供了市场条件。

可以围绕消费需求旺盛、与群众日常生活息息相关的新型消费品领域，重点发展适应消费升级的下一代移动通信终端、超高清视频终端、可穿戴设备、智能家居、消费级无人机等新型信息产品，以及虚拟现实、增强现实、智能服务机器人、无人驾驶等前沿信息消费产品。对这些新型消费品领域，鼓励企业深度挖掘用户需求，加强创新设计，丰富产品种类，创新营销手段，拓展个性化定制、增值信息服务等服务型制造内容。

五、"十四五"时期培育中国工业竞争新优势的战略举措

"十四五"期间，为培育壮大工业竞争新优势、加快工业高质量发展、推进深度工业化，需要在充分发挥市场的决定性作用的同时，发挥产业政策的积极作用，制定适应中国工业发展阶段、新工业革命与国际环境变化的措施。本文建议实施如下七大工程。

（一）产业生态系统提升工程

1. 进一步完善竞争性市场环境

深化"放管服"改革，最大限度降低制度性交易成本和企业税费负担。打破各种行业壁垒、地区壁垒，促进生产要素自由流动。在遵守国际贸易和投资规则的基础上合理制定实施产业政策，推动产业政策向营造良好环境的功能性产业政策转型，加快确立竞争政策的基础性地位。

2. 完善支撑工业发展的基础设施

进一步完善交通基础设施，运用信息技术大力提升交通设施的使用效率，加强运输安全，大幅降低物流耗能和成本。实施新基建战略，不断升级工业信息化基础设施。加强与周边国家和一带一路沿线国家基础设施的接驳，推进跨境公路、跨境铁路、跨境高速铁路、跨境管道、跨境通信光缆的规划建设。

3. 加强引导金融业服务工业发展

推动降低工业投融资成本，建立与国际接轨、国内统一的信用评判体系，降低金融风险。加强引导金融业服务传统制造业的改造升级、新兴技术的产业化发展和优势制造业部门的国际市场开拓。加强金融业与工业的融合发展，推动金融业务创新，发展科创金融、供应链金融服务。

4. 大力支持中小微和民营企业发展

积极推动构建亲清新型政商关系，将支持民营企业发展实体经济、开展技术创新等工作情况纳入干部考核考察内容。贯彻落实所有制中性原则，进一步完善民营企业困难和问题协调解决机制、帮扶和支持机制。进一步提升公共服务平台网络为工业中小企业提供专业化服务的效能。

（二）产业基础能力建设工程

1. 突出重点领域，集中优势资源

积极发展智能制造装备所必需的核心技术零部件和元器件，大力提高关键基础材料的性能、质量稳

定性与自给保障能力，重点研发推广应用数字化、网络化、智能化、绿色化新型先进工艺，着力解决制约产业链升级的关键瓶颈。

2. 坚持创新驱动，以研发组织变革激发基础领域的创新活力

在总结各地产业技术协同创新平台运行经验的基础上，瞄准基础研究的收益不确定性和共性技术的收益外溢性，有针对性地创新研发组织架构，促使企业、研究机构、研发人员的收益与其支出相匹配，从而更有效地调动各方创新资源持续发力基础领域前瞻性技术的研究攻关，增强源头技术供给。

3. 强化产业链协作，构建产业链升级的整体合力

以重点基础产品和工艺的关键技术、产品设计、专用材料、先进工艺、公共试验平台、批量生产、示范推广的一条龙应用为抓手，促进终端设备和集成系统与其基础技术协同发展，建立上中下游分工协作新模式。

（三）先进制造业换道超车工程

1. 做好前沿技术的战略布局

科学研判"十四五"时期及中长期科技发展趋势，分析可能形成的技术突破，确定重点支持的前沿技术领域，引导大学、科研机构和企业开展前沿科技的探索。通过提高企业研究开发费用税前加计扣除比例、进口科研仪器试剂免征进口关税等措施，鼓励行业领军企业加强基础科学研究和原创型创新，强化制造业正向设计能力。

2. 加大研究与开发支持力度

瞄准未来产业竞争制高点，统筹产学研各方力量，聚焦电子信息、生物医药、新材料、新能源等具有使能作用的通用目的技术和产业共性技术，通过制订重大专项研发计划、设立专项攻关基金等方式加强支持。

3. 破除束缚科研人员创新创业的藩篱

继续深化科研体制改革，明晰科研成果的知识产权归属，鼓励科研人员推动科技成果的产业转化。进一步优化孵化器、加速器等创业载体的硬件设施和软件条件，支持风险投资、管理咨询、法律服务、科技服务等配套服务企业的发展。

4. 优化提升产业技术基础公共服务平台

聚焦战略性、引领性、重大基础共性需求，建成一批高水平制造业创新中心，鼓励地方建设机制灵活、面向市场的新型研发机构。进一步提升产业技术基础公共服务平台、试验检测类公共服务平台、产业大数据公共平台的服务水平，强化产业共性技术的支撑能力。

（四）文化打造与品牌创建工程

1. 打造中国特色工业文化

"十四五"期间，国家和地方的发展战略、产业政策制定和实施都应赋予工业重要的战略地位，通过教育和宣传，不断提高工业部门对人才、资本的吸引力。大力弘扬精益求精的工匠精神，培育适应新时代工业化的新型工业文明，改变中国工业发展中存在重速度轻质量、重眼前轻长远、重利润轻客户等

问题。

2. 统筹多方资源，塑造自主品牌形象

站在战略高度研究建立国家层面的机构和机制，整合统筹各级政府、行业、企业、社会团体等各方面力量，形成国家品牌推广和提升体系，加大中国质量品牌的海外推介力度，努力消除海外消费者对中国制造的刻板印象，建立起高质、绿色、安全的全新自主品牌形象，实现国家形象、自主品牌形象和中国制造产品形象的互相促进。

3. 健全协同有效的自主品牌提升机制

持续健全质量品牌发展的市场机制，引导生产要素围绕高效率产业和优质自主品牌聚集。优化制造业质量品牌公共服务平台运作机制，进一步提升服务中小微企业创建自主品牌的能力。健全质量监督检查机制，依法打击知识产权侵权、假冒伪劣和不正当竞争等行为，着力提升中国产品在安全、环保、卫生等方面的标准水平。

（五）人力资源素质提升工程

1. 改革教育理念，变劳动力成本优势为人力资源竞争优势

教育改革既要为工业技术进步和产业发展提供足够的人才支持，又要树立工业在国民经济中基础作用的思想认识。为适应未来人工智能社会的挑战，教育的目标应由知识的传授转变为创造、创新、创意等能力的培养。为满足工业的智能化、融合化、国际化发展形成的大量复合型人才需求，要积极促进教育的重点环节从课堂教育延伸到专业化、定制化、细分化的职业教育。

2. 改革理工科人才培养体制

在评估新工科建设成效的基础上，瞄准高端理工科人才短缺这一瓶颈，进一步激发地方政府、国内一流企业参与理工科高端人才培养的积极性，形成教育主管部门、高等院校、地方政府、国内一流企业协力共进的新局面。建立健全产业界与教育界的有效沟通机制，根据产业需求及时调整教育资源投入方向，构建由企业、技术学校、研究型大学和社会服务机构共同组成的灵活、高效的终身学习体系。

（六）数字驱动价值链培育工程

1. 在重点工业产业集群建设"智能＋"试点示范项目，促进与"智能＋"相关的共性技术知识有效扩散

建设一批"智能＋"试点示范项目，根据不同制造业特征、发展阶段和现阶段发展需求，推广智能生产设备、智能工业软件、智能制造系统。利用智能技术推动制造业业态创新，促进制造业的数字化和服务化发展。通过"智能＋"，推动制造企业向基于智能制造的全要素、全流程、多领域智能协同运营转型，以"数据资源红利"对冲人工成本上涨，构建起基于工业大数据的竞争新优势。

2. 适度调整两化融合工作的重点，从促优调整为扶弱

加大对产品市场前景好、生产技术先进但信息化建设相对落后的企业的扶持力度，引导其在研究开发、生产管控、运营管理、保障服务、市场开拓等环节逐步实现信息化，以便为后续向"智能＋"转型打好基础。

3. 夯实基础，增强工业"智能+"转型的支撑服务能力

加强制造业智能制造人才培训，为制造业实现智能+转型提供人力资源保障。加快数字化基础设施建设，制定涵盖云计算、大数据、区块链等新一代信息技术的综合发展规划，引导运营商加快推进5G网络满足工业企业低延时泛在网络服务。加快建设制造业分行业国家智能制造数据中心，为产业大数据开发利用服务提供基础支撑。

4. 完善网络安全屏障，为制造业企业全面数字化转型护航

借鉴构建数字政府安全屏障的思路，数字产业的网络安全屏障建设要从被动的威胁应对和标准合规的规划模式，转向面向能力的体系化同步建设模式。把关口前移，与企业数字化转型同步规划、建设综合防御能力体系。将不同产业全面数字化转型后面临的威胁情报检测与响应、安全狩猎、报警分析、事件响应与处置等防御体系作为重要的行业共性技术，以政府购买服务的方式加以提供。

（七）优化制造业全球布局工程

1. 促进制造业产业转移，实现东中西高水平对接

持续改善中西部地区承接产业转移环境，增强中西部地区内生产业发展动力，逐步形成基于互补性区域优势的产业布局体系。以试点建设自贸区、综合保税区为抓手，更大力度推进西部地区对外开放，改善西部地区加工贸易配套条件，促进加工贸易在从东部地区向西部地区转移过程中实现转型升级。

2. 推动国内外制造业协作，开辟制造业对外开放新格局

坚持引进来和走出去并重，推进重点产业领域国际化布局。积极引导外资投向高端制造领域，鼓励在中国设立全球研发机构。以数字经济发展与"智能+制造"为契机，以工业生产贸易推动与周边国家的合作，重点形成连接南亚、东南亚的信息网络和制造业供应链体系。

3. 持续推进在"一带一路"沿线国家的制造业投资布局

积极推进与"一带一路"沿线国家的投资合作，大力推动新亚欧大陆桥、中蒙俄、中国—中亚—西亚、中国—中南半岛、中巴和孟中印缅等六大国际经济合作走廊建设。加快与"一带一路"沿线国家的经贸谈判，为中国制造业企业向沿线国家投资创造有利外部环境。加快在沿线国家建设经贸合作园区和制造基地的步伐，逐步形成面向"一带一路"、辐射全球的对外经贸合作园区网络。

4. 努力深化对发达国家的制造业投资布局

积极推进中美、中欧双边投资协定（BIT）谈判，尽早建立起双向对等开放、互利共赢的投资机制，为中国制造业企业赴欧美投资并购创造良好环境，使中国制造业企业能够有效嵌入工业强国的本地生产网络和创新网络。

5. 提高制造业对外投资的专业服务能力

建立综合性一站式服务平台，有效整合分散在各部门、各行业的资源，为制造业企业对外投资提供金融、法律、财务、技术、信息等领域的全流程、国际化、专业化服务。

"一带一路"国家可再生能源
项目投资模式、问题和建议

创绿研究院

推进"一带一路"国家能源结构的绿色化和低碳化转型，是绿色"一带一路"建设的一项核心内容，是改善"一带一路"国家生态环境、应对气候变化和支持全球可持续发展的关键所在。在全世界能源低碳化的趋势下，很多"一带一路"国家的能源战略都纷纷转向发展低碳可再生能源。相当数量的"一带一路"国家具备优异的光照辐射和风力资源条件，发展可再生能源的潜力巨大。近年来，随着光伏组件价格下跌和转换效率不断提高，光伏发电成本大为降低，其他可再生能源的发电成本也在下降。可再生能源成本的迅速降低带来对补贴依赖的减少，现金流可预测性的改善以及经济可开发资源规模的大幅增长，也会吸引越来越多的投资者和金融机构参与"一带一路"国家可再生能源项目开发和融资。

中国企业参与"一带一路"可再生能源项目投资可以追溯到十数年前。对比国内光伏风电项目已投资规模和"一带一路"国家的长远发展潜力，中国企业在"一带一路"国家可再生能源项目的股权投资还处于非常早期的阶段，未来在更大规模上参与的潜力巨大。

一、"一带一路"可再生能源项目投资的发展前景

2017 年 5 月，中国环境保护部、外交部、发展改革委、商务部联合发布了《关于推进绿色"一带一路"建设的指导意见》，系统阐述了建设绿色"一带一路"的重要意义。2019 年 5 月，习近平主席在第二届"一带一路"合作高峰论坛上的致辞中，八次强调推进绿色"一带一路"建设的意义、内容和方法。2018 年 11 月 30 日，中英绿色金融工作组第三次会议在伦敦举行，中国金融学会绿色金融专业委员会（以下简称绿金委）与"伦敦金融城绿色金融倡议"在会议期间共同发布了《"一带一路"绿色投资原则》（GIP），到目前为止，已有来自 14 个国家和地区的 35 个全球机构签署了这项原则。中国生态环境部组织全球数十家机构发起了"一带一路"绿色发展国际联盟。国际社会正在形成共同推进"一带一路"绿色化的共识。

推进"一带一路"国家能源结构的绿色化和低碳化转型是绿色"一带一路"建设的一项核心内容，也是改善"一带一路"国家生态环境、应对气候变化和支持全球可持续发展的关键举措。基于优异的自然禀赋条件、严重的能源电力短缺、成本的快速下降和政策规划的支持，可再生能源在"一带一路"国家具有巨大的发展潜力，并于近年来快速发展。面对一个具有广阔空间的市场，中国企业参与"一带一路"国家可再生能源项目的直接投资和开发具有多方面的优势。

（一） 优异的自然禀赋条件

顺应全世界能源低碳化的趋势，很多"一带一路"国家的能源战略都纷纷转向发展低碳可再生能源。相当数量的"一带一路"国家具备优异的光照辐射和风力资源条件，发展可再生能源的潜力巨大。东南亚和中东地区的光照强度，中亚、东欧和南美地区的风力密度，相较已形成投资规模的中国和全球平均水平更具优势。一些已运营的风电和光伏项目的年利用小时也大大高于中国项目的平均水平。同时，"一带一路"国家可再生能源项目开发的优势还包括：有充足的项目建设土地资源，资源分布和负荷中心的地域匹配，由于煤炭油气资源不足导致传统化石能源价格较高等。根据咨询机构伍德麦肯兹（Wood Mackenzie）的分析，2018 年印度太阳能光伏平准化发电成本（LCOE）已降至 38 美元/兆瓦时，较燃煤发电低 14%。

（二） 严重的能源电力短缺

目前"一带一路"国家人均电力装机水平低，很多国家还存在大量的无电人口，而今后经济的发展潜力大，预计今后对能源电力的需求增速高于世界平均增长率。能源电力的短缺为可再生能源的发展提供了充足的市场发展空间。以越南为例，近年来越南的用电量维持在 10% 左右的年增长率，2018 年总发装机容量 48GW。越南工贸部预测，2020 年和 2025 年，其装机容量需分别达到 60GW 和 97GW 才能满足快速的电力增长需求，因而 2021 年越南就可能面对严重的电力短缺。

（三） 成本的快速下降

近年来，随着光伏组件价格下跌和转换效率不断提高，光伏发电成本大为降低。风电随着风力机组价格下调和单机功率提高，度电成本也逐年下降。2018 年 2 月，沙特阿拉伯 Sakaka 光伏项目中标价创出当时全球最低（0.025 美元/度），其后全球最低价数次被打破。2019 年 7 月初，巴西拍卖 211 MW 光伏项目创造出破记录的 0.0175 美元/度价格；8 月葡萄牙的拍卖创造出新的世界最低价纪录 0.016 美元/度。可再生能源成本的迅速降低带来对补贴依赖的减少、现金流可预测性的改善以及可开发资源的大幅提高，也会吸引越来越多的投资者和金融机构参与"一带一路"国家项目开发和融资。

（四） 发展的政策规划支持

很多"一带一路"国家都根据在《巴黎协定》中对碳排放量控制的承诺，制定了本国的中长期可再生能源发展规划。许多"一带一路"沿线国家处于生态环境比较脆弱的地区，严重依赖传统化石能源，改变能源结构、增加可再生能源比重刻不容缓。根据彭博新能源统计，近年来发展中国家可再生能源的投资不断增加，尤其是光伏领域的投资。然而，和已规划的十年后目标相比，现有的可再生能源投资还处在早期阶段。

以越南和巴基斯坦为例，越南政府计划将该国可再生能源装机容量的份额从 2020 年的 9.9% 增加到 2030 年的 21%；巴基斯坦计划在 2025 年前新增 7GW 的可再生能源装机，以减少该国对进口天然气和燃料的依赖。另外，根据沙特阿拉伯发布的可再生能源战略，2023 年太阳能装机容量目标从原定的 5.9GW 提高到 20GW，可再生能源总装机目标从原定的 9.5GW 上调至 27.3GW。

2019 年 8 月，清华大学金融与发展研究中心联合 Vivid Economics 与气候工作基金会发布了全球第

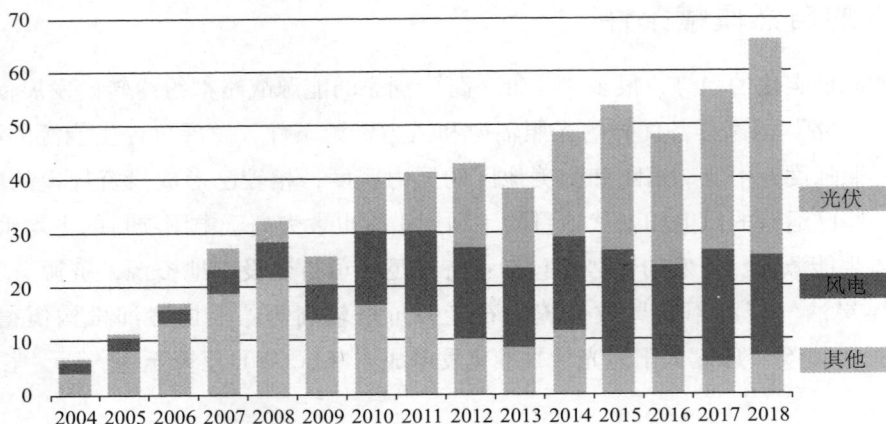

图1　发展中国家可再生能源年度投资（不包括中国）

来源：BNEF，Bloomberg Finance L. P.

一份关于"一带一路"国家绿色投资和碳排放路径的量化研究报告。报告预计2016－2030年，"一带一路"国家在基础设施投资方面需要约12万亿美元的绿色投资，才能确保达到《巴黎协定》的气候目标。

（五）中国企业参与投资的优势

虽然"一带一路"国家可再生能源发展前景广阔，但多数国家同时面临资金短缺的问题。而中国企业传统的出口和工程项目竞争也日趋激烈，通过参与可再生能源项目的股权投资，可以获得工程承包和产品出口的市场机会，也能降低东道国发展可再生能源的资金压力。近年来，中国可再生能源的大规模发展促进了产品质量及技术先进性的大幅提高，有赖于国内积累的丰富工程建设及运维经验，中国企业能够大大增强投资项目的风险控制，获得良好的回报率。同时，通过项目投资，不仅能促进产品出口和赢得工程合同，也可获得长期的投资回报。

二、中国企业投资"一带一路"可再生能源项目现状

对比国内可再生能源发电项目的投资规模和"一带一路"国家的长远发展潜力，中国企业在"一带一路"国家的可再生能源项目股权投资还处于非常早期的阶段，未来在更大规模上参与的潜力巨大。从已有投资并开始运营的项目来看，中资金融机构是"一带一路"可再生能源项目的主要融资来源。"一带一路"可再生能源项目的投资主体主要包括：①国有电力企业；②工程承包建设企业；③光伏风机设备制造商。中国企业投资的绿地已运营风电项目主要位于南非、哈萨克斯坦、巴基斯坦、越南和巴尔干地区的国家等，更多"一带一路"风电项目仍处于前期开发阶段。光伏项目的海外投资相对比较分散，在拉美、东南亚、北非和中东都有分布。除了绿地项目，中国企业还积极在欧洲、美洲和澳大利亚等发达国家和地区收购和建设风电和光伏项目。

（一） 投资历史和规模

中国企业开始参与"一带一路"可再生能源项目投资可以追溯到十数年前。以风电为例，早在2008年和2011年，中国最大的风电开发商龙源电力就开始了在南非和加拿大风电项目投资的前期工作。龙源电力在加拿大投资的德芙林风电项目是中国发电企业在海外投资运营的第一家风电场，于2014年正式投入商业运营。2011年，光伏组件制造企业陆续开始海外投资，不过很多项目采用投资建成后再出售的模式，而非长期持有。绿色和平与四川循环经济研究中心发布的《"一带一路"后中国企业风电、光伏海外股权投资趋势分析》报告指出，2014-2018年这五年中，中国企业以股权投资形式，在"一带一路"沿线64个国家总计投资了约1709 MW的风电和光伏装机，其中光伏项目约1277 MW。目前中国企业拥有更多的在建和储备项目。以金风科技为例，截至2019年6月30日，持有海外运营风电项目权益容量为283 MW，同时海外在建及待开发项目的权益容量合计达到1528 MW。

然而，相比国内可再生能源发电项目的已投资规模（2018年底光伏和风电装机容量分别达到174GW和184GW）和"一带一路"国家的长远发展潜力，中国企业在"一带一路"国家的可再生能源项目股权投资还处于非常早期的阶段。而且，与中国企业在"一带一路"国家投资的煤电项目规模相比，可再生能源的投资规模也明显不足。

除了"一带一路"国家，中国企业如中广核和三峡集团还积极在欧洲、美洲和澳大利亚等发达国家和地区收购和建设风电和光伏项目。

（二） 投资主体和形式

从投资主体来看，"一带一路"风电项目的投资主体主要包括国有电力企业，如三峡国际、中广核国际、国投电力、龙源电力、中国电力、京能国际等；工程承包建设企业，如中国电建和中国能建；风机设备制造商，如金风科技。后两类投资主体通常采用长期持有和建成转让两种模式。另外，中国的几家国有大型发电集团如国电、华能、国电投等，在国内投资了大量的风电项目，但它们目前在海外的投资规模与上述投资主体相比，并不具备明显的领先优势。

光伏项目的投资主体目前主要是光伏组件制造企业，如晶科能源、阿特斯、天合光伏和正泰新能源等，相比而言国有电力企业参与不多。投资形式包括长期持有和运营，即BOO、BOT、BOOT以及IPP模式。也有很多组件制造企业和承包企业投资时已找好项目建成运营后的买家，或者在项目运营时根据资金情况和市场需求择机出售，投资的主要目的是带动产品出口销售而不是长期持有。

（三） 地域分布

中国企业在"一带一路"国家投资并运营的风电绿地项目主要位于南非、哈萨克斯坦、巴基斯坦、越南和巴尔干地区的国家，更多的"一带一路"风电项目仍处于前期开发阶段。中国最大的风电运营公司龙源电力在2019年中期报告中披露，将加大"一带一路"沿线国家项目开发力度，强化前期工作，力争使海外风电投资业务在波兰、乌克兰、越南、孟加拉国、阿根廷、埃及等重点国别市场取得新突破（目前龙源海外只有南非和加拿大运营项目）。除了绿地项目，中国企业也收购了大量海外风电项目，主要包括三峡、中广核和国电投等集团对英国、德国、澳大利亚和南非海上/陆上风电项目/公司的收购（近期也开始进行绿地开发）。

光伏项目的海外投资相对比较分散，在拉美、东南亚、北非和中东都有分布。中国的光伏产品在全球市场的占有率比风电设备更高，被更多的国家所认可。近年来，随着光伏产品价格大幅下跌，在很多新的"一带一路"国家，光伏项目的开发得以加速。埃及、摩洛哥、阿联酋、哈萨克斯坦、阿根廷、墨西哥和巴西等国家都陆续有中国企业投资的光伏电站进入运营。

（四）金融机构

从已有投资并开始运营的项目来看，中资金融机构是"一带一路"可再生能源项目的主要融资来源。其中，政策性金融机构如国开行、进出口银行和中国出口信用保险公司扮演了重要角色。同时，四大行为主的国有商业银行也为很多项目提供了贷款。以中国为主导的新兴多边开发金融机构如亚投行和丝路

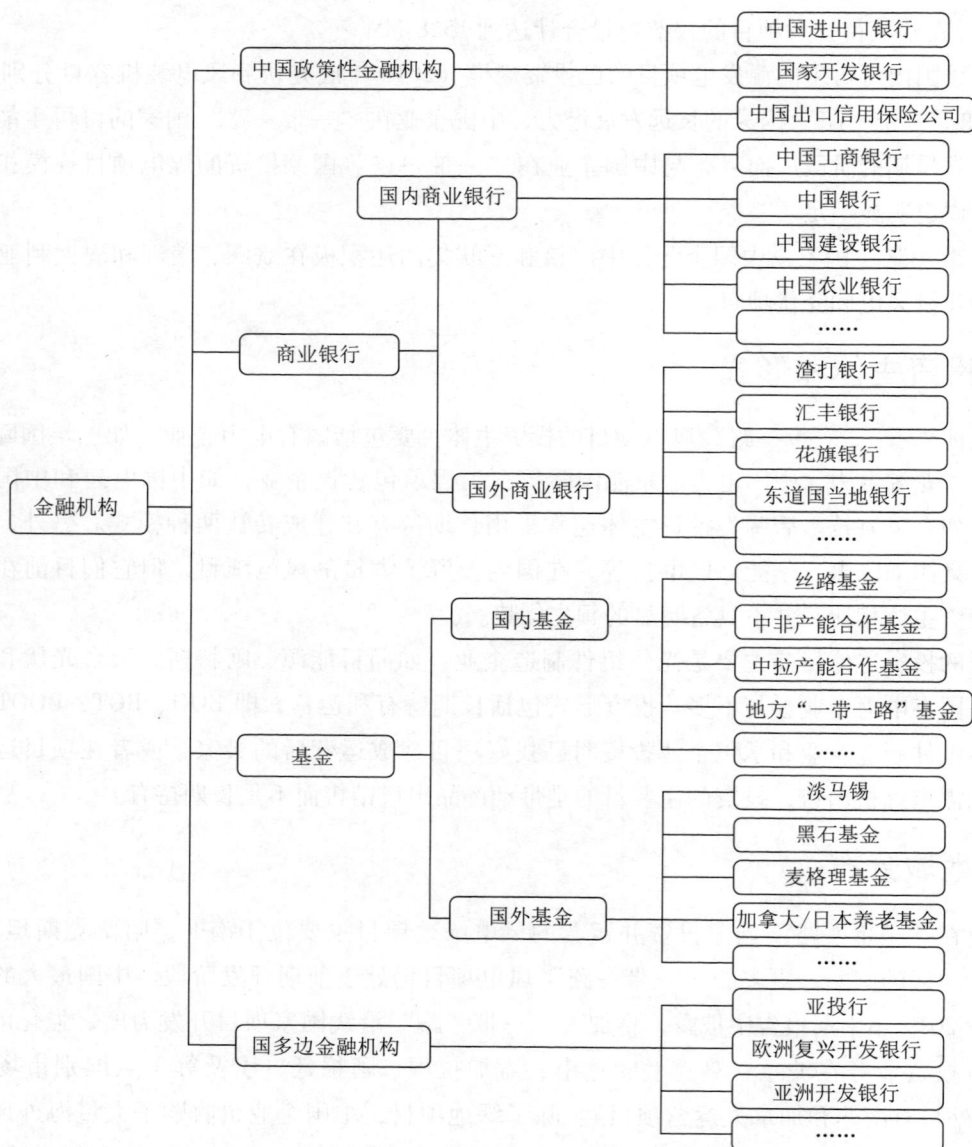

图2　"一带一路"可再生能源投资项目涉及的金融机构

基金也开始逐渐参与。部分外资银行也参与了"一带一路"可再生能源项目，比如法国外贸银行、法国巴黎银行、日本三井住友银行、渣打银行、汇丰银行和新加坡华侨银行等，其中一些是通过加入中资金融机构组织的银团贷款模式参与。

除参与中国企业投资项目的融资外，中资金融机构也积极参与有中国公司作为 EPC 承包商或关键设备提供商的"一带一路"国家的可再生能源项目，比如：中国银行参与股本金搭桥贷款（EBL）及高级债银团的迪拜 950 MW 光热光伏电站项目，由迪拜水电局 DEWA、沙特水电公司以及丝路基金共同投资，上海电气为 EPC 承包商；中国银行牵头提供出口信贷融资支持的安能巴西 553 MW 太阳能电站。

（五）投资风险

1. 国别风险

包括经济风险和政治风险。多数"一带一路"沿线国家的经济发展相对落后，金融市场稳定程度相对较低。部分国家债务负担重，财政收入不足，造成主权信用评级低。个别国家政治局面不稳定，存在战争、动乱和政权更替的风险。

2. 政策风险

在平价上网完全到来之前，很多可再生能源项目还依赖政府的补贴，由此带来补贴机制变化造成的政策风险。一些国家在制定新的项目电价过程时，对已批项目的电价也做出修改，带来投资回报的不确定性。

3. 市场风险

市场风险主要包括项目的电价和电量不确定性带来的风险。相对传统的固定电价或固定补贴模式，一些国家逐渐开始让可再生能源项目进入电力市场参与市场竞价，造成电价的不确定性。即使有购电协议的保证，购电公司在电价支付上也有可能拖期延付，甚至因为自身财务问题，造成购电协议不能履约。

4. 输配电能力不足风险

可再生能源项目的发展需要当地电网设施和传输能力的对应配套。中国可再生能源发展中一个可以吸取的教训是要避免装机规模与输电能力增长脱节而导致严重的电网限电，产生大量的弃风弃光电量损失。这一情况现在已开始在其他国家出现，如越南光伏电站项目为享受 2019 年 6 月 30 日前投产的 9.35 美分/度的并网优惠价格，上半年密集投入运行规模达 4GW，致使部分输电线路严重过载。

5. 资源风险

风电的发电量依赖项目所在区域的天然风资源和实际来风情况，光伏发电的发电量则取决于电站所在地区的光照强度。虽然项目前期的资源勘测决定了项目的可行性，但风光资源的波动和其他气候因素的变化会造成实际发电量与预测发电量的不一致。

6. 外汇风险

"一带一路"国家的货币汇率通常波动频繁，一些货币近年来发生过大幅贬值情况。同时，外汇储备不足可能导致政府无法实现汇兑承诺，导致外国投资者的利润难以回流。

7. 土地/环境风险

可再生能源项目虽然较传统能源项目更低碳环保，但也会面临来自各方面的生态环境挑战。譬如项目建设对土地环境、生物多样性以及原居民的负面影响，如安置处理不当会带来项目延期甚至中止的风险。如果没有充分沟通好环境影响的问题，容易导致当地社区的不认同。相比化石能源项目，光伏和风电项目占地面积较大，会带来前期土地征收和运营期使用中的不确定性。

三、"一带一路"可再生能源项目的主要融资模式

由于国别、项目类型、风险分担机制、项目业主的不同，"一带一路"国家的可再生能源项目所选择和适用的融资模式也有所区别，一般可以分为三大类：公司融资、项目融资和混合式融资。

（一）公司融资

在这种模式下，由借款方的股东或第三方提供担保和资产抵押，金融机构主要根据借款方和担保方的信用来为项目发放贷款，而非考虑项目本身的收益和资产。贷款在发生违约时，金融机构对项目发起人有追索权。在这种模式下，具体的贷款方式分为出口买方信贷、出口卖方信贷、两优贷款、银团贷款和发债融资等。其中出口买方信贷的借款人是项目公司，但项目的投资人需承担担保责任。

金融机构可以是国内银行（包括政策性银行）、当地银行和国际银行。通常境外银行按照"内保外贷"模式操作，即境内银行或法人为境内企业在境外注册的企业开立融资保函，境外银行凭借收到的保函给境外企业发放相应贷款，解决境外项目公司由于成立时间短或规模小而无法直接得到海外授信的困难。公司融资模式下，项目贷款反映在投资人的资产负债表上，是一种"表内融资"。

中国公司通常为自身的海外项目股权投资，购买中信保的"海外投资（股权）保险"，承保股权部分的风险；如果金融机构是中国的银行，通常也购买"海外投资（债权）保险"，承保贷款的本金和利息部分的还款风险，但海外投资险只保"政治风险"，即战争骚乱、政府征收、汇兑限制和政府违约等风险。政府违约风险是指项目所在国主权机构（如财政部、央行）和次主权机构（如电网公司等）不履约签署的购电协议和特许权协议的风险。

如果某融资项目由中国的工程承包商建设且由中资银行机构提供出口买方信贷，金融机构通常会要求项目业主购买中信保的"中长期出口信贷保险"，被保险人是融资银行。"中长期出口信贷保险"承保范围同时包括"商业风险"和"政治风险"，承保债权部分的风险，标的是贷款本息。中信保承保基本政治风险（赔比95%）、政府违约风险（赔比95%）和商业风险（赔比50－65%），其中商业风险主要指借款人因破产、结算或拖欠等原因未能按时还本付息的风险。在后面的案例介绍中，中国电建在巴基斯坦投资的大沃风电项目就是工商银行贷款＋中信保投保这种模式。此外，除了向金融机构申请贷款外，中国公司还可以通过发行债券融资。龙源电力在加拿大投资的德芙林风电项目就是在建设期利用母公司担保的短期贷款融资，投产后以18年期4.3%固定利率债券方式完成短期融资的置换。此外，三峡、京能、金风也分别在香港为海外风电项目发行过债券。

公司融资模式下，金融机构在贷款偿还上对项目发起人具有追索权，从而对项目股权转让带来一定约束。发起人的大股东通常会向融资方提供一定的担保义务，如果在担保期打算转让股权，融资银行往往要求股权的受让方具有同等资信并提供同等的财务担保。

（二）项目融资

项目融资主要为以经营项目而成立的专门公司的名义借款，以项目所属公司的资产作为还款担保，用项目运营产生的现金流作为还款来源并运用各种协议把不同节点的风险在业主、承包商、运维商等相关方之间实现了分担。例如，利用 EPC 合同中承包商的赔偿金机制来规避项目完工建设方面的风险；凭借运维商提供发电量保证及功率曲线保证来降低项目运营期的相关风险。

相对公司融资，项目融资的债权人承担了较高的风险，因此资金成本往往高于公司融资。但是，作为一种"表外融资"，项目融资可以在不增加投资人负债水平的情况下获得项目的资金来源。项目融资又可分为无追索权和有限追索权两种类型。无追索权是指贷款只依靠项目的未来收益和资产抵押作为还款保障，在贷款发生不能按时偿还时，贷款人对项目投资人无任何追索权。有限追索权是指项目投资人或第三方担保人仅在有限时间或范围内承担一定赔偿责任，如项目在建设期未形成资产时，或在双方达成的部分贷款金额和追索条件之内。

项目融资一般适用于能够产生长期稳定的现金流的项目，包括风电、光伏等可再生能源项目。相对公司融资，项目融资更多运用于经济发展水平较高、可再生能源机制较成熟的国家。而在主权评级较低且可再生能源定价、购买和消纳缺乏稳定保障机制的"一带一路"国家，金融机构对项目的风险接受程度低，项目融资的应用并不普遍。而且，项目融资涉及多方利益和风险分配，要求金融机构有详细的国别行业前景判断和深入的项目风险理解，融资关闭时间也比公司融资长。然而，随着可再生能源成本竞争力的不断提高和"一带一路"国家可再生能源发展规则的完善，项目融资模式应用的空间会越来越大。根据法兰克福学院—联合国环境规划署中心的统计，全球范围内可再生能源开发采用项目融资模式的比例从 2004 年的 16% 上升到 2015 年的 52%。

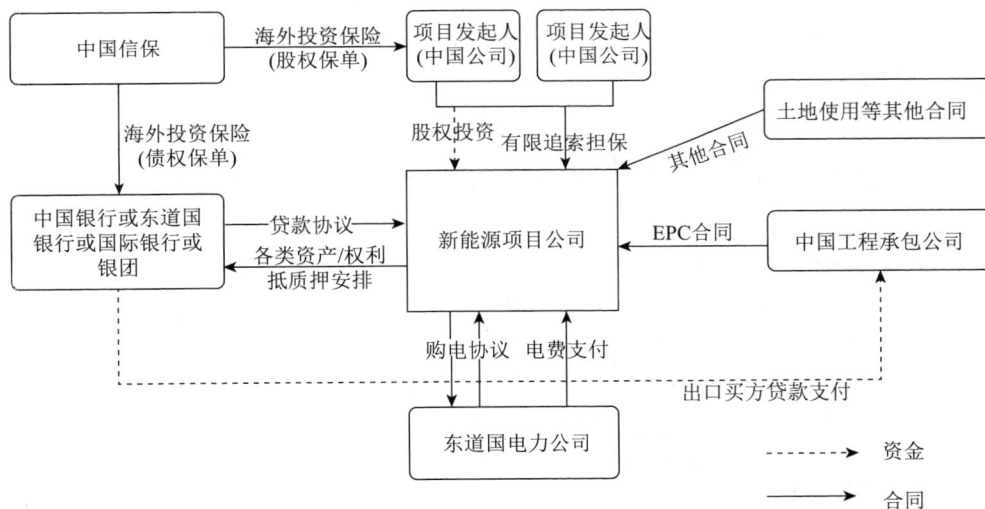

图 3　可再生能源项目"中资银行出口信贷＋中信保"有限追索项目融资结构

即使采用项目融资，中国的金融机构也通常会要求业主投保中信保的"海外投资（股权＋债权）保险"，将保单的收益权转让给融资银行，同时将项目的相关资产和权益抵押给银行。银行融资是否以中信保投保为前提，更取决于对国别和项目风险的判断。

（三）混合式融资

"一带一路"国家的许多项目面临较高的政治和商业风险，信用评级等级较低，难以实现完全的项目融资，故较多采用混合式融资方式。混合式融资的定义分为两个层次：第一个层次是国际上通用的"混合式融资"（blended financing），即针对项目特点采用不同融资模式的组合，通常表现为"开发性金融"和"商业性金融"的结合，如项目的贷款既包括多边机构提供的低息优惠贷款，又包括商业银行提供的公司或项目融资，也可能包括一定的捐赠。后面的具体案例介绍中，很多可再生能源项目的融资属于多边机构和商业机构的联合融资，如阿特斯的巴西霹雳波光伏项目和阿根廷卡法亚特光伏项目。

还有一个层次是指不同阶段下公司融资和项目融资模式的混合和转换。比如目前在中国企业海外可再生能源项目中采用的"建设期承包商融资结合运营期项目融资或公司融资"的模式。

相对大型火电和水电项目，由于可再生能源项目投资金额小、建设期短，一些中国工程承包企业通常采用"延付款＋应收款买断＋特险保＋当地银行保函"的模式，先通过国内金融机构提供建设期公司融资，在运营期再转换为项目融资或新担保方的公司融资模式。承包企业通过投保中信保的特定合同保险，再利用银行提供的保单融资服务，实现工程应收账款贴现，从而在满足业主延付诉求的同时，也帮助承包企业实现了即期收款。项目建成后，风险相对可控，担保可以解除，这些工程承包企业或新的股权买家再以资产抵押到银行寻求项目融资。后面案例介绍的中国电建作为 EPC、泰国 B. GRIMM 电力投资的越南油汀光伏项目就是采用这种模式。

这种融资方式适用于期限两年以内的融资需求。中信保的特定合同保险承担出口商务合同项下因政治风险和商业风险导致的应收账款损失。相较于采用传统的买方信贷融资的项目，特险产品绝大多数项目不需要其所在国家提供主权担保或者财政担保等复杂条件，仅凭业主自身状况和当地金融机构提供的保函即可进行承保。相对较为复杂的项目融资方式，这种方式的优点是耗时短，更适合时间性要求高的可再生能源项目。在传统项目融资模式下，从融资意向洽谈到融资关闭，通常耗时较长，容易错过项目补贴所设定的投产时间点。

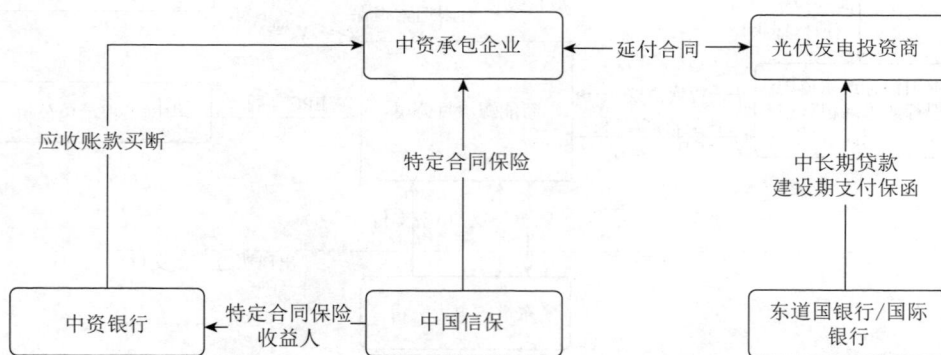

图 4　光伏电站"延付款＋应收款买断＋特险保＋当地银行保函"融资结构

无论以上哪种融资方式，一般美元币种贷款利率的制定通常是参考伦敦银行同业拆放利率（Libor），融资利率通常在六个月 Libor 的基础上加上一定基点作为年利率，幅度通常反映国别评级和项目具体风险判断。如果采用本币贷款，则利率根据国别不同差异较大。一些"一带一路"国家债务的融资成本高达

15%，比如中亚地区。印度可再生能源项目卢比借款的利率平均在 12% 左右。一些国家因为汇率波动大，即使采用低成本的美元融资，也还要考虑用于锁定汇率风险的货币互换的额外成本。

（四）可再生能源项目融资的偿还保证机制

可再生能源发电项目（风电/光伏）的售电收入是偿还贷款本息的根本保证，项目公司与购电方签署的购电协议（PPA）的结构直接影响到融资的模式和成本，尤其是购电协议里的定价机制和购电量的保证条款，以及发生争议时的解决机制。购电协议里的电价往往早期采用根据预计投资成本和允许回报率设定的固定电价（"Feed‐In‐Tariff"）形式。不过，随着成本的快速下降和投资商数量的增加，越来越多的国家通过招标方式确定项目的开发权和对应的电价水平。另外，一些国家除了固定电价的购电协议，还有浮动的市场化售电收入和单独的可再生能源补贴机制，如绿证的出售。这部分电量的价格、波动幅度、时限和支付方式等都是评估贷款偿还风险的考虑因素。

除了价格，通常在合同中还有关于基准发电量担保，当月如果因为不可控原因（如电网限电）造成发电量低于购电协议规定的保证时，电网将按照预先设定的基准发电量支付，保证企业发电收入不受影响，即所谓的"照付不议"条款（"Take or Pay"）。

与中国可再生能源电价机制相比，很少国家可再生能源项目电价采用类似的"火电标杆电价＋可再生能源电价补贴"的模式。在电量消纳上，一些国家也出现了因为电网结构薄弱、项目规模短时间内上得过快而带来的限电问题。

除购电协议外，项目的开发、建设、运营及并网也需要一系列的文件支持。在项目融资模式下，银行通常会要求项目公司把这些合同下的权益转让给贷款银行，作为其提供融资的一种担保性安排。

四、"一带一路"可再生能源绿地项目投融资案例和问题

本文从中国企业在"一带一路"国家投资的可再生能源项目中选择一些有代表性的案例进行介绍，覆盖了不同地区的国家、不同类型的投资主体和差异化的融资模式。这些项目包括中国电建巴基斯坦大沃风电、中国电力哈萨克斯坦扎纳塔斯风电、中国电力越南平顺风电、国家电力投资集团黑山莫祖拉风电、龙源电力南非德阿风电、中兴能源巴基斯坦真纳光伏、金风科技阿根廷 Helios 风电、阿特斯巴西霹雳波光伏、阿特斯阿根廷卡法亚特光伏、晶科能源阿根廷圣胡安光伏和晶科能源阿布扎比 Sweihan 光伏。

同时，我们也罗列了一些国际企业参与的投资项目案例以与中国企业投资的项目做一对比。这些项目包括 Scatec Solar 公司马来西亚 Redsol 光伏、B. GRIMM Power 公司越南油汀光伏、Prime Road Alternative 公司柬埔寨磅清扬光伏、世界银行孟加拉国可再生能源项目、Scatec Solar 公司乌克兰 Boguslav 光伏、NBT/Total Eren 公司联合体乌克兰 Syvash 风电、United Green Energy 公司哈萨克斯坦光伏、Enel 公司墨西哥 Villanueva 光伏、胡胡伊能源与矿业公司阿根廷高查瑞太阳能光伏、LTWP 联合体肯尼亚图尔卡纳湖风电和 Neoen 公司萨尔瓦多光伏。

通过对不同案例的分析，针对中国企业"一带一路"可再生能源项目的投融资模式总结如下。

相比传统电力项目，中国在"一带一路"国家可再生能源项目的投资主体更加多元化。除了大型发电公司如中国电力、上海电力、三峡国际和龙源电力等，更多的项目开发由光伏风电设备商（如晶科能源、阿特斯、金风科技）和工程承包商（如中国电建）承担。这些设备商和承包商所投资的项目，一部

分长期持有，另一部分会在运营一段时间后出售给新的买家。

中国企业投资项目的融资模式一般包括几种：①中国政策性银行或商业银行有追索贷款＋中信保承保（如巴基斯坦风电、巴基斯坦光伏、越南光伏、阿根廷光伏）；②多边机构牵头当地或国际银行组建的无追索银团贷款（如哈萨克斯坦风电、哈萨克斯坦光伏、阿根廷光伏、乌克兰光伏、墨西哥光伏）；③纯当地或国际商业银行组建的无追索银团贷款（如黑山风电、南非风电、巴西光伏、阿布扎比光伏、马来西亚光伏）；④建设期融资由承包商垫资，并由银行提供短期融资应收款保理，电站全部投入商业运行再寻求中长期融资（如越南光伏）。

与国际企业投资的"一带一路"国家可再生能源项目的案例对比，中国企业投资的项目较少采用与多边机构"混合融资"的方式。国际案例中介绍的孟加拉国可再生能源项目、乌克兰光伏和风电项目、哈萨克斯坦光伏项目、墨西哥光伏项目、肯尼亚风电项目和萨尔瓦多光伏项目都有不同的多边机构包括世界银行、国际金融公司、欧洲复兴开发银行、亚洲开发银行、非洲开发银行和泛美开发银行的参与。中国投资案例介绍中唯一的"混合融资"模式是晶科能源阿根廷的光伏项目，中国银行和多边机构美洲开发银行集团的 AB 贷款模式。在这种模式下，贷款由多边机构统一与借款人签署借款合同，参贷商业银行与多边机构 C 签署协议，提供联合贷款，并享有多边机构贷款的优先偿债权和成员国对国际多边机构的税率优惠。

国际投资的项目较多采用无追索项目融资方式。国际案例中介绍的马来西亚光伏项目、乌克兰光伏项目和墨西哥光伏项目都采用无追索的项目融资模式，主要源于投资国别重点的差异。无追索项目融资模式一般适用于国家主权评级高、当地购电方实力较强的国家。这些国家的项目购电协议条款完善、有东道国的主权担保，外资机构或多边机构较多参与融资。中国企业较少参与这些主权评级相对较高、可再生能源市场机制比较完善的"一带一路"国家项目融资。一些国家因为主权级别不高或者购电协议难以满足项目融资的要求，采用了有限追索的项目融资模式。而且，中国的投资更多来自中国的央企，资金借贷普遍倾向于中国金融机构常用的有担保的公司融资模式。

可再生能源有别于传统电力基建项目的融资特征。后者因为体量大对国内资金诉求非常明显，相对而言，可再生能源项目建设周期短，但对时间节点要求度高，很多项目电价与投产时间紧密挂钩，因此项目可以采用建设期和运营期不同的融资模式。建设期往往是股东贷款或者工程承包商提供短期融资，运营期再安排中长期公司融资或项目融资。项目建成后风险下降，也具备更充足的条件和时间完成融资安排准备。可再生能源项目近年不断变化融资渠道和游戏规则，不同国家适用不同模式，个别项目采用融资租赁模式，如黑山风电项目。

一些项目引入了长期投资基金。项目在建成或运营一段时间后，股权出售给机构投资者包括保险机构和养老基金。例如 Enel 墨西哥 Villanueva 光伏项目，项目投资方意大利能源公司 Enel 集团将 80% 股权出售给加拿大魁北克储蓄投资基金（CDPQ）和墨西哥的养老基金（CKD IM）。

（一）中资参与的项目案例

1. 中国电建巴基斯坦大沃风电项目

该项目位于巴基斯坦南部城市卡拉奇以东约 60 公里的巴哈伯尔地区，是"中巴经济走廊建设计划"中 14 个优先发展项目之一。中国电建持有项目 93.3% 股权，装机容量 49.5 MW，总投资额约 1.15 亿美元。项目于 2015 年 3 月开工建设，2017 年 4 月投入商业运行，中国工商银行为项目提供出口买方信贷贷款支持，贷款本金为 7882 万美元，中信保为项目贷款本金和利息提供保险。项目采用 BOO 模式，与巴基斯坦国家电网公司 NTDC 签署 20 年购电协议，年利用小时 2800，电价的确定原则是"成本 + 回报"的方式，预计资本金内部收益率为 15% – 17%。

2. 三峡集团巴基斯坦信德风电项目

该项目位于距离巴基斯坦南部城市卡拉奇 80 公里的信德省。项目一期装机容量为 49.5 MW，总投资约 1.3 亿美元。项目一期于 2015 年 3 月竣工，年发电量约 1.4 亿度。2018 年 6 月，二期项目 99 MW 全面投产，总投资约 2.3 亿美元，年发电量约 3 亿度，采用 BOO 模式，运营期 20 年。项目融资采用有限追索项目融资结构，由国家开发银行牵头组织银团贷款。

3. 中国电力哈萨克斯坦扎纳塔斯风电项目

该项目位于哈萨克斯坦江布尔州的扎纳塔斯，中国电力持有项目 80% 股权，装机容量 100 MW，总投资约 1.6 亿美元，于 2019 年 7 月正式开工建设。项目建设期由股东贷款垫资，计划投产后置换成多边机构牵头的有限追索银团贷款，融资币种为美元和当地货币。项目签署的购电协议保证 15 年固定电价、当地货币计价和支付、有通胀和汇率年度调整机制。项目预计年利用小时 3500，当地电网保证全额收购，能源部出具支持函保证。

4. 中国电建哈萨克斯坦谢列克风电项目

该项目位于哈萨克斯坦阿拉木图州的伊犁河河谷地带，装机容量 60 MW，于 2019 年 6 月正式启动项目建设。该项目已被列入中哈产能合作重点项目清单，当地投资方为哈萨克斯坦最大国有能源开发公司——萨姆努克能源公司。中国电建以股东贷款方式融资。项目建成后，年生产 2.3 亿度电，等效发电小时数达 3800 小时以上。

5. 中国电力越南平顺风电项目

该项目位于越南东南部沿海平顺省绥丰县，中国电力持有项目 80% 股权，装机容量 90 MW，预计在 2021 年投产。项目建设期计划由工程承包商提供短期融资，运营期考虑有担保的银行贷款或发债融资。项目购电协议 PPA 时间 20 年，采用美元计价的固定电价，电价将随汇率变动作相应调整。越南盾为电费支付货币，越南政府对电费收入兑换美元并能汇出越南境外提供承诺。项目预计年利用小时 2500 – 3000，越南国家电力集团（EVN）负责收购，但按实际上网电量结算，没有电网限电收入损失的补偿机制。

6. 国家电力投资集团黑山莫祖拉风电项目

该项目位于欧洲巴尔干半岛的黑山共和国南部港口城市巴尔，2019 年 4 月投入试运营，装机容量 46 MW，总投资额 9 千万欧元，由中国国家电力投资集团所属上海电力股份有限公司与马耳他政府联合投资。德意志银行牵头的银团向中电投融和融资租赁有限公司在黑山设立的全资子公司提供了 6950 万欧元的银团贷款，用于购买风电设备等租赁资产，并作为出租人向上海电力在黑山成立的子公司出租。

7. 北方国际克罗地亚塞尼风电项目

该项目位于克罗地亚中部亚得里亚海沿海塞尼市，项目装机容量 156 兆瓦，总投资额约 1.79 亿欧元。克罗地亚为欧盟成员国之一，也是"一带一路"沿线中东欧十六国之一。塞尼风电项目是该国可再生能源市场改革后第一个不使用政府固定电价补贴的大型项目。2017 年 11 月，北方国际通过收购获得项目建设权和 25 年运营权。项目于 2018 年 11 月开工，建成后预计年均发电 3400 小时，年发电量 5.3 亿度。预测项目税后内部收益率为 10.65%，税后投资回收期为 9.43 年。

8. 龙源电力南非德阿风电项目

该项目位于南非北开普省德阿镇，是中国在非洲第一个集投资、建设和营运于一体的风电项目。龙源电力持有项目 60% 股权，另外由两家当地公司各持有 20% 股权。项目分两期，装机容量分别为 100.5 MW 和 144 MW，总投资额约 25 亿元人民币。2017 年 10 月两期项目同时进入商业化运行。项目采用无追索项目融资模式，全部贷款由当地商业银行 Nedbank 和当地政策性银行 IDC 组成银团提供。项目签订 20 年固定电价售电协议，电网限电损失有补偿机制，当地政府/能源部提供担保。2018 年完成发电利用小时 3120。

9. 中兴能源巴基斯坦真纳光伏项目

该项目位于巴基斯坦旁遮普省巴哈瓦尔布尔市真纳光伏产业园，总装机规模为 900 MW，分三期实施，总投资额约 15 亿美元。中兴能源持有项目 100% 股权。项目于 2016 年 6 月完成 300 MW 一期工程及顺利并网，成为中巴经济走廊首个完成融资、首个建成并网发电的能源项目。融资由中国进出口银行、国家开发银行牵头，联合江苏银行、渤海银行提供银团贷款，并投保中信保的"海外投资险"。项目电价机制为预先电价（Upfront Tariff），即国家电力监管局（NEPRA）公告 PPA 年限内的收购电价（Levelized Tariff），提供巴基斯坦电力公司及光伏电站投资商作为参考，待项目的相关成本确定后提出电价申请并交由国家电力监管局（NEPRA）批准。从 2018 年起，巴基斯坦的光伏项目改成以电价为基础的竞标机制（Tariff – based Auction）。项目年利用小时 1300 – 1400，中兴能源与巴基斯坦国家电网公司 NTDC 签署了 20 年购电协议。

10. 金风科技阿根廷 Helios 风电项目

该项目群包括 Loma Blanca1、2、3、6 期及 Mirarmar 在内的共计 5 个风电项目，总装机规模为 355 MW。项目于 2018 年 7 月开工，计划 2019 年 12 月底全部完工，总投资额约 8 亿美元，金风科技持有项目 100% 股权。项目获 4.75 亿美元国际银团贷款支持，由中国银行和西班牙桑坦德银行联合牵头包销，金风科技提供母公司担保并投保中信保。金风科技通过上网电价竞标获得项目特许经营权，与电力收购方阿根廷全国电力批发市场管理公司（CAMMESA）签署购电协议。项目全年风力发电利用小时数为 4900 小时。

11. 阿特斯巴西霹雳波光伏项目

该项目位于巴西米纳斯吉拉斯州，分为三期，总装机容量 399 MW，阿特斯阳光电力集团和法国电力集团分别持 20% 及 80% 的股权。三期项目已分别于 2017 年 11 月、12 月和 2018 年 6 月投入商业运营。一期项目 91.5 MW，融资来源分为两部分：第一部分来自约合人民币 4 亿元的 16 年期基建债券，由泛美开发银行（IDB）和泛美投资公司（IDB Invest）共同担保。第二部分来自巴西发展银行（BNDES）为期 18 年的约合人民币 9.6 亿元的项目融资。二期项目 115 MW，获得了来自拉美地区最大的区域开发银行巴西东北银行（BNB）和东北宪法基金（Northeast Constitutional Fund）约合人民币 6.64 亿元的项目融资。项目和巴西电力商业化商会（CCEE）签署了为期 20 年的电价与通胀挂钩的购电协议。

12. 阿特斯阿根廷卡法亚特光伏项目

该项目位于阿根廷萨尔塔省，装机容量 100.1 MW，于 2019 年 7 月投入商业运营。作为阿根廷政府

2016 年推出的可再生能源发展计划的一部分，卡法亚特电站通过招标签署为期 20 年的购电协议（PPA），价格为 56.28 美元/兆瓦时（美元计价，当地货币支付），电力收购方为阿根廷全国电力批发市场管理公司（CAMMESA）。世界银行和阿根廷政府通过可再生能源信托基金为该项目购电协议提供担保。三家银行共同提供了 5000 万美元的无追索权项目融资，包括拉丁美洲开发银行提供的 3000 万美元的 15 年期 A 类贷款，阿根廷投资外贸银行提供的 1500 万美元 15 年期平行贷款，和布宜诺斯艾利斯城市银行提供的 500 万美元的十年期平行贷款。项目年发电利用小时在 2100 左右。

13. 晶科能源阿根廷圣胡安光伏项目

项目位于圣胡安省首府西北 201 千米处，装机容量为 80 MW，总投资额为 1.04 亿美元，于 2019 年 5 月投运。项目资金来自多边机构，美洲开发银行集团和中国银行采用 AB 贷款模式，即按照同等利率提供联合贷款，享有多边机构贷款的优先偿债权和成员国对国际多边机构的税率优惠，属于无追索权项目融资模式，没有出口信贷保险机构的保险。贷款期 15 年，利率在 6% 左右，币种美元。项目与阿根廷全国电力批发市场管理公司（CAMMESA）签订了为期 20 年的与美元挂钩固定电价购电协议。项目年发电利用小时在 2100 左右。

14. 晶科能源阿布扎比 Sweihan 光伏项目

该项目位于阿布扎比酋长国阿布扎比市向东约 120 千米的 Sweihan，晶科能源于 2017 年 3 月夺标，以 0.0242 美元/千瓦时创下当时全球最低电站投标价格。项目的装机容量为 1177 MW，总投资额约为 9 亿美元，晶科能源和日本丸红株式会社分别各持有 20% 的股权，阿布扎比国有电力公司持股 60%。项目产生的全部电力将通过购电协议（与美元挂钩）出售给阿联酋水电公司（ADWEC），期限为 25 年。该项目的贷款协议于 2017 年 5 月签署，贷款期限 26 年，无追索权，由 8 家商业银行组成银团，包括日本、法国及中东等本地银行。贷款利率每 5 年核定一次，5 年后可以按新市场利率重新安排再融资，或者续贷但利率按约定机制上升。项目于 2019 年 5 月全面投入运营。

（二）国际资本参与投资的项目案例

1. Scatec Solar 马来西亚 Redsol 光伏项目

该项目装机容量为 47 MW，总投资约为 4700 万美元，由 Scatec Solar 与富马斯（马来西亚）私人有限公司联合投资。Scatec Solar 是一家总部位于挪威的全球独立光伏发电投资开发商，目前拥有 1.5GW 的运营和在建光伏电站，分布在阿根廷、巴西、捷克、埃及、洪都拉斯、约旦、马来西亚、莫桑比克、卢旺达、南非和乌克兰，并在非洲、亚洲和中东地区拥有 5GW 的前期项目储备。富马斯（马来西亚）是一家总部位于美国和马来西亚的资产管理和开发公司，专注于南亚和东南亚的可再生能源。项目与马来西亚公用事业公司 Tenaga 签署了为期 21 年购电协议，年发电利用小时在 1400 左右，年收入约为 600 万美元。2019 年 1 月，Scatec Solar 宣布完成融资，法国巴黎银行为项目提供无追索的项目融资，覆盖 73% 项目的总投资。

2. B. GRIMM Power 越南油汀光伏项目

该项目位于越南西南部高原的西宁省，总装机容量为 420 MW，由越南当地的春桥公司与泰国 B. GRIMM 电力公司共同开发，中国电建协助业主完成融资。项目是越南及整个东南亚片区装机规模最大的光伏电站，总投资额为 137 亿泰铢。建设期融资采用中国电建延付应收账款买断模式，业主提供备用信用证担保，国内银行提供短期融资（中国电建应收款保理融资），中信保提供特定合同保险支持，承保二年期内的政治和商业风险。2019 年 6 月电站全部投入商业运行，电站建成后业主再寻求其他银行贷款融资渠道。

3. Prime Road Alternative 柬埔寨磅清扬光伏项目

该项目位于柬埔寨磅清扬省，总装机容量为 60 MW，由泰国私募股权基金 Prime Road Alternative 公司以 3.877 美分 /KWh 的最低价中标开发。该项目由亚洲开发银行（ADB）提供支持，吸引了 26 家竞标者，创下了东南亚光伏项目的最低电价纪录。项目通过 BOO 形式开发，根据长期电力购买协议将电力出售给柬埔寨电力公司 Electricite du Cambodge（EDC）。该项目是亚洲开发银行支持柬埔寨磅清扬省国家 100 MW 光伏园计划的一部分，除了亚开行提供 764 万美元的主权贷款，融资方还得到来自世行战略气候基金（Strategic Climate Fund）的 1100 万美元贷款和 300 万美元捐赠，以及由韩国东亚与知识合作基金（Republic of Korea e–Asia and Knowledge Partnership Fund）提供的 50 万美元技术能力建设捐赠。

4. 世界银行孟加拉国可再生能源项目

2019 年 3 月，世界银行宣布将向孟加拉国提供 1.85 亿美元用于该国 310 MW 的可再生能源项目开发，并鼓励私营部门参与，以帮助提高该国日益增长的电力需求。该项目主要包括：50 MW 的 Feni 光伏电站、150 MW 的光伏电站和 110 MW 的屋顶光伏项目。在孟加拉国芬尼 Feni 区建 50 MW 光伏项目是世行资助的首批项目。世行此次的信贷来自贷款人国际开发协会（IDA）提供的优惠性融资，贷款期限 30 年，包括五年的宽限期，利率为 1.25%，外加 0.75% 的服务费。这 1.85 亿美元资金还包括来自世界银行气候投资基金（CIF）2638 万美元贷款和战略气候基金（SCF）287 万美元赠款。该项目将由孟加拉国电力公司（EGCB）和孟加拉国基础设施发展有限公司（IDCOL）实施，除了世行的资金支持，项目计划从私营部门、商业银行和其他来源融资 2.12 亿美元。

5. Scatec Solar 乌克兰 Boguslav 光伏项目

该项目位于乌克兰切尔卡西地区，装机容量为 55 MW，年发电量预计为 61GWh，总投资约为 5400 万欧元。挪威光伏发电投资开发商 Scatec solar 是该项目的主要股权投资者。欧洲复兴开发银行（EBRD）、北欧环境金融公司（NEFCO）和瑞典丰德银行已经签署了无追索权债务融资的信贷协议，覆盖 70% 的项目成本。项目预计将在 2020 年上半年投入商业运营。项目与乌克兰公用事业公司 Energorynok 签订购电协议，头十年享受固定的上网电价 150 欧元/兆瓦时，电价用当地货币支付，但每季度用欧元汇率调节。

6. NBT/Total Eren 乌克兰 Syvash 风电项目

该项目位于乌克兰南部赫尔松地区，装机容量为 250 MW，总投资 3.8 亿欧元，由法国可再生能源独立发电商 Total Eren 和挪威风电开发商 NBT 共同投资。项目分两个阶段进行，建设工作在 2019 年夏季开始，完成后将成为该国最大的可再生能源项目。项目一期 133 MW 于 2019 年 1 月筹集了 1.55 亿欧元的 A/B 贷款，包括欧洲复兴开发银行（EBRD）提供的 A 类 7500 万欧元贷款，绿色增长基金（GGF）和荷兰发展金融公司（FMO）提供的 7500 万欧元和北欧环境金融公司（NEFCO）提供的 500 万欧元平行贷款。2019 年 8 月，法国经合投资公司（Proparco）、黑海贸易与开发银行及芬兰投资基金（Finfund）共同签署项目二期 1.076 亿欧元的融资协议。该项目产生的电力将出售给乌克兰国有电力市场批发运营商 Energorynok 公司。设计、采购和施工承包商是中国电力建设集团和德国恩德集团（Nordex）。项目建成后，计划每年发电 850 GWh，相当于年利用小时 3400。

7. United Green Energy 哈萨克斯坦光伏项目

该项目位于哈萨克斯坦南部，装机容量为 50 MW，年发电量预计为 73GWh。该项目是亚洲开发银行（ADB）在中亚地区第一个用当地货币发放的太阳能项目长期融资，哈萨克斯坦经济依赖石油天然气的出口，货币汇率受油价的影响波动较大，使用当地货币融资可以有效地规避汇率风险。项目由英国 United Green Energy 公司和哈萨克斯坦主权财富基金 Baiterek Venture Fund 组建的合资公司拜科努尔太阳能（Baikonur Solar）投资。亚开行将向项目提供 1150 万美元贷款，这是亚开行在哈萨克斯坦首次对太阳能项目开展融资。欧洲复兴开发银行（EBRD）和清洁技术基金分别为该项目额外提供了 3000 万美元和 1040 万美元的资金。本项目与哈萨克斯坦电力和能源市场营运公司 JSC KOREM 签署了为期 15 年的购电协议。

8. Enel 墨西哥 Villanueva 光伏项目

该项目位于墨西哥西北部科阿韦拉州，装机容量为 828 MW，年发电量为 170GWh，从 2018 年开始陆续进入发电，是目前拉丁美洲和加勒比海地区最大的光伏项目。项目投资方为意大利能源公司 Enel 集团，总投资 7.1 亿美元，目前拥有项目的 20% 股权，其余 80% 股权已出售给加拿大魁北克储蓄投资基金（CDPQ）和墨西哥的养老基金（CKD IM）。欧洲投资银行（EIB）提供了 8700 万美元（7500 万欧元）贷款。此外，墨西哥商业银行、凯克萨银行、法国外贸银行、三菱日联金融集团、美洲开发银行等也对项目提供了融资支持。通过拍卖，项目得到了 15 年平均电价为 44.9 美元/兆瓦时购电合同的支持，以及联邦电力委员会颁发的 20 年清洁能源证书。

9. 胡胡伊能源与矿业公司阿根廷高查瑞太阳能光伏项目

该项目位于阿根廷北部胡胡伊省的高查瑞地区，项目场址海拔超过 4000 米，日照资源极为丰富，是全球最适合发展光伏发电的地区之一。项目装机容量 315 MW，是拉美目前最大的光伏项目。业主是阿根廷国有企业胡胡伊能源与矿业公司 Jujuy Energia Y Mineria Sociedad Del Estado（JEMSE）。项目于 2018 年 4 月正式开工，2019 年 10 月完工，上海电建—中国电建组成联合体 EPC 是总承包方。项目合同总金额为 3.9 亿，其中 85% 来自中国进出口银行"两优贷款"，是阿根廷第一个落地的中国优惠贷款项目，胡胡伊省政府通过发行绿色债券为项目提供 15% 融资。项目建设所在地光照年小时数大于 2200，预计年发电量 7.89 亿千瓦。

10. LTWP 联合体肯尼亚图尔卡纳湖风电项目

该项目位于肯尼亚 Loiyangalani 地区，装机容量为 310 MW，年发电量为 73GWh，总投资约 7 亿美元。项目于 2017 年 8 月全部投产，是非洲开发的最大风力发电场，也将使肯尼亚成为继南非 2100 MW 和埃塞俄比亚 324 MW 之后非洲第三大风电装机国家。项目由 KP&P Africa B. V 和 Aldwych International 及其他若干机构组成的联合体共同开发；债务融资由非洲开发银行牵头多家机构提供，包括欧洲投资银行、东非开发银行、丹麦出口信贷基金会、荷兰国家开发银行、南非标准银行和欧非基础设施基金等；荷兰政府提供了 1000 万美元的捐赠；欧盟通过欧非基础设施基金提供了 2500 万美元的补贴贷款。项目与肯尼亚电力公司（KPLC）签订了 20 年的购电协议，固定电价为 75 美元/兆瓦时。

11. Neoen 萨尔瓦多光伏项目

该项目位于萨尔瓦多中部的罗萨里奥市，装机容量 101 MW，是中美洲最大的光伏电站，由法国可再生能源开发公司 Neoen 建造和运营。项目总投资额达 1.51 亿美元，其中 8800 万美元来自泛美开发银行（IDB）贷款，3300 万美元来自法国经合投资公司（Proparco）。该项目预计每年将向国家电网提供 170 GWh 电力，相当于年利用小时 1700。

（三）"一带一路"可再生能源项目投融资遇到的一些问题

根据与投资企业和提供融资的金融机构的访谈，目前中国企业投资"一带一路"国家可再生能源项目时，在投融资方面主要存在以下一些问题和挑战。

国内资金回笼滞后造成海外项目开发资金能力不足。无论是风电、光伏投资运营商还是设备制造和工程施工公司，目前都面临国内可再生能源补贴严重拖欠的问题，民营企业的资金链更是紧张。随着国内项目贷款宽限期的结束，还本付息压力逐渐加大。国内可再生能源投资项目资金回笼不畅，严重制约了这些公司在"一带一路"国家进行投资的能力。与央企比较，民营企业在海外项目投融资过程中更处于资金劣势地位。

项目竞争加剧。近年来，越来越多的国家为可再生能源项目选择投资人的方式，从原来的固定电价双边谈判形式逐渐转变为竞争招标方式，加大了项目竞争程度，造成电价水平迅速下降。即使项目设备投资成本不断变低，一些项目的回报率水平也因为招标导致的过度竞争而不能达到预期。

同时，中国企业走出去的热情日益增高，在一些项目的投标上出现彼此竞争情况。在一些经济发展水平较高的新兴市场，当地公司在可再生能源项目开发的竞争上具有明显的地缘优势。除此之外，相当多的国际企业，尤其是欧洲传统的电力和能源公司近年来也纷纷加大能源转型的力度，并且得到国际金融机构的低利率融资支持。基于可再生能源的成本结构，项目融资成本的高低是决定投资商竞争报价能力和投资回报率的重要因素。

投资国主权担保减少。由于较高的债务水平，一些"一带一路"国家已经很难为电力项目包括可再生能源项目融资提供主权担保。虽然可再生能源项目的资金需求较传统电力项目规模小，但在一些高风险国家，尤其是购电方实力较弱的国家，没有东道国的主权担保意味着更高的投资风险和融资成本。

信用保险机构对可再生能源的支持不够。"一带一路"可再生能源项目尚处于发展初期，国内金融机构仍处于摸索阶段。信息不对称造成融资一般都要抵押和担保，融资模式依然较多采用传统火电水电对外投资项目的"中资银行贷款＋中信保保险"模式，未能体现可再生能源项目投资规模小、建设期短的特征。虽然可再生能源投资成本的大幅下降使政府补贴逐渐减少，但金融机构对项目风险和国别风险的判断还缺乏进一步的突破，而且很多国别贷款和出口信用保险额度分给了投资海外的火电项目。在一些高风险确实需要为项目投保才能取得融资的国家，出口信用保险的覆盖面又不够充分，造成项目落地困难。

融资成本高、融资期限短。在项目造价和发电效率不断突破瓶颈之后，融资成本成为可再生能源项目平价的关键因素。相比欧美日资金融机构，中资银行的外币资金拆借成本较高，贷款利率缺乏优势。贷款银行通常会要求借款人投保中信保出口信用保险，从而增加额外的融资成本。即使有中信保承保的贷款使银行的实际风险敞口很低，贷款报价也并不十分优惠。另外，国内企业融资以短期贷款为主，中长期贷款相对较少。中国企业的一些国际竞争对手利用其低成本和长贷款期的融资优势，在项目竞标时可以报出很低的价格。例如，法国可再生能源电力公司 Neoen 披露的其公司 2018 年欧元债务的加权成本只有 3.5%；另一家意大利可再生能源电力司 Enel 于 2017 年发行的十年期欧元债券的票面利率只有 1.375%。

纯项目融资难操作，公司担保负担重。按照现有的公司融资模式，中国企业大多需要为海外项目公司提供担保，这将占用大量担保资源，对其后续融资能力制约很大，尤其是没有大量银行授信额度的民企。所以，即使项目融资模式下利率会较高，但其更有利于降低投资企业的或有负债水平。

项目融资运用难有多重的原因。一方面，可再生能源项目投标和建设周期的时间点要求性高，很多项目的电价以某一时点是否开工或投产为条件，因此很难有充足的时间满足复杂的无追索项目融资所要求具备的全部条件及各项协议安排。另一方面，很多国家因为公共负债水平上升和财政的压力，不愿意提供主权还款担保，通常只提供购电协议的履约担保。由于项目所在国主权评级低、购电协议下市场消纳和价格政策框架不健全，金融机构较难接受无追索的项目融资模式。

国际商业金融机构、多边机构和项目所在国金融机构参与较少。中国企业在"一带一路"国家的可再生能源项目，较少有国际商业金融机构和多边机构（MDA）的参与。相比而言，这些机构更认可自身对国别和项目的风险评判能力，项目融资模式运用更广泛，贷款也不需要额外的出口信贷机构保险，降低了总体融资成本。如果只是依靠中国提供的开发性贷款，项目开发的可持续性将不足。中资银行提供的商业性贷款成本又较高、期限也较短，也不太容易接受结构化的融资安排和还款方式。由于缺乏合作经验，中资机构尚未充分利用国际机构和项目所在国金融机构的优惠贷款等条件。

项目缺少长期机构资金的参与。成熟市场的可再生能源项目，投资方往往能在项目运营一段时间并取得稳定收益后，将股权或债权出售给综合资金成本更低的国际养老退休基金、主权基金、保险基金及其他长期投资机构，以加快资金的回笼、增加流动性。但是目前这些长线资金对"一带一路"国家的可再生能源项目更多处于观望阶段，特别是和中国企业投资的项目缺少对接。

五、促进投资和降低融资成本的建议

针对中国企业投资"一带一路"国家可再生能源项目的现状和所遇到的融资问题，我们提出如下建议，这其中既包括对相关政策制定者的建议，也包括对涉及的金融机构的建议，还包括对投资主体和第三方的建议。我们希望，通过这些建议的实施，中国企业在"一带一路"国家的绿色投资能得到进一步推动，积极建设绿色"一带一路"，使"一带一路"成为开放、包容、多样的国际区域经济合作平台。

（一）针对中资投资主体的建议

1. 加强对项目的选择

"一带一路"国家的可再生能源投资机会很多，中国企业在积极开辟新市场的同时，要认识到不同国家的资源禀赋条件、经济发展水平和投资环境千差万别。在推进"一带一路"可再生能源投资的大背景下，投资人首先要做到的是对国别、市场、项目的选择，"有所为而有所不为"。如果项目风险很大，即使采取各种政策支持和增信手段，金融机构也不可能过度承担风险而提供低成本的资金。而且，可再生能源项目的财务可行性处于动态的变化过程中，控制好项目的开发和投资节奏，比单纯地在短期内追求规模更加重要。经过多年的发展，中国的风电和光伏装机规模达到世界第一，但很多项目的实际回报率却未达到预期，其中很多盲目投资带来的教训也适用于"一带一路"国家的项目开发。

我们以在"一带一路"国家光伏项目中投资活跃的欧洲 Scatec Solar 公司作为对比和参照。Scatec Solar 在其 2019 年中期报告中披露，其到 2021 年的新增装机目标为 4.5GW（每年新增 1.5GW），平均项目内部收益率为 13%。对比中国上市的可再生能源公司如龙源电力、华能新能源、协鑫新能源，目前该公司股票交易价格对应 6 倍左右的市净率，远远高于中国新能源公司的估值水平。较高的项目收益率和良好的现金流使市场对该公司的估值有相当大的溢价。

此外，Scatec Solar 在可再生能源投资领域上的创新也可资借鉴。根据 Scatec Solar 的估计，目前全球可替代的柴油发电市场规模在 600GW。这些柴油机组的发电成本在 250 - 600 美元/兆瓦时，随着光伏 + 储能电池成本的不断下降，替代柴油机组在经济上变得可行。这些用户主要存在于离网的矿场、营地、无电地区和作为企业的备用发电设施。目前该公司有 300 MW 储备光伏 + 储能项目储备，全部分布在非洲。公司把此新兴业务称为"Release - Energy as a Service"，通过出租系统给客户使用来获得回报。这种投资与传统的公用事业型项目不同，类似于中国的分布式光伏项目，但针对的市场主要是使用昂贵柴油发电的离网用户，而且增加了储能装置。

2. 寻求上市融资

投资"一带一路"可再生能源除了债务融资，也要充分发挥股权融资的杠杆作用，为债务融资提供支持。"一带一路"可再生能源项目的投资平台通过资本市场上市融资，可以降低集团负债率，促进项目的滚动开发。建成的电站达到一定资产规模后，还可以探索发行 ABS。中国最大的风电企业龙源电力 2009 年上市融资的成功可资借鉴。当年龙源以 3GW 的装机规模上市筹集 150 亿元人民币，创下了中国电力融资史上几个第一，融资额超过了境外上市中国电力公司首次 IPO 的总额。因此，凭借"一带一路"可再生能源项目发展的广阔前景，国内投资企业可以将现有资产和项目储备适时打包上市融资。

上市融资另一个好处是可以吸引提供长期资本的机构投资者，如养老保险和商业保险的股权投资基金，这些机构更容易投资已上市的股票，而不是单个项目层面的股权。此外，上市可以吸收充当先导的开发性金融资本，这些资本通过股本投资得以撬动更多的债务融资。例如，2017 年 7 月，亚行斥资 6250 万美元认购泰国电力公司 GRIMM 的首次公开募股，用于支持 B. GRIMM 提高可再生能源发电比例。

中国可再生能源公司上市融资的案例如信义能源于 2019 年 5 月在香港上市。该公司拥有的光伏电站装机容量为 954 MW，上市筹集的资金将从母公司信义光能收购 540 MW 的光伏电站。公司以每股招股价 1.94 港元（对应 2019 年预测市盈率 11 倍及 1.2 倍市账率）发行 18.8 亿股新股，筹资 36 亿港币；公司有意为股东提供稳定派息，承诺将可分派收入的 90% - 100% 用于派息。近年来，先后有数家投资"一带一路"国家可再生能源项目的公司通过上市方式融资，如印度的 AZURE（2016）、法国的 NEON（2018）和印度的 Sterling Wilson Solar（2019）。

3. 加强与国际长期投资基金的合作

从全球范围看，拥有 ESG 投资理念的机构投资者近年来日趋增多，投资 ESG 概念的可再生能源项目基金也陆续发起，现有基金的资产组合也在逐渐撤资化石能源行业，"一带一路"国家的可再生能源资产可以作为这部分资金的新投资方向。

增进与投资基金的合作，既包括加强与已有"一带一路"产业基金在项目发起阶段的联合股权投资，或者在运营阶段向基金转让项目股权和收益权以实现资金的更快回笼，也包括与国际资本联合发起更多的"一带一路"专业绿色投资基金。可以考虑的基金机构包括长期限投资的寿险公司、社保基金、养老基金、国家主权基金、基础设施产业基金、商业银行所属基金、私募股权基金和捐赠慈善基金等。

加强与已有"一带一路"产业基金的联合股权投资。中国陆续与非洲、东盟、拉美、欧洲、中东欧、阿拉伯国家等多个区域性金融组织成立了投融资专项基金，包括中国—东盟投资合作基金、中非发展基金、中非产能合作基金、中拉产能合作投资基金、国家丝路基金、地方性的丝路基金等。产业投资人应该与这些基金合作、联合投资，这将有助于以更多的股本金撬动更大的投资规模。据一些企业反映，部分基金对近年新发起的"一带一路"可再生能源投资项目缺少有经验的项目团队，投资审批过程漫长，有时还对项目收益率提出保底保证的要求。因此，这是一个逐渐磨合的过程，需要彼此加强在项目尽调和市场理解方面的合作。国内企业和金融机构应该加强与上述基金在沿线国家可再生能源项目的对接，解决信息不对称的问题。

采用向基础设施基金、养老基金、保险、商业银行所属基金出售股权的方式，加快资金回笼。运营期的风电光伏电站是长期投资主体可选的一类资产配置。虽然对这种直接项目层面的投资其相对流动性较上市证券差一些，但在发达国家，把经过一定运营期的运作、能够证明提供稳定年收益率的风电光伏电站，作为一种资产类别出售给长期机构投资者的交易非常普遍。例如汇丰银行英国退休金计划在 2018 年 10 月与可再生能源投资商 Greencoat Capital 达成的协议，向英国太阳能和风电场投资 2.5 亿英镑。

下面我们列举了近两年来一些国际基金机构通过股权转让、资产交易方式投资、收购亚洲地区可再生能源公司以支持被收购公司进一步扩张的案例。

2017 年 10 月，纽约全球基础设施基金（GIP）以及包括加拿大公共养老基金（CPPIB）和中国投资有限责任公司（CIC）在内的投资方以 37 亿美元收购艾贵能源（Equis Energy）。总部位于新加坡的艾贵能源是亚太地区最大的再生能源独立发电业者，项目分布在澳洲、日本、印度、印尼、菲律宾及泰国等地。

2018 年 6 月，新加坡政府投资公司 GIC 和阿布扎比投资管理局（ADIA）投资印度可再生能源公司 Greenko1.55 亿美元。Greenko 在 2016 年已从 ADIA 与 GIC 处融得 2.3 亿美元资金。2019 年 3 月，两家公司再次投资 5.5 亿美元作为对 Greenko 第三轮资本注入。Greenko 公司目前在印度共拥有超过 4GW 风能、太阳能和生物质项目。

2019 年 4 月，国际金融公司（IFC）和其所属的全球基础设施基金投资印度光伏企业 Hero Future Energies Global 1.25 亿美元。这是国际金融公司对 Hero Future Energy 在 2016 年投资 6250 万美元的第二次投资，Hero Future Energy 公司开发太阳能和风力发电，装机容量超过 1.2GW。

2019 年 6 月，总部位于北京的丝路基金收购沙特国际电力水务公司（ACWA Power）旗下可再生能源公司 ACWA Power Renewable Energy 49% 的股份。ACWA Power Renewable Energy 是 2016 年 ACWA Power 专门设立的一家独立负责清洁能源业务的公司，拥有 ACWA 在阿联酋、南非、约旦、埃及、摩洛哥的光热发电、光伏以及风电资产，总装机约为 1668 MW。

4. 探索与多边机构的混合式融资

在巴黎协议的目标下，国际多边机构逐渐加大对可再生能源项目融资的支持。例如，东南亚国家联盟与亚洲开发银行等投资机构日前宣布，将对东南亚十个国家的可再生能源基础设施建设提供超过 10 亿美元，包括可持续交通、清洁能源以及水资源等。除优惠的直接贷款外，多边金融机构如世界银行还提供"部分风险担保"（Partial Risk Guarantee，PRG），在该保证下一家有资质的商业银行开具一张以项目公司为受益人的见索即付备付信用证，一旦 PPA 项下支付出现违约，IPP 项目公司可立即从开证行获得补偿。同时，项目东道国政府会对多边金融机构提供担保，多边金融机构提供反担保，安排国际一流商业银行开立备付信用证。

多边机构的政治影响力及其在新兴市场国家可再生能源政策建议中扮演的积极角色，可以帮助化解项目的风险。由于多边机构参与为项目带来的增信，项目一般可以做到无追索项目融资，不用再投保中信保，降低综合融资成本。

自"一带一路"倡议提出以来，虽然国际多边机构就推进"一带一路"建设展开对话并达成合作共识，但项目对接程度有待提高。多边机构的融资既可以提供有竞争的利率和较长的贷款期限，又可以为项目增信。中国的企业和金融机构应该在"一带一路"可再生能源项目投融资上加强与多边金融机构合作。

多边机构参与"一带一路"可再生能源项目投资与公司投资的案例

案例 1：亚洲开发银行（ADB）对 GRIMM Power 的融资支持。泰国的 GRIMM Power 公司正在扩大东南亚地区的可再生能源投资，除了泰国地区，还包括柬埔寨、印尼、老挝、缅甸、菲律宾和越南。2017 年 7 月，亚行斥资 6250 万美元认购 GRIMM 首次公开募股。2018 年 2 月，亚行宣布将为 GRIMM 电力公司提供 2.35 亿美元贷款，支持 GRIMM 提高可再生能源发电比例。2018 年 12 月，亚行投资 1.55 亿美元购买 GRIMM 发行的绿色债券。

案例 2：亚洲开发银行对印尼 114 MW 可再生能源项目的融资支持。亚行分别在 2017 年 12 月和 2018 年 5 月宣布向印尼首个公用事业规模的光伏电站提供共计 1.6 亿美元的贷款，用于由 Vena Energy 开发位于印度尼西亚东部的风电场和四座太阳能光伏电站。在第一阶段，亚行通过其两个信托基金，即亚洲私人基础设施基金（LEAP）和加拿大亚洲私营部门气候基金 II（CFPS II），在 72 MW 风电项目中投资 1.280 亿美元。第二阶段包括 42 MW 光伏项目。Vena Energy 是亚太地区规模最大的独立可再生能源公司，在澳大利亚、日本、印度、印度尼西亚、菲律宾和泰国等有 11GW 电站项目。

案例 3：欧洲复兴开发银行和亚洲开发银行对哈萨克斯坦 50 MW 光伏项目的融资支持。该项目由英国 United Green 公司与当地主权财富基金 Samruk – Kazyna Invest 联合投资，贷款提供方包括欧洲复兴开发银行提供 3000 万美元、清洁技术基金（CTF）提供 1040 万美元以及亚洲开发银行提供 1200 万美元。亚行和欧洲复兴开发银行将以哈萨克斯坦货币的形式提供贷款，清洁技术基金融资以美元和欧元的形式提供贷款。

案例 4：亚洲基础设施投资银行（AIIB）和国际金融公司对埃及 490 MW 光伏项目的融资支持。亚投行将以债务融资的方式为该项目提供 2.1 亿美元资金。相关项目还将从私人领域和多边金融机构（IFC）吸引额外的借款方。AIIB 提供融资的项目包括九处 50 MW 电站和二处 20 MW 电站，所产电力将通过为期 25 年的购电协议出售给埃及电力输电公司（EETC）。

案例 5：金砖国家新开发银行（NDB）转贷支持巴西和印度可再生能源项目。通过当地金融机构的转贷，金砖国家新开发银行为巴西新增 600 MW 可再生能源项目发放 3 亿美元援助贷款，为印度新增 500 MW 可再生能源项目发放 2.5 亿美元援助贷款。

5. 充分利用外资商业金融机构的融资和风控能力拓展融资渠道

目前，中国企业在欧洲和美洲地区的可再生能源项目很多已经有国际商业银行（如汇丰银行、德意志银行、法巴银行和部分日资银行）提供融资。然而，对较不发达的"一带一路"国家的可再生能源项目，外资银行机构还较少参与。

相对中资银行，外资银行的贷款利率有时具备成本优势。此外，外资银行长期在某些发展中国家开展项目（如部分法资和英资机构熟悉非洲市场），风控能力强于中资机构，且因为操作过更多案例，更容易接受无追索或有限追索项目融资模式，有利于降低融资成本。中资机构参与的项目应该通过 GIP 等平台，充分利用这些外资机构发起的银团贷款等融资渠道。有些外资银行可能更了解投资国项目风险，有时能承担中资银行接受不了的风险，即使利率不一定比中资银行低，但可以分散风险，降低中资金融机构的融资压力，争取成本更低的资金来源。

外资银行的融资成本优势。据企业反映，相对中资银行，外资银行的贷款利率有时具备成本优势。一方面，外币的基准利率低于中国，目前日本十年期国债利率仅为 0.05%，美元十年期国债利率也仅在 1.7%。另一方面，息差上一些项目贷款外资银行按照 LIBOR + 100～200bps 定价，中资银行可能要加 300～400bps。这主要是因为外资银行的美元融资成本低于中资银行。此外，外资银行因为操作过更多案例，更容易接受无追索权或有限追索项目融资模式。有些外资银行在"一带一路"国家有广泛的分支机构，可能更了解投资国项目风险，有时能承担中资银行接受不了的风险，即使利率不一定比中资银行低。

外资银行支持绿色"一带一路"的意愿。由中国金融学会绿色金融专业委员会与伦敦金融城牵头起草的《"一带一路"绿色投资原则》已获得 31 家国际大型金融机构的签署，包括参与"一带一路"投资的主要中资金融机构，以及来自法国、德国、日本、哈萨克斯坦、卢森堡、蒙古国、巴基斯坦、新加坡、瑞士、阿联酋和英国的主要金融机构。随着"一带一路"签约国家数量的不断增加，一些外资银行表示会更积极地参与"一带一路"国家可再生能源项目的融资。

沟通渠道有待进一步通畅。虽然国际金融机构表达了参与意愿，项目的实际运作中还存在各种各样的问题。据了解，一些外资银行接触"一带一路"项目信息的渠道不够通畅，他们认为外资银行与企业关系比不上中资主办银行，项目接触通常滞后。与国际公司联合投资。一些外资银行也表示，如果"一带一路"项目由中方发起人联合国际公司一起投资，更有利于外资银行的风险评判和贷款审批，尤其是中国公司与能够提供低利率的国家的公司组成共同体，有助于获得合作方国家金融机构的低成本融资。例如，晶科电力与日本丸红在阿联酋阿布扎比光伏项目的合作，和天合光能与日本三井在墨西哥光伏项目的合作，两个项目的贷款都有提供低利率资金的日资银行参与。在第三方合作方面，中国企业已有数个先例，但在力度和广度上还有进一步拓展和深化的空间。

6. 拓展债券融资渠道

除了银行贷款，"一带一路"可再生能源项目的负债类融资应该大力开拓债券融资，尤其是在欧洲和英国市场发行较低和更低成本的绿色欧元债券。

第一，债务融资一般不用抵押和担保，相对受到的限制条件少，尽管发行美元债的综合融资成本要比美元银团贷款高出约 100 个基点。第二，债券的期限可以较银行贷款长，可再生能源项目的回报期较长，发债可以减少期限错配。同时，利率机制也有固定、浮动或挂钩等多种选择。结合具体项目特点，还可以尝试发行可转换债或永续债。第三，发行债券更有利于吸收不同类别的资金。债券融资更适合在建设期完成后、项目进入稳定运营期实施，以替换成本较高的建设期和运营前期贷款。开发风险相对较高的欧洲海上风电项目通过债券的方式再融资已成为一种普遍的模式。

另外，债券更适合中资金融机构控制美元头寸流动性的需要，相对美元银团贷款，认购企业境外美元债，银行可以迅速回笼美元头寸规避风险。

"一带一路"绿色债券的探索。支持发行"一带一路"绿色债券，支持可再生能源项目的投资。2019年4月中国银行发行第五期"一带一路"主体债券38亿美元，从其定价来看，市场反应热情，发行溢价持续降低。2019年5月，工商银行新加坡分行发行首支"一带一路"银行间常态化机制绿色债券，包括人民币、美元及欧元3个币种，总金额相当于22亿美元，募集的资金全部用于支持"一带一路"绿色项目建设。近几年，绿色债券市场发展迅速。除了在现有模式下发行绿色债券，还可以积极探索绿色债权优先受偿的机制。

欧元债的探索。债券发行虽然仍以美元为主，欧元计价债券也在迅速赶上。因为欧洲央行宽松的货币政策，相对美元债券，以欧元计价的新兴市场债券平均收益率要比美元计价的同类债券收益率低1-2个百分点。2017年，国家电网国际公司在收购希腊国家电网公司24%股权的融资方案中，利用优质的信用评级，创新应用交叉货币掉期，将浮动利率美元贷款掉期为固定利率欧元贷款，实现约8亿欧元的零利率和负利率融资。

（二）针对金融机构的建议

1. 强化对环境气候风险的分析和预判，减少对海外煤电项目的融资支持，腾出资源支持可再生能源项目的发展

为了落实《巴黎协定》的减排目标，各国政府已经相继列出放弃煤电的时间表，越来越多的国际金融机构已基本停止或限制对煤电项目发放贷款。成本日趋有竞争力的可再生能源发电逐步替代高污染的煤电是必然趋势。中资金融机构银行应该强化对环境气候风险的分析和管理能力，逐步减少对"一带一路"国家的煤电项目支持，腾出更多资源支持可再生能源项目的发展。由于多种原因，不少中国的政策性银行和几大商业银行仍然为"一带一路"国家的煤电项目提供贷款，但由于可再生能源成本的大幅下降和各国针对高碳产业的限制性政策逐步出台，这些项目在未来五至十年内可能面临成为不良贷款或"搁浅资产"的风险。央行绿色金融网络（NGFS）建议，我国金融机构和银行监管部门应该对投资"一带一路"煤电项目所面临的环境气候风险进行压力测试，并在此基础上尽快制定减少煤电项目风险敞口的计划，同时将更多的金融资源用于支持可再生能源项目。

彭博新能源财经预测，五年以后，全球光伏发电成本平均比煤炭发电成本低20%。清华大学绿色金融发展研究中心创建的中国煤电项目贷款违约率模型测算，如果煤电电力价格降低20%，五年之后煤电项目贷款的不良率可能会上升到26%。因此，为"一带一路"煤电项目提供融资的金融机构必须对这类由气候环境因素导致的金融风险保持高度警觉。目前，大多数国际领先银行已将环境气候风险纳入其风险管理体系，并遵循或制定了可持续信贷与投资原则（标准）。在国内的商业银行中，中国工商银行是最早展开环境气候风险压力测试的金融机构，在量化评估环境气候因素对企业成本和效益影响的基础上，通过对火电行业的成本压力测试，将环境气候风险因素纳入商业银行对企业的信用评级体系。建议更多银行借鉴工行的做法，不仅对国内煤电项目的环境气候风险做定量分析研究，也对"一带一路"国家煤电项目投资做相应的定量风险研究。

2. 将可再生能源项目列为建设绿色"一带一路"的重点支持行业

作为对抗全球气候变化的重要手段，加大对可再生能源项目的支持力度能够扩大"一带一路"倡议的

影响。另外，中国在该行业具有产业优势，支持可再生能源项目融资能进一步推动中国装备制造和工程承包企业"走出去"。中国的金融机构应该参考日本和韩国金融机构对本国优势制造工业，核电制造业出口的支持，通过低息贷款和股权投资，帮助本国企业积极开拓海外市场。建议中国进出口银行加大对可再生能源项目的"两优贷款"支持。同时，在为政策性银行和商业银行提供更多低成本的资金来源方面，建议目前在小范围试点的外汇储备委托贷款能够扩大规模和覆盖范围，进一步推进外汇储备多元化运用。

3. 加强对可再生能源项目投资的政策性保险的支持

中信保是中国唯一的政策性出口信用保险机构，是支持中国企业走出去的重要政策性金融机构之一。2018 年，中信保对"一带一路"沿线国家和地区的承保规模占总承保金额的 1/4 左右。

为贯彻落实国家关于推进绿色"一带一路"建设的要求，建议中信保相应减少对煤电项目的承保，更加积极支持中国企业在"一带一路"国家的可再生能源项目投资，扩大出口信用保险的覆盖面，在承保政策中明确优先支持可再生能源项目、提高承保额度、延长保险期限、放宽受理政策、适度降低费率、优化报价机制和提高风险偏好等，尤其是适当放宽对可再生能源非主权类项目担保措施的要求。

据了解，通常中信保为海外投资项目出具保险的条件是，要求东道国政府出具主权担保或东道国项目业主提供母公司担保，但目前越来越多的国家不提供主权担保。企业希望中信保积极服务国家绿色"一带一路"倡议，考虑风电光伏项目的特殊性，灵活掌握对非主权类项目借款人的财务指标要求，适当放宽对非主权类项目落实担保措施的要求，包括放宽对所在国当地银行出具的保函的认可。

可以探索的改革措施包括以下几个方面。

减少中信保对化石能源项目的投保额度，尤其是管理严格的中长期保险的额度，以增加"一带一路"地区可再生能源项目的投保额度，提高中信保对可再生能源项目融资保险的商业风险项下赔付比例和承保范围。

降低可再生能源项目的信保费率。对一些国别市场风险降低、政治相对稳定、可再生能源机制完善的项目，适当降低信保费率。

中长期险是一次性收费模式，给企业带来的负担压力重，造成许多企业反映中国信保的"中长期保险"收费高。中信保中长期保险一次性保费收费机制应该有更灵活的方式，以减少压力。对企业投保中信保海外投资保险应当给予适当的财政补贴。

加强中信保与境外金融机构的合作，支持中资股权投资但由外资银行为债务融资主体的项目。鼓励中信保和国际机构加强合作，提供联合保险，使项目更容易获得国际银团贷款。

发展针对可再生能源项目的商业保险。国内保险机构已经推出针对风电光伏项目开发的设备故障、自然灾害和意外事故、太阳辐射不足和不利风力条件等原因导致发电量减少等赔付险种，可以考虑该类险种对海外项目推广。

4. 区别可再生能源项目和常规水火电项目的风险认定

目前中国公司在"一带一路"国家尤其是一些欠发达国家的可再生能源项目投资，通常由中国进出口银行、国家开发银行和大型商业银行采用有追索权贷款模式开展。这种模式承接了以往中国企业在传统火电、水电项目走出去的做法。然而，有别于大型水火电项目，可再生能源项目单个融资体量较小，建设周期短，建设风险相对可控。考虑到可再生能源项目在许多国家的优先发电安排，融资的风险应该低于常规化石能源。

5. 避免过分强调国别风险而忽视行业和项目风险的客观评估

近年来可再生能源在很多"一带一路"国家已经或接近用户端或上网端的平价条件，可再生能源项目的市场竞争力较前几年已经大大提高。因此，尽管一些国家的主权评级不高，银行对可再生能源项目的风险认定也应该区别于常规项目，避免过分强调国别风险而忽视行业和项目风险的客观评估。同时，对有中信保投保的可再生能源项目，应该提供更优惠的利率，因为银行对这类项目的实际风险敞口很低，大部分风险由财政支持的中信保承担。

6. "一带一路"可再生能源项目的风险认定应该区别于中国的可再生能源项目

前几年，国内光伏和风电设备制造企业大量过剩造成债务违约，加之目前补贴拖欠造成运营商现金流恶化，这些都对国内部分金融机构对可再生能源项目的态度和风险认识产生了负面影响。金融机构应该对此加以区分，一是设备制造产能投资不同于可再生能源发电项目投资，前者存在过剩而后者大量不足。二是中国可再生能源发电项目定价机制不同于大多数"一带一路"国家项目定价机制，中国可再生能源发电电价主要分为两个部分，标杆电价＋度电补贴（滞后支付），而"一带一路"国家大多采用经过招标后确认的固定上网电价，不存在大量电费收入拖欠问题。

7. 尝试开拓新的融资模式，尤其是无追索项目融资和结构化融资

这里主要的关键是取得金融机构和中信保的支持。近年来，一些"一带一路"国家由于不断上升的负债水平和因为商品资源价格下跌带来的财政收入的减少，不愿意提供具有主权担保的长期购电协议，以减缓东道国政府的负债压力。这种融资在没有东道国政府提供主权担保的情况下，通常要求企业提供担保，这对中国投资企业带来很大的负债压力，尤其是在目前国有企业降杠杆和严控负债率的背景下。而且，投资人为项目贷款提供第三方担保的话，在整个贷款的宽限期和还贷期内会全额占用企业担保资源，对目前资金相对紧张的民营企业更是负担。在没有主权担保的情况下，投资规模相对较小的可再生能源是否可以接受当地银行提供的保函担保，是一个可以在实践中积极探讨的问题。再者，一些企业反映，中国的金融机构对复杂结构化融资的接受程度还有待提高。

8. 鼓励中资银行加速在"一带一路"国家的布局，深入了解当地市场和政策环境

相对企业在"一带一路"国家的现有布局，中资金融机构对应的资源配置存在差距。很多中资银行缺乏项目融资经验，是因为缺少在当地具备尽调能力、具有行业背景的专业的项目融资团队，从而不得不更看重担保人背景。建议中资金融机构在"一带一路"国家增设分支机构。同时，可以积极利用国际第三方机构的投资风险评估和市场评级服务增强对风险的评判。两家政策性银行和四大行近期在不同场合表达过加大对"一带一路"绿色清洁能源领域的扶持力度，下一步需要拿出更具体的实施办法和推广可复制的融资解决方案。

（三）针对政府和监管部门的建议

建议有关可再生能源政策制定部门联合提供融资的金融机构，为"一带一路"部分国家的可再生能源发展机制能力建设提供支持和帮助。联合国开发计划署公布的"缓释可再生能源投资风险"政策分析框架可资参考。

制度和能力建设是一国持续支撑基础设施建设和吸引国际资本的基础性保障。可再生能源发展机制

的确立包括两方面的能力建设，一方面是强化"一带一路"国家的绿色金融能力建设，以及这些国家对高碳项目风险的认知。要说服"一带一路"国家主动加大能源绿色化转型的力度，需要帮助其强化分析环境风险的能力。另一方面是强化可再生能源项目发展的制度能力，主要包括完善项目招标机制和购电协议机制（PPA），使相关风险分担达到项目融资的实施条件。一些"一带一路"国家光伏和风电购电协议的部分条款不被金融机构和企业认可，导致项目融资难度大、成本高。

作为"一带一路"合作的重要内容，中国应该投入资源，与国际组织一起帮助那些可再生能源发展潜力巨大的国家（如中亚和东南亚等地），完善相关政策框架（如修改有争议的购电条款），改善这些国家可再生能源项目的融资条件。

多数"一带一路"国家没有碳交易市场，在这些国家的可再生能源等减碳项目无法享受碳权的激励。建议我国在设计全国碳交易市场的过程中，考虑将中资机构在"一带一路"国家所投资的符合条件的可再生能源项目的碳减排额度纳入 CCER 体系。这将为这些项目提供额外的收入来源，类似以前欧盟 CDM 机制下中国风电企业获得的额外碳额度收入。从量上来说，相对中国可再生能源项目的规模，中国企业参与投资的"一带一路"可再生能源项目所产生的碳减排额度，对中国碳市场总体规模的增幅影响不大，但将其纳入交易体系，可以体现中国在促进全球温室气体减排的大国责任，为项目提供额外的收入来源，有利于提高这些项目的回报，降低其风险和融资成本。

建立联盟，提高竞争力，创立风险共担机制。目前"一带一路"的可再生能源项目开发，存在市场隔离、信息分散、过度竞争的问题。中国的不同投资主体，包括发电企业、设备制造企业、设计和工程施工企业和金融机构，应该建立合作联盟，共同分担风险、利益共享。各方企业可以出资成立"一带一路"可再生能源产业合作基金，设计一个资金池，形成杠杆。学习日本和韩国企业出海的抱团机制，而不是各自单打独斗、互相竞争、缺少协调机制。

完善公私合营（PPP）必需的制度基础和能力建设。为使"一带一路"可再生能源长久持续性发展，必须建立合理的投融资结构以及风险分担和对冲机制。作为提高基础设施项目融资和投资效率的方式，PPP 模式是政府主权借款形式的良好替代，已被多国采用。借鉴中国 PPP 发展的广泛经验，中国可以帮助建设合理的 PPP 财政实施机制，一方面加强制度的顶层设计，促进 PPP 项目的规范运作；另一方面帮助挑选示范项目、建立 PPP 项目库，改善投资环境。目前，这类工作主要由诸如世行和亚开行这样的多边机构开展，例如近期乌兹别克斯坦政府与国际金融公司（IFC）签署协议，设计 900 MW 光伏项目的 PPP 开发模式。建议我国有关政府部门应多参与游戏规则的制定。

建立"一带一路"国家可再生能源政策和市场大数据平台。可再生能源技术和市场的发展日新月异，伴随的是政府政策的频繁调整。为了更好地评估国别投资风险，应该建立一个"一带一路"可再生能源政策国别和市场动态大数据平台，从而有利于降低投资风险，帮助金融机构解决投融资信息不对称的问题。2018 年，中国电力设计规划总院成立全国可再生能源消纳监测预警中心，负责建设运行全国可再生能源电力消纳监测预警平台，现对全国分省区可再生能源消纳情况按月监测、按季按年评估。可以考虑在一些缺乏自身建设能力的"一带一路"国家中复制类似做法。

扩大《"一带一路"绿色投资原则》（GIP）机构签署范围。为推动国际金融机构和企业在"一带一路"沿线开展绿色投资，中国金融学会绿色金融专业委员会与伦敦金融城牵头多家机构，于 2018 年 11 月发布了《"一带一路"绿色投资原则》（GIP）。截至 2019 年 8 月，已有来自全球 13 个国家和地区的 35 家大型金融机构签署了 GIP。GIP 的签署方承诺将在公司治理层面关注可持续因素，充分理解和度量环境风险并进行披露，采用绿色金融工具和绿色供应链管理等。

除此以外，建议以 GIP 发起的"一带一路"绿色项目库为抓手，缓解项目与资金提供方之间信息不对称的矛盾。加快突破人民币跨境使用在"一带一路"投资中面临的各种瓶颈。目前大部分"一带一路"项目的贷款融资还是以美元作为主要币种。考虑到相当数量的风电光伏项目采用中国制造的设备，PC 施工方很多也是中国的企业，建议"一带一路"项目融资更多使用人民币贷款，用于采购中国的设备和劳务服务。

国际气候立法经验与启示

国家应对气候变化战略研究和国际合作中心

积极应对气候变化是生态文明建设的重要组成部分，是保障国家生态环境安全、推进高质量发展的内在要求，也是中国深度参与全球治理、打造人类命运共同体的责任担当。在应对气候变化工作的新起点、新形势和新要求下，通过开展研究，推进应对气候变化立法进程，为应对气候变化工作提供法律依据和保障十分必要和紧迫。

自 2009 年全国人大常委会《关于积极应对气候变化的决议》启动应对气候变化立法以来，在国务院应对气候变化主管部门及各相关方的共同努力下，成立了由国家发展改革委牵头，全国人大环资委、法工委、原国务院法制办和主要相关部门联合组成的应对气候变化法律起草工作领导小组，开展了广泛的国内外立法调研，就立法所涉核心问题进行了深入研究，形成了多个法律草案的专家建议版本。

自 1997 年《京都议定书》诞生以来，国际上已有近 20 个国家和地区制定了有关应对气候变化、控制温室气体排放、低碳绿色发展和征收碳税方面的国内法律法规。欧洲作为全球气候治理的领军胜地，于 2019 年底出台《欧洲绿色新政》，并于 2020 年 3 月初完成《欧洲气候法》的起草公开征求意见。欧洲已正式颁布的立法成果有《瑞士联邦二氧化碳减排法》、英国《气候变化法》《法国绿色增长和能源转型法》《芬兰气候变化法》《德国联邦气候保护法》《丹麦气候法案》；在美洲，墨西哥正式颁布了《墨西哥气候变化基本法》，美国虽然在联邦气候政策上开倒车，但加州出台了《加利福尼亚州全球变暖解决方案法案》，引领了美国州级层面积极应对气候变化的政策与行动；亚太地区国家先后出台了《日本地球温暖化对策推进法》《新西兰应对气候变化法》《菲律宾气候变化法》《韩国气候变化对策基本法》和《韩国低碳绿色增长基本法》；非洲大陆的立法代表是南非，已经正式出台了《南非碳税法案》，完成了《南非国家气候变化法案》的起草并正式公开征求意见。这些立法成果的背景、内容和立法过程虽不尽相同，但也呈现出一些共同特征。

中国国内应对气候变化立法工作历经 10 年，仍未正式出台应对气候变化的专门法律或国务院条例法规，无法满足中国应对气候变化的实际工作需求。他山之石，可以攻玉。加强应对气候变化领域的国际交流，对于推动中国应对气候变化的立法工作极为重要，对促进中国应对气候变化工作法治化、制度化、国际化也具有一定意义。

国外已开展应对气候变化相关立法的国家和地区在依法设定温室气体控制目标、搭建气候变化管理体制、规制减排措施、明确应对气候变化的宗旨和原则方面形成了诸多立法经验，可以为设计国内应对气候变化法律制度提供素材，为推进国内立法进程提供依据。

一、国外应对气候变化立法进展与国际气候治理大势紧密相关

综合分析目前主要国家或地区应对气候变化立法的基本情况，可以看出其应对气候变化立法动力与国际气候治理进程呈正相关性。

表1　国外应对气候变化立法基本情况

国家或地区	法律名称	时间
欧洲	《欧洲气候法（征求意见稿）》	2020年3月
丹麦	《丹麦气候法案》	2019年12月
德国联邦	《德国联邦气候保护法》	2019年11月
南非	《南非碳税法案》	2019年6月生效
南非	《南非国家气候变化法案（征求意见稿）》	2018年征求意见
法国	《法国绿色增长和能源转型法》	2015年
芬兰	《芬兰气候变化法》	2015年
韩国	《韩国低碳绿色增长基本法》	2013年
墨西哥	《墨西哥气候变化基本法》	2012年
欧盟	《欧盟能源与气候一揽子计划》	2009年
韩国	《韩国气候变化对策基本法》	2009年
菲律宾	《菲律宾气候变化法》	2009年
英国	《气候变化法》	2008年
美国加利福尼亚州	《加利福尼亚州全球变暖解决方案法案》	2006年
新西兰	《新西兰应对气候变化法》	2002年制定，2017年修订
瑞士联邦	《瑞士联邦二氧化碳减排法》	1999年制定，2000年生效
日本	《日本地球温暖化对策推进法》	1998年制定，2001年实施

2009年底哥本哈根气候大会前后，国际社会迎来第一轮应对气候变化国内立法高潮，英国、菲律宾、韩国和欧盟纷纷以此为契机开展了应对气候变化相关立法。中国也顺势于2009年8月提出"要把加强应对气候变化的相关立法作为形成和完善中国特色社会主义法律体系的一项重要任务，纳入立法工作议程"，启动了国内立法工作。

2015年《巴黎协定》出台前后，国际上掀起了第二轮应对气候变化立法高潮，法国、芬兰、韩国和德国地方4个州出台了应对气候变化、能源转型或低碳发展的相关法律，新西兰于2017年9月对2002年出台的《新西兰应对气候变化法》进行了修订。中国在《巴黎协定》出台前也借国际形势将应对气候变化立法项目列入了国务院2016年度立法计划和十八届四中全会改革实施规划。2015年《关于加快推进生态文明建设的意见》和国务院印发的《生态文明体制改革总体方案》均明确要求研究制定和完善应对气候变化等方面的法律法规。2016年国务院印发的《"十三五"控制温室气体排放工作方案》进一步提

出"推动制定应对气候变化法"。但 2016 年美国退出《巴黎协定》在一定程度上削弱了国际社会合作应对气候变化的推动力，也在短期内冲击了各方推进国内应对气候变化法制进程的信心。

当前，《巴黎协定》完成实施细则谈判进入实质性履约阶段，各缔约方的国内立法进程成为保障其自主贡献目标如期落实的关键。2018 年 6 月南非环境事务部就《南非国家气候变化法案（征求意见稿）》公开征求意见，德国联邦环境、自然保护和核安全部 2019 年 11 月正式出台了《联邦气候保护法》，引起广泛关注。中国在 2018 年机构改革过程中，应对气候变化职能从国家发展改革委划转至新组建的生态环境部，为应对气候变化立法迎来新的契机。

二、将温室气体减排目标纳入法律是高水平履约的保障

将应对气候变化目标纳入国内立法能够有效提升国家履约能力，以法律的强制力保障缔约方对于国际公约的履约水平。在法律中明确提出减排目标，一是可为其国内的碳排放总量控制制度、碳预算制度和减排目标分解制度提供法律依据；二是在开展了碳交易的国家和地区，目标入法有利于公众对碳市场具有法律确信，对于碳价具有合理预期；三是能够提高该法的含金量，避免立法成果沦为一个"宣示性""摆着看"的法律，而让其成为一部能够"拿来用"的法，发挥法律在应对气候变化中的推助力。因此，将国家减排目标及配套制度纳入国内法律，成为已开展应对气候变化立法国家和地区的通行做法。

表 2　国外将减排目标和配套制度纳入立法情况

法律名称	法律中确定的核心目标	配套制度
德国《联邦气候保护法》	与 1990 年相比，逐步减少温室气体排放量如下：到 2020 年至少减少 40% 到 2030 年至少减少 55%，到 2040 年至少减少 70%，到 2050 年至少减少 95%	碳预算制度
德国《北莱茵威斯特法伦州气候保护促进法》	将全州的温室气体排放总量到 2020 年在 1990 年排放总量的基础上减少至少 25%，到 2050 年减少至少 80%	目标报告与定期评估制度
德国《巴登符腾堡州气候保护法》	到 2020 年在 1990 年的基础上减排 25%，到 2050 年前减排 90%；巴州所有部门到 2040 年应达到碳中和；同时在全州范围内通过预防性措施适应气候变化的影响	目标报告与定期评估制度
法国《绿色增长和能源转型法》	到 2030 年将温室气体排放降低到 1990 年水平的 40%，到 2050 年将能源最终消费降低到 2012 年水平的一半；化石能源消费到 2030 年降低到 2012 年水平的 30%；到 2020 年将可再生能源占一次能源的消费比重增长到 23%；到 2030 年增长到 32% 提高垃圾循环利用；填埋总量到 2025 年减至目前的一半到 2025 年将核能的占比降低 50%	碳预算制度
墨西哥《气候变化基本法》	将温室气体比照常情景到 2020 年减排 30%，到 2050 年减排 50%，到 2026 年达到排放峰值；在 2024 年之前清洁能源占能源消费比例达到 35%，到 2030 年达到 40% 以上；减少 51% 的黑碳排放；减少因毁林而增加的碳排放；提高国家适应气候变化的能力	碳税和碳交易制度（建设中）

续表

法律名称	法律中确定的核心目标	配套制度
美国《加利福尼亚州全球变暖解决方案法案》	在2020年将温室气体排放总量降低到1990年水平，到2050年在1990年的基础上降低80%	碳交易制度
英国《气候变化法》	到2050年将温室气体排放量在1990年的基础上减少80%，2020年在1990年的基础上至少降低34%	碳预算制度

三、通过立法建立应对气候变化管理体制

虽然世界各国的国体、政体不同，立法习惯差异较大，但是重视应对气候变化问题的历史时间差不多，减缓和适应气候变化的手段和路径相似。已经开展应对气候变化立法的国家和地区，大多通过立法建立了应对气候变化的管理体制，通过立法回答了应对气候变化"由谁干、干什么"的问题。

（一）通过立法成立高级别、跨部门、综合性的应对气候变化协调组织

很多国家都专门建立了应对气候变化跨部门组织或办公室，协调多部门的应对气候变化管理职责。南非《国家气候变化法案（征求意见稿）》规定在法案生效两年内成立跨部门的国家环境可持续发展工作组织，以协调落实法案中的各项目标和措施。韩国绿色增长委员会由财政部、教育科学技术部、知识经济部、环境部、国土海洋部等部门的代表担任委员，由总理与总统指派的人共同担任委员长。菲律宾气候变化委员会直接隶属于总统办公室，是唯一可以代表菲律宾接受应对气候变化国际捐赠的国家机构。该国的气候变化法赋予了教育厅、内政部、环境与自然资源部、外交事务部、新闻局、金融机构、地方政府和政府学院等相关政府机构与应对气候变化有关的职能，并规定了部门间的协调原则。

（二）通过立法明确应对气候变化主管机构

世界各地虽历史变迁有别，政府管理体制殊异，但应对气候变化管理多起步于20世纪末、健全于21世纪初，很多国家和地区在其气候立法中明确规定了应对气候变化管理机构的地位和职权，通过立法实现气候管理事出有名、事出有据。

德国《联邦气候保护法》授权联邦政府监督落实国家减排目标的职权，在不违反欧盟法律的情况下有权调整各部门的碳预算，无须征得联邦参议院同意。联邦政府部门和直属机构具有实施减排措施的义务。韩国《低碳绿色增长基本法》规定了国家和地方"绿色增长委员会"的组成、职能、运行规则、人员组成及任免等内容。新西兰《应对气候变化法》规定了财政部、国家登记处、国家清单署等机构的职责，构建了新西兰应对气候变化的管理和监督体系。墨西哥《气候变化基本法》设定了包括气候变化委员会、政府内务部气候变化委员会、能源和气候变化局、顾问班子以及州政府组成的国家应对气候变化体系。美国加利福尼亚州的《全球变暖解决方案法案》建立了加州应对气候变化的管理监督机制，明确由加利福尼亚州空气资源委员会主管温室气体减排事务。菲律宾《气候变化法》新设"气候变化委员

会"作为国家应对气候变化主管机构，详细规定了委员会的组成要求、职权、会议和报告制度，以及委员的任职资格、任期和报酬等问题。

（三）通过立法明确政府应对气候变化管理职能

各国国内应对气候变化管理机构的法定职责大体包括以下几个方面。首先是设定并督促落实减排目标。例如美国《加利福尼亚州全球变暖解决方案法案》规定由"空气资源委员会"负责提出2020年前分阶段的减排目标和初期行动目标，并负责监督法案实施。英国《气候变化法》建立了独立于政府的应对气候变化委员会，负责对碳预算的制定和分配提出建议，制定年度进展报告，并监督政府落实预算目标的情况。其次是为实施法律制定气候政策。例如加州在法案中只规定了碳交易的管理机构、交易种类和范围等几项最基础的内容，授予空气资源委员会制定具体交易规则的权力。最后是负责组织开展气候变化宣传与合作。例如《新西兰应对气候变化法》规定由财政部负责以国家的名义进行减排量海外交易，由国家登记处负责与海外进行减排信息交流。

（四）通过立法明确应对气候变化的宗旨和原则

国外很多国家和地区均在应对气候变化法中开宗明义地指明了立法的目的和宗旨，其中大多数立法旨在履行国际公约义务、促进地区低碳经济转型、减少温室气体排放和气候变化的不利影响。

表3　主要国家或地区应对气候变化立法的目的和宗旨

法律名称	立法目的和宗旨
德国《联邦气候保护法》	宗旨是保证完成德国气候保护目标以及确保遵守欧洲目标规定，以免受到全球气候变化的影响。依据《联合国气候变化框架公约》下《巴黎协定》规定的义务，即要将全球平均气温较工业化前水平的升高幅度控制在2℃之内，并尽可能把升温控制在1.5℃之内，努力将全球气候变化的影响保持在最低水平。为了避免对气候系统的人为干扰，应最大限度减少温室气体的排放，在21世纪中叶实现温室气体净零排放
瑞士《联邦二氧化碳减排法》	旨在减少因使用化石能源而产生的二氧化碳排放，同时相应减少对于环境的有害影响，有助于能源的经济、高效利用，有助于增加可再生能源利用
法国《绿色增长和能源转型法》	鉴于今天使用的大部分能源都是污染的、昂贵的并来自不可再生的化石能源。能源转型旨在为法国确定后石油时代中，新的、更加稳定和可持续的能源发展模式，以应对能源供应、油价攀升、资源枯竭和环境保护带来的挑战
德国《巴登符腾堡州气候保护法》	立法目的是在国际、欧洲和国家气候保护目标的框架内，通过减少温室气体排放，为气候保护做出适当贡献，同时也为可持续能源供给做出贡献。旨在规定巴登符腾堡州减少温室气体排放的目标，细化气候保护的相关事项，规定必要的实施手段

《联合国气候变化框架公约》第三条提出了国际应对气候变化的原则。国外很多已开展应对气候变化立法的国家或地区均将国际条约的原则内化为国内法律原则，成为其制定应对气候变化政策、采取减缓和适应气候变化措施的根本遵循。

表4 主要国家或地区在立法中确定的应对气候变化原则

法律名称	立法原则
南非《国家气候变化法案（征求意见稿）》	应遵守《国家环境管理法》规定的国家环境管理原则，以造福人类当代和后代为宗旨，保护气候系统；根据不同国情，承认国际公平原则、各国共同但有区别责任原则和各自能力原则，需要根据国情和发展目标，确保人人公正地过渡到环境友好的、可持续发展的经济和社会
墨西哥《气候变化基本法》	可持续开发和使用生态系统及共要素；国家和社会在采取减轻和适应气候变化行动方面承担共同责任；预防原则；公共参与原则；环境责任原则；透明度和公平获取信息的原则
新西兰《应对气候变化法》	缔约方应在公平的基础上，根据共同但有区别的责任和各自能力，为人类当代和后代利益保护气候系统；发展中国家缔约方的特殊需要和情况，特别是那些易受气候变化不利影响的缔约方，尤其是在公约下承担不成比例或不正常负担的发展中国家缔约方，应予充分考虑；应采取必要的措施预防或减少气候变化的不利影响；各方有权促进可持续发展，保护气候系统不受人为影响的政策和措施应考虑到各方的具体情况，并符合国家发展战略，同时，经济发展是采取应对气候变化措施的必要保障；缔约方应合作构建一个利于经济可持续增长的开放的国际经济体系，能够有利于所有缔约方特别是发展中国家缔约方解决气候变化问题

四、国外应对气候变化立法成果对中国的借鉴与启示

应对气候变化是近 40 年才受到人类广泛关注的领域，没有足够的时间和实践积累来走如民法、刑法那样"长期社会实践—形成不成文的习惯规则—立法权威部门对习惯规则进行归纳和确认—形成法律条文"传统法律部门的立法道路。国内外控制温室气体排放的实践积累尚未形成明显的习惯规则，在此情况下开展立法工作是白纸作图，已经开展应对气候变化立法国家的经验教训是中国开展立法难得可以借鉴的地方。

（一）通过立法确定国家高质量履约的定性目标

中国已建立包括五年规划目标、中长期碳强度下降目标、峰值目标的减排目标体系，既是促进国内低碳转型的必要条件，也体现了中国作为负责任大国积极应对全球气候变化的国家态度。

法律以国家机器的强制力成为能够确保实现国家应对气候变化系列目标的最重要手段。因此，在开展国家应对气候变化立法过程中，有必要将国家应对气候变化的系列目标纳入法律范畴，利用法律的强制力保障目标的实现。

考虑到尚不具备设定全国性定量减排目标的条件，为保障法律的严肃性，建议先将定性的应对气候变化目标纳入立法。同时建议应将中国作为《巴黎协定》缔约方所承担的国际履约义务纳入国内立法，以法律保障国家高水平履行国际公约义务。

（二）通过立法确定国家应对气候变化的管理体制

中国已建立起由国家应对气候变化领导小组统一领导、国务院应对气候变化主管部门归口管理、各有关部门分工负责、各地方各行业广泛参与的应对气候变化管理体制和工作机制。

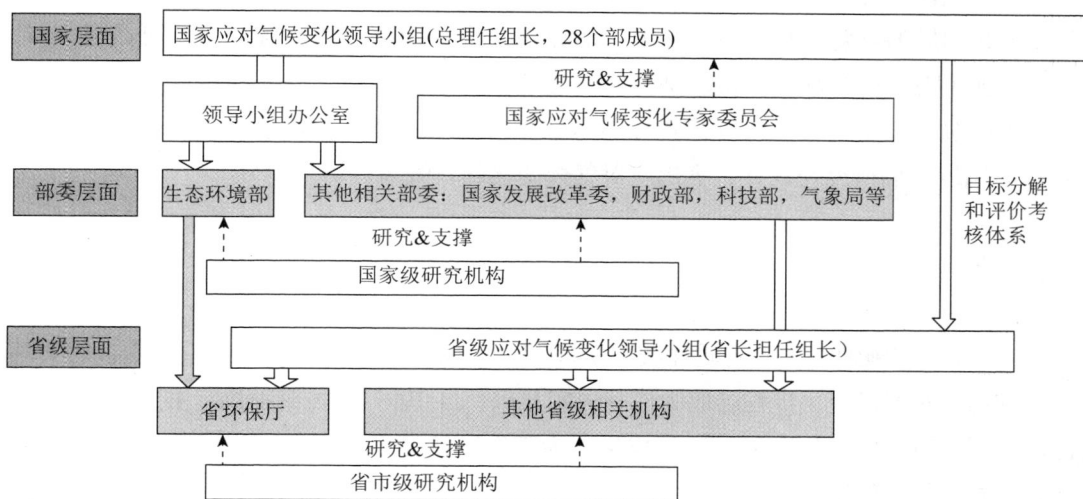

图1 中国应对气候变化管理体制

借鉴相关国际经验，构建应对气候变化管理体系是应对气候变化立法的重要任务之一。建议中国应抓住生态文明法治建设的契机，通过开展应对气候变化立法，建立起统筹国际国内、协调各部门行业、明确国家地方职责分工的应对气候变化管理体制。

（三）通过立法确定国家应对气候变化的法律原则

开展应对气候变化立法的关键任务是要明确提出中国应对气候变化的基本原则，并赋予其法律权威。中国最早于2007年国务院印发的《中国应对气候变化国家方案》中提出了国家应对气候变化的原则。但该方案的出台时间较早，随着相关工作的不断深入，国内应对气候变化应该遵循哪些原则，到目前为止尚无权威定论。

凝练中国应对气候变化的原则应符合以下几个标准：能够与《联合国气候变化框架公约》相衔接、能够全面覆盖应对气候变化各个领域、能够被实践反复证明并广泛认可、能够长期稳定并对未来工作具有指导意义。

因此，建议中国应对气候变化应遵循七大原则：风险预防原则、减适并重原则、政府推动原则、市场引导原则、公众参与原则、公平合理原则和合作共赢原则。鉴于气候变化工作起步较晚、实践积累不足，在当前起草的法律草案中，对很多制度只能进行框架性的规定，无法规制得非常详尽。建议将有关应对气候变化原则的内容放于法律开篇的"总则"部分，以便为其后诸章进行"定调"。未来执法过程中，遇到法律条文中缺乏具体操作依据时，就可从开篇的"应对气候变化原则"中寻求指引。

（四）中国应对气候变化法应包含的主要内容

通过研究国外主要国家和地区应对气候变化立法成果，建议中国正在开展的应对气候变化立法，除了一般法律共有的"总则、激励措施、法律责任和附则"之外，应包含五部分核心内容：管理监督、减缓气候变化、适应气候变化、宣传教育和公众参与、国际合作。其中减缓和适应气候变化分列为两章可突出适应气候变化问题的重要性及"减适并重"的原则，将"国际合作"独立一章可凸显气候变化问题的全球性，与其他生态环境领域立法相区别。同时建议吸收中国应对气候变化制度实践，吸取国际立法经验教训，重点围绕"温室气体排放目标责任与考核""温室气体排放信息报告与公开""碳排放权交易"这3项核心制度开展研究与设计，突出应对气候变化的政策与行动。

五、结语

《巴黎协定》及其实施细则进入实质性实施阶段后，全球气候法治重点已从国际立法转为国内立法，通过法治建设推动应对气候变化进程已成为许多国家共识。自1997年《京都议定书》诞生以来，许多国家和地区已取得了应对气候变化专项立法的成果，为其在法律体系下履行国际条约义务、开展应对气候变化工作起到了根本保障作用。

中国应借鉴国际气候立法经验，基于酝酿10年的应对气候变化立法工作基础，尽快推进法律出台。通过立法明确国家和地方应对气候变化的管理体制，明确应对气候变化的主要原则和核心制度，为国家碳强度下降目标和碳排放峰值目标提供法律保障。

世界氢能发展研究

赛迪智库节能与环保研究所

一、全球氢能产业发展状况

氢应用领域广，能够将不同能源来源和终端用户融合交互，可广泛应用于交通运输、工业生产、家庭生活等各领域。氢能是连接可再生能源与用户的桥梁，通过氢能可以将可再生能源的多余电力储存起来，提高可再生能源的利用率。在交通领域推广普及氢燃料电池汽车，可实现车辆使用阶段"零排放"。在分布式能源发电领域应用，可提高能源转化效率，减少污染物排放。在全球推进温室气体减排的大背景下，氢能产业被称为具有战略意义的新兴产业。发展氢能产业是推进能源绿色化，应对气候变化，带动高端制造业发展的重要举措。为推进氢能产业发展，世界主要国家及相关机构对氢能技术研发及应用高度重视，不仅将氢能产业提升到国家能源战略高度，还出台了相应支持政策和中长期发展规划，旨在抢占产业发展的制高点。

（一）政策环境

人类对氢的认识可追溯到 16 世纪，医生不经意将铁屑投入硫酸中产生气体。1787 年拉瓦锡提出"氢"是一种元素，氢燃烧后产生水，把它命名为"水的生产者"。18 世纪和 19 世纪人们用氢气为气球和飞艇提供升力，到 20 世纪 60 年代氢气作为燃料推动了人类登上月球。虽然从发现氢物质，到作为燃料动力推动人类登上月球，目前已经经历了 200 多年的时间，但由于氢能利用产业链长，自然界没有直接可开发利用的氢资源，氢的制备、提纯、储运、应用等技术要求高等方面的原因，尚未大规模应用。近年来，随着环境问题的压力不断增大，氢能产业技术不断突破，世界主要国家氢能产业发展政策导向逐渐明朗，产业政策体系不完善，部分国家进入实践探索阶段。

（二）国际组织及相关机构

国际氢能相关组织积极推进氢能产业发展，在技术创新、建立标准、组织国际合作等方面起到了重要作用。国际氢能协会（IAHEA）成立于 1974 年，致力于加快推动氢能成为未来世界丰富清洁能源供应的基础和保障，是全球氢能级别最高、影响力最大的非营利性学术组织。创办的《国际氢能杂志》被 SCI、EI 收录；连续举办世界氢能大会（WHEC）和世界氢能技术大会（WHTC）系列国际会议。国际能源署氢能协助组（IEA - HCG）成立于 2003 年 4 月，由国际能源署（IEA）的 24 个成员国共同签署，旨在促进成员国之间在氢能燃料电池领域合作进行技术研发和政策制定等。

国际组织以及相关研究机构，如国际能源署、国际可再生能源署、欧盟委员会等陆续发布氢能发展相关报告，从多个视角入手，持续完善氢能发展的理论体系，对氢能未来做出了乐观判断。国际可再生能源署从氢能与可再生能源协同发展的角度开展研究，认为氢能在各终端部门的应用有助于可再生能源的大规模消纳和高比例发展，有助于推动能源转型进程。国际能源署认为，氢将在工业原料、高品位热源、船舶、重卡、应急保障电源等领域得到大规模应用，实现这些领域的深度脱碳。

（三）主要国家氢能政策及产业进展

近年来主要国家氢能产业发展导向逐渐明晰，确立了氢能产业发展定位，对政府相关部门进行了分工，制定氢能发展技术路线，持续支持氢燃料电池技术研发，开展氢燃料电池试点示范与多领域应用，不断完善氢能产业政策体系。美国、日本、韩国、欧盟等分别制定了氢能发展战略，明确了氢能产业定位。

1. 美国

美国 20 世纪 70 年代开始发展氢能。随着石油危机在世界范围内的爆发，美国政府与工业届开始关注能源替代方案，其中氢能是重要的组成部分。1970 年，通用汽车技术中心针对"化石能源经济"首先提出"氢经济"。20 世纪 80 年代，随着石油危机的缓解，美国对氢能源项目的研究投资大幅减少，直到 90 年代，人们开始关注全球气候变化与能源危机，节能环保思潮随之兴起，美国才重新提高了氢能研究的优先级。

21 世纪初，美国政府希望重塑美国能源政策体系，氢能逐渐进入国家能源战略当中。2001 年底，美国能源部召开了"国家氢能展望会"，会上建立了氢、燃料电池和基础设施技术规划办公室，发布了《美国向氢经济过渡的 2030 年远景展望》。2002 年，发布《国家氢能路线图》，以氢能经济为基础，提出到 2040 年要全面实现氢经济的目标。2005 年，美国将氢能列入主流能源选择之一。2006 年，美国能源部制订了《氢立场计划》，进一步对美国氢能发展过程中可能遇到的问题进行了讨论。2015 年，美国提出推动氢能大规模生产与应用。2019 年，美国能源部（DOE）投资 1200 万美元，用于支持氢燃料相关技术研发。DOE 主导的燃料电池 8 级卡车发展目标已于 2019 年 12 月 12 日获批，明确了未来 5 - 10 年燃料电池卡车的发展路径。

由于美国联邦制的特点，各州氢能政策和发展状况有很大不同。目前美国 50 个州中有 46 个州安装了氢能相关的设备，其中加利福尼亚州、纽约州、亚拉巴马州等 9 个州除了有氢能的生产线、供应商以及相应的项目之外，还成立了相应的部门来负责氢能及燃料电池产业的发展。美国的氢能行业代表企业较多，多数分布在氢能政策较好的州。

比如在氢燃料电池汽车、叉车方面，普拉格动力公司位于纽约州，是一家系统集成供应商，主要产品是用于叉车的质子交换膜燃料电池系统。生产固体氧化物燃料电池的代表企业布鲁姆能源位于吉利福尼亚州，公司与谷歌、联邦快递等科技公司合作，提供部分燃料电池发电站的建设。联合技术动力公司主要生产建筑用燃料电池、巴士、汽车用燃料电池等，位于康涅狄格州。空气产品公司在加氢站领域具有优势，公司位于宾夕法尼亚州。

燃料电池汽车方面，从 2013 年到 2018 年，美国累计燃料电池汽车销量从 14 辆增加至 5905 辆，年复合增长率高达 235%。根据美国可再生能源实验室的数据，截至 2018 年 8 月，美国有 32 辆燃料电池巴士投入示范运营，到 2020 年计划新运营 35 辆燃料电池巴士。截至 2019 年 5 月，美国共有 6547 辆燃料电池汽车投入运行。燃料电池叉车已在美国应用，目前全球最大的燃料电池叉车企业在美国已生产超过 25000 辆，累计运行时间超过 1.8 亿小时。

2. 日本

日本从国家安全和可持续性发展的角度，为摆脱对石油和电力的依赖，将氢能的利用和车用氢能的普及长期作为国家战略来推进。近年来，日本采取各种优惠措施，扩大氢能终端产品市场，极大推动了氢能和燃料电池领域的技术突破和产业进展。2015 年，日本政府和企业共同将 2014 年称为"氢能元年"，宣布在未来进一步加快氢能产业化的步伐。2017 年 12 月 26 日，日本政府发布了《氢能源基本战略》，将氢能源视为保障能源安全与应对气候变化的"撒手锏"，提出了到 2030 年实现氢燃料发电商用化，到 2050 年燃料电池汽车全面普及，燃油汽车全面停售的"氢能社会"国家战略及具体行动计划。

为确保《氢能源基本战略》的顺利实施，2019 年 3 月日本氢能与燃料电池战略委员会进一步更新了 2014 年首发、2016 年修订的《氢能与燃料电池战略路线图》。旨在确保 2017 年 12 月发布的《氢基本战略》和 2018 年 7 月发布的第五次《能源基本计划》目标顺利达成。新路线图是日本"氢能社会"的政产学研行动计划，规定了基础建设和成本突破的目标，以及实现这些目标的必要措施；成立了专家委员会，评估审查路线图各领域执行情况。

在氢能产业方面，日本车企优势明显。1997 年，丰田推出全球首款量产的混合动力乘用车 PRIUS，2014 年 12 月，在此基础上丰田在日本正式推出了燃料电池乘用车 Mirai，在日本的试验工况下续航里程达到 700 公里，2015 年开始销售范围扩大到美国和欧洲。如今 Mirai 在日本、美国、欧洲区域共 9 个国家进行销售，并在中国、澳大利亚、加拿大和阿联酋联合酋长国进行验证试验。年产量从 2015 年的 700 辆，到 2017 年的 3000 辆，并计划在 2020 年前后将 Mirai 产销量扩大到每年 3 万辆。2008 年本田以美国标准推出了新型燃料电池汽车"FCX Clarity"。2013 年本田与通用达成战略协议，经过与通用合作，2015 年的东京车展上，本田正式推出 Clarty，并于 2017 年推向市场，其电机最大功率为 177 马力（130KW），加氢时间约为 3 分钟。除了燃料电池汽车之外，本田还投资了 HSHS 智能家居系统（允许氢燃料电池汽车向家庭供电）以及自己的加氢站项目。在分布式热电联供系统方面，松下、东芝等多家电器公司在 2004 年就推出了 1KW 左右的家用氢能系统"ENE - FARM"，截至 2019 年底，日本已有超过 26 万户家庭安装了氢能源燃料电池。日本政府计划到 2030 年，让氢能源燃料电池走进 530 万户家庭，使全国 20% 的家庭用上氢能源。

3. 韩国

韩国与日本类似，能源对外依存度较高，同时存在能源结构不合理，化石能源占韩国总能源使用量的 83%。根据巴黎协议中规定的减排任务，韩国到 2030 年需减少 37% 的二氧化碳排放量。为改善能源结构和环境问题，韩国政府提出了能源过渡政策，建立淘汰核能路线图和生态友好型智能能源基础设施，减少煤炭使用，以提高能源效率，促进低碳高效结构过渡。目前韩国将"氢经济"列为三大创新增长战略之一，从国家层面出台政策大力推动氢能发电，加强氢能基础研发，以确保技术优势。同时，韩国通过增设氢能产业园，发展氢能相关新兴产业，对用于发电、建筑、交通等方面的氢能源产业支持。

韩国政府 2018 年发布了关于韩国建立氢能经济社会的方案，利用可再生能源、天然气、水等制取氢气，建立一个以氢能为主要能源的可持续、低碳社会。2018 年 6 月，韩国发布了《氢燃料电池汽车产业生态路线图》，旨在推动氢能燃料电池汽车的普及。韩国产业通商资源部会同企划财政部等 12 个部门于

2019 年 1 月 17 日正式发布了《氢能经济发展路线图》。路线图提出利用韩国具有优势的"氢汽车"和"燃料电池"建立一个能够引领氢能经济的工业生态系统，成为世界领先的氢能经济领导者。

目前韩国以化石燃料制氢为主，正考虑与澳大利亚、加拿大及太阳能丰富的中东地区加强氢能进口合作，在制氢方面与我国有较大的合作空间。韩国已实现高压气体储运，拥有以蔚山、丽水、大山为中心的氢气管道和高纯度氢气生产技术，可利用仁川、平泽、同样天然气供应基地进行氢气生产与供应。2018 年韩国氢气产量为 13 万吨，预计到 2022 年、2030 年和 2040 年氢气产量分别达到 47 万吨/年、194 万吨/年和 526 万吨/年，氢气价格分别降到 36 元/公斤、24 元/公斤、16 元/公斤。在燃料电池技术方面，膜电极技术已实现自主研发，气体扩散层仍依赖海外进口；高压容器零部件已实现国产化，复合材料等核心材料仍依赖进口。

韩国氢能的应用主要为燃料电池汽车和燃料电池发电两大类。截至 2018 年，韩国燃料电池汽车累计产销量为 2000 辆。路线图提出到 2022 年累计销售 8.1 万辆，其中内销 6.7 万辆、出口 1.4 万辆；到 2040 年累计销售 620 万辆，其中内销 290 万辆、出口 330 万辆，全球市场份额排名第一。2019 年 12 月，韩国国土交通部宣布选择安山、蔚山、完州与全州作为"氢经济示范城市"试点，选择三陟市（江原道）作为氢技术研发中心。韩国政府将在三个示范城市各投资 290 亿韩元（合 1.73 亿元人民币），其中 50% 由地方政府支付。

4. 欧盟

欧盟促进燃料电池和氢能源技术发展成为能源领域的一项战略高新技术，使欧盟在燃料电池和氢能源技术方面处于世界领先地位。高新技术的研究和发展以及新能源市场的建立，主要目的是更好地应对能源和气候变化的挑战，帮助欧盟实现 2020 年的减排目标。欧盟氢能的多数政策是以多国合作的形式支持氢能及燃料电池发展。欧盟于 2002 年成立了氢能与燃料电池高层领导小组，2003 年发布《氢能和燃料电池——我们未来的前景》，制定了欧洲向氢经济过渡的近期（2000 – 2010 年）、中期（2010 – 2020 年）和长期（2020 – 2050 年）三个阶段主要的研发和示范路线图。欧盟燃料电池与氢联合行动计划项目（FCH – JU）于 2019 年 2 月 6 日发布了《欧盟氢能路线图：欧盟能源转型的可持续发展路径》，提出了欧盟首个全面的、量化的阶段性氢能发展愿景，期望到 2050 年能减少碳排放 562 兆吨/年、实现营收 8200 亿欧元/年（约合人民币 6.2 万亿元/年）、提供就业机会 540 万个。

从具体国家看，法国发布《法国氢能计划》，计划从 2019 年起每年出资 1 亿欧元用于工业、交通以及能源领域部署氢气，发挥氢气在减少温室气体排放中的关键作用，打造无碳化工业。

德国政府 2020 年 6 月发布国家氢能源战略，为清洁能源未来的生产、运输、使用和相关创新、投资制定了行动框架，第一阶段从 2020 年到 2023 年，为德国氢能源国内市场打好基础；第二阶段从 2024 年到 2030 年，稳固国内市场，塑造欧洲与国际市场，服务德国经济。作为德国国家创新计划氢和燃料电池技术（NIP）的一部分，氢能示范区（HyLand）自 2019 年初提出以来获得各地积极响应。根据资助类型的不同，德国氢能示范区可分为侧重于理念萌芽或着手组织搭建的地区（HyStarter）、侧重于创建集成概念和具备开展项目可行性分析的地区（HyExperts）、侧重于已着手方案具体实施的地区（HyPerformer）三类。2019 年下半年，德国国家氢能与燃料电池组织先后确定了 3 批次共 25 个氢能示范区试点。与此同时，德国政府在全国范围内开展了 20 个"能源转型实验室"项目，推动氢能在交通、供暖等领域的综合利用，其中 12 家公司将以工业级规模测试氢能技术。"氢能示范区"与"能源转型实验室"将充分发挥区域协同效应，提高绿氢竞争力。

二、我国氢能产业发展状况

我国氢来源广泛，即有充足的工业副产氢，又有大量的可再生能源、波谷电等可供制氢的存量电力资源，有利于支撑氢燃料电池规模化发展。我国氢能产业继 2018 年进入"氢能元年"之后，2019 年进入高速发展阶段。

一方面，国内各地区氢能产业发展规划如"雨后春笋"般陆续出台，逐渐形成了覆盖全国的氢能发展网络格局。据统计，2019 年全年，已有超过 30 个地方政府发布了氢能产业发展规划"实施方案"行动计划，相关的"氢能产业园""氢能小镇""氢谷"涉及总投资多达数千亿元，氢燃料电池汽车规划推广数量超过 10 万辆，加氢站建设规划超过 500 座。此外，氢能还被纳入长江经济带、粤港澳大湾区等区域协同发展规划之中。各地政府在看好氢能发展的同时，也在抓紧时间利用自身优势，抢占产业先机和技术制高点。

另一方面，氢能的能源属性得到初步明确，为理顺氢能管理体制奠定基础。根据 2019 年 11 月印制的《能源统计报表制度》，国家统计局要求自 2020 年起，将氢气和煤炭、天然气、原油、电力、生物燃料等一起纳入能源统计体系之中，未来氢气的生产和消费将被单独统计出来。这一制度调整意味着氢气在获取"能源"身份的道路上，迈进了坚实的一步。氢能首次纳入政府工作报告、首次列入能源统计报表，都体现了国家战略层面对发展氢能的高度重视。在此助推之下，相关政策体系、产业格局都出现重大变化。

广东省和江苏省出台的政策数量明显高于其他地区，特别是长三角、珠三角地区政策数量较多。从政策类型看，氢能专项政策明显少于政策总数，前期大量氢能源相关政策以新能源汽车政策与环保政策的形式发布，随着财政部、工信部等部委《关于开展燃料电池汽车示范推广的通知》的研究起草，氢能专项政策逐渐增多。

从省市发展情况看，江苏、广东、上海最为积极。从产业规模来看，广东佛山仙湖氢谷规划面积最大，达到 47.3 平方千米，其次是江苏如皋氢能小镇 5550 亩、广东茂名氢能产业基地 5000 亩、上海嘉定氢能与燃料电池产业园近 5000 亩，江苏新沂"淮海氢谷"面积约 4000 亩。

氢能产业链关键环节主要包括制氢、储运、加氢基础设施、氢燃料电池以及氢应用等。

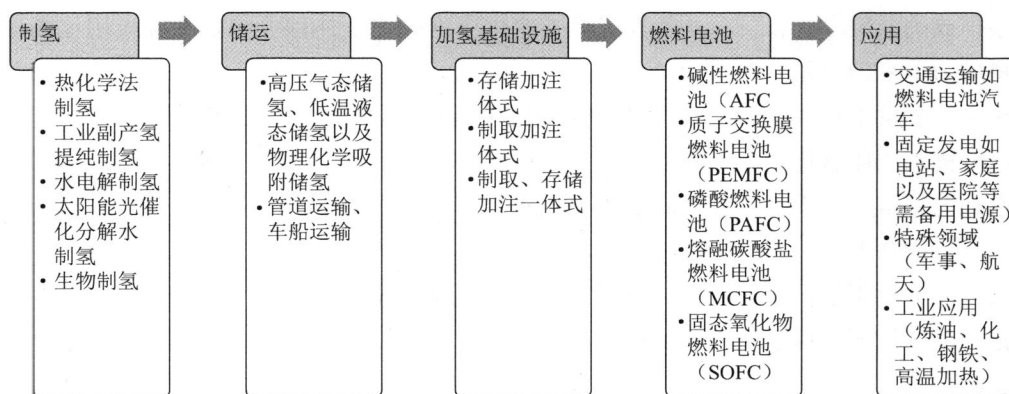

图 1　氢能产业链示意

（一）制氢

1. 技术进展

制氢主要可分为热化学法制氢、工业副产氢提纯制氢、水电解制氢、太阳能光催化分解水制氢、生物制氢等。

（1）热化学法制氢。该方法分为煤气化制氢、天然气重整制氢等，具有原材料量大、制氢成本低等优点，存在产品中可能含有 H_2O、CO、CO_2、H_2S 等杂质，容易造成催化剂中毒等缺点。煤气化制氢首先将煤炭转化为合成气，再经水煤气变换、分离、处理等，提高氢气纯度，是制备合成氨、液体燃料、甲醇、天然气等多种产品的原料。该技术路线成熟度高，可大规模稳定制备氢气，是当前制备氢气成本最低的制氢方式。目前中国能源集团约有 80 台煤气化炉，每年约生产 800 万吨氢气，约为全球专用氢气产量的 12%。澳大利亚正在寻求利用高压部分氧化褐煤生产氢。天然气重整制氢可分为三种方法，其一是使用水作为氧化剂和氢的来源，即蒸汽重整法；其二是使用空气中的氧气作为氧化剂，即部分氧化法；其三是使用水和空气结合，即自热式重整。天然气制氢约占全球专用氢产量的 3/4，约消耗天然气 2050 亿立方米（占全球天然气使用量的 6%）。

（2）工业副产氢提纯制氢。主要是利用提纯技术回收焦化、石油化工、氯碱等行业工业副产氢气，该方法能够提高资源综合利用效率和经济效益，降低大气污染，但存在 H_2O、CO、CO_2、HCl 等杂质，是我国主要制氢方式之一。我国是全球最大的焦炭生产国，焦炭按用途可分为冶金焦、气化焦和电石焦，其中冶金焦约占 90%，并且 90% 以上的冶金焦用于高炉冶炼，我国 1/3 的焦炭来源于钢铁企业自身配套的焦化厂。

2018 年我国焦炭产量为 4.4 亿吨，每吨焦炭可产生焦炉煤气约 350－450 立方米，焦炉煤气中氢气的含量约占 55%－60%。焦炉煤气经净化后可以用于工业与民用燃料、化工原料、还原剂直接还原铁以及采用变压吸附（PSA）提纯技术制取高纯氢。我国烧碱年产量在 3000 万吨以上，2018 年产量为 3420 万吨。目前生产方式以离子交换膜法、隔膜电解法为主，每生产 80 吨烧碱（氢氧化钠）的同时，产生 2 吨氢气。我国烧碱行业 60% 的氢气被配套的聚氯乙烯和盐酸利用，每年还剩余约 34 万吨左右的氢气。全球约 2% 的氢气是烧碱和氯碱电解的副产品。我国工业副产氢资源丰富，可提供百万吨级氢气供应，为氢能产业发展初期提供低成本、分布式的氢源。

（3）水电解制氢。一种将水分解为氢和氧的电化学过程，主要是利用可再生能源电力电解水制氢，是一种近零碳排放的制氢方式，目前具备大规模工业化应用条件，并且可再生能源应用比例的不断提高，水电解制氢将成为未来的重要方向。

随着可再生能源发电成本下降，人们对电解制氢的兴趣越来越大。目前电解槽主要有碱性电解槽、质子交换膜电解槽和固体氧化物电解槽。其系统的效率取决于工艺类型和负载因素，在 60%－81%。电解制氢需要水和电，生产 1 千克氢气，需要 9 千克水、副产 8 千克氧气，目前全球电水解专用氢产量约占全部专用氢产量的 0.1%。

此外，太阳能催化制氢目前处于研究和试验阶段，是未来具有较大发展潜力的制氢技术。生物制氢原料来源丰富、价格低廉，目前处于研发和中试示范阶段，是未来具有发展潜力的制氢技术。

2. 成本效益

煤气化制氢工艺中原料煤是最主要的消耗材料，约占制氢成本的 50%，煤的成本对煤制氢项目起着决定性作用。煤气化制氢约占全球专用氢产量的23%，约消耗煤炭1.7亿吨（占全球煤炭使用量的2%）。目前全球约有130座煤气化厂在运行，其中中国占80%以上，主要生产氨。我国目前煤气化制氢成本在0.6－0.7元/立方米，是最便宜的生产氢气方式。

天然气制氢成本受多种技术经济因素的影响，天然气原料成本占制氢成本的70%以上，天然气价格和资本支出是重要的两个因素。蒸汽甲烷重整（SMR）是目前从天然气中大规模生产氢气应用最广泛的技术，具有良好的经济效益，虽然在SMR工厂中添加CCUS（碳捕获、利用和储存）会导致资本支出增加50%，燃料成本增加约10%，运营成本增一倍，2018年在美国、中东等最有发展前景的地区，其制氢成本在1.4－1.5美元/kgH_2，仍然是成本最低的低碳制氢路线之一。

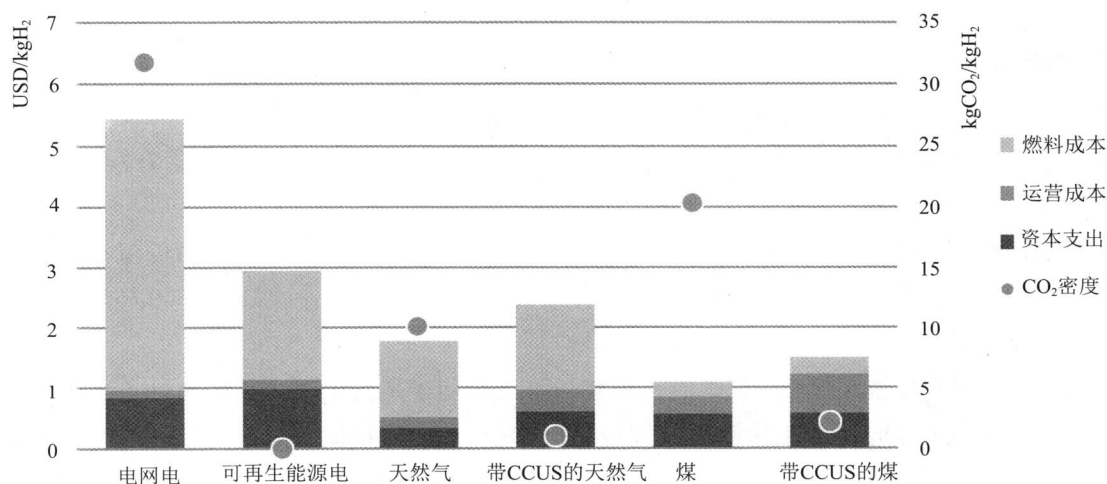

图2　目前我国氢气生产成本　来源：IEA

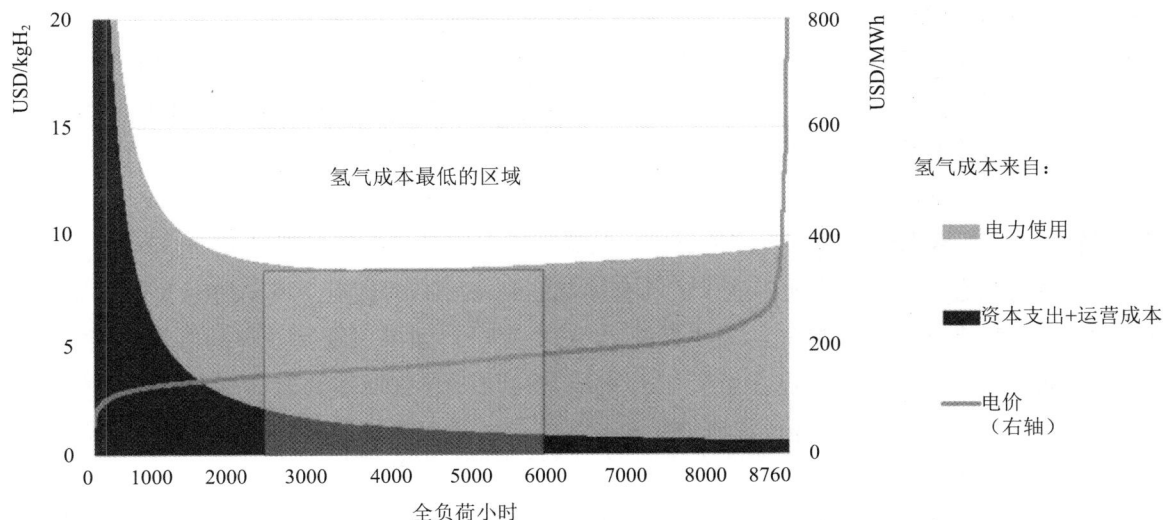

注：资本支出=USD800/kW_{ej}；效率（LHV）=64%；折现率=8%

图3　电解制氢成本分析　来源：IEA

水电解制氢的生产成本受资本支出、转换效率、电力成本、年度运行时间等影响，电解槽分别占碱性电解槽和 PEM 电解槽资本支出的 50% 和 60%。电解制氢电力消耗在 4 - 5 千瓦/立方氢气，电价成本占运行成本的 70% 以上，目前制氢成本约在 30 - 40 元/千克。一般认为当电价低于 0.3 元/千瓦时，电解制氢成本接近传统化石能源制氢。

可再生能源发电水解制氢是大家认为未来制氢的重要方向，电力系统中可再生能源比重不断增加，剩余电力可以以较低的成本获得。但如果剩余电力只是偶尔可用，那么依靠剩余电力制氢将对资本支出以及运营成本带来巨大挑战。保持电解制氢装备有效负荷时间以及合理的电价是电解制氢的关键。

（二）储运

1. 技术进展

根据氢气的储存介质可分为地质储存和储罐储存。地质储存是通过盐穴、枯竭的天然气或油藏和含水层储存氢气，具有显著的规模经济效益、高效率、低运行成本和低土地成本。随着氢气使用量增加，天然气储气库可以转化为氢气储气库，从而降低前期成本。

美国目前拥有最大的盐穴储氢系统，可用于储存附近蒸汽甲烷转化炉 30 天左右的氢气产量，以满足炼油和化学品的用氢需求。英国有三个盐穴可以储存 1000 吨氢气，德国正在筹备 3500 吨氢气盐穴储存示范项目。盐穴储存氢气成本低于 0.6 美元/kgH_2。

枯竭的油气藏通常比盐穴更大，但含有污染物，氢气被用于燃料电池之前需要进一步净化。含水层储存氢气相对于上述两种地质储氢不太成熟。地质储氢是长期大规模储藏的最佳选择，但受地理分布等影响，不适合短期小规模储氢。储存压缩氢或液化氢的储罐适合于小规模的应用，可以随时提供原料或燃料。

根据氢气的储存状态形式可分为气态储氢、液态储氢和固态储氢。其中有机液态储氢和固态储氢处于示范阶段，低温液态储氢在航天领域已得到应用，高压气态储氢已得到广泛应用。

高压气态储氢是将高压氢气充装在储氢容器中的储氢方式，具有容器结构简单、压缩氢气制备能耗低、充放氢速度快等优点，是目前应用最为广泛的储氢方式。目前常用的有高压氢瓶和高压容器两类，其材质由钢质向碳纤维缠绕发展。目前我国燃料电池商用车主要采用 35MPa 碳纤维缠绕Ⅲ型瓶作为车载储氢方式，70MPa 碳纤维缠绕Ⅳ型瓶已成为国外燃料电车乘用车车载储氢的主流技术。

液态储氢分为低温液态储氢和有机液体储氢。低温液态储氢是将氢气温度降至 20.43K（ - 252.72℃）以下将氢气转变为液态氢的储存方式，该方法具有体积储氢密度高的优点（液氢的密度达 70kg/m³），缺点是氢气的液化能耗高（每千克氢气约需要耗电 12 - 18kWh），如果用氢气本身提供这些能量，将消耗 25% - 35% 的初始氢气。我国液氢已在航天工程中成功应用。有机液体储氢是利用部分不饱和有机物（如烯烃、炔烃或芳香烃）与氢气进行可逆加氢和脱氢反应，实现氢的存储。该方式存在反应温度较高、脱氢效率较低、催化剂易被中间产物毒化等问题。

固态储氢是以金属氢化物、化学氢化物或纳米材料等作为储氢载体，通过化学吸附或物理吸附的方式实现氢的储存。具有储氢密度高、储氢压力低、放氢纯度高等优势，体积储氢密度高于液氢。国外固态储氢已在燃料潜艇中应用，在分布式发电和风电制氢规模储氢中示范应用。

氢气的储存方式分别对应不同的运输模式，其中高压气态储运目是前正在大规模使用的方式。从氢的输送距离、用氢要求及用户的分布情况分析，管道运输主要适合于用气量大、用气场合相对集中的地区，管道运行压力一般为 1.0-4.0MPa；车辆运输主要适合于量小、用户比较分散的场合，我国以 20MPa长管拖车为主，单车运氢约 300kg，国外多采用 45MPa 纤维全缠绕高压氢瓶长管拖车为主，单车可运 700kg。

基于目前用氢量相对较少，受成本和技术的限制，未来一段时间内高压储氢的氢气拖车仍是最优选择，其经济运输半径为 200 公里以内。液态储运通常适用于距离较远、运输量较大的场合，采用液态储运能减少车辆运输频次，提高加氢站单站供氢能力。液氢罐车可运 7 吨，铁路液氢罐车可运 8.4-14 吨氢，专用液氢驳船运量可达 70 吨。液氢储运将是氢能广泛应用后运输的主要方式之一，目前我国没有液氢储运的相关标准规范。固态储运目前仍在探索阶段，具有发展潜力。

2. 成本效益

氢气具有较高的质量能量密度，但标准大气压下体积能量密度较低，使用过程中须将其进行压缩或液化，以提高单位体积氢的含量。在压缩、液化、运输过程中较液化天然气成本要高，其不同储运方式运输成本如表1。

表1 氢不同运输方式的技术经济比较

序号	储存方式	运输工具	压力（MPa）	载氢量（kg/车）	体积储氢密度（kg/m³）	成本（元/kg）	能耗（kwh/kg）	经济距离（km）
1	气态储运	长管拖车	20	300-400	14.5	2.02	1-1.3	≤150
		管道	1-4	—	3.2	0.3	0.2	≥500
2	液态储运	液氢槽罐车	0.6	7000	12.25	15		≥200
3	固态储运	货车	4	300-400	50	—	10-13.3	≤150
4	有机液体储运	槽罐车	常压	2000	40-50	15		≥200

数据来源：赛迪智库根据相关数据整理。

（三）加氢基础设施

1. 技术进展

按照氢气的来源加氢站可分为三类。一类是存储加注一体式，氢气从制氢处被拖运到加氢站，在站内完成氢气的卸载、压缩和储存，供加注用。二类是制取加注一体式，即加氢站建有制氢装置，在加氢站完成氢气的制取，经压缩后储存，供加注用，主要位于工业园区。三类是制取、存储、加注一体式，即加氢站建有制取装置，又具备外地来氢存储加注功能，主要位于工业园区。目前以存储加注一体式为主流形式。

按照供氢压力等级不同，加氢站可分为 35MPa 和 70MPa 压力供氢，其对应氢气压缩机工作压力为 45MPa 和 98MPa，对应的高压储氢瓶压力分别为 45MPa 和 87.5MPa。

2. 成本效益

目前我国加氢站建设成本比较高，其中设备成本约占 70%，据测算，建设日加氢能力为 500kg、加注压力位35MPa的加氢站约在1200万（不考虑土地费用），相当于传统加油站的3倍，对于商业化运营的加氢站，还需考虑设备维护、运营、人工、税收等费用，按照目前的加氢状况，加注成本约在13－18元/千克左右。

（四）氢燃料电池

1. 技术进展

燃料电池装置是氢能广泛应用的途径之一，通过燃料电池装置可实现氢能的移动化、轻量化和大规模普及，可应用于交通、工业、建筑、军事等方面。燃料电池可分为碱性燃料电池（AFC）、磷酸燃料电池（PAFC）、熔融碳酸盐燃料电池（MCFC）、固态氧化物燃料电池（SOFC）以及质子交换膜燃料电池（PEMFC）。其中熔融碳酸盐电池、质子交换膜电池和固体氢化物燃料电池是最主要的三种商业化技术路线。燃料电池不受卡诺循环限制，能量转化效率高。目前主流的燃料电池是质子交换膜燃料电池（PEMFC），具有启动快、功率密度高、空气可作氧化剂、无电解质流失等优点，是将来替代内燃机作为汽车动力电源的理想方案。PEMFC工作温度为60－80°C，属于低温燃料电池，缺点是对CO敏感，反应需要加湿。固体氧化物燃料电池具有燃料实用性广、模块化组装、全固态、能量转化效率高、零污染等优点，常作为固定电站用于大型集中供电、中型分电和小型家用热电联供领域。

我国在一系列国家重大项目的支持下，燃料电池技术取得了一定的进展，初步掌握了燃料电池电堆与关键材料、动力系统与核心部件、整车集成等技术，部分关键技术实验室水平已接近国际先进水平，但产业化、工程化水平滞后，总体水平落后于日本等国家。

表2　国内外质子交换膜燃料电池系统技术指标对比

领域	技术指标	国内先进水平	国际一流水平
燃料电池电堆	额定功率等	36KW（在用）	60－80kW
	体积功率密度	1.8kW/L（在用） 3.1kW/L（实验室）	3.1kW/L
	耐久性	5000h	＞5000h
	低温性能	－20℃	－30℃
	应用情况	百台级别（在用）	数千台级别
核心零部件	膜电极	电流密度15A/cm² 电流密度2.5Acm²	
	空压机	30kW级实车验证	100kW级实车验证
	储氢系统	35MPaⅢ型瓶	70MPaⅣ型瓶
核心零部件	双极板	金属双极板处于试制阶段；石墨双极板虽有小规模使用但缺少耐久性和工程化验证	金属双极板技术成熟，完成实车验证；石墨双极板完成实车验证
	氢循环装置	氢气循环泵处于技术空白，30kW级引射器可量产	100kW级燃料电池系统氢气循环泵技术成熟

领域	技术指标	国内先进水平	国际一流水平
关键原材料	催化剂	铂载量约 0.4g/kW	铂载量约 0.4g/kW
		小规模生产	产品化生产阶段
	质子交换膜	性能与国际相当但处于中试阶段	产品化生产阶段
	炭纸/炭布	中试阶段	产品化生产阶段
	密封剂	国内尚无公开资料和产品	产品化批量生产阶段

数据来源：中国氢能联盟。

2. 成本效益

燃料电池电堆由多个单电池、集流板、绝缘板、端板等组成，其中催化剂和双极板的成本占比比较高。目前我国电堆生产主要采用手工制作，裸电堆价格约 5000 元/kw，电堆系统 1.5 万元/kw，批量化生产后价格有较大下降空间。

3. 终端应用

氢的用途目前主要在工业领域，如炼油、氨生产、甲醇生产以及通过直接还原铁方式生产钢铁。其中炼油用氢约占 33%、氨生产约占 27%、甲醇生产约占 11%。

此外，氢在现有工业应用之外的交通、建筑、电力等行业都具有长期的发展前景。

在交通运输领域，燃料电池动力小型汽车占绝大部分。截至 2018 年底全球燃料电池电动汽车累计销售量达到 11200 辆，其中 2018 年销售量约为 4000 辆。美国约占总销售量的一半，其次是日本约占 1/4、欧盟约占 11%（主要在德国和法国），韩国约占 8%。销售的绝大部分燃料电车轿车由丰田、本田和现代生产，奔驰开始采取租赁和销售的方式，促进燃料电池的插电式混合动力汽车的发展。燃料电池叉车已具有商业可行性，据估计目前全球约有 2.5 万辆燃料电池叉车在运行。在公交巴士方面，目前有 11 家以上的公司具有生产燃料电池公交巴士的能力。截至 2018 年底，我国已有 400 多辆公交车投入使用，2017 年欧洲约有 50 辆燃料电池电动巴士投入运营，美国加州 25 辆，其他州约 30 辆。在燃料电池卡车方面，我国占数量的绝大部分，其中上海、江苏如皋等运输车队已投入运营。

此外氢动力火车已在部分国家实施，德国北部正式投入使用氢动力火车在 100 多千米长的铁路上运行。我国首条氢能源现代有轨电车项目已在广东佛山落地。在航空方面，氢燃料作为提高能效，减缓化石能源需求增长的重要选择之一，空中客车在小型飞机上使用氢已开展了可行性研究和示范项目测试，目前氢在飞机的一些辅助动力装置发电中已有应用。在海运方面比利时已有海上内燃机中氢与柴油机联合燃烧的项目，还有 20 多个项目采用 300 千瓦以下的燃料电池用于辅助动力单元。美国、爱尔兰、挪威等国也有燃料电池项目与电池结合使用。

目前在建筑领域，氢作为一种能源使用较少，但各种潜在的用途正在试验中，比如研究天然气网络中混合氢已有 37 个示范项目；英格兰北部的 H21 计划通过管道向建筑物提供 100% 的氢气。在欧洲和亚洲对微型热电联产核燃料电池氢项目进行了示范，特别是日本，预计到 2020 年将有近 30 万套住宅使用氢燃料电池技术。欧洲 11 个国家在住宅和商业建筑中安装了 1000 多套小型固定燃料电池系统。

在电力领域，燃料电池可为移动通信提供备用电源已有应用，为离网村庄、诊所提供电力也有示范。

在未来氢和以氢为基础的燃料，可以作为发电燃料，减少电厂碳足迹，在大规模和长期储存能源，在平衡电力需求的季节性变化以及可再生能源波动性发电方面具有重要作用。日本将氢燃料发电视为实现氢能社会的重要环节，提出到2030年实现氢能发电商业化，发电容量达到1GW，发电成本控制在17日元/千瓦时以内，到2050年发电容量增至15-30GW，成本进一步降低至12日元/千瓦时。

三、中国氢能产业发展趋势展望

（一）国家顶层设计的出台将进一步促进氢能产业协同发展

目前国家层面正在研究制定氢能产业方面的专门政策文件，氢能产业政策文件的出台将进一步促进产业有序发展。根据我国国情和国际发展趋势，将进一步明确氢能利用的主要方面以及政策支持方向，加大氢能基础设施建设支持。一是氢能产业发展的规范和引导将进一步强化。引导地方政府和企业结合本地资源禀赋优势、产业基础和自身竞争力，科学合理布局区域产业。二是产业发展目标进一步明确，科学合理划分产业发展阶段，各阶段发展目标和任务进一步明确。三是产业发展机制进一步理顺，主导者、参与者及其相互关系进一步厘清，有效把握产业发展需求。四是发挥市场经济条件下新型举国体制优势，有可能成立跨部门领导小组，成立具体执行机构，保持氢能推广的统一性和高效性。

（二）国家燃料电池汽车示范城市政策将促进地方积极布局氢能产业

2020年5月财政部发出《关于征求〈关于开展燃料电池汽车示范推广的通知〉（征求意见稿）意见的函》，征求意见涉及北京市、山西省、上海市、江苏省、河南省、湖北省、广东省、四川省八个省市，征求意见函指出，示范工作将重点支持珠三角、长三角、京津冀及中部地区的城市，优先支持工作基础好、资金落实到位、计划目标明确、工作机制创新较为突出的城市，并且还给出了可量化的示范评价体系。预计相关政策出台后在核心材料、关键零部件技术取得突破并产业化；应用新技术的车辆推广应用；氢能供应和加氢站建设上；政策法规环境等方面将进一步优化。

虽然征求意见只涉及了8个省市，但国家层面给出了强烈信号，氢能产业将是一个重要产业。大多数省市都在积极布局氢能产业，比如山东提出通过10年左右的努力，实现山东省氢能产业从小到大、从弱变强的突破性发展，打造"中国氢谷""东方氢岛"两大品牌，培育壮大"鲁氢经济带"。宁夏自治区人民政府发布《关于加快培育氢能产业发展的指导意见》，提出依托现代煤化工、清洁能源聚集优势和石油化工产业基础，发展低成本氢源。

（三）氢能产业链关键环节将进一步突破

氢能作为清洁低碳的能源，在其制备、储运、加注、燃料电池等环节的相关技术基础还比较薄弱。太阳能催化制氢、生物制氢等绿色制氢技术将逐步产业化应用；更高效率的储罐制造技术逐步突破；加氢基础设施中的高压阀、仪表等逐步产业化；氢燃料电池涉及的膜电极、双极板、氢循环装置、质子交换膜、催化剂、密封剂等关键技术逐步成熟。国家及地方氢能政策的出台将进一步加大关键技术材料研发力度，开发新型高效、廉价的氢气制备、运输技术以及高效、稳定的燃料电池技术，推动氢能及燃料电池基础研究、技术开发以及产业化发展。

（四）氢能成本将进一步降低

氢的制备、储运、应用成本是制约氢能产业发展的关键因素之一。国家和地方氢能相关政策的出台，一方面，短期内充分就近利用工业副产氢气，开展工业副产氢提纯配套氢能产业发展试点示范，促进用氢成本的降低。另一方面，可再生能源制氢将快速发展，可再生能源制氢成本逐步降低。其次通过运输、应用环节通过规模化效应，运输、应用等环节的成本将进一步降低。

（五）氢能产业将向多元发展

制氢、储运氢、加氢站以及燃料电池汽车全产业链将逐步打通，我国结合工业副产氢以及新能源发展，开展燃料电池分布式供能和车用动力系统示范，解决国内氢能和燃料电池产业存在的技术开发不充分、产品性能不够完善、缺乏批量生产能力等问题。

我国工业副产氢气量大具有明显优势，以燃料电池汽车和加氢站为重点，将推进氢燃料电池汽车和加氢站建设形成良性循环。此外在氢气富余的区域试点建设氢能发电，氢能发电模式将逐步进行探索。家用燃料电池得到研发，不久的将来氢能将在家庭以及医院等需备用电源的地方推广应用。

2030 中国电力场景展望

毕马威中国

2019 年是中华人民共和国成立七十周年。经过七十年的努力，中国经济已经连续十年位居世界第二大经济体，对全球经济增长的贡献率由改革初期的 3.1% 攀升至 2018 年的 27.5%，并成为影响全球经济增长的重要引擎。伴随着经济的腾飞，中国社会的诸多领域经历了从无到有乃至飞跃的发展历程，经济、政治、文化、社会、生态等全社会文明得到整体提升。

为实现从高速增长向高质量增长的转变，中国经济正在进行一场深刻的变革，从资源投入型的增长模式转向以全要素生产率提升为核心的可持续发展模式。未来十年是中国经济转型升级的关键时期，需要为基本实现社会主义现代化的阶段性目标做好准备，并为在 21 世纪中叶建成富强民主文明和谐美丽的社会主义现代化强国打下坚实的基础。

纵观人类历史上前三次工业革命，可以说能源推动了人类社会的不断发展，也体现着经济与科技的发展水平，能源决定着人类的前途与命运。能源是关乎一个国家社会经济发展的全局性、战略性的议题，深刻地影响着国家的繁荣发展、人民的生活改善以及社会的长治久安。目前，中国已经成为全球最大的煤炭消费国、第二大石油消费国、第一大石油进口国、第三大天然气消费国，同时也是全球最大的可再生能源投资国、最大的电动汽车市场以及提升能源效率的倡导者。然而，中国能源在新形势下正面临着一系列挑战。

宏观经济层面，中国经济将长期处在"新常态"，由高速增长阶段转向高质量发展阶段，外部国际形势正在发生深刻且复杂的变化，新冠肺炎疫情更使全球经济发展充满不确定性。作为推动世界经济增长的重要引擎，中国国内经济运行面临更多的风险与挑战，制造业和民间投资更加趋于谨慎，外需减弱对出口增长形成压力，中国经济内生增长动力需进一步增强。中国经济增长压力对全社会用电量增速将带来不确定的影响，电力企业尤其是电源、电网企业的盈利风险持续加大。

能源安全层面，中国国内油气资源对外依存度过高、生态环境逐步成为能源发展硬约束。国际方面面临着能源"供应中心西移、消费中心东倾"的格局变迁，国际能源治理体系动荡以及关键能源输送通道受地缘政治问题影响显著。2014 年 6 月 13 日，习近平总书记在中央财经领导小组第六次会议上提出"四个革命、一个合作"的能源安全新战略，即推动能源消费革命、能源供给革命、能源技术革命、能源体制革命和全方位加强国际合作。这是中国政府关于能源安全战略最为系统完整的论述，也意味着中国已将能源发展问题融入社会经济发展全局统筹。2017 年，国家发改委和国家能源局联合印发的《能源生产和消费革命战略（2016－2030）》，被认为是能源革命的具体路线图，希冀从根本上推进能源高质量发展。

电力市场化层面，随着电力改革的持续推进，竞争性售电企业在各个省份陆续建立，售电侧竞争尤为激烈。2019 年 12 月，中共中央、国务院发布《关于营造更好发展环境支持民营企业改革发展的意见》，文件中再次重申支持民营资本以控股或参股形式开展发电、配电、售电业务。新市场参与者的竞争将加快电力市场化改革，除此纲领性文件外，市场正在迫切期待实施细则的进一步落地。

国际能源发展与合作层面，中国经济总量的不断扩大带来了能源需求的持续增长，对全球能源市场的影响举足轻重。未来十年中国的能源选择将对全球能源市场、贸易、投资、技术以及全球能源发展共同目标的达成产生深远影响，中国能源发展理念将会在国际能源治理领域发挥重要作用。2015 年 9 月，在联合国成立 70 周年之际，多国领导人通过了《改变我们的世界：2030 年可持续发展议程》，为全球可持续发展描绘了一个新愿景，制定了包括应对全球气候变化在内的 17 个可持续发展目标。

2030 年对于全球社会是一个继往开来的关键时期，既要验收并总结前十五年发展的经验与教训，又要直面世界发展的新阶段，为之后全人类可持续发展奠定基调。

综上，2030 年，中国经济社会和能源电力的发展将在 21 世纪步入而立之年。在这个发展过程中，不能照搬国外，急需顺应中国国情，因地制宜探索一条自己的路。2030 年，中国将不仅是全球能源生产和消费大国，更是能源发展理念的强国，为全球贡献能源高质量发展的中国方案。

一、电力行业发展趋势与挑战

（一）未来电力行业发展的主要方向

数字化、清洁化以及透明化在未来十年全球和中国电力行业发展的主要方向中排名最高，支持比率分别为 84%、76% 和 41%。

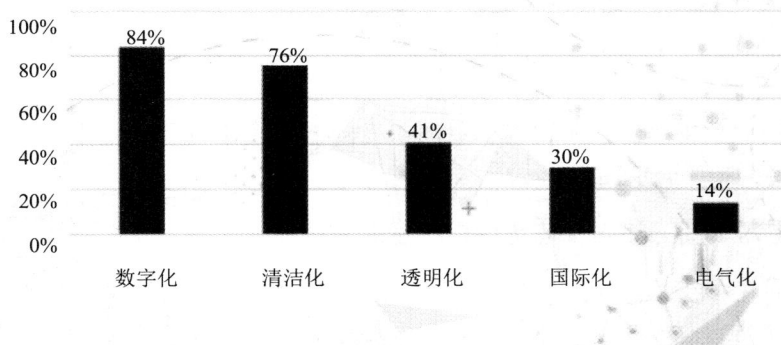

图 1　未来十年全球和中国电力行业发展主要方向
资料来源：毕马威分析

1. 数字化：改变未来能源商业与运营模式

数字化被认为是未来电力行业最重要的发展方向。数字化技术的广泛应用对整体社会经济产生深远影响。以"大云移物智"（大数据、云计算、移动互联网、物联网、人工智能）为代表的数字技术与能源革命必将深度融合，在提升效率和服务水平的同时培育新业态与新模式。

数字化将构筑更高效、更清洁、更经济、更安全的现代能源体系并推动企业架构转型，进行业务重塑。据英国石油（BP）预测，数字化技术广泛应用令 2050 年一次能源需求和能源部门成本降低

20%－30%。

借助数字化手段，能源资源可实现智能化分配、能源效率有效提升、能耗成本大幅下降。另外，数字创新是贯穿所有环节的重要驱动，从"智能电网"到"能源互联网"，数字化已渗透至电力生产、输配、经营以及管理等各个环节。随着产业的转型升级与新型基础设施的建设与完善，未来十年电力行业产生的海量数据将有效联动，进一步提高整个电力网络的运行效率、提升用户体验。电力企业必须不断探索新商业模式与新服务。在数字化下的电力系统中，各个参与者的角色可能会被赋予新的含义，甚至创造出新的角色，出现一个高度互联的系统，传统供应商和消费者之间的界限变得模糊。

2. 清洁化：可再生能源促进能源结构转型

全球气候和环境变化对人类经济社会发展提出了严峻挑战，能源从高碳发展向低碳乃至零碳发展模式的转变已经成为全球的共识。2016年，全球170多个国家领导人共同签署《巴黎协定》，为2020年后全球应对气候变化行动做出安排。中国在《中国国家自主贡献》中明确阶段性目标，到2020年非化石能源占一次能源消费比重达到15%，2030年前后碳排放达到峰值，非化石能源占一次能源消费占比达到20%。随后，中国在《能源生产和消费革命战略（2016－2030）》中明确，2050年非化石能源占一次能源消费比重达到50%。

中国低碳发电技术的迅速发展使可再生能源成本日趋低廉，这将影响中国电力供给的格局。国际能源署（IEA）预测中国太阳能发电平准化成本在2020年左右将低于新建和现役燃气发电，在2030年低于新建燃煤发电和陆上风电，到2040年将低于在运燃煤电厂，成为中国最便宜的发电方式。到2035年，陆上风电平准化成本平均值将低于新建燃煤电厂，到2040年将接近在运燃煤电厂。

另外，煤电在未来一个时期仍是中国最重要的发电来源，但是份额逐渐下降，并于2030年前后达到峰值。更为严格的环保政策的实施与碳税、碳排放交易的压力将迫使部分煤电企业致力于开发更清洁高效的煤电。同时，不断提升的新能源发电渗透率也对煤电灵活性调节潜力的挖掘和释放提出了更高的要求。

综合来看，更受关注的生态文明理念、更加积极的能源政策以及可再生能源发电成本的逐渐下降等因素将成为中国能源清洁转型的重要支撑。

3. 透明化：更为丰富的参与权与选择权改变能源格局

分布式可再生能源、电动汽车、分布式储能及柔性负荷等大规模发展，将大幅度改变全球和中国的能源格局。分布式能源通过模块化或小型化技术，使用户能够在本地发电，结合储能更可以调整使用时间，脱离了传统的自上而下的供电模式，通过数字化和智能终端设备有效提升能源效率。

不同于化石能源发展普遍采用的严格管控方式，以分布式可再生能源为核心的能源"透明化"先锋将赋予全社会前所未有的知情权和选择权，共同探索能源高质量发展的新模式。

如今，区块链技术在能源电力中的使用也将成为电力行业透明化主要推动技术，形成更为分布式的交易环境，这将引领世界能源转型，使之向更加扁平化演进。

（二）未来电力行业的主要竞争者

在针对电力企业未来竞争主要来自何处的问题中，一个有意思的发现是，大部分受访者认为分布式能源的终端用户（62%）、新能源电力企业（62%）和科技、互联网企业（49%）是未来最主要的竞争者，而不是传统的电力企业（16%）。

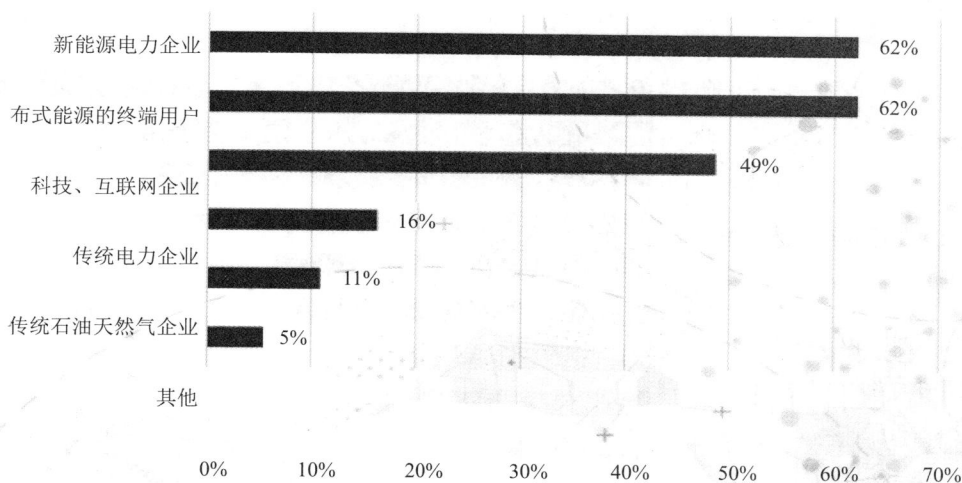

图2 未来十年电力行业新进市场参与者问卷调查

资料来源：毕马威分析

随着电源结构向更加清洁化转变，新能源企业将在电力市场中发挥越来越重要的作用，拥有分布式发电能力的园区成为传统发电、配电企业的有力竞争者。园区分布式发电已经打破了只能自用而无法交易的桎梏，在2019年5月，国家发改委发布了《关于公布2019年第一批风电、光伏发电平价上网项目的通知》，通知公布了国家首批26个分布式发电市场化交易试点名单。自发自用、余电并网是分布式光伏发电的典型模式，开放市场交易有助于让发电企业和用电企业自由交易、高效配置。园区分布式发电市场化交易释放了正面的信号，更多成熟园区将加入进来，在为园区内企业服务供电的同时，通过市场化交易提升发电板块的盈利能力。

同时，新能源企业也是中国电力"出海"国际合作的重要组成部分。近年来，以光伏、水电、风电为主的国际新能源合作通过新能源方案设计、合资设厂、工程承包等多种方式由点到面拓展到全球。由于中国新能源产业链产能在全球范围内的领先地位，新能源企业在未来十年中将继续成为电力行业的强劲玩家。

互联网企业由于其电力使用高耗能的特点，长期以来是电力消费的主要一员。而如今互联网企业与电力企业之间的关系更为紧密，在BAT广泛布局全产业链的时代，电力企业在经营理念上也愈发重视"互联网"思维，提倡"平台化服务、跨界融合、大数据"等理念的综合应用。互联网企业成为电力行业的新进参与者，并不只是反映在直接涉足发电、配电或者售电侧，而是通过其领先的互联网技术更加深入地与电力企业进行合作，通过"传统电力＋互联网"的模式实现传统企业的互联网化、数字化转型，如共同建立数据分析平台实现系统间的互联互通、通过电力大数据分析为企业生产经营活动做出指引和建议。

（三）电力企业面临的重大挑战

问卷调查结果显示，将近100%的受访者表示，电力企业资产结构和布局是未来电力企业面临的最大挑战，超过70%的受访者认为电力交易市场化对企业商业模式与盈利模式的冲击、企业管理能力、技术创新的挑战较为重要。

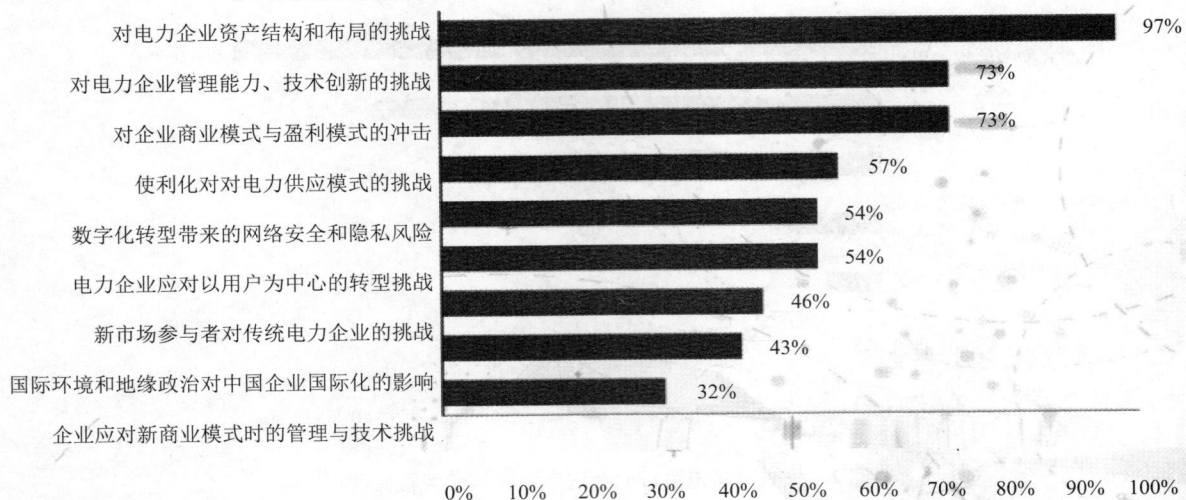

图3 未来十年电力行业面临的挑战

资料来源：毕马威分析

电力企业资产结构和布局的挑战受到近100%受访者的认同。复杂的外部国际环境与新常态的国内经济发展趋势，对电力行业产生重大的影响。面对中国电力行业发展的不确定性，为了取得投资收益最大化、优化资产组合及资源配置实现企业战略目标，有效的资产组合管理变得极为重要，资产组合的战略规划必须考虑多重不确定性的波动性和交互影响。因此，战略性布局可以基于有效的资产组合分析模型，准确衡量复杂因素而帮助制定相应的战略取舍策略，对指导资产投资并购至关重要。

从商业模式与盈利模式的挑战来看，过去中国社会经济高速发展带来强劲电力需求，为电力行业壮大提供了外部动力。随着中国经济增速放缓和经济发展方式转变，市场化改革推进以及新技术带来的产业调整，电力行业的商业模式也在不断迭代创新，传统的规模扩张已经不再满足电力企业未来的发展。能源转型的持续提速和电力体制改革的不断深入，使能源、电力、用户三者之间的关系变得越来越紧密。以客户需求为中心的经营理念创造出更加多元的服务模式，如综合能源服务具有提升能源效率、降低用能成本、促进竞争等特点，使能源的供应、服务、用能等方面日趋多元化。另外，未来商业模式创新也来源于技术突破的应用以及政策扶持的叠加。可再生能源大规模高比例并网带来的安全挑战，以及互联网、大数据、云计算、人工智能等现代信息技术与能源电力深度融合而塑造出的新业态、新模式均待深入的探讨与验证。对于电力行业从业者而言，未来十年是大变革期，也是历史机遇期，尤其是传统发电配电企业，已有的商业模式和经营理念受到冲击，如何在国内外大环境的变迁中，重新思考并布局一条持续、稳定的盈利之路，是企业经营者急需解决的首要问题。

从企业管理能力与技术创新挑战来看，企业管理与技术创新是企业可持续发展最重要的两个内驱动力，商业模式与盈利模式的变革将带来企业管理模式的更新与迭代。这一选项可以理解为是管理能力的创新与技术能力的创新，企业内在软实力与硬实力的双重创新驱动。

二、2030年电力场景构建与展望

（一）电力市场化进展与技术变革是预判未来电力行业的两条主线

为了更好地判断未来电力行业的走向，我们总结了包括经济、政治、社会、技术、环境5个大类，13个小类的54个核心驱动要素。我们请行业人士对这54个因素分别从"影响性"和"不确定性"两个维度对其打分，归纳出影响性最大和不确定性最高的十大因素。在此基础上，通过对两组结果加权平均，我们总结出10个对未来电力行业发展影响最大的关键因素。

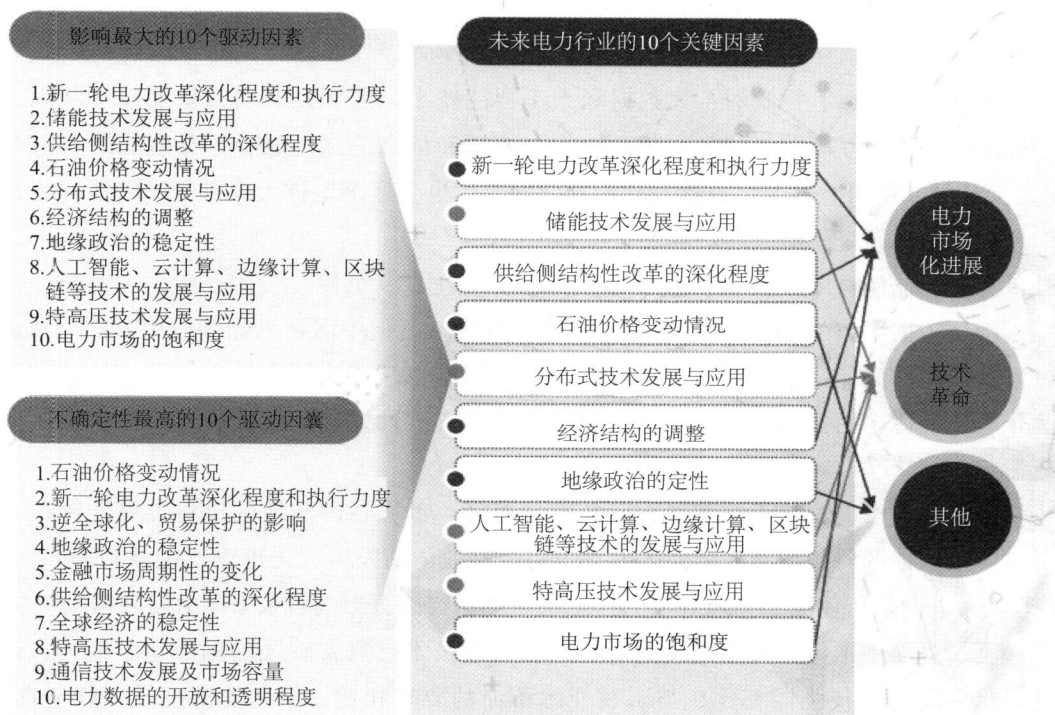

图4　影响性最大和不确定性最高的十大因素

通过分析、比较这十大因素，可以很容易看出电力市场化进展与技术变革是预判未来电力行业发展的两条核心主线。例如，电力市场化进展涉及的核心要素包括新一轮电力改革深化程度和执行力度、供给侧结构性改革的深化程度、电力市场的成熟度。在技术变化方面，受访者们认为储能技术、分布式技术、人工智能、云计算、边缘计算、物联网等技术，以及特高压技术的发展与应用将是未来的核心关注点。

1. 电力市场化进展

中国在不同历史时期反复强调让市场在资源配置中发挥决定性作用，确定市场决定性基础地位，电力市场化改革势在必行。改革初期，各地方在探索如何推进政策落地，如何释放改革的红利，在市场化发展到一定程度并具备市场基础后，顶层设计将对改革详细规则进行统筹，完善各类交易配套规则与衔接体系。如今，中国各种政策目标的设计越来越适应以市场为导向的体制转变进程，使市场在资源配置中起决定性作用。电力行业市场化的改革，也将助力中国向更加清洁低碳、安全高效能源体系转型。

中国能源政策和改革进程决定了中国2030年电力市场体系完善程度和能源体系转型方向。中国电力体制改革历经了漫长的市场化改革之路，主要涉及监管体制重塑、市场竞争主体完善以及市场环境营造。未来电力改革将继续推进市场体系建设，包括逐步放开用户选择权，培育多元化售电主体、进一步提高新能源并网比重及消纳利用水平，发展智能电网、分布式发电、跨省跨区交易等方面，最终实现用户自主选择何地、何价、使用何种电源。经济结构转型以及清洁能源的加速应用均将影响着电力市场化体系的进一步完善。中国经济发展是世界能源需求发展的重要驱动因素，但未来经济结构转型和增长方式转变始终存在不确定性。这些转变涉及政策、生产工艺和生活方式变革，虽然发展趋势较为明确，但具体实践中仍然存在相当多挑战。

2. 技术变革

数字技术方面，云计算、物联网、大数据和人工智能技术是能源互联网的重要技术基础，人工智能技术将以智能电网和能源互联网为依托，驱动电力、能源和信息的深度融合，开启能源和电力发展的全新时代。随着5G技术的日益普及，万物互联的物联网时代也会逐渐走进大众视野，智能化生活将全面来临，但同时增加了电网系统、电力设备的安全可靠风险。

能源技术方面，储能技术发展被广泛关注。据不完全统计，韩国、美国、中国、英国、日本、德国和澳大利亚七国，占据了2018年全球新增电储能市场的94%，但中国在电储能应用方面与技术领先国家还存在较大发展差距。储能技术外，可控核聚变与氢能技术也被视为解决世界能源供给的方案之一。以上述技术为代表的能源电力技术在未来十年是否可以得到突破性发展并有效应用，将对整体世界能源格局带来深远影响。

能源未来蓝图取决于能源技术的发展方向及发展速度。世界各国和地区也将发展能源技术作为产业革命的突破口，采取能源科技创新以增强国际竞争力。高效清洁发电、先进输变电（特高压、柔性直流、超导输电等）、大电网运行控制、储能等电力技术不断创新突破，影响着未来电力发展格局。

对中国而言，虽然中国可再生能源发电、电网运行等技术已具备较强的国际竞争能力，走在世界的前沿，然而与世界能源科技强国相比，与引领能源革命的要求相比，中国能源技术创新还存在着差距，关键核心技术仍待突破。国家相继印发《能源技术革命创新行动计划（2016－2030年）》《能源装备实施方案》等文件，明确了"十三五"乃至国家中长期能源技术创新发展的主要方向，如高效太阳能利用、大型风电、氢能与燃料电池、生物质能、海洋能、地热能、先进储能、现代电网、能源互联网、节能与能效提升等。技术的创新与突破受到研发、市场、需求、国外引进等多方面因素的影响，未来十年，电力关键技术是否能够得到创新与突破仍然存在着不确定性。

（二）万象更新——迎接颠覆性的未来

2030年，电力生态体系高度互联互通，市场参与者更加多元化，商业模式不断创新，消费者享受更便捷的电力服务和更低廉的用电价格，清洁能源占比进一步提升。

政策以及经济环境方面，2030年，经济环境平稳向好，中国经济继续保持了较快的增长，有望成为可持续发展的全球倡导者。同时，中国继续帮助更多的发展中国家改善基础设施，国际影响力不断提高。

中国经济转型进展顺利，促进了能源转型的成功。

技术突破与应用方面，人机物互联互通，状态全面感知、信息高效处理，全部电力产业链的上下游，向上接入了智慧城市，向下包括了智能机器人、智能家居，拉动产业的聚合发展，进而形成能源互联网发展的产业体系。消费者的衣、食、住、行、娱乐、教育、医疗、养老与电力平台紧密结合，"平台+生态"成为电力行业主流发展模式。在用户侧，智能家居和智能生产线应用更为广泛，用户侧"读表"方式发生改变，电量计量由"表计"走向"物计"。需求侧响应的实施个体从"用户"细化到某一耗电设备、耗电环节，整个用电市场体现出更加精细化、颗粒化的特点。

中国拥有世界上最大的数字"居民"，使中国成为数字科技的全球领导者，数字化对中国经济结构进行重塑，第三产业产值占比进一步提升。随着用户用能数据越发云化，用户更加注重用能安全和隐私保护。

在交通领域，因氢能技术的推广以及氢能基础设施的建设，固定线路、固定站点的市内公共交通以及长途运输交通开始采用氢能供给。因动力电池储能技术的突破，新能源汽车续航能力大大提升，电动充电桩等基础设施遍布城市生活的角落。新能源汽车补贴在2020年后被取消，其后的十年中，新能源汽车企业将经历优胜劣汰，优势资源向领先企业集中，在全球范围内形成具有世界影响力的龙头车企。为满足客户群体个性化需求，新能源汽车也在向着更加智能化、网联化、共享化的方向发展。储能电池技术的进步减少了安全事故，新能源汽车因安全、成本低廉等因素更加受到"共享经济"的青睐。

商业模式方面，需求侧响应已经作为售电公司的重要增值业务，售电公司作为集成商参与需求侧响应，以获得更多的经济回报。"海上风力发电+海洋牧场"已成为标配，中国在该项技术上取得领先并出口至周边国家，同时"光伏发电+荒漠治理+扶贫养殖"的配套建设也为西北地区的生态、经济注入了新活力。因为能源技术的突破，能源开发与利用的模式发生了改变，集中与分布式的结合更加紧密；数字技术的广泛应用使物联网渗透到社会经济的方方面面，从倡导"互联网+"逐渐倾向于"物联网+"，由此带来巨量"能源+"的新模式。以电力为核心进行价值创造的数据服务、金融服务、商务服务和知识服务更加普及。

电力市场体系完善方面，电力行业参与主体更加多元化，跨界融合愈显紧密。多元化投资主体在政策鼓励下投资建设运营配电网，各个拥有配电资产的企业间相互良性竞争。政府不再为发电企业下达年度发电量计划，不再设置标杆上网电价，发电企业所发电量、交易电价完全由市场竞争获得，实现通过市场竞争激励发电企业主动发电。

国家出台政策鼓励电力企业在新技术新应用上的创新创业；财税政策更利于市场参与者的进入。电力行业内部打通，电力行业内部价值链贯通，形成新能源云等新兴服务业态；行业跨界的横向融通，使智慧城市、智慧建筑、智慧交通、智慧工业等得到快速的发展。

用电习惯与消费理念方面，电力市场环境成熟稳定，需求侧响应在参与电能量市场的前提下，也参与容量市场，并且在辅助服务市场发挥着重要作用。用户参与权进一步提高，通过能源互联网的数据公开，消费者可以更加便捷地进行能量管理，收到数据反馈并实时响应。

分布式能源的发展形成一种有别于传统的自主发电和用电设备，虚拟体、聚合体等新业态繁荣发展。分布式发电的终端用户将自发多余电力向电网进行输送，或者提供给相邻负荷，这打破了发电侧与终端用户的界限。个人、企业、产业园区、学校、楼宇等单位个体都可以成为电力的消费者与生产者。随着光伏玻璃等新型可再生能源发电设备的量产，用户自主发电逐渐流行，楼宇、家庭节能设计与改造行业出现"独角兽"，同时在用户自主发电的情况下，电网企业利用智能电网与用户自主发电相配合，能够精准地满足用户需求。

生态文明方面，消费者的选择权、话语权、知情权提升，同时由于绿色用电的生活方式深入人心，在生活能源消费的各个环节，人们有意识地选择绿色能源。更多的高耗能企业以及服务中心、数据中心选择清洁能源供给。国家为高耗能企业的绿色替代提供更有吸引力的政策扶持和财政补贴。中国在核技术上处于领先地位，开始对发达国家的核电站项目出口；水电项目由于对生态、物种的影响，受到环保主义者的质疑，跨国河流上水电站的建设进度放缓。

（三）一技之长——颠覆性技术引领行业发展

数字化技术的广泛应用和能源技术的突破催生出新业态与新应用，电力市场化体系的建设尚未完全建立，仍稳健推进，市场主体相对单一，头部企业布局全产业链。由于技术取得突破性应用，具有技术领先优势的企业获得更大的市场。为稳固竞争优势，在技术研发领域的投入越发呈现增长态势，试图凭借技术领先优势开拓全新服务领域。

政策以及经济环境方面，全球范围内逆全球化和贸易保护主义依然盛行，发达国家推进经济全球化发展的意愿持续减弱。逆全球化以及英国脱欧的后续影响将持续到2030年，世界整体GDP增速放缓。中国正在缩小与美国GDP总量的差距，新兴的发展中国家成为世界经济增速的主要贡献者。各个国家制定了更为严格的安全审查和反垄断制度，以"环境规制权"为理由，通过法律和行政手段对跨国企业进行变相投资限制；通过国家安全审查、反垄断审查和诉讼的形式对外资流入进行限制。

技术突破与应用方面，数字化技术与电力技术高度融合，形成广泛互联、智能互动、灵活柔性、安全可控的电力系统。与十年前相比，电网将接受更大规模的分布式以及集中式可再生能源电力，形成成熟的新能源电力输、配网络。储能技术的突破使终端能源利用效率得到有效提升，数字技术与通信技术的深度融合促进了能源、电力、数据多向互动。新一代通信技术使物联网在输、配电系统中广泛运用，令能源消费模式更加地灵活与多样。

中国电力企业凭借技术上的领先优势继续走向海外，中国倡导的能源互联互通正在稳步建设之中，"一带一路"国家之间将继续探索安全、可持续的电力合作方式。

中国已逐步取消新能源行业补贴政策，然而技术的发展使新能源相关产业依然发展向好。数字化技术使消费者用电情景更为丰富，正在改变消费行为模式，因电力的便捷与廉价，家庭能源消耗以及出行方式中，人们越来越多地将目光投向新能源及新能源汽车。在储能等能源技术大力推广下，新能源的使用融入了社会生活的方方面面，各种技术供应商和商业模式也不断涌现。新能源汽车为电网带来了平衡和调节电力分配的好处。以前，这些功能由发电厂提供，但大量分布式电动汽车能够通过控制充电时间，以更低的成本提供同样服务。随着V2G（vehicle-to-grid）技术的发展，新能源汽车具备与专用储能电池备用系统相同的能力。由于技术的领先，新能源的品种开发也更加多样化，摆脱电能的单一化选择，氢能、煤层气等新式能源在整体能源供应中的占比逐渐提高。

电力市场化体系完善方面，电力行业市场化改革的推行受到若干因素的制约。中央各部门之间、中央与地方之间、政府与市场主体之间、电力企业与社会之间的协调依然具有挑战。跨省区交易存在壁垒，市场交易体系不健全、品种不完善，均对清洁能源的跨区交易和消纳规模产生影响。配电存量与增量的区域划分与建设发展在探索中前行，企业投资效益不稳定，运营风险加大。

输配电侧，2030 年中国允许电网公司的 6% –7% 的回报率仍未对外资企业产生较大吸引力。中国国内经营的配电网企业缓慢增加，大多数依然由主网控股、参股，民营资本与外资未能有效进入。大型国有企业仍然是电力市场主力，且正在布局全产业链的发展。技术型、数字型企业作为企业"外脑"与传统电力企业的合作越发密切。

生态文明方面，稳健的绿色与环境政策使中国按部就班完成 2030 年可持续发展目标，清洁能源的广泛使用使煤炭等一次能源消耗量减少，污染防治与碳减排成果显著。

（四）平流缓进——平稳发展，期待突破

中国向国际承诺的可持续发展目标平稳实现，国内主要任务以经济建设为中心，能源电力市场发展平稳。

政策以及经济环境方面，国际环境日趋复杂，地缘政治风险增加，国际合作壁垒日渐加强。中国经济增速平稳增长，但由于外部因素的影响，经济转型和增长模式改变进展缓慢，导致能源转型慢于预期。劳动力成本上升速度全面加快，制造业受资源环境因素的约束也日益强烈。在制造业内部，将会出现以生产集中和专业分工深化为特征的供应链结构调整，基于知识技能积累和劳动生产率提高的生产方式将逐步发挥重要作用，人力资本和技术创新对经济增长的贡献空间和弹性都在加大，服务业的比重将有较大提升。

技术突破与应用方面，数字技术的提升丰富居民用户用电情景，电网公司提倡的综合能源服务使用户用电更加便捷高效。交通领域，按中国电动汽车百人会论坛预测，2030 年电动汽车销量将突破 1500 万辆，保有量有望超过 1 亿辆。伴随着智能化技术的应用，市场已经不能满足单纯充电桩的布局和增加，而是将目光投向建立一套可控、智能、环保的汽车充换电网络。先进的充电技术以及储能技术正在研发并尝试应用中，政府吸引社会资本加入充电网络的建设，充电服务企业与整车制造企业开展商业合作，共同实现电动汽车与充电网络的协同发展。

面对全新的行业挑战及无限的成长空间，电力公司在提高能效并降低成本的同时，正在迫切寻求转型，从而更加灵活地满足未来市场需求。企业在数字化过程中追求客户导向、员工能动、智能运营、数据驱动、实时企业和全球资源的采购共享。在实际中，企业均将通过数字化的转型逐步实现这些目标，最终实现全行业的数字化。在数字化转型周期中，数字化方案供应商、设备提供商将成为新的市场参与者加入电力生态体系。

电力市场化体系完善方面，计划分配电量、政府制定价格、电力统购统销依然存在。电力市场化定价机制仍处于探索阶段。各区域正在探索市场化过渡路径，培育市场主体，分步骤进行市场化改革。多元化的市场参与者没有与电力生态体系高效链接，上下游间，行业内外仍未打破合作的瓶颈。清洁能源消纳依然是困扰企业及国家的重要议题，地区能源电力市场间的不平衡不充分仍然存在。

生态文明方面，绿色低碳的增长方式将受到鼓励，新型产业将加快发展，满足内需的生产能力会有更大增长空间。生态红线、绿证制度效果开始显现，"碳减排"与污染防治开始向好，但因煤炭仍为主要电源，绿色与经济效益的博弈仍然存在，一些企业的竞争能力受到挑战。整体而言，能源电力发展平流缓进，保障中国经济稳健运行。

（五）纲举目张——充分市场化推动产业升级

政策以及经济环境方面，世界经济平稳向好发展，中国经济将由出口导向、制造业为主和粗放投资

的增长模式向内需消费为主、服务业份额上升和努力提高劳动生产率的增长模式转化。在转型过程中，工业化、信息化、城镇化、市场化、国际化发展等趋势出现新的特点。

中国电力市场双向开放的有力推进，吸引越来越多的国际资本进入中国电力市场，中国更多地参与到全球能源治理当中，稳定、安全的地缘政治为中国电力走出去提供了良好的政治环境，中国与周边国家的电力互联网已初具规模，电力贸易日趋频繁。海外市场除了欢迎中国资本投资新能源、电力基础设施外，也在积极筹划进入中国的新途径。在能源电力领域，中外资金合作、技术合作、管理合作愈发深入。

商业模式方面，数据中心、智能家居、智慧城市、智慧车联网以及新科技催生出来的多种业态对电能提出了巨大的需求。互联网企业成为电力体系的生力军，在大数据、云计算、人工智能的作用下，不但成为传统能源企业发展的"外脑"，也在积极地开展能源大数据、能源综合服务业务。

在政策推进以及指标严控下，电价水平进一步下调，发电、输配电、售电等企业利润受到严峻挑战，如何寻找新的收入增长点是摆在电力行业相关企业面前的急迫问题。

企业间形成互联互通互享的生态体系，同时，企业也将目光继续投向海外地区，寻找新的发展。市场正在大力培育多元化市场主体进入电力行业，企业也在更多地了解用户，了解电力供需，使其在电力市场竞价中占有一席之地。

电力市场化体系完善方面，市场化改革高度推进，双向开放提高了中国电力企业在国际上的影响力，国内修改外资准入规定以及具体细则，更便于外资进入。外资企业开始尝试进入增量配电领域。形成跨区送电价格形成机制，积极鼓励电力送出端，能够通过市场化价格传导顺利送到接收端，实现电力资源优化配置。继续推动形成分布式能源交易的价格机制。政府利用大数据把上游资源与终端用户产品价格全产业链监管起来，数据透明。国家在煤电、水电、核电、新能源、增量配电、分布式能源、微网投资上，给予政策指导，让企业进行有效投资，给予政策指导，激励企业进行有效投资。投资打破了地域分割、行业垄断，消除市场壁垒。

能源技术是电力行业投资的重点领域，市场期盼着技术的突破。在国家政策推动下，新能源开发以及应用在世界范围内达到领先水平，但技术的受限使新能源企业在发展和企业效益之间仍无法平衡，企业开始意识到，技术的提升与突破是未来发展的首要核心。虽然能源技术未有重大突破，但是电力市场化的建立健全推进了技术的研究与探索，电力市场将投资风口转向储能等能源技术的开发与使用，政策的制定也更加向技术突破倾斜。

用电习惯与消费理念方面，消费者尤其是工业用电企业有效实施需求侧响应，用电成本更为低廉。消费者享受政策改革红利，购电、用电、电力数据监测在数字化技术引领下挖掘用户信息，为之提供个性化服务。

生态文明方面，中国对碳排放、生态红线的监管更加严格。一些企业无法承担生态红线带来的巨大成本，又无法通过技术手段加以缓解，企业生存成为首要问题。

三、电力企业应对策略

面对未来电力系统发展的多种场景，未来电力行业的变化将非常巨大，且充满着不确定性。电力行业价值链正经历着从"以实物资产管理为核心"到"以实物资产与信息化融合为核心"再到"以数字赋能为核心"的转变。到 2030 年，电力行业的变化可能会冲击过去一百多年人类对电力行业的理解。到 2050 年，整个能源行业格局将发生天翻地覆的变化，从根本上改变人类生活方式。

电力行业生态 1.0 是以实物资产管理和服务为核心定位的，注重物理网络和工程项目的建设，其中发电企业以电力生产为主负责电力的传输和配送，电网企业通过输电和配电将电力发至最终用户，售电企业提供公允的价格和高质量的客户服务。

电力行业生态 2.0 是以实物资产与信息化融合为核心的创新服务变革者，在这个发展阶段，发电企业、电网企业和售电企业的角色发生转变，发电企业在国家政策的倡导下逐步向可再生能源发电转变，电网企业逐步转变为电力生态系统的整合者，而售电企业变成大数据分析的集成建设者，同时在政策鼓励可再生能源、分布式能源、智能化产品等发展的背景下，多种业态的企业共同加入生态圈中，包括迅速发展的高新技术公司、可再生能源清洁类公司以及安防和房地产等公司。

电力行业生态 3.0 是以数字赋能为核心的综合价值创造者，电力行业的发展历程在 2.0 的基础上增加了油气能源企业和清洁能源企业，创造数字化环境，开发数字集成能力，建设数字基础设施，利用数据化平台、人工智能、区块链技术等延展与互联网相关的服务价值链，同时注重跨部门、跨企业和跨行业的协同效应，创造最大的组合价值。

我们针对电力企业的调查显示，为了更好地应对未来挑战，电力企业需要采取一系列的行动，其中，制定数字化转型战略、提升技术创新能力与重新审视企业资产组合和投资战略名列前三，且认同率均超过 50%。

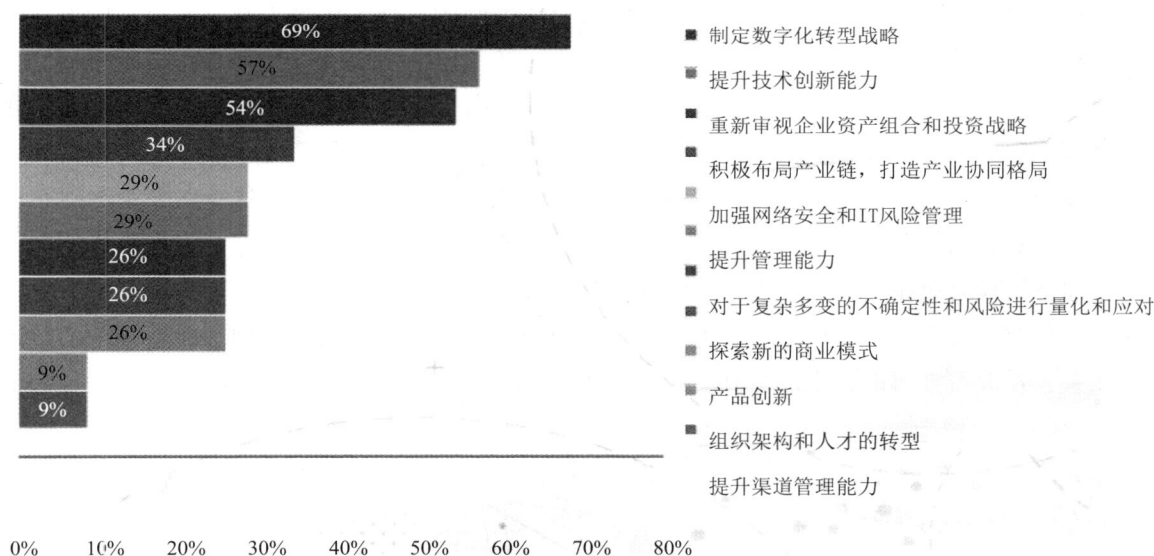

图 5　电力行业应对未来挑战需要采取的应对策略
资料来源：毕马威分析

未来电力行业参与者需要结合电力行业发展方向，重点在战略性布局、稳健决策、重塑商业模式和技术引领四个方向构建企业核心竞争能力。无论未来十年中国的电力行业向哪一个场景发展，出现何种场景下的挑战，以下核心竞争力将对未来的电力行业参与者产生重大影响。

（一）战略布局能力：决定未来行业领导者

投资将是电力行业参与者未来十年战略布局的重要驱动之一。电力市场在发电、输配、消费等方面都将不断发生变化，低碳路径、技术进步、消费者偏好改变、石油和天然气行业平衡转变以及政府政策等因素的复杂相互作用导致对传统电力行业的颠覆，加剧了投资的不确定性。电力行业现在吸引的投资总额已超过了油气行业，煤炭开采投资逐步减少，新的可再生能源的投资会逐渐超过对天然气开采的投资，投资方向主要集中在风能、太阳能光伏和电池技术。随着中国对新能源补贴逐渐减少，原本需要依赖补贴生存的企业需要重新审视重点投资领域。

1. 未来电力行业投资特点

随着新能源发电成本的降低，新建燃煤电厂逐渐变得无利可图。化石燃料发电厂的投资将急剧下降，到2030年将降至仅占新建电厂总投资的3%。在2025年后，新建电力装机投资中超过80%为可再生能源（70%）或者核电（10%）。煤电在未来仍将占据一定比重，传统发电企业需要在清洁高效、设备改造和数字化方面保持投入，提早向可再生能源发电与分布式能源等领域转型布局。

随着可再生能源在发电中的份额上升，市场需要储能等灵活性资源。新的特高压交直流线路将增强中国从资源丰富内陆省份向沿海人口中心输电的能力，提高应对增长的风电和太阳能发电装机的能力。而随着新能源汽车的蓬勃发展，充电桩的铺设为投资者创造了新的机遇。除可再生能源发电与电动车外，新一轮的配电网投资，是投资机构进入电网领域的机会。电网的发展也将带来与电网有关的设备、服务以及大数据运用领域的投资机会。

外部行业的市场参与者也开始布局电力市场。科技互联网企业参与到能源革命与数字革命的融合趋势中，包括智能家居、智能电网、电动汽车和电池与储能技术等领域。传统的石油天然气企业开始转型为综合性能源服务公司，其在融资能力、商品交易和海上风电技术等方面具有优势。多个国际石油公司已经开始通过投资收购等形式布局新业务领域，如电动汽车充电装置、充电网络、充电技术、储能电池等，并通过旗下风投公司在全球进行新能源和替代能源投资。

在中国环保政策与世界气候变化的双重压力下，降能提效仍有较大发展空间。能效政策的范围和功效正日益增强，在政策方面提高能效与国家高质量发展的目标相一致，至2030年，提高能效方面的投资潜力巨大。

2006年开始，最大的能源密集型企业已开始实施目标导向型强制性节能项目。至2030年中国能效年均投资可达近900亿美元，包括家庭改造、写字楼改造、工业领域改造在内的降能提效领域仍有较大发展空间。

政策与产业转移带来了新的国际投资机会，同时前沿技术可能引领未来电力行业变革。在海外投资方面，清洁能源项目是海外投资的大趋势，高耗能企业在东南亚的布局将对该地区用电需求产生推动，可能带来更多的在东南亚投资清洁能源项目的机会。

对海外投资者而言，中国的分布式能源是投资方向之一。分布式能源自2004年提出至今，从研究到试行再到鼓励发展，市场逐步有序推进。现阶段，中国分布式能源产业虽处于发展初期，但鉴于行业发展中的挑战，如设备维修费用高、并网体制机制不完善、政府补贴较少等，使项目可能存在盈利难、落地效果不佳的情况。此外，鉴于分布式能源行业对政策依赖性与投资风险较大的特性，外资企业可凭借其管理经验与核心技术，通过与政府合作降低准入门槛及成本和风险，使项目更加本土化。

2. 资产组合策略

在电力行业发展和更深远的能源体系转型背景下，如何思考和衡量资产组合的价值，采用更为主动的价值管理，是每个电力行业市场参与者必然面临的挑战。有效的资产组合管理是企业盈利的重要条件，由于电力行业投资大、回报周期长的特征，其资产组合战略必须考虑多重不确定的波动性和交互影响。有效的资产组合管理方法对于准确衡量复杂因素从而制定相应战略取舍策略，对指导电力企业产业布局至关重要。

资产组合战略如果无法准确应对不确定性将导致企业重大决策失误和价值损失。传统的估值方法采用静态和被动的思维方式，无法体现未来可以根据不确定性的变化进行策略调整的可能性，甚至可能导致资产组合既不符合长远战略目标，也无法实现最优的平衡增长。对短周期资产的过度关注可能会满足短期目标和短期投资的需求，但无法在风险与回报以及稳定的现金流之间取得长期的平衡。

因此，电力企业需要更加全面、严格、灵活的资产组合战略，使企业做出更明智的选择，产生更好的回报，确保企业在高度不确定性下的敏捷性和韧性。首先是思维方式的转变，通过理解不确定性来更加动态地看待投资决策，将价值创造与不确定性所提供的机遇联系起来，使企业了解不确定性对投资的影响，考虑未来的瞬息万变，通过认识灵活度的价值来提高在不断变化环境中的适应能力。

企业将需要建设新的能力来制定资产组合策略，从而在整个价值链中准确把握不确定性和灵活度的关系。数字化和科技的发展使数据分析能力和庞大的计算能力能够帮助企业回答各个资产战略价值和不同资产价值关联性问题。数据分析、算法和结果阐释的能力是基础，而推理、直觉和创造性思维也至关重要，这对企业提出了在业务、文化和技术等方方面面进行组织转型的挑战。

敏捷性和韧性对于优电力企业尤为重要。企业通过监控战略和投资决策的经济影响，迅速调整资源配置，做出灵活的投资组合决策，并根据需要重新确定技术投资的优先级。业务的观察和结果会反馈到资产组合评估过程中，周而复始。最敏捷的企业将不断利用这些能力来塑造可持续发展的良性循环和提高自身的韧性，在竞争中脱颖而出。

电力企业投资全周期依据不同的价值维度对投前、投中、投后全周期的价值构成进行区分，即：资本成本，明确各阶段项目融资结构、融资成本等管控的方式、方法及原则；资金运用，明确境外投资单项资产的价值构成与资产组合的价值构成，明确全球资产规划及市场布局；资产运营，明确项目运营管控过程中的收入、风险、成本等关注重点与管控原则；价值提升，明确实现全球资产组合价值最大化的保障机制、原则及方法。

围绕全球资产组合价值最大化的目标，对贯穿投资全周期价值管理的驱动因素及实现杠杆进行分解，以资本结构、资金运用、资产运营、价值提升四大维度为抓手，以保障机制为基础，运用动态价值理论，对全球资产组合价值进行拆分。在传统的财务价值的基础上，提出风险价值与战略价值作为实现"全球资产组合价值最大化"的重要价值构成，通过优化投资管理全周期资本结构、资金运用、资产运营及价值提升四个环节的价值管理，实现全球资产组合价值最大化。

当然，资产组合分析模型的建立面临多重复杂因素和挑战。市场和行业的迅速变化、监管政策的不确定性、技术的创新与突破、消费者行为和习惯的演变，加之以行业的资本密集型和高成本特点，更加剧了对资产组合模型的挑战。一个好的资产组合模型应当考虑在电力行业价值链中的所有重要决策环节，覆盖所有未来可能的场景，从而帮助管理者进行更好的决策。

（二）稳健决策能力：实现电力行业价值创造

电力企业的战略决策决定未来电力行业投资市场的布局，如何选择和决策是电力企业战略布局过程中需要考虑的最重要的问题。决策不仅应充分考虑财务价值，同时应该将可能发生的风险以及战略意图对价值的影响考虑在内。

传统的决策方法更侧重于围绕资产的财务价值进行测算，对其财务表现与敏感性进行讨论分析，仅仅把风险视作降低资产价值的影响因素，而忽略了企业进行风险应对时所获得的价值增益，也就是风险带来的价值。

大数据、数据分析和人工智能革命性地影响着人类进行决策的方法。我们正在迅速从传统的依靠直觉的决策方法向基于分析、算法和人工智能辅助的决策方式转变。越来越多的企业开始考虑在传统价值评估基础上思考不确定性和战略选择对价值的影响，在前瞻性思维、数据和复杂的模型与算法基础上，构建基于不确定性和战略灵活度的价值评估方法，通过全面的风险量化分析、战略决策价值量化分析、不同情景下的主动战略选择分析等，更准确地表达复杂和不断变化的未来，追求总体价值最优化和稳健性。

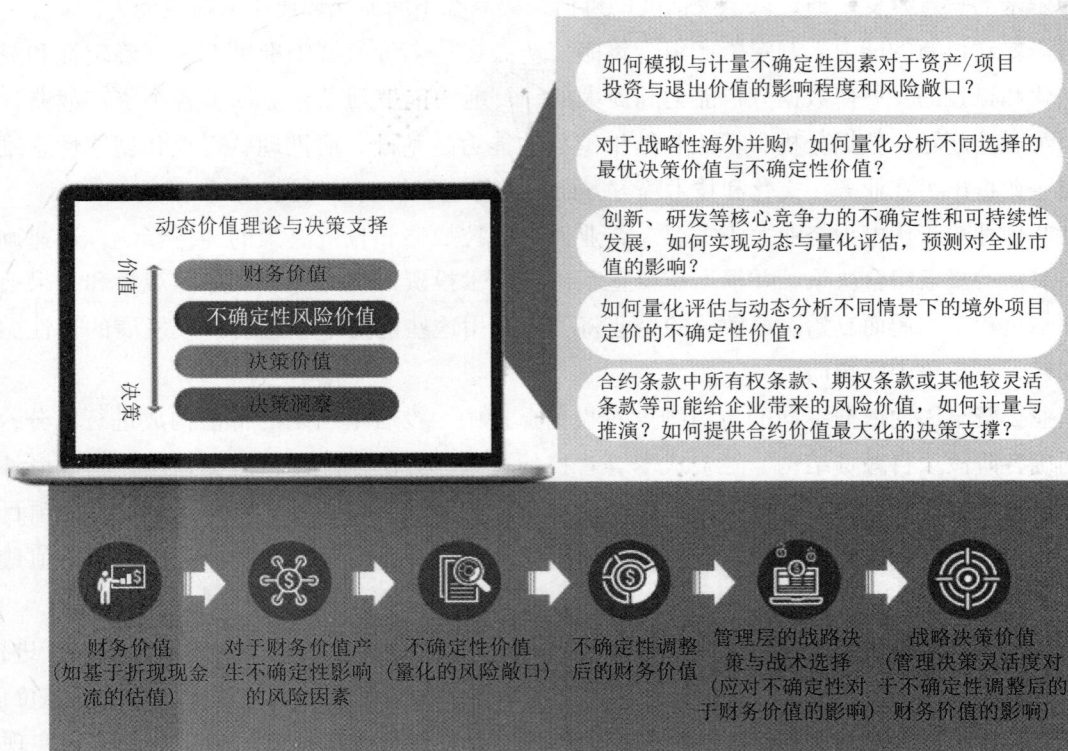

图6 动态价值评估与决策支撑示意

第一层：动态价值分析。通过考虑风险参数和可用战略响应的动态分布/相互作用，分别明确不同价值构成维度下各项决策的财务价值、风险价值与战略价值。动态价值分析是在传统财务价值的基础上建立战略管理、财务管理和风险管理的关联，为在不确定性环境下的战略决策提供支撑。在动态的分析结果下，企业决策考虑了未来不确定性对决策价值的影响，例如市场风险（电价变动、电量变动、竞争对

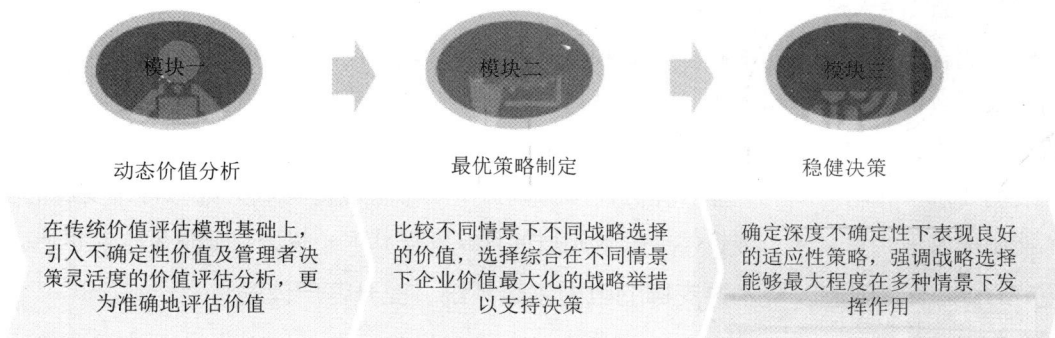

模块一	模块二	模块三
动态价值分析	最优策略制定	稳健决策
在传统价值评估模型基础上，引入不确定性价值及管理者决策灵活度的价值评估分析，更为准确地评估价值	比较不同情景下不同战略选择的价值，选择综合在不同情景下企业价值最大化的战略举措以支持决策	确定深度不确定性下表现良好的适应性策略，强调战略选择能够最大程度在多种情景下发挥作用

图7　针对不确定性与战略灵活度的稳健决策三部曲

手等）、宏观经济风险（利率、税率、通货膨胀等）、政策风险等，同时增加了管理者风险偏好特征以及在决策过程中的倾向，这些都将对投资价值进行一定程度上的补充，促使决策更加符合未来发生的不确定性环境。

第二层：基于情景分析下的最优决策。进一步识别决策所面临的未来情景及相应战略响应，评估各情景与战略响应分布，同时拆分价值分布，基于动态价值分析结果生成针对不同情景的最优决策区间。电力行业决策过程中通过分析不同情景的主动战略应对及战略意图实现对风险和价值的真正量化分析和评估，同时通过前瞻性的思维模式和相对复杂的模型与算法，更准确地反映复杂多变的未来场景，能够有助于分析竞争格局下的风险应对和战略选择。

第三层：深度不确定性下的稳健决策。在面临深度不确定性时，追求决策的稳健性而不是最优性，最大限度降低深度不确定性对于价值的影响。电力企业在寻求技术、战略、商业和运营模式的转型过程中，需要适应新的环境、市场和消费者，以此来提高竞争力，这种转型的能力取决于企业战略决策的制定和执行。由于存在着深度不确定性，管理者在做出战略决策时面临巨大挑战。稳健战略决策方法和价值更准确地分析了动态的复杂性，通过大数据应用、定量模型和专业知识，测试不同战略选择在大量可能未来情景中的适应性，协助电力企业决策者预测或减少不确定性的影响，挖掘可以抵御长期风险的战略决策。因此，尽管缺乏完整和确定的远期信息，决策者依然可以做出短期内稳健灵活的决策。

（三）重塑商业模式能力：应对行业转型挑战

无论是传统的电力企业还是新的市场参与者，在未来电力行业发展中都需要不断构建新的商业模式和盈利模式，与企业战略发展相适应，并辅以支持商业模式的转型和落地实施路径，以应对不同情景带来的挑战。商业模式重点应该考虑以下四种构建路径。

1. 由单一业态电力企业转向综合能源服务提供者

随着新业态、新模式、新技术的发展，以传统提供单一业务的电力企业在市场中的竞争力会逐渐减弱，单一的买电、用电已不再是用户的唯一需求，电力企业需要逐步开展自发电、相关数据可视化、电力增值服务管理等业务来增强客户的黏性，需要根据对电力市场需求的前瞻性分析确认自身未来定位，跨行业借鉴先进商业模式，将综合能源服务作为新的利润增长点。

2. 重视跨行业伙伴关系，发展电力新生态

近年来跨行业合作正创造出越来越多的新模式。在未来的电力行业发展中，个人与企业客户对电力增值服务的需求、政府对电力行业的环保要求与数据提供服务方面的要求，都将促使电力企业跨部门、跨企业、跨行业合作，完成电能与其他能源的灵活转化和电力与其他商品的协调配合等，以满足和应对行业不断发展的要求。在与互联网企业合作方面，共享经济、平台经济将成为电力行业发展的方向之一；随着分布式能源的发展，聚合体、虚拟体等模式先后涌现并发展壮大，也为行业带来了新机遇。

3. 打通技术关卡，创造以技术为支撑的电力生态系统，提升客户体验

在数字化发展趋势下，传统的电力企业经营模式已经向用户导向、注重用户体验的模式转变，数字化正在改变客户与服务提供商互动的方式，技术革新带来的行业变革不容小觑。未来的电力企业需要在硬件上升级与客户之间的连接以及公司内部的连接，打破客户线上线下互动的障碍；在软件上创造广泛友好的沟通平台，倾向于设计多种定制化服务，使客户获得快速、直观、简单、轻松、流畅、一致的体验，从而整体提升用户体验。

4. 专注内部能力建设，保障行业转型和战略落地

商业模式的重塑需要配备完善的内部运营管控能力，运营管控能力需承接和展现当前和未来的公司管理及业务发展的需求，是公司战略落地与实施的保障机制。重塑新商业模式的能力对于传统电力企业而言更具挑战。通过设计适应的管控模式，确保组织机构的设置与商业模式发展策略的优先级相匹配，进而形成较好的治理框架和管理文化；建立完备的授权管理体系和高效的业务流程管控机制，保障商业模式、运营策略和具体的流程控制协同发展，同时能够得到普遍认可。

（四）技术引领能力：利用颠覆性的科技力量

数字革命带来的数字化时代是当前各行各业最深刻的发展背景，是决定未来电力企业生存发展的重要因素之一，54%的受访者将数字化转型列为未来企业发展的新动能。

以数字化转型为代表的技术引领能力构建主要从七个方面考虑。

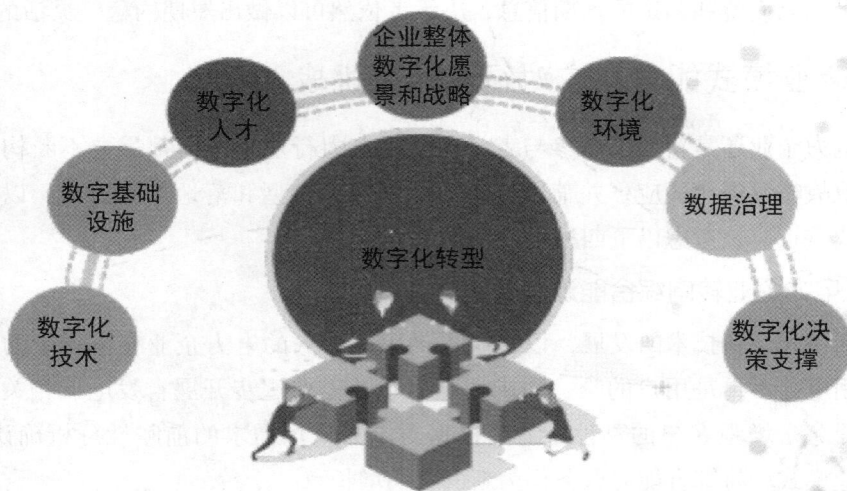

图8　数字化转型能力

企业整体数字化愿景和战略：首席信息官凭借其对企业的综合视角、对核心业务流程的洞见和对数字技术的深入了解，可以与业务部门共同发掘和利用整个企业的协同效应，推广数字化转型的领先实践。

数字化人才：通过建立卓越中心、技术孵化器或与外部咨询机构建立战合作伙伴关系，来获得全业所需数字化人才。

数字化环境：基于数据分析洞察的灵活敏捷流程：实现随时随地并支持任何设备的数据环境。同时随变化而不断调整、优化平台和解决方案

数字基础设施：云环境的快速发展和可用性成为新的解决方案，数据集成能力越来越重要。

数据治理：数字治理可以主动监测不断发展的技术生态系统，并进行相应的调整，以整体和平衡的方式应对风险，并对架构和标准采取严格的方法，以确保新数字技术的一致性和可测量性。

数字化技术：搭建囊括企业内外部数据的大数据平台：利用人工智能、区块链等技术实现业务流程的自动化和专业工作的智能化，通过数据积累与互联延展企业服务价值链，实现数字化、网络化和智能化交付。

数字化决策支撑：建立基于数据和模型算法的可量化经营决策机制，通过前瞻性的思维模式，更准确地反映复杂多变的未来场景，真正实现对未来战略决策的价值评价，从而得出适合企业发展方向的最佳决策。

四、结语

中国的能源电力行业历经70年奋斗取得举世成就，电力企业也在日新月异的高速发展中迈向世界舞台。面对百年未有之大变局，以及工业时代进入数字化带来的发展范式的巨变，若要打造具有全球竞争力的世界一流能源企业，电力行业从业者尤其是领军人更加需要了解未来十年、二十年乃至三十年的行业发展，采用全局性的思维、战略性的眼光以及前瞻性的布局，采取主动，从而抢占先机以应对不可预知的未来。

未来的电力行业向着数字化、清洁化、透明化的方向发展，在此进程中，中国电力行业将与新技术耦合更加紧密，国际多元合作更加深入，清洁能源消纳利用更加高效，电力生态体系建设会更加完善。同时，中国电力行业发展和能源转型也不可避免地遭遇诸多挑战，包括能源电力发展如何应对全球气候变化与生态保护、能源行业壁垒与管理体制障碍、能源转型中的技术适用性和成本可控性以及能源结构与供给消费分布不均衡等。

中国温室气体自愿减排交易发展趋势

美国环保协会北京代表处

2015 年自愿减排交易正式启动后，各国碳市场均引入了抵消机制并进行了不同的尝试和改进，中国温室气体自愿减排交易已经成为中国地方碳市场重要的组成部分，中国全国碳排放权交易体系也将适时引入中国国家核证自愿减排量（CCER）。此外，中国国家核证自愿减排量也已经成为《大型活动碳中和实施指南（试行)》推荐的自愿碳减排指标，以及国际航空碳抵消与减排机制（CORSIA）的合格碳减排指标。

本文旨在汇总中国温室气体自愿减排交易和中国地方碳排放权交易市场的抵消机制设计现状，为今后中国温室气体自愿减排交易发展和中国全国碳排放权交易体系如何引入抵消机制提供参考。

一、中国温室气体自愿减排交易现状

中国国家发展和改革委员会于 2009 年开展了中国自愿减排交易的研究和文件起草工作。2012 年 6 月，国家发改委正式印发《温室气体自愿减排交易管理暂行办法》，并公布了《温室气体自愿减排项目审定与核证指南》，这两个文件基本确立了中国温室气体自愿减排交易项目的申报、审定、备案、核证、签发等工作流程，为其项目的开发提供了依据。

2015 年 1 月，国家自愿排交易注册登记系统的上线，标志着中国温室气体自愿减排交易市场正式运行，中国国家核证自愿减排量（CCER）可以用于企业履约。2018 年 3 月，应对气候变化的职能从国家发改委转隶到生态环境部，中国温室气体自愿减排交易的主管机构也随之发生变化。截至 2020 年 4 月，共有 9 家交易机构、12 家审定与核证机构和 200 个方法学（其中 173 个为清洁发展机制（CDM）方法学转化、27 个为新开发方法学）成功获得备案。中国温室气体自愿减排交易的相关信息，可从中国自愿减排交易信息平台查询，该平台是 CCER 项目公示、备案、签发等信息发布的官方平台，也是方法学等相关管理办法和技术标准公示的综合性平台。

截至 2020 年 4 月，中国自愿减排交易信息平台公示的 CCER 审定项目累计达到 2856 个，备案项目 1047 个，获得减排量备案项目 287 个。备案的 1047 个项目预计年减排 13957 万吨。其中第一类项目 786 个，预计年减排量合计约为 8207 万 tCO_2e；第二类项目 61 个，预计年减排量合计约为 1217 万 tCO_2e；第三类项目 200 个，预计年减排量合计约为 4532 万 tCO_2e。从项目类型数量分布上来看，已备案项目中风电、光伏发电、水电及农村户用沼气项目最多，四种类项目数量约占全部备案项目的 81%。

减排量备案的 287 个项目中挂网公示 254 个，合计备案减排量 5283 万 tCO_2e。从项目类别看，已获得减排量备案且材料公示的 254 个项目中，有第一类项目 139 个，合计备案减排量 1890 万 tCO_2e；第二类项目 17 个，备案减排量 372 万 tCO_2e；第三类项目 98 个，备案减排量 3031 万 tCO_2e。从项目类型看，风电、光伏、农村户用沼气、水电等项目较多，其他项目类型还包括余热发电、生物质发电、土地利用改造和林业碳汇（LULUCF）等，签发项目相对较少。

2017 年 3 月 14 日，国家发改委发布《国家发展和改革委员会关于暂缓受理温室气体自愿减排交易方法学、项目、减排量、审定与核证机构、交易机构备案申请的公告》。根据公告，国家发改委为进一步完善和规范温室气体自愿减排交易，促进绿色低碳发展，按照简政放权、放管结合、优化服务的要求，正在组织修订《暂行办法》。自此，国家主管部门暂缓受理温室气体自愿减排交易方法学、项目、减排量、审定与核证机构、交易机构备案申请。2018 年 3 月机构改革后，《暂行办法》修订工作由生态环境部负责，待修改完成并发布后，将依据新办法受理自愿减排相关申请。目前，在 2017 年 3 月 14 日前签发的减排量的交易、交割、注销等功能不受影响，仍可用于地方碳市场。

二、中国地方碳排放权交易市场的抵消机制设计

在目前的碳排放权交易体系设计中，通常会引入抵消机制，即允许控排企业使用自愿减排指标抵扣其排放量。引入抵消机制的目的一是降低控排企业的履约成本，二是进一步促进低碳发展，鼓励未纳入碳排放权交易体系管控且具有减排潜力的各类项目实现自愿减排，即通过市场手段为能够产生自愿减排指标的项目提供补贴。根据各地方碳市场相关规定，采用自愿减排指标进行抵消时有项目类型、地域、时间等各种形式的限制。

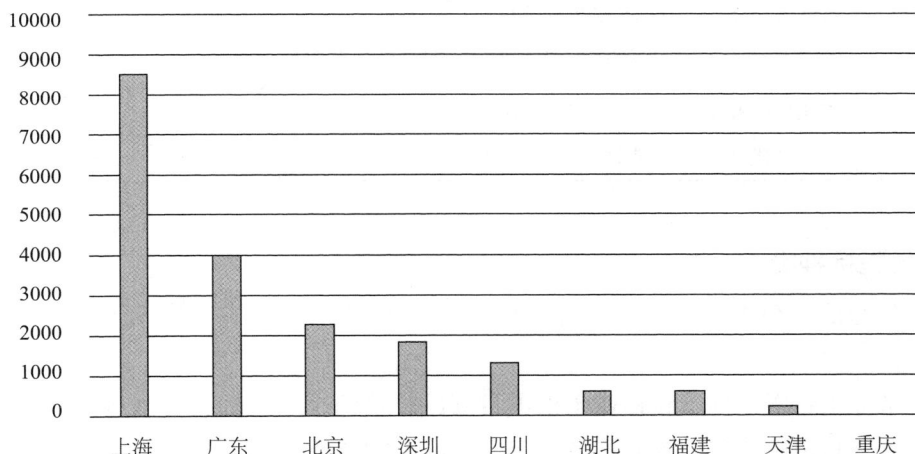

图 1 CCER 累计成交量（万 tCO$_2$e）

（一）八个地方碳市场抵消机制分析

各个地方碳市场对于抵消机制的政策层级设定并不相同。重庆碳市场将有关抵消机制的规定体现在作为纲领性文件的管理办法中，层级最高。北京、深圳、广东、福建颁布了单独的抵消机制管理办法或规定。上海、湖北和天津则对抵消机制的使用出台了相关通知，其效力需要主管部门定期进行明确。

表1 地方碳市场抵消机制相关政策文件

地方碳市场	政策文件
深圳	深圳市碳排放权交易管理暂行办法 深圳碳排放权交易市场抵消信用管理规定（暂行）
上海	上海市2013－2015年碳排放配额分配和管理方案 上海市2016年碳排放配额分配和管理方案 上海市2017年碳排放配额分配和管理方案 上海市2018年碳排放配额分配和管理方案 关于本市碳排放交易试点期间有关抵消机制使用规定的通知
北京	北京市碳排放权抵消管理办法（试行）
广东	广东省碳排放管理试行办法 广东省发展改革委关于碳排放配额管理的实施细则 广东省发展改革委关于碳普惠制核证减排量管理的暂行办法
天津	天津市碳排放权交易管理暂行办法 天津市发展改革委关于天津市碳排放权交易试点利用抵消机制有关事项的通知
湖北	省发改委关于2015年湖北省碳排放权抵消机制有关事项的通知 省发改委关于2016年湖北省碳排放权抵消机制有关事项的通知 省发改委关于2017年湖北省碳排放权抵消机制有关事项的通知 省发改委关于2018年湖北省碳排放权抵消机制有关事项的通知
重庆	重庆市碳排放配额管理细则（试行）
福建	福建省碳排放权抵消管理办法（试行）

1. 自愿减排指标种类

各地方碳市场均认可CCER用于其履约使用。此外，北京、广东和福建还允许除CCER外的自愿碳减排产品进行履约。

北京设计了节能项目碳减排量和林业碳汇项目碳减排量两个本地的自愿减排指标。其中，节能项目的碳减排量指允许北京市内非控排企业将其特定类型的节能技改项目、合同能源管理项目或清洁生产项目所产生的节能量对应的碳减排量进行开发，这种设计为节能量交易、合同能源管理、碳排放权交易等节能减排市场机制之间的联系进行了新的尝试。林业碳汇项目在获得北京市主管部门项目碳减排量的确认并按照《暂行办法》相关要求向国家主管部门申请CCER项目备案后，可获得北京市主管部门预签发的60%经核证的减排量。

福建则引入本省林业碳汇项目。根据《福建省碳排放权抵消管理办法（试行）》，林业碳汇项目开发必须按照国家发展改革委或省发改委备案发布的方法学实施，经主管部门批准后产生福建林业碳汇减排量（FCER），用于抵消纳入碳市场范围控排企业的实际碳排放。目前，已备案发布的林业碳汇项目方法学主要有碳汇造林项目方法学、森林经营碳汇项目方法学、竹林经营碳汇项目方法学等。

广东则引入碳普惠机制。其省级碳普惠核证自愿减排量（PHCER）作为碳排放权交易市场的有效补充机制，可用于抵消纳入广东地方碳市场范围控排企业的实际碳排放。目前，已有三批共 5 个省级碳营惠方法学成功备案，覆盖森林保护、森林经营、分布式光伏发电、节能等项目类型。

2. 自愿减排指标使用比例限制

各地方碳市场均允许控排企业使用一定量的自愿减排指标用于抵扣其年度配额清缴义务，允许使用的比例从 1% 到 10% 不等。同时，使用比例的基数各地也有所不同，主要有排放量和配额量两大类，配额量还分为初始配额和核发总配额两种，最为严格的是上海，要求不超过年度基础配额数量的 1%，其次是北京要求不超过当年核发配的 5%。重庆要求不超过年度审定排放量的 8%；而福建规定林业碳汇项目减排量不超过当年经确认排放量的 10%，而其他类型项目减排量不超过当年经确认排放量的 5%；其他地方碳市场要求不超过年度排放量或初始配额的 10%。

3. 自愿减排项目类型限制

各地方碳市场均对允许控排企业用于履约的自愿减排指标项目类型有限制。上海、北京、天津、广东、重庆均不允许使用水电项目；北京禁止工业气体（HFC、PFC5、N_2O、SF_6）项目；广东要求只能使用 CO_2、CH_4 的减排比例占项目减排量 50% 以上的项目。同时，广东还限制除煤居气外的化石能源的发电、供热和余能利用项目。湖北的抵消机制在 2015 年只禁止大、中型水电类项目，从 2016 年开始规定只能使用农村沼气、林业类项目产生的减排量。

4. 自愿减排指标产生区域限制

北京、广东、湖北等地方碳市场对其控排企业用于履约的自愿减排指标须产自本地项目有相关要求，即本地化要求。北京的本地化要求为 50%，京外项目产生的核证自愿减排量不得超过其当年核发配额量的 2.5%，优先使用河北省、天津市等与本市签署应对气候变化、生态建设、大气污染治理等相关合作协议地区的核证自愿减排量。2015 年第一季度在北京碳排放权交易市场上交易数万吨的林业碳汇项目即来自承德。广东的本地化要求为 70% 以上。湖北和福建本地化要求最高，要求 100%，其中湖北 2015 年 4月颁布的规定中允许适度使用与湖北省签署了碳排放权交易市场合作协议的省市项目（年度用于抵消的CCER 不高于 5 万 tCO_2e），但并未明确合作协议的对象；2016 年 7 月发出的通知中规定项目必须位于本省连片特困地区；2018 年 6 月则进一步收窄项目区域为长江中游城市群（湖北）区域的贫困县（包括国定和省定）。

5. 自愿减排指标产生时间限制

在自愿减排指标产生时间上，上海、北京、天津、广东、湖北、重庆和福建均有限制。上海、北京和天津对自愿减排指标产生时间有要求，必须产生于 2013 年 1 月 1 日之后。由于国家登记系统没有记录每单位减排量对应的时间信息，仅按批次记录减排量签发的起止时间信息，因此需明确在限制时间前后跨期签发的减排量能否使用的问题。

针对该问题，上海、北京和天津等地区均已明确规定跨期项目不能使用，即所有核证减排量均应产生于 2013 年 1 月 1 日后。湖北则根据每年的市场配额供需情况设置不同的要求，2016 年要求项目计入期为 2015 年 1 月 1 日—12 月 31 日，2017 年和 2018 年则变为 2013 年 1 月 1 日—2015 年 12 月 31 日。广东禁止 pre－CDM 项目即第三类项目的使用。重庆则对自愿减排项目时间有限制，即项目必须为 2011 年后投运的。福建则规定项目应当于 2005 年 2 月 16 日之后开工建设。

（二）八个地方碳市场抵消机制实施情况分析

根据各地方碳市场交易机构公布的交易数据，截至 2020 年 4 月，CCER 累计成交量（包括线上交易和协议转让）分别为：深圳，1841664 吨；上海，96845.574 吨；北京，24739.534 吨；广东，46130606 吨；天津，4988488 吨；湖北，7053.954 吨；福建，852426 吨；重庆无成交。

八个地方碳排放权交易市场 CCER 累计总成交量为 207 亿吨。值得注意的是，在当前各市场 CCER 抵消规则下，风电、太阳能光伏、林业碳汇等项目是比较受欢迎的项目。根据生态环境部《中国应对气候变化的政策与行动 2019 年度报告》，截至 2019 年 8 月各地方碳市场累计使用了约 1800 万 tCO_2e CCER 用于配额履约抵消，约占备案签发 CCER 总量的 22%。

目前，中国温室气体自愿减排交易存在以下几个特征。

（1）交易方式以协议交易为主，主要有以下两个原因：第一，买卖双方在减排量备案甚至更早阶段便已达成交易意向，并签订买卖协定，约定交易金额、交易数量、买卖方向和交割日期等，待 CCER 正式签发后在场内完成交割。第二，协议交易方式赋予交易双方更大的灵活性，在成交价格方面也存在更大的议价空间，对交易双方有更大的吸引力。

（2）交易价格差别明显。地方碳市场抵消规定对 CCER 价格有决定性作用，能用于地方碳市场履约抵消的 CCER 价格明显高于不能用于地方碳市场殿约的 CCER。不同试点地区的 CER 价格差别较大，不同试点地区配额供需情况以及配额交易价格直接响了 CCER 价格，特别是 CCER 公开交易价格。

（3）投资机构扮演重要角色，由于投资机构具有一定的项目开发经验，其在 CCER 项目开发和交易中表现活跃，一方面，投资机构积极参与 CCER 项目的咨询与开发并协助业主完成备案，促进了自愿减排项目市场的发展。另一方面，投资机构在交易中扮演"中间商"角色促进形成交易机会，加快了 CCER 流转速度。

三、结语

各地方碳市场均已经对抵消机制进行了不同的尝试和改进。随着越来越多的减排项目业主和开发机构积极参与，温室气体自愿减排交易已经成为中国地方碳市场重要的组成部分，推动了各类自愿碳减排项目的发展。

同时，国家和各地方碳市场主管部门以及相关研究机构积累了大量自愿减排项目及其减排指标的管理经验。中国全国碳排放权交易体系也将适时引入 CCER。2019 年 5 月，生态环境部发布的《大型活动碳中和实施指南（试行）》推荐使用包括 CCER 等自愿碳减排指标和碳配额进行大型活动碳中和。此外，2020 年 3 月国际民航组织已经认可 CCER 成为其 CORSIA 的合格碳减排指标。

目前，国家主管部门正在对中国温室气体自愿减排交易进行改进，以满足国际和国内需求。未来，中国温室气体自愿减排交易必将在国际和国内碳市场中扮演重要角色。

中国光伏产业回顾与展望

赛迪智库集成电路研究所

2020 年，新冠肺炎疫情对中国光伏产品制造和出口以及海外光伏市场需求带来了一定影响。但随着全球，尤其是中国疫情管控措施的逐步生效，中国光伏制造业重新恢复正常，部分国家的光伏市场也在逐步恢复。

一、2020 年上半年光伏产业的发展回顾

（一）产业规模

2020 年 2 - 3 月上旬，中国光伏制造业受到复工延迟、物流管控、人员隔离、防疫物资匮乏、原辅材料供应不足等的影响，整体产能利用率有所下滑。但随着 3 月国内各地方复工复产的逐步推动，以及相关优惠政策的逐步落实，光伏制造业主要企业的产能利用率已达到了 80%。第二季度，中国光伏制造业已步入正轨，各环节主要企业均实现了满产满销。2020 年上半年，中国光伏产业规模持续增长。其中，多晶硅产量达到 20.5 万 t，同比增长了 32.2%；硅片产量达到 75.0 GW，同比增长了 19.0%；太阳电池产量达到 59.0 GW，同比增长了 15.7%；光伏组件产量达到 53.3 GW，同比增长了 13.4%。2020 年上半年中国光伏产品的产量及增长情况如表 1 所示。

表 1　2020 年上半年中国光伏产品的产量及增长情况

参数 ＼ 类别	多晶硅	硅片	太阳电池	光伏组件
产量	20.5 万 t	75.0 GW	59.0 GW	53.3 GW
增长率/%	32.2	19.0	15.7	13.4

数据来源：CPIA，2020 - 08。

（二）应用市场情况

2020 年上半年，中国光伏新增装机容量为 11.5 GW，同比增长 0.88%。其中，集中式电站为 7.07 GW，分布式电站为 4.43 GW。

从季度情况来看，2020 年第 1 季度中国光伏新增装机容量为 3.95 GW，同比下降了 24.04%；其中，

户用光伏新增装机容量仅为 258.9 MW。而随着各地快速实现复工复产，第 2 季度中国光伏新增装机容量达 7.55 GW，同比增长 21.77%；其中，户用光伏市场也开始明显复苏。2020 年上半年，户用光伏新增装机容量超过 2 GW。2019 年及 2020 年上半年中国光伏装机容量情况如图 1 所示。

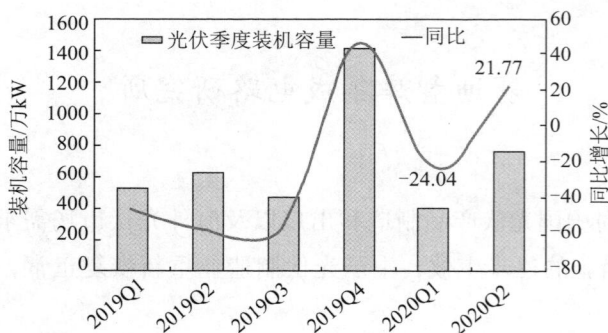

图1　2019 年及 2020 年上半年中国光伏装机容量情况

数据来源：CPIA，2020 - 08

受疫情影响，2020 年上半年存在电网接入、外线停工等情况，在这些掣肘因素的影响下，部分企业未能按照"630"的时间节点完成 2019 年竞价项目的并网。

（三）光伏产品的出口情况

2020 年 1 - 5 月，中国光伏产品的出口额约为 78.7 亿美元，同比下降 10.1%。其中，硅片、太阳电池的出口额均同比增长，单晶硅片、单晶硅太阳电池出口量占比达到近 80%。光伏组件出口额约为 65.0 亿美元，同比有所下降；光伏组件出口量达 27.7 GW，与 2019 年同期（28.2GW）基本持平，预计 2020 年上半年光伏组件出口量可达到 33 - 35 GW。

从出口市场方面来看，中国对欧洲的光伏组件出口进一步增长，出口额为 26.6 亿美元，同比增长了 12.3%，中国对欧洲的光伏组件出口额在出口总额中的占比达到 40%（2019 年同期为 28%），欧洲成为中国最大的出口区域。由于 2019 年 12 月美国宣布了对双面光伏组件豁免"201 法案"下的进口关税，因此时隔 2 年后，美国再次进入中国出口排名前 10 的市场，1 - 5 月中国对美国的出口额达到了 3.1 亿美元，同比增长 20 倍以上。2020 年 4 月，美国联邦贸易代表处（USTR）曾要求撤销豁免双面光伏组件"201 法案"关税的决定，但于 2020 年 5 月 27 日被美国国际贸易委员会（ITC）驳回，仍维持豁免。受疫情影响，印度、拉丁美洲市场的出口量出现下降，系疫情管控和货币贬值所致。

（四）技术创新

2020 年中国光伏企业继续加大了对研发和技术改进的投入，技术创新的步伐明显加速。

1. 产业化方面

采用"PERC + SE + 9BB"技术的光伏产品已成为龙头企业的产品主流，PERC 单晶硅太阳电池的平均量产转换效率已达到 22.4% - 22.5%，最高量产转换效率接近 23.0%；PERC 多晶黑硅太阳电池的量产转换效率达到了 20.6%。n 型 HJT 太阳电池吸引了众多企业的关注，仅 2020 年上半年就有 6 家企业宣布计划投建超过 10GW 的 HJT 太阳电池项目。

2019 年 1 月东方日升新能源股份有限公司（下文简称"东方日升"）宣布其研制出 500 W 光伏组件；2020 年上半年，天合光能股份有限公司（下文简称"天合光能"）、晶科能源控股有限公司（下文简称"晶科能源"）、晶澳太阳能控股有限公司（下文简称"晶澳"）、阿特斯阳光电力有限公司（下文简称"阿特斯"）等光伏组件龙头企业纷纷发布了其超 500 W 的光伏组件产品；6－7 月，有 3 家企业发布 600W 的高功率光伏组件产品。

高功率光伏组件在降低度电成本（LCOE）和土地成本等方面将做出巨大贡献，再配合跟踪支架、智慧运维等系统服务，将可以更好地迎接光伏发电平价时代的到来。

从整体来看，在多元化的技术中寻找全成本的最优平衡，全产业链上，下游互通联动才能得到最优的降本增效途径。

2. 技术研发方面

2020 年上半年，阿特斯和晶科能源连续 2 次打破多晶硅太阳电池的研发效率纪录，其中最高效率达到了 23.81%，并分别被马丁格林效率表及 NREL 效率表收录。2020 年 7 月，杭州纤纳光电科技有限公司（下文简称"纤纳光电"）以 18.04% 的转换效率第 7 次蝉联了小型钙钛矿光伏组件的世界纪录。随后，晶科能源宣布其研发的 n 型单结单晶硅太阳电池的转换效率达到 24.79%，刷新了世界纪录。

（五）市场价格

受疫情影响，下游需求不振，导致 2020 年 3－5 月，中国光伏制造业各环节的产品价格降幅较大。

2020 年上半年，多晶硅致密料及菜花料的最大价格降幅分别达到了 19% 和 45%，一度跌破老旧产能成本线。6 月，受下游市场抢装影响，再加上部分企业由于前期亏损陆续进入减产或停产检修阶段，导致多晶硅供不应求，菜花料价格触底反弹，致密料价格也有微涨，但行业整体状况仍在盈亏线附近徘徊。2019－2020 年 7 月多晶硅的价格趋势如图 2 所示。

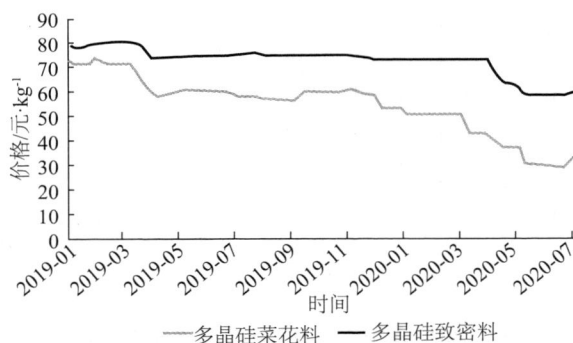

图 2　2019－2020 年 7 月多晶硅的价格趋势

整个产业处于较为稳定的状态，硅片、太阳电池、光伏组件等其他环节的产品价格稳中有降，但仍能保证一定毛利。

受益于光伏组件、逆变器等设备价格的下降，2020 年上半年，国内光伏发电系统的建设初始全投资成本持续降低，地面光伏电站的建设初始全投资成本基本已降至 4 元/W 以下，较 2019 年约下降了 13%。

二、2020 年上半年光伏产业的发展特点

2020 年上半年，中国光伏产业的发展特点主要体现在产业集中度不断提升、产品结构不断调整、平价和竞价项目均同比增长，以及外贸形势喜忧参半等方面。

（一）产业集中度不断提升

2020 年上半年，龙头企业凭借资金、技术、成本、渠道、品牌等优势不断扩大规模；同时，不具备成本和效率优势的落后产能在疫情的影响下加速退出，使产业集中度不断提升。

（1）多晶硅方面，国内排名前 10 的企业总产量约占全国总产量的 99%，与 2019 年底的数据相比，增长了 7 个百分点。

（2）硅片方面，国内排名前 10 的企业的总产量约占全国总产量的 94%，与 2019 年底的数据相比，增长了 1 个百分点。

（3）太阳电池方面，国内排名前 10 的企业的总产量约占全国总产量的 75%，与 2019 年底的数据相比，增长了 20 个百分点。

（4）光伏组件方面，国内排名前 10 的企业的总产量约占全国总产量的 70%，与 2019 年底的数据相比，增长了 6 个百分点。

2019 年全年和 2020 年上半年中国光伏产业链各环节排名前 10 的企业的总产量在全国总产量中的占比情况如图 3 所示。

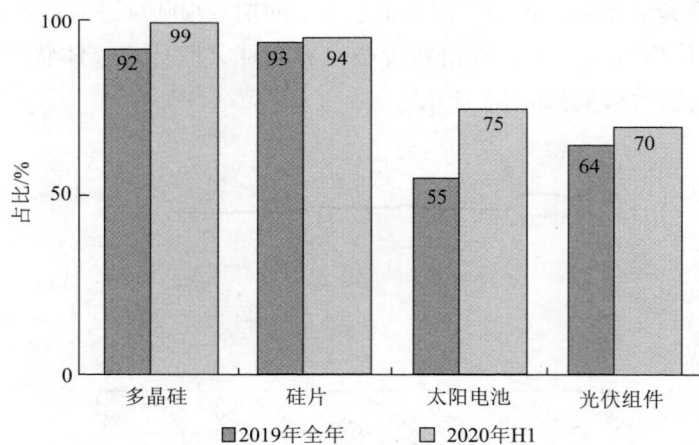

图 3　2019 年全年和 2020 年上半年光伏产业链各环节排名前 10 的企业的总产量在全国总产量中的占比情况

数据来源：CPIA，2020 - 08

（二）产品结构不断调整

2020 年上半年，单晶硅光伏产品、大尺寸光伏产品的市场占比进一步提高。

从上半年的生产情况来看，单晶硅片的产量在所有种类硅片中的占比达到了80%，尺寸为158.75mm×158.75mm的产品成为主流。下半年，部分企业计划将产线调整至166mm×166 mm及以上的尺寸，预计尺寸为182mm×182mm和210mm×210mm的产品将在2020年下半年至2021年上半年开始逐步批量供货。

从下游集中采购的情况来看，据不完全统计，2020年上半年的18个光伏组件招标项目中，单晶硅光伏组件产品的需求量达到了1.09 GW，市场占比达到67.6%。

从2020年上半年国家电力投资集团有限公司（下文简称"国家电投"）、中国大唐集团有限公司（下文简称"大唐集团"）、中核集团中核汇能有限公司（下文简称"中核汇能"）、中国广核集团有限公司（下文简称"中广核"）和中国三峡新能源集团股份有限公司（下文简称"三峡新能源"）这5大央企已经公布的招投标结果中可以看出，2019年底至2020年上半年，尺寸为158.75 mm×158.75mm的光伏组件占比已超过50%；其次为尺寸166 mm×166mm的光伏组件，占比为38%。

（三）平价和竞价项目均同比增长

从2020年竞价申报的规模来看，22个省市共申报了33.5 GW的光伏发电项目，虽然参与申报的省份与上一年相比有所减少，但申报规模同比增加了36.5%（2019年为23个省市，共申报了24.55 GW的光伏发电项目）。

由于竞价补贴的总额有限，最终只有15个省市的25.97 GW的光伏发电项目纳入了国家竞价补贴的范围，同比增加了5.9%。

（1）从2020年纳入国家竞价补贴范围的项目类型来看，98.7%是普通集中式光伏电站，而去年同期这一类型的占比为79.5%；1.30%是分布式光伏发电项目，其中，1.27%是"全额上网"，0.03%是"自发自用、余电上网"。可以看出，分布式光伏发电项目在竞价体系中基本不占优势。

（2）从2020年纳入国家竞价补贴范围的省份来看，存在竞价优势的省份与上一年相比有所减少。2020年纳入国家竞价补贴范围的省份有15个，而2019年为22个，同比下降了31.8%。其中，有11个省份的纳入规模同比均有所增长，而安徽省、河南省、上海市、重庆市的纳入规模均有所下降。

（3）从2020年纳入国家竞价补贴范围项目的电价水平来看，全国竞价效果明显，加权平均电价同比下降了14.8%，补贴强度同比下降了49.2%，具体如图4所示。

按照太阳能资源分区来看，补贴降幅差异明显。其中，Ⅱ类太阳能资源区的最低电价比Ⅰ类太阳能资源区的低4.7%，但Ⅱ类太阳能资源区的加权平均电价比Ⅰ类太阳能资源区的高2.7%。主要原因在于本次纳入国家竞价补贴范围规模的项目大部分位于新疆维吾尔自治区和青海省中的Ⅱ类太阳能资源区，从而拉低了Ⅱ类太阳能资源区的加权平均电价。Ⅱ类太阳能资源区电价的降幅最高，Ⅰ类、Ⅲ类太阳能资源区电价的降幅相当。

2020年，共有13个省份申报了光伏发电平价项目，规模为36.23 GW，同比增加了145%。从地理分布上来看，光伏发电平价项目基本都布局在"胡焕庸线"的右侧，这些兼具光照、消纳能力、较高煤电基准价等资源优质的地区，平价项目的申报较多。

由于"两湖""两广"地区的脱硫燃煤电价高于0.41元/kWh，因此这些区域申报了众多百MW级的渔光互补平价项目。

（四）外贸形势喜忧参半

2020年上半年，中国光伏产品出口的贸易形势喜忧参半，具体从贸易关税壁垒、知识产权纠纷、新

a.全国单个项目最低电价

b.全国加权平均电价

c.全国平均度电补贴强度

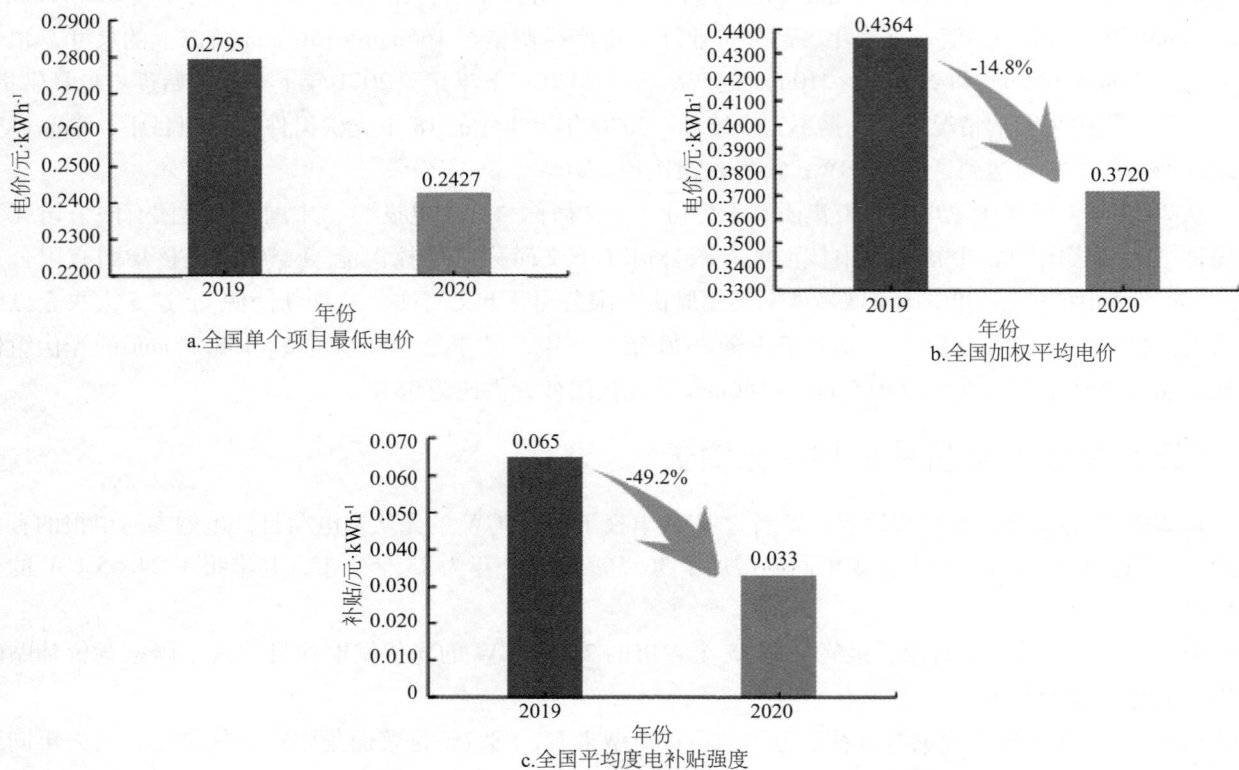

图4　2020年纳入国家竞价补贴范围的项目的电价水平

数据来源：CPIA，2020 - 08

冠肺炎疫情及国际形势的影响三个方面进行分析。

1. 贸易关税壁垒方面

中国直接出口美国的光伏产品仍需叠加"双反"及"301"关税；而"201"关税自2019年6月豁免以来，经过几次反复后，目前仍维持了豁免决定。

2. 知识产权纠纷方面

2019年3月，韩华新能源有限公司（韩国）（下文简称"韩华"）在美国、德国、澳大利亚的地方法院及美国ITC的PERC太阳电池知识产权诉讼终于有了两个裁定，结果为"一喜一忧"。

6月3日，美国ITC做出终裁，认定晶科能源、隆基绿能科技股份有限公司（下文简称"隆基绿能"）等涉案企业生产的上述产品不侵权，并终止该案的调查程序。

6月16日，德国杜塞尔多夫地区法院的一审裁定判决晶科能源、REC Group和隆基绿能侵权了韩华在德国的欧洲专利。

3. 新冠肺炎疫情及国际形势的影响

新冠肺炎疫情的蔓延和中印边境冲突加速了印度市场本土化的大趋势，印度相继推出了保障性关税、基本关税、ALMM认证、BIS认证、暂停通关等措施。6月22日起，印度所有港口和海关货运站的海关当局对从中国进口的货物进行了100%的强制检查，并暂停了通关；据报道，有约5 GW的光伏产品被滞留。7 月 1 日开始，印度海关对过去 10 天来自中国的货物进行了清关。

印度的光伏电站项目招标时，其对本土成分的要求提高，部分项目甚至达到了 100%。7 月 2 日，印度铁路公司推出了 1 GW 铁路沿线地面光伏电站的招标，该 GW 级项目的招标明确要求，项目中使用的太阳电池和光伏组件必须是在印度制造。

而在关税方面，7 月 18 日，印度对于太阳电池和光伏组件保障措施的复审做出了肯定性裁决，决定延期 1 年的保障措施关税，建议于 2020 年 7 月 30 日—2021 年 7 月 29 日分两个阶段对进口的太阳电池和光伏组件征收从价税，税率分别为 14.9%（第 1 阶段，前 6 个月）和 14.5%（第 2 阶段，后 6 个月）。另外，印度政府不仅打算从 2020 年 8 月起对进口的光伏组件征收 20% – 25% 的基本关税，并计划在 1 年内将该关税提高到 40%，还计划将中国制造的光伏逆变器的关税抬高到 25%；而印度本土的光伏制造业企业表示，至少需要对进口逆变器产品征收 50% 的关税。

三、2020 年下半年光伏产业的发展展望

（一）疫情下全球光伏产业的发展前景依旧乐观

在疫情影响下，2020 年全球光伏市场虽然有可能遭遇新增装机容量的"滑铁卢"，但光伏发电凭借其灵活性强、来源取之不尽等价值定位，将很快回归至其正常的发展轨道，全球光伏市场稳中向好的积极态势不会改变。根据各大国际机构的远景预测，未来几年内，全球光伏装机容量和发电量均将呈现不同程度的增长，且增长态势喜人。

根据国际可再生能源机构（IRENA）的预测，到 2030 年，可再生能源在全球各能源总发电量中的占比将达到 57%，其中，风能和光伏的发电量和装机容量均占主导地位，全球电力的 1/3 将来自风能和光伏。

根据欧洲光伏产业协会（SPE）的预测，全球光伏累计装机容量有望在 2022 年突破 TW 级大关；在乐观情景下，到 2024 年，全球光伏累计装机容量可达到 1.678 TW；光伏年新增装机容量由 2020 年的 138.8 GW 将增长至 2024 年的 255 GW。但受疫情影响，SPE 对 2020 – 2024 年的光伏年新增装机容量进行了重新预期，预 2020 年全球光伏新增装机容量为 112 GW，而 2019 年为 116.9 GW，同比降低了 4%。

根据疫情发展对全球光伏市场产生的不同程度的影响，中国光伏行业协会（CPIA）对 2020 年全球光伏装机容量的预测也进行了相应调整。预计 2020 年全球光伏新增装机容量将在 110 – 135 GW，仍保持稳定增长的态势，且这一态势将持续到 2025 年。

从长远来看，此次疫情并不会对全球光伏产业造成大的威胁，全球范围内的经济刺激计划将发挥重要作用，推动各国经济恢复和发展，创造健康的营商环境，为太阳能领域带来投资。因此，全球光伏市场的未来前景依旧乐观。

（二）光伏发电成本将进一步降低

目前，在全球大部分地区，可再生能源已经成为成本最低的电力来源。随着光伏发电成本的继续下降，光伏发电将在越来越多的国家成为成本最低的电力来源之一。

彭博新能源财经表示，在拥有全球 2/3 人口、GDP 占全球 GDP 总量的 72%、用电需求占全球用电需

求总量 85% 的这些国家，新建光伏电站或陆上风电场已成为成本最低的电源；再加上技术进步、规模经济的形成和竞争越发激烈，风电和光伏发电项目的总成本和 LCOE 不断下降，2020 年上半年，采用固定支架的光伏发电系统的 LCOE 为 50 美元/ MW·h，同比降幅为 4%。

据 IRENA 预测，长期来看，在光伏产业链各环节成本持续下降和光伏组件效率不断提升的双重助推下，到 2030 年，光伏发电的全球加权平均 LCOE 将降至 0.04 美元/kWh，与 2018 年相比降幅达 58%，将继续保持成本优势。光伏发电价格的进一步下降将吸引更多的参与者和投资者涌入光伏市场。

在疫情的催化下，全球投资者更清楚地认识到了可再生能源投资的巨大潜在价值。IRENA 的《后疫情时代经济复苏议程报告》显示，从 2019—2030 年，光伏领域的年度平均投资将达到 3180 亿美元，这在所有电力来源的投资中位居首位。不久的将来，随着全球光伏产业链中、上游各环节扩产的落地，光伏发电成本的显著优势将进一步得到凸显。

（三）下半年光伏市场将呈现恢复性增长

从 2020 年上半年光伏发电的并网数据来看，2019 年结转的竞价项目完成率低于预期，约有 6 GW 的结转竞价项目未完成，预计其中约 50% 将会在今年下半年并网。2020 年中国光伏发电并网规模的情景预测如表 2 所示。

表 2　2020 年中国光伏发电并网规模的情景预测

项目 ＼ 情景预测	保守预测/GW	中性预测/GW	乐观预测/GW
竞价项目规模（2019 年）	8	9	10
竞价项目规模	13	16	18
平价项目规模	2	3	4
2020 年户用项目规模	7.0	7.0	7.5
特高压外送项目规模	3.5	3.5	4.0
领跑者奖励项目规模	1.5	1.5	1.5
合计	35	40	45
同比增幅/%	16.4	24.8	33.1

数据来源：CPIA，2020－08。

考虑到 2020 年竞价项目的时间较去年宽裕，多数企业认为竞价项目完成率可能会在 60%－70%，对应规模约为 16－18 GW。2020 年下半年，光伏发电户用规模约为 5.0－5.5 GW，结转竞价、特高压外送、平价等其他项目总规模约为 8－10 GW，因此，下半年光伏发电并网规模约为 29－33.5 GW。

从季度来看，第 3 季度户用和特高压外送项目对市场需求的支撑较大，预计二者约占第 3 季度光伏发电并网规模总量的 65%；第 4 季度竞价项目对市场需求的支撑作用更强，预计其约占第 4 季度光伏发电并网规模总量的 70%。

（四）制造端"大者恒大"的趋势愈加显著

2020年上半年，中国光伏产业的龙头企业持续发力，扩产项目不断推进。多晶硅方面，四川永祥股份有限公司（下文简称"四川永祥"）和保利协鑫能源控股有限公司（下文简称"协鑫"）的多晶硅工厂的新建产能逐步爬坡放量，同时，四川永祥的2个新建多晶硅生产项目也如期开工建设；其他方面，晶科能源位于滁州、海宁、上饶、义乌等生产基地的拉棒扩产项目陆续开工；晶澳位于包头的拉晶项目顺利投产，其在义乌的太阳电池和光伏组件项目也正在推进；隆基绿能在西安和银川的拉晶项目也如期扩产。

按照光伏产业链各环节龙头企业陆续发布的扩产计划，至2020年底，硅片方面，天津中环半导体股份有限公司、隆基绿能、晶科能源的产能将分别提升至58 GW、65 GW和19GW；太阳电池方面，上海爱旭新能源股份有限公司、通威集团有限公司、隆基绿能的产能将分别提升至22 GW、30 GW – 40 GW和15 GW；光伏组件方面，隆基绿能、协鑫、晶科能源的产能将分别提升至25 GW、21 GW和25 GW，可以看出，"大者恒大"的趋势愈加显著。

（五）光伏发电的影响力逐步加强

近年来，户用光伏电力系统、光伏路灯等产品的推广使光伏发电不再是"不食人间烟火"的产业。2020年4月，光伏发电为珠穆朗玛峰的通信基站提供了稳定的能源供应，同时也最大限度地保护了珠穆朗玛峰的生态环境，在减少污染的同时还节约了运营成本。

在能源转型的关键时期，全球能源巨头纷纷布局新能源领域，中国石油天然气集团有限公司、中国石油化工集团有限公司、杜克能源公司等企业的加入，以及中国民营光伏企业不断寻求与中国华电集团有限公司、大唐集团、中广核等国家能源企业之间的合作，都为光伏行业注入了新的支持力量。中资、外资优势互补，国企入局夯实基础，各自扮演好自己的角色，共同为能源转型做出贡献。

四、总结

光伏产业是中国为数不多的能够同步参与国际竞争，并具有产业化领先优势的产业。2020年上半年，突如其来的新冠疫情让光伏人经历了前所未有的挑战。但面对复杂的市场形势，中国光伏企业凭借着坚强的韧性，仍保持了相对稳定的发展态势。

展望2020年下半年，在竞价、平价、户用等项目的多轮驱动下，国内光伏市场将实现恢复性增长，并有望在2020年第4季度迎来装机高潮。全球光伏市场需求也将有所好转，但仍需密切关注国际上新冠疫情的变化情况及其给全球经济带来的不确定性。

中国地热资源开发利用建议

北京市地热研究院

地热资源是绿色、可再生清洁能源的典型代表，其储量大、分布广、稳定性好、利用系数高的特点，使其在现今可利用的清洁能源中具有相当强的竞争力。据不完全统计，地球内部的整体热量约为已知全球煤炭总储量的 1.7 亿倍，其中，实际可利用的热量相当于 4948 万亿 t 标准煤。

在资源紧张、环境污染制约着经济可持续发展的今天，充分了解我国地热资源特点，合理开发利用现有地热资源是缓解能源供给压力，保障经济建设持续高速、可持续发展的有效途径。

一、地热资源概况

（一）地热资源分类

地热资源是指赋存在地球内部岩土体、流体和岩浆体中，满足现阶段经济要求，可被人类开发和利用的热能。目前可利用的地热资源主要包括：天然出露的温泉、以热泵技术开采利用的浅层地温能、通过人工地热井直接开采的地热流体及干热岩中的地热资源。

地热资源通常以热储介质、构造成因、水热传输方式等因素划分为不同类型。其中，以热储介质进行划分，可分为孔隙型、裂隙型和岩溶裂隙型；以构造成因划分，可分为沉积盆地型和隆起山地型；以水热传输方式划分，可分为传导型和对流型。

在结合常用划分类型的前提下，进一步综合考虑地热温度范围、可被开发利用方式等相关重要影响因素，通常将地热资源分为浅层地温能、水热型地热能和干热岩型地热能三种类型（见表1）。

表1　地热资源分类

分类	浅层地温能	水热型地热能			干热岩地热能
		低温地热能	中温地热能	高温地热能	
温度范围	深度<200m 温度<25℃	温度<90℃	90℃≤温度<150℃	温度>150℃	温度>200℃

浅层地温能是蕴藏在岩土体、地下水和地表水中具有开发利用价值的低位热能，其可开采深度通常小于200m，地温普遍低于25℃，又被称作浅层地热能。浅层地温能主要控制影响因素是浅层地温场，其

赋存成因是基于地下200m深度内与近地表处的温度差值而形成的能量,主要包括浅层岩土体、地下水以及相关地表水所包含的热能。

现阶段浅层地温能多采用地埋管热泵系统、地下水源热泵系统等相关技术进行利用,通过冬、夏两季反向温度补给实现地温场的动态平衡,从而保证系统的长期循环可利用,主要用于城市冬季供暖和夏季制冷。

水热型地热能是通常所说的深部地热资源,泛指赋存在埋藏深度较深的天然地下水及其水蒸气中的地热资源。根据温度差异可分为:高温地热资源(温度≥150℃)、中温地热资源(90℃≤温度<150℃)以及低温地热资源(温度<90℃)。水热型地热资源量十分巨大,具有很好的开发利用价值,是现阶段地热勘查开发利用的常规资源。据统计,我国已知中深层水热型地热资源量约为国内浅层地温能资源量的100倍。

干热岩是指其热能满足现有经济技术条件要求,可被开发利用的,且自身不含或仅含少量流体,温度不低于180℃的岩体,常又称作增强型地热系统或工程型地热系统。现阶段,较为常见的干热岩是多种变质岩或结晶岩类岩体,其中包括黑云母片麻岩、花岗岩、花岗闪长岩等。干热岩的开发利用简单说就是通过注水井(回灌井)高压注水形成人工制造的面状热储构造,通过注入低温水使其沿裂隙运移,并与周围的高温岩石进行热交换,再将产生的高温高压水或水汽混合物从生产井中采出并进行利用,最后通过注入井将利用后的尾水返回地下,以此形成闭合回路。现阶段,由于深部勘查、深部钻头、人工造储等技术的限制,干热岩的利用还未实现完全的规模化和商业化,欧洲针对干热岩的增强型地热系统技术发展相对较快,全球在运行的增强型地热系统项目共计14个,其中10个分布于欧洲各国。

(二) 全球地热资源分布

受大地构造运动等诸多因素影响,在全球范围内地热资源的分布是极度不平衡的。按温度划分,高温地热资源主要集中在板块生长、开裂的大洋扩张脊和板块碰撞、衰亡的削减带部分,同时少数存在于部分板块内部常出现高温活动的热点、热柱处。而中低温地热资源则广泛分布在各板块内部,主要存在于由褶皱山系及山间盆地等构成的地壳隆起区和以中新生代沉积盆地为主的沉降区内。

高温地热资源整体分布具有明显的不均一性,根据各板块界面的地理分布和自身的力学特征,可将全球高温资源划分为4个高温地热带,即环太平洋地热带、地中海—喜马拉雅地热带、红海—亚丁湾—东非裂谷地热带和大西洋中脊地热带。

环太平洋地热带位于太平洋板块与欧亚板块、印度板块、美洲板块的碰撞边界处,可分为3个地热亚带,包括东太平洋中脊、西太平洋岛弧及东南太平洋缝合线。其已知分布范围包括阿留申群岛、堪察加半岛、千岛群岛、日本、中国台湾地区、菲律宾、印度尼西亚、新西兰、智利、墨西哥以及美国西部。该地热带热储温度在250-300℃范围内较为常见,并具有高温热流显著、造山活动年轻和活火山活动强烈等特征。分布于此地热带的较为著名的地热田包括美国的盖瑟尔斯、长谷、罗斯福;墨西哥的赛罗、普列托;新西兰的怀腊开;中国的台湾马槽;日本的松川、大岳等。

地中海—喜马拉雅地热带位于欧亚、非洲及印度洋等大陆板块碰撞边界处。其分布范围西起意大利,向东延伸到土耳其、巴基斯坦直至中国云南省西部。该地热带主要的成因构造特征包括年轻的造山运动、现代火山作用以及岩浆侵入显著等。在此地热带中较著名的地热田包括建有世界第一座地热发电站意大利的拉德瑞罗地热田，中国云南腾冲地热田以及中国西藏羊八井。

红海—亚丁湾—东非裂谷地热带位于阿拉伯板块与非洲板块的边界处，北起红海沿洋中脊扩张带，南至亚丁湾，其间与东非大裂谷连接，其中主要包括吉布提、埃塞俄比亚、肯尼亚等多国的大小地热田。该地热带热储温度普遍超过200℃，并以显著的断裂活动、高热流以及现代火山作用为主要特征。

大西洋中脊地热带位于大西洋板块开裂部位，绝大部分存在于大洋底部，其位于洋中脊出露海面的部分主要在美洲、欧亚、非洲等板块边界处展布，较著名的地热田包括冰岛的克拉弗拉、纳马菲雅尔和雷克雅未克等高温地热田。该地热带热储温度多在200℃以上，具有热流温度高、高温地热活动强烈、活火山作用以及地震活动频繁等特征。

（三）中国地热资源分布

我国已知地热资源丰富，已探明资源总量约占全球地热资源总量的8%，相当于400多亿t标准煤。受区域地层构造和水文地质条件影响，整体以低温地热资源为主，且分布较为广泛，但整体分布并不均匀，具有较为明显的地带性和规律性。

我国水热型地热资源主要集中分布在东部地区、东南沿海、台湾、环鄂尔多斯断陷盆地、藏南、川西和滇西等相关地区。

受地中海—喜马拉雅高温地热带和环太平洋高温地热带控制，我国高温地热资源多分布于藏南、滇西、川西和台湾等地区，并形成了两个主要的高温地热区：一是藏南—川西—滇西地区；二是台湾地区，其中，藏南和台西等地区的热流值最高，最高可达300MW/m²，平均值亦超150MW/m²。

我国中低温地热能主要分布于诸如东部地区华北盆地、河淮盆地、松辽平原、苏北盆地、江汉平原以及西部环鄂尔多斯断陷盆地、西宁盆地等15个大中型沉积盆地和山地的断裂带上，其区域性大地热流平均值为80-30MW/m²不等。

浅层地温能和干热岩受其自身的形成机理影响，分布更为广泛，可利用范围更广，几乎遍及全国各地。其中，由于第四系松岩层具有易钻进、富水性好等特点，区域内第四系松散岩层常作为开发浅层地温能的首选。而位于板块或构造地体边缘的火山活动频繁，或地壳较薄的地区则是干热岩开发利用潜力最大的地方。中国西部的滇西地区和东部台湾中央山脉两侧部位多出现强烈的水热活动，具有形成水热系统的必要条件和基础，是我国干热岩开发利用的主要靶区。

二、我国地热资源开发利用潜力

我国地热资源的开发利用具有巨大的潜力和广阔的前景。目前可确定的地热田总数超250处，出露温泉总数多达2334个，地热开采井成井总数超5800眼，已知水热型地热资源量折合标准煤超过12500亿t，年可开采量折合标准煤累计达18.65亿t，已减少CO₂排放量超37亿t。其中，已探明高温地热资源量折合标准煤多达141亿t，年可开采量折合标准煤累计为0.18亿t，估算可发电量超846万kW；已探明中低温地热资源量折合标准煤超12300亿t，年可开采量折合标准煤累计超18.5亿t，估算可发电量超150万kW。

根据统计分析原国土资源部的相关数据，我国浅层地温能资源总量折合标准煤超95亿t，年可利用量折合标准煤累计约为3.5亿t。通过合理有效的开发利用，年可节约标准煤有望达2.5亿t，可减少CO₂排放量可达 5 亿 t。且结合浅层地温能的开发利用方式分析，在全国范围内地埋管热泵系统适宜区占总面积的近 30%，较适宜区超 50%；地下水热泵系统适宜区占总面积的 11%，较适宜区占近 30%。

现已分析确认，在全国 336 个地级或地级以上城市的土地面积中，超 80% 的土地面积是适宜利用浅层地温能对建筑物进行取暖和制冷的，这可充分说明我国有相当一部分城市和地区具有开发利用浅层地温能的条件和潜力。

在干热岩方面，我国已探明干热岩资源潜力巨大，已被列为最具潜力的战略替代能源之一。据分析证实，我国地下 3000 - 10000m 范围内干热岩资源总量折合标准煤可达 860 万亿 t，其中温度介于 150 - 250℃ 的干热岩资源折合标准煤为 215 万亿 t。若能将我国干热岩资源总量的 1% 进行合理利用，即相当于当前全国年资源消耗总量的 2020 倍。

三、我国地热资源开发利用现状

我国对地热资源的开发利用向前可追溯至两千多年前，是较早利用地热的国家之一。在新中国成立后，国家高度重视对地热资源的利用，1956 年起，原地质部与卫生部联合开展了针对医疗热矿水的水文地质勘查，选择了地热地质条件较好的 15 处典型温泉，其中较为著名的包括北京小汤山、辽宁汤岗子、南京汤山、广东从化等。20 世纪 70 年代，地热资源的开发利用在我国掀起了第一次高潮，地热资源被大范围的应用在实际生产生活中。1977 年，西藏羊八井高温地热发电站成功建立，我国地热发电技术有了长足进步。我国地热资源现有的开发利用方式，根据利用方式可分为直接利用和发电两种。

（一）地热直接利用

在经济发展方式转变的推动作用下，我国地热资源的开发利用再现活力。我国已经形成了以供暖、医疗、洗浴为主体，水产养殖、温室种植为辅的地热资源综合利用体系。其中，用于洗浴和疗养的占 47.55%，用于供暖的占 30.77%，其他占 21.68%。

21 世纪以来，我国地热直接利用的年利用量以及地热直接利用的相关设备总容量连续多年稳居世界第一。目前，我国正大力推进以地热资源代替传统资源为建筑物供暖的资源利用方式，以减轻资源供给压力，为环保助力。在全国范围内，超过 30 个省市区应用地热资源进行供暖，地热供暖总面积位居世界第一。现阶段，以水热型地热资源进行供暖的总面积达 4.3 亿 m²，而已开发的浅层地温能则主要用于供暖制冷。

据不完全统计，截至 2017 年，沈阳市应用浅层地温能供暖面积超 5000 万 m²，北京市超 2000 万 m²，全国总利用面积超 1 亿 m²。随着地热行业技术水平的提高，深层换热体系、酸化压裂技术等相关技术方法的出现，地热资源利用效率有了明显提高。近十年，我国地热资源利用的平均年累计增长率近 30%，远高于世界增长速度。

（二）地热发电

我国地热发电可追溯至 20 世纪 70 年代，曾先后建立建成 7 个中低温地热发电厂，分布在广东邓屋、湖南灰汤、河北郝窑、山东招远、辽宁盖县（今盖州）、广西象州及江西宜春等地，并在西藏阿里、那曲以及著名的羊八井建成了 3 个高温地热发电厂。

现阶段除广东邓屋300kW的试验电站和西藏羊八井25.18 MW的高温地热发电厂继续运行，其余各发电站受发电量较小、产气量不足、无连续地区电网或机组老化等原因影响已陆续关停。目前，我国地热发电仍维持在装机容量24.78 MW，年发电量约为 $1.3 \times 10^8 \mathrm{kW \cdot h}$，位居世界第15位。

四、我国地热资源开发利用建议

我国地热资源自身条件优越，储量丰富，分布范围广，开发利用潜力巨大，但现今整体行业发展水平尚处在起步阶段，资源开发利用程度仍需进一步提高。

（一）制定扶持政策，带动行业发展

地热资源作为绿色环保新能源，具有初期投资大、风险高、成本收益慢等特点，严重制约着地热行业的发展。因此，需要国家在鼓励开发利用绿色能源的同时，建立完善相关的法律法规，制定具有针对性的扶持政策，带动地热行业的发展。对利用地热资源进行供暖、发电、种植或养殖的企业和单位加大优惠政策倾斜，并给予一定程度的财政支持，调动相关企业和单位的自主性和积极性，使整个地热行业不断向前发展和进步。

（二）加大监管力度，确保持续发展

由于针对地热资源的管理责任不清、监管力度不严等原因，导致部分地区还存在勘查不规范、利用不合理的现象，对水热型地热资源的利用还存在只采不灌或多采少灌的现象，严重影响了地热资源的高效可持续利用。

现今，地热资源已被划分在矿产资源范畴内，属于能源矿产的一种。在其勘查、开发和利用的过程中应明确监管主体，加大监管力度，切实做到科学勘查、合理开发、高效利用，严格控制地热开采井和回灌井的比例，确保地热资源的可持续发展。

（三）鼓励科技创新，提高技术水平

在技术层面上，我国地热资源的开发利用遇到了诸如科学技术水平较低、施工方法手段有限等问题，导致在开发利用过程中难以充分利用我国现有的地热资源，实现地热资源的高效利用。

加强科技创新是地热资源开发利用的必要条件，以技术带动发展是解决地热资源开发利用程度不足的最有效的办法。

加速针对中低温地热资源的技术研究。我国针对中低温地热资源的开发利用程度相对较差，高温地热资源无论是在直接利用还是在地热发电中都更受偏爱，而我国中低温地热资源更为普遍且潜力巨大。应加速推进针对中低温地热资源的相关技术研究，并参考诸如热伏中低温发电等国际前沿的技术原理，力求充分合理的利用我国中低温地热资源。

尽快开启针对干热岩的技术研究。干热岩的发展前景良好，其热能蕴藏量大、温度高、系统稳定的特点极具吸引力。目前，世界上许多国家都开始了针对干热岩的试验和研究，而我国对干热岩的勘查开发利用总体还处于空白。尽快开启针对干热岩的技术研究，攻克相关技术难题，使干热岩中的热能得到充分合理利用，将对我国能源结构调整起到质的改变。

（四）拓宽地热应用领域，建立阶梯利用体系

我国地热资源的用途主要集中于洗浴和供暖，少数地区用于种植、养殖等其他方面，总结其整体利用方式仍存在结构单一，利用效率不高等问题，未能全面发挥地热资源的功能作用。我们应在实际利用中做好利用规划，扩大地热资源的应用领域范围并建立阶梯利用体系。

依据地热资源的温度情况，首先可将高温地热资源用于供暖和发电等高消耗方向，再用于洗浴、种植、养殖等低消耗方向，从而形成阶梯利用体系，实现对地热资源的充分利用，避免浪费的现象发生。

中国海上风电发展现状及"十四五"趋势研判

国网能源研究院有限公司

海上风电具有风能资源稳定、不占用土地、消纳条件良好等独特优势。中国国海岸线超过18000km，岛屿6000多个，海上风能资源较为丰富，发展海上风电条件相对优越。"十三五"以来中国海上风电快速发展，特别是2018年以后，受技术进步、成本下降以及政策调整影响，多个沿海省份加快核准和开工建设一大批海上风电项目。

截至2019年年底，累计并网装机容量593万kW，提前一年完成"十三五"500万kW规划目标，预计"十三五"末并网装机将达到900万kW，占风电总装机容量约3.8%。中国海上风电快速发展的同时，还面临诸多问题，如技术装备水平与欧洲先进水平还存在一定差距，经济性有待提高，运行可靠性有待时间检验等。在能源转型背景下，"十四五"期间，中国海上风电仍将延续快速发展态势，与此同时，供应链产能、降本空间、消纳能力等多种因素直接影响海上风电开发规模和速度。综合各类约束条件，制定合理的开发规模对"十四五"期间海上风电产业健康有序发展十分必要。

本文将总结中国"十三五"海上风电发展成果，在分析当前和未来海上风电技术装备水平、度电成本的基础上，研判"十四五"海上风电开发规模和布局，并就中国海上风电的资源评估、机组选型、安全运行以及政策机制四个方面提出相关建议。

一、中国海上风电发展现状及面临的主要问题

（一）国内外海上风电发展现状

国际可再生能源署（International Renewable Energy Agency，IRENA）统计显示，截至2019年底，全球海上风电累计并网容量2831万kW，同比增长19.8%，历年装机与增速如图1所示。装机分布主要集中在欧洲和中国，占总容量的98.7%。

欧洲是全球海上风电开发的先行者，在装机规模和技术水平上均处于全球领先地位。2019年，欧洲海上风电新增并网容量363万kW，累计并网容量2207万kW，分布在12个国家共计5047台风电机组，其中英国990万kW，居全球首位，德国、丹麦分别为740万kW、170万kW。

2019年，中国海上风电新增并网装机198万kW，同比增长50%，如图2所示，累计并网容量593万kW，已成为仅次于英国和德国的世界第三大海上风电国家。中国海上风电主要分布于江苏、福建、上海等地区，其中，江苏并网容量423万kW，占总装机72.7%，居全国首位。

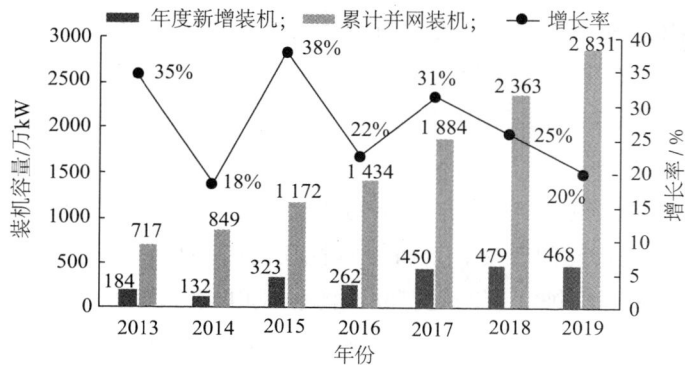

图 1　全球海上风电并网装机容量

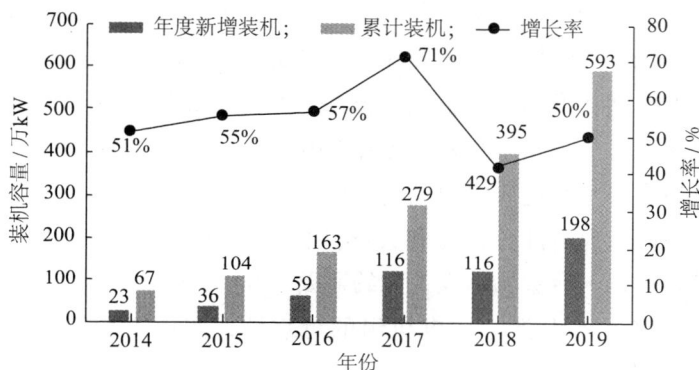

图 2　中国海上风电并网装机容量

（二）中国海上风电发展定位

随着全球能源转型速度的加快以及新能源成本的降低，海上风资源丰富的国家逐渐重视海上风电发展，并给予明确的发展定位。英国提出，2030 年前海上风电装机达到 3000 万 kW，为英国提供 30% 以上的电力。德国计划到 2030 年，海上风电装机提高至 1500 万 kW，满足德国约 13% 的电力需求。

为实现 2020 年和 2030 年非化石能源分别占一次能源消费比重 15% 和 20% 的目标，中国高度重视清洁能源发展。《风电发展"十三五"规划》指出要积极稳妥推进海上风电建设，到 2020 年并网装机达到 500 万 kW，在建规模达到 1000 万 kW，重点推动江苏、浙江、福建、广东等省的海上风电建设，到 2020 年开工建设规模均达到百万千瓦以上。能源结构转型升级的目标以及《规划》对海上风电规模与布局的阐述，明确了中国海上风电发展的基本定位。

（三）海上风电发展面临的主要问题

去补贴、提高设备可靠性以及提升装备国产化水平是当前中国海上风电发展面临的主要问题，也是决定"十四五"期间海上风电发展规模和速度的关键因素。

（1）海上风电造价偏高，补贴退出的情况下，大规模发展经济性风险较大。自 2014 年，在固定上网电价政策的支持下，中国海上风电快速发展；2019 年 5 月，《关于完善风电上网电价政策的通知》（发改价格〔2019〕882 号）提出，新核准海上风电项目全部通过竞争方式确定上网电价；2020 年 2 月，《关于促进非水可再生能源发电健康发展的若干意见》（财建〔2020〕4 号）提出，新增海上风电不再纳入中央财政补贴范围。为争取较高上网电价，2019 年掀起一轮"抢装潮"，政府部门加快核准了一大批海上风电项目。海上风电是资金、技术密集型的长周期产业，保持政策稳定和收益预期是促进海上风电持续发展的关键。目前海上风电造价仍然偏高，在补贴退出的情况下，若大规模发展经济性风险较大。

（2）中国海上风电商业运营时间较短，设备可靠性还需时间检验。与陆上风电相比，海上风电运行环境更加恶劣，并且面临台风、腐蚀等新问题。欧洲海上风电起步较早，1991 年丹麦建成全球首个海上风电项目，英国第一座海上风电场于 2000 年并网，近期即将退役。欧洲海上风电经历了一轮设计周期的实践，在装备制造、建设施工、运行维护乃至退役拆除方面积累了丰富的经验，支撑了近几年海上风电的大规模发展。中国海上风电起步较晚，2010 年首个海上风电项目在上海开工建设，2014 年全部竣工投产。中国商业化运营的海上风电场多在 2015 年以后，在运营初期，质量问题频繁发生。近两年，新型大容量机组密集投运，可靠性仍需时间检验，若大规模快速发展产生质量问题，将面临很大损失。

（3）关键设备依赖进口，国产化率成为制约中国海上风电发展的关键因素。2009 年，《关于取消风电工程项目采购设备国产化率要求的通知》（发改能源〔2009〕2991 号）取消了风电设备国产化率 70% 以上的限制，外资企业和进口设备不断进入中国风电市场。

与陆上风电相比，中国海上风电部分设备和大部件仍依赖进口，如大容量风电机组的关键部件主轴承大多采用国外企业产品，进口一台主轴承设备大约需要 4000 万元，成本高昂。目前中国也在加紧海上风电关键技术研发，核心任务是提升海上风电机组的可靠性，实现平均故障间隔时间由 1000h 提升至 350h，提高关键零部件的国产化率至 95%。

二、海上风电技术与装备水平

（一）大容量机组技术水平

单机机组功率是衡量海上风电技术与装备水平的关键性指标。如图 3 所示，早在 2010 年，欧洲海上

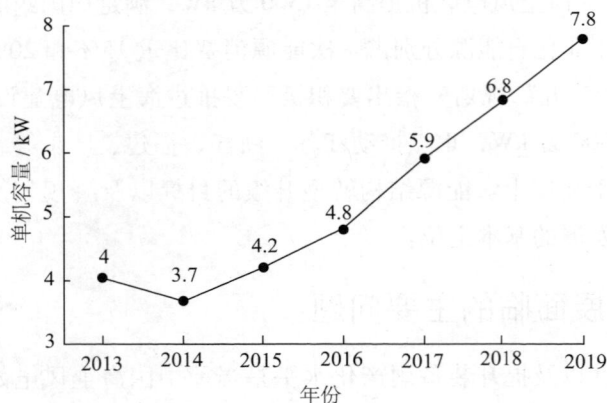

图 3　欧洲海上风电年新增装机单机容量

风电新增装机平均单机功率已达到 4 MW，经过数年的稳定运行和技术积累，2015 年后新并网风电机组平均单机功率以每年 1 MW 的速度增长。2019 年，欧洲共计 502 台风电机组并网，平均单机功率达到 7.8 MW。目前 10 MW 及以上风电机组成为各制造商的战略机型，西门子歌美飒首台 11 MW 海上风电机组在丹麦 Osterild 风场完成安装，GE 公司 12 MW 样机于 2019 年 10 月在阿姆斯特丹完成吊装并发电，成为全球单机功率最大的海上风电机组。预计到 2030 年，海上风电单机功率将达 15 - 20 MW。

中国并网的海上风电机组以 4 MW 为主，截至 2018 年底，该机型累计装机 234.8 万 kW，占海上总装机容量的 52.8%。《规划》要求重点加强 5 MW、6 MW 及以上的大功率海上风电设备的研制与应用，目前中国已经掌握 5 - 7 MW 海上风电整机集成技术，5 MW 风电机组成为招标要求的主流机型，湛江外罗 19.8 万 kW 海上风电项目的 36 台 5.5 MW 风电机组于 2019 年底并网运行，成为中国平均装机最大的商业化运营海上风电项目。国内已吊装的最大功率机组达到了 8 MW，多家整机制造商正在开展 10 MW 机型的设计和样机生产，逐步缩小与欧洲的差距。

中欧海上风电整机供应商对比如表 1 所示，从全球海上风电机组制造商看，西门子歌美飒和三菱重工维斯塔斯占主导地位，欧洲市场占有率达到 92%，累计装机容量占全球总装机容量的 80%。中国海上风电机组以国内品牌为主，其中上海电气装机容量最高，达到 50%，但国内整机品牌还难以进入国外市场。

表 1 中欧海上风电整机供应商对比

排名	欧洲（2019 年）			中国（2018 年）		
	公司名称	市场占有率/%	累计装机/MW	公司名称	市场占有率/%	累计装机/MW
1	Siemens Gamesa	68.1	15000	上海电气	50.9	2262
2	MHI Vestas	23.5	4800	远景能源	17.6	784
3	Senvion	4.4	1300	金风科技	17.4	775
4	Bard Engencering	16	400	华锐风电	38	170
5	GE Renewable Energy	1.5	400	中国海装	32	144

（二）深远海域风电开发技术水平

离岸距离以及装机水深是衡量海上风电技术与开发能力的另一项重要指标。一般认为离岸距离 50km 或海深 50m 是深远海风电场。深远海域风能资源丰富，开发制约因素相对较少，是未来海上风电的发展趋势，但也对机组可靠性、运维能力提出了更高要求。

欧洲海上风电自 2011 年以后不断向更远更深海域拓展，如图 4 所示，2019 年，欧洲新增海上风电平均离岸距离达到了 59km，水深 33m，较 2018 年离岸距离 35km，水深 30m 均有提升，英国的 Hornsea One 和德国的 EnBW Hohe See 是目前离岸最远的风电场，距离均超过 100km。

中国海上风电场分为潮间带和潮下带滩涂风电场、近海风电场以及深海风电场，其中潮间带和潮下带滩涂风电场水深 5m 以下，近海风电场水深为 5 - 50m，深海风电场水深为 50m 以上。中国潮间带和近海风电开发技术较为成熟，已投运的海上风电基本在 25m 水深以内，2018 年，装机项目平均水深 12m，平均离岸距离 20km。25 - 50m 水深的近海以及深远海是中国海上风电发展最具潜力的海域，但目前的技术水平、装备水平以及经济性还难以大规模开发。漂浮式海上风电主要集中在欧洲和日本，属于前沿技

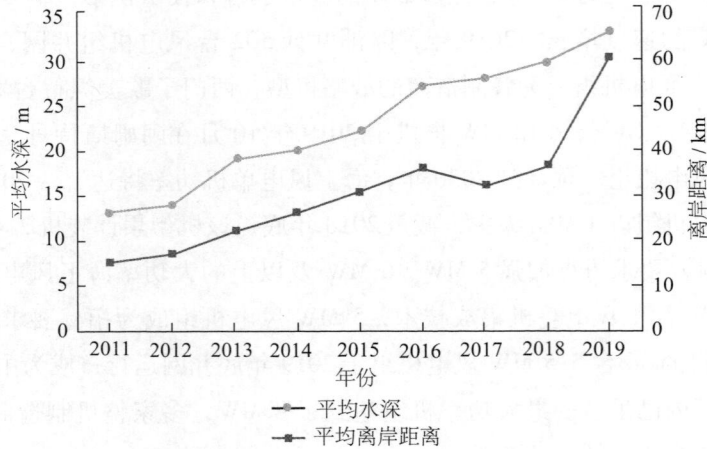

图 4　欧洲海上风电场平均水深与离岸距离

术，其中电缆牵引安装、漂浮式风电机组荷载等多项关键技术受到专利保护。

（三）建安施工技术装备水平

大容量机组吊装和深远海域风电开发需要先进的海上风电施工装备，主要由各类特种作业的船只组成，包括安装平台船、施工浮吊船、运输船、海缆敷设以及运维作业船等，并配备起重机、大型液压打桩锤、嵌岩单桩钻机等专用施工装备。

装备水平方面，中国早期海上风电施工船多由海洋工程船舶改造而成，面临起重高度和能力不够、机动性能差、抗风浪能力不足等一系列问题。随着近几年海上风电的快速发展，专用施工与安装船舶性能得到了显著提升。截至 2019 年 4 月，国内投入使用和在建的风电安装船接近 30 艘，其中投运 22 艘，在建 7 艘，先进的船只可以独立完成 6 - 8 MW 级风电机组的起重、打桩、吊装和运输等作业。与欧洲主流施工船相比，如表 2 所示，中国施工安装船在使用水深、主吊吊重、主吊吊高、可变载荷等关键技术水平上仍有较大差距，超大型液压打桩锤技术长期依赖进口，由荷兰 IHC 和德国 MENCK 两家公司垄断，建安成本居高不下。同时，中国海上风电短期的爆发式增长，导致施工船舶扎堆生产投运，一方面面临产能过剩，另一方面，面向下一代更大容量机组、更远更深海域的施工船舶匮乏。

表 2　中欧海上风电安装船水平对比

区域	船名	使用水深/m	主吊吊重/t	主吊吊高/m	可变载荷/t
欧洲	VOLTAIRE	80	3000	165	14000
	ORION	浮吊	5000	170	25370
	BOLD TERN	60	800	120	7600
中国	振华 6 号	50	2500	120	5000
	烟打 1200t	50	1200	120	4500
	三峡号	50	1000	110	3600

施工效率上，受复杂海洋水文和气象影响，海上风电施工窗口期较短，其中沉桩施工、机组吊装、海缆敷设等工序需要连续数天作业，因此施工效率尤为重要。施工效率的提升需要成熟完善的施工流程，配备经验丰富的施工队伍，但施工装备仍是提升效率的决定性因素。如表3所示，从中国和欧洲两只定位相近的施工船对比来看，三峡号最大航速与运载能力均为 BOLD TERN 的一半，在吊装效率方面 BOLD TERN 在 Borkum Riffgrund 风电场40天完成了28台8 MW 机组的吊装，三峡号年吊装量约为40台机组。平均而言欧洲一条船一个月可以完成10台以上机组的吊装，而中国平均能够完成4台左右，施工效率方面还有很大提升空间。

表3　中欧海上风电安装船效率

船名	交付年份	最大航速/knot	运载能力/MW	吊装效率
BOLD TERN	2013	12	4×8	40天吊装28台8 MW 机组
三峡号	2017	6	$2 \times 7/3 \times 5$	全年吊装40台机组

注：$1 knot = 1.852 km/h$。

三、海上风电开发经济性

（一）全球海上风电开发经济性现状

海上风电初始投资包括机组成本、基础成本、建安工程费用以及电力送出费用，如图5所示，其中风电机组成本占总投资的30%－40%，基础成本与电力送出工程费用（包括海上升压站、海底电缆、陆上接网）占总投资的一半。

图6为全球海上风电初始投资及平准化度电成本（levelized cost of energy, LCOE），根据 IRENA 统计，全球海上风电初始投资从2000年的2500美元/kW上升到2011－2014年约5400美元/kW，2019年下降为3800美元/kW。全球海上风电 LCOE 与初始投资趋势基本一致，经过数次反复增长，到2014年开始下降，2019年为0.115美元/kW·h，其中欧洲 LCOE 为0.117美元/kW·h左右。海上风电成本的变化并非像陆上风电一样保持连续降低的态势，主要受历年海上风电项目装机水深、离岸距离、机组容量等综合因素影响。

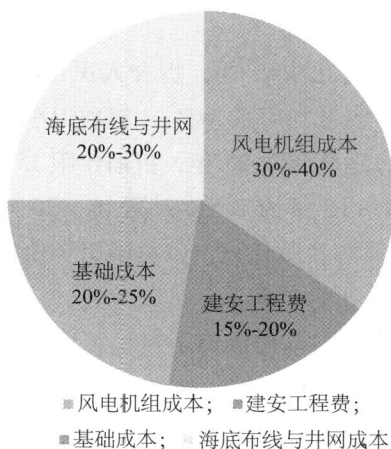

图5　海上风电初始投资构成

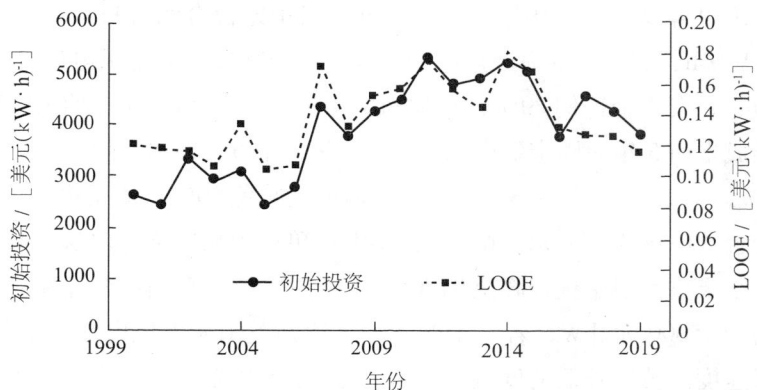

图6　全球海上风电初始投资及 LCOE 成本

（二）中国海上风电开发经济性

由于海底地质条件以及适合开发风电海域离岸距离不同，中国沿海各省海上风电造价有所差异。长江以北近海海域以滩涂、淤泥沉沙为主，工程造价偏低，15000 元/kW 左右；长江以南海域海床以岩石为主，工程造价偏高，17000 元/kW 左右。2019 年中国海上风电项目平均度电成本为 0.079 – 0.118 美元/kW·h，折合人民币 0.521 – 0.779 元/kW·h，平均度电成本 0.093 美元/kW·h，折合人民币约 0.614 元/kW·h。

1. 国内各地成本比较

中国沿海主要省份海上风资源有所差异，但开发成本不尽相同，各省开发效益趋于一致。中国海上风资源呈现由北向南递增的趋势，其中长江以北地区，年均风速仅在 7 m/s 左右，如江苏近海 100m 高年均风速为 6.5 – 7.8m/s。长江以南沿海风资源相对丰富，如广东近海 100m 高年均风速为 7.0 – 8.5m/s，福建海上风资源最为丰富，年均风速可达 9 – 11m/s，但台湾海峡台风频繁。

沿海各省风资源的差异弥补了该地区海床结构的不同所带来的投资成本差异。如表 4 所示，江苏、上海、浙江、广东 4 省（市）度电成本基本一致。其中江苏海上风电起步较早，产业配套成熟，建造成本较低且基本不受台风影响，度电成本相对较低。福建风资源最为丰富，虽然岩石型海床结构和台风因素使整体造价最高，但平均度电成本全国最低。福建海上风电起步较晚，随着基础施工技术进步，未来有望成为中国海上风电价格洼地。

表 4 中国主要地区海上风电度电成本（2019 年）

省（市）	单位造价/（元·kW⁻¹）	等效利用/小时数/h	度电成本//（元·kW⁻¹）
江苏	14500 ~ 16500	2500 ~ 3000	0.538 ~ 0.645
上海	15000 ~ 16500	2800 ~ 3000	0.596 ~ 0.656
浙江	15500 ~ 16500	2600 ~ 2800	0.616 ~ 0.706
福建	17500 ~ 18500	3500 ~ 4000	0.487 ~ 0.588
广东	16500 ~ 17500	2800	0.656 ~ 0.695

2. 国内外成本比较

2019 年 9 月，英国第 3 轮海上风电竞拍差价合约价格最低为 0.051 美元/kW·h，折合人民币 0.341 元/kW·h，成为各国海上风电的标杆。以 100 MW 海上风电项目为例，容量利用系 34%（年利用小时数 3000h），资本金比例 20%，贷款利率 4.9%，等额本金还款年限 15 年，运营年限 25 年，折旧年限 15 年，运维成本前 5 年为固定资产原值的 0.5%，第 6 – 10 年为 1.0%，第 11 – 15 年为 1.5%，第 16 – 20 年为 2.0%，第 21 – 25 年为 3.0%，享受增值税减免 50%、所得税三免三减半等税收优惠，以英国第 3 轮最低差价合约电价 0.341 元/kW·h 为参考，单位千瓦造价与内部收益率关系如图 7 所示。

结果显示初始投资降至 9170 元/kW 时，资本金内部收益率达到 8%。目前中国海上风电投资成本普遍高于 15000 元/kW，若"十四五"末达到英国海上风电上网电价水平，初始投资需保持每年 9.06% 的下降速度。英国较低的度电成本得益于优越的风资源条件，全域近海 100m 高年均风速在 9.5m/s 以上，中北部地区年均风速达到 10.0m/s 以上，且基本无台风干扰。

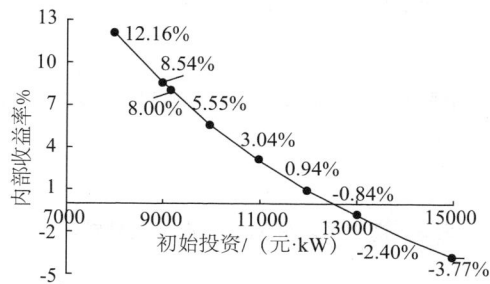

图 7　投资成本与内部收益率关系

与英国相比，中国海上风能资源总体不算丰富，容量利用系数仅为 23% – 34%，低于全球 43% 平均水平，中国海上风电应从实际出发，根据国内风资源条件，客观对标国外海上风电价格水平。

（三）海上风电度电成本变化趋势

因成本构成比重不同，海上风电降本路径与陆上风电不完全一致。风电造价受钢、铝、玻璃纤维等大宗商品价格影响，且长期保持稳定，依靠原材料价格下降难以达到降成本预期。初始投资中海上风电机组成本占比下降，非机组成本占比超过 50%，运营期运维成本占总成本费用（包括折旧、摊销、利息）比例达到 20%，海上风电更大的降本空间来自海洋施工和运维环节。

根据国际能源署（International Energy Agency，IEA）预测，到 2030 年全球海上风电 LCOE 将下降至 0.09 美元/kW·h，2040 年下降至 0.06 美元/kW·h。"十三五"是中国海上风电规模化发展起步的五年，也是成本快速下降的主要阶段，达到 30% – 40%。当前各项技术不断走向成熟，未来成本下降难以达到初期的速度，中国大容量机组的关键部件如主轴、电控系统依赖进口，受产能等因素影响，成本居高不下，下降空间有限。同时，随着近海风电向深远海拓展，开发成本也将快速上升。经测算，"十四五"时期，中国海上风电工程投资造价下降 20% 左右，投资下降至 12000 – 15000 元/kW，成本下降至 0.37 – 0.523 元/kW·h。平价上网方面，预计"十四五"末，福建有望达到平价上网水平，其他省份在风资源较好、造价偏低的局部海域基本实现平价，但总体难以达到平价上网水平。

四、中国海上风电开发规模与布局

（一）海上风电开发的主要影响因素

1. 风能资源

中国风能资源普查数据显示，5 – 55 m 水深、70m 高度海上风电开发潜力约 5 亿 kW，其中 5 – 25m 水深开发潜力约 1.9 亿 kW。《海上风电开发建设管理办法》要求，海上风电离岸距离不少于 10km、滩涂宽度超过 10km 时海域水深不得少于 10m。受到海洋军事、航线、港口、养殖等海洋功能区规划限制以及海洋自然保护区划定的生态红线区限制，近海实际技术可开发量远小于理论开发量。目前中国潮间带和近海风电开发技术较为成熟，成本较低，宜优先开发，以 20% – 30% 的理论开发量计算，近海 5 – 25m 水深可开发规模为 3800 万 – 5700 万 kW，根据经济性和技术成熟度可探索开发深远海风电。

2. 国家及省级规划

不完全统计，截至 2019 年底，中国沿海各地海上风电规划总量超过 9000 万 kW，已核准容量 4717 万 kW，具体分布如表 5 所示。

表 5 海上风电并网、核准与规划情况

单位：万 kW

省（市）	已并网	已核准	远期规划
江苏	423	857	1475
上海	41	1	615
福建	46	330	1060
浙江	27	217	647
辽宁	24	37	190
广东	12	3225	3000
天津	9	—	—
河北	11	50	560
山东	0		1275
海南	0		395
广西	0		
总计	593	4717	9217

各地执行规划情况并不一致，江苏计划 2020 年完成 350 万 kW 海上风电并网，但实际规模已远超规划容量；河北、山东拟大力发展海上风电，但未有实质性进展；福建风资源丰富，但规划 2030 年并网 300 万 kW，略显保守；广东初期发展缓慢，自 2017 年修编规划提出 2030 年并网装机达到 3000 万 kW，海上风电提速，加快核准了超过 3000 万 kW 项目，总量居全国首位。

由于各省规划执行的偏差以及规划远景年的局限，当前省级规划难以全面反映中国"十四五"期间海上风电的发展规模。4717 万 kW 的核准容量为"十四五"提供了充足的项目储备，其中广东省核准容量占总核准容量的 68%，且超过了 2030 年的规划目标。"十四五"期间，按广东投产运行 1500 万 kW 计算，其余地区核准容量全部投运，并网总量约 3200 万 kW。

3. 海上风电机组产能

从供应链产能来看，"抢装潮"导致叶片、主轴等大部件供不应求。目前具备 160m 以上叶片生产能力的厂家，到 2021 年交付产能约 400 万 kW。中国高端轴承技术薄弱，大容量海上风电机组主轴承几乎全部依赖进口，供应能力受制于外资企业。因风电机组大部件生产线投资大、产品更新快，企业扩大产能意愿不强。

4. 施工与吊装能力

根据统计，全国可供利用的海上风电安装船只有 25 艘左右，以每艘作业船只每年完成 40 台 4 – 5 MW

风电机组的吊装效率计算，每年中国海上风电吊装容量能力约 400 万 - 500 万 kW。

5. 电网消纳能力

目前海上风电装机容量仍然较小，且分布在负荷密度较高的沿海地区，不存在消纳问题。随着装机规模的不断提升，本地燃煤机组的加快退役，未来需考虑海上风电带来的消纳问题。以江苏省为例，预计"十四五"末海上风电装机为 1200 万 kW，负荷增长率以 8% 计算，海上风电装机仅为平均负荷的 8.8%，计及其他光伏、陆上风电装机和增长率，新能源发电装机占平均负荷不足 30%。福建平均负荷在沿海省份中相对较低，若"十四五"末海上风电装机 500 kW，仅占平均负荷的 10%，如表 6 所示，均远小于冀北、甘肃的 48%、156%。总体来看"十四五"期间，海上风电不会产生规模化弃电情况。

表 6　2019 年典型省份装机结构与负荷情况

单位：万 kW

地区	总装机容量	常规电源装机（水电、火电、核电）	新能源装机平均（风电、光伏发电）	平均负荷
江苏	13200	10700	2500	9250
福建	5900	5300	600	3300
冀北	4270	2180	1090	2240
甘肃	5260	3070	2190	1400

（二）"十四五"海上风电发展研判

规模方面，基于上述约束条件，"十四五"期间，中国海上风电年均新增并网容量宜为 300 万 - 500 万 kW，全国新增海上风电装机容量为 1500 万 - 2500 万 kW，到 2025 年底，累计装机容量达到 2500 万 - 3500 万 kW，"十四五"期间，中国海上风电装机规模将居全球首位。

布局方面，根据开发经济性、技术成熟度以及政策支持力度，优先开展江苏、福建、广东、上海、浙江海上风电建设，80% 装机集中在江苏、广东、福建，其中江苏、广东建成千万千瓦级海上风电基地，"十四五"末，福建海上风电实现平价上网，浙江、河北、上海、天津并网与在建装机超百万千瓦，山东、辽宁、海南在风资源丰富海域并网与在建一批试点示范项目。

五、关于"十四五"中国海上风电发展的几点建议

（一）海上风电勘察与资源再评估

中国海上风电资源勘察的全面性和精细度还难以支撑国家层面的开发布局以及产业指导。宏观层面主要基于中国气象局国家气候中心通过卫星以及测量船开展，微观层面主要由开发商主导，为节省成本，实际测风塔高度和密度达不到标准要求。除风资源测量外，海上风电资源评估包括海洋水文测量和海洋地质勘察等，需要对台风、海浪、海冰、海雾、海温以及海底地质结构进行全面的勘察。

目前，中国主要针对近海海域资源进行评估，50km 以外海域数据还不全面，难以为中远期规划提供

数据支撑。与陆上风电相比，海上风电开发涉及的管理部门更多，程序更为复杂，成本也更高。政府在协调、资源整合方面具有天然优势，宜牵头做好海上风电勘察和评估的基础性工作，欧洲各国政府在该方面发挥了重要作用，如德国规定2021年开始并网的海上风电项目，由德国联邦海事和水文局完成前期选址和勘察等工作；丹麦政府牵头负责环评、海洋勘测等主要前期工作；英国海上风电的勘察和微观选址主要由开发商主导，但政府部门负责编制海上能源战略环境评估报告，为规划或海床租赁提供决策依据。中国海上风电规划以省为单位开展，政府在资源勘察、环境评估以及数据公开等方面还需要提升服务水平。

（二）适应中国风资源条件的风电机组选型

中国风电场实行限容量核准，国家海洋局《关于进一步规范海上风电用海管理的意见》（国海规范〔2016〕6号）要求提高海域资源利用效率，单个海上风电场外缘边线包络海域面积原则上每10万kW控制在16km²左右。提高单机机组容量是节约用海的关键，在特定风速概率分布曲线下，增加风轮直径提升叶片扫风面积可提升机组发电功率。

欧洲风资源较好，提高单机功率的同时仍能保持容量利用系数基本不变，且欧洲多执行按机位核准，对总容量没有太多限制，提高单个机位投入产出比是开发商的主要目标。中国风资源条件难以媲美欧洲，大容量机组经济性并非最优。

以欧洲年平均风速10m/s，中国年平均风速8m/s计算，在相同容量利用系数下，中国机组最佳单机容量仅为欧洲的1/2，一味提高单机容量将导致容量利用系数降低，年发电量也并不能随着单机容量提升而持续增长。同时，中国执行的是固定海域限容量核准，在全场容量确定的基础上再开展机组选型，提高所有机组整体投入产出比是中国开发商的主要目标。提高单机容量是降低度电成本的重要路径，中国海上风电机组选型应从风资源实际条件出发，合理对标国外风电机组容量，选择合适的技术路线，确定一批稳定的机型，优先满足经济性和可靠性的基本要求。

（三）大规模集中连片海上风电安全稳定运行

大型机组故障或大容量线路跳闸使得系统频率、电压发生较大变化，特别是沿海省份多为特高压直流受端电网，交流侧故障极易引发直流闭锁，造成大额功率缺失，从而导致海上风电机组大规模脱网，引发连锁故障。2019年8月9日英国发生大规模停电事故与世界上最大的Hornsea海上风电场密切相关。资料显示，由于某种未知的扰动，系统频率下降，Hornsea海上风电出力突降900 MW，导致低频减载启动，在全网范围内切除部分负荷，造成停电事故。Hornsea海上风电在系统频率下降时不仅没有帮助系统恢复，还因自身耐受低频能力不足进一步加剧了事故扩大。大规模海上风电并网除频率、电压耐受问题，还存在宽频带（5-300 Hz）的次同步振荡问题，危及火电机组及主网安全，该类问题在新疆、甘肃等陆上风电富集地区更为显著。在大力发展海上风电的同时，应提高机组涉网性能，挖掘机组自身动态有功、无功调节能力，防范大规模脱网引发连锁故障。

（四）海上风电补贴政策

在开发成本仍然高企且无中央财政补贴的情况下，应进一步完善海上风电相关政策，保障海上风电产业持续发展。

一是实行配额制下的绿色电力证书交易。2017年，中国启动绿证自愿认购政策，作为新能源发电上网电量财政补贴的补充措施；2020年，中国正式施行可再生能源配额制，自愿认购绿证作为完成配额指标的补充方法；财建〔2020〕4号文提出自2021年1月1日起实行配额制下的绿色电力证书交易，通过绿证交易替代财政补贴。目前中国海上风电开发成本较其他可再生能源发电相对要高，可参考英国配额制实施经验，即每兆瓦时海上风电的绿色证书高于其他可再生能源种类，并随着成本降低，适时退坡。

二是实施地方补贴。与陆上风电不同，海上风电仅在中国10多个沿海地区开发，且基本在沿海地区就近消纳。海上风电对沿海地区的经济、产业、就业带动能力很强，中国广东阳江，江苏如东等地具备建设海上风电母港的良好条件。地方政府和企业享受海上风电发展红利，可通过地方补贴适当反哺较高的开发成本。

六、结论

结果显示，机组单机功率、离岸距离与水深、建安施工装备与施工效率是衡量海上风电技术的重要标志。中国与欧洲海上风电主要国家还存在一定差距，装备制造能力可满足每年300万－500万kW海上风电开发需要；度电成本难以媲美欧洲主要国家，沿海各地虽然资源成本有所差异，但开发效益趋于一致，"十四五"末，福建有望达到平价上网水平，其他地区在风资源较好、造价偏低的局部海域可实现平价，但难以达到总体平价上网水平；受资源与省级规划、供应链产能、施工与吊装能力、消纳能力等约束，"十四五"末，中国海上风电累计装机容量将达到2500万－3500万kW。

中国既有公共建筑节能工作浅析与发展建议

中国建筑科学研究院有限公司

大型既有公共建筑因存量大且能耗强度高，一直是节能工作的重要领域，但也是进展最为缓慢的领域。与新建建筑节能、既有居住建筑节能改造和可再生能源建筑利用等领域相比，既有公共建筑的节能工作进展相对滞后。

展望"十四五"，公共建筑仍将在经济发展中扮演重要的载体。如果不能实现在体制机制上的突破，既有公共建筑低能效导致的建筑能耗不合理增加不但会影响国家碳排放达峰目标的实现，也将造成社会资源的巨大浪费。既有公共建筑节能进展不如预期的背后既有技术层面的因素，也有体制机制层面的因素。在技术层面，公共建筑，尤其是大型公共建筑通常功能多元、用能设备和系统也比中小型公共建筑和居住建筑更为复杂。

在体制机制层面，公共建筑涉及的利益相关方多、决策过程冗长、决策难度大。这些障碍在世界范围内有很多的共性。相对于技术问题，我们认为政策、机制上的阻力影响更深远，更值得分析和研究。

我们从三个方面把制约我国既有公共建筑节能的因素进行了梳理。一方面，由于建筑的核心业务是提供空间使用服务，进而创造经济价值，所以业主一般并不重视建筑节能工作。当前建筑物业服务的收费模式也常导致运维方抵触建筑节能工作，这些都使很多节能构想在企业和机构中缺乏立项的动力。另一方面，由于建筑业主和相应的服务机构在现有的节能项目中缺乏对节能工作系统性、可持续性的认识，市场上又缺乏具有明确指导性和可实施性的、细化的节能量验证规范，导致已经开展的节能项目往往效果不尽如人意，一定程度上干扰了公众和建筑业主对既有公共建筑节能潜力和重要性的认知。再一方面，政府对大型既有公共建筑节能缺乏有效的管理机制，致使既有公共建筑节能工作长期进展缓慢。

不过，随着全社会节能意识的增强、经济业态调整的深化、建筑机电设备的批量老化、房地产行业向存量更新经营模式的转变、国内建筑节能技术的迅速发展等，既有公共建筑节能原地踏步的局面很快将得到改变。

一、现状

"十三五"期间，我国在应对气候变化和节能减排方面的工作取得了显著的成绩，碳强度持续下降。据初步核算，2018年全国碳排放强度比2005年下降45.8%，提前且超额实现了2020年碳排放强度比2005年下降40%–45%的承诺，基本扭转了温室气体排放快速增长的局面，非化石能源占能源消费的比重达到14.3%。在2019年7月召开的国家应对气候变化及节能减排工作领导小组会议上，李克强总理再次强调要聚焦重点领域，大力推行工业清洁生产、交通节能减排，结合城镇老旧小区改造推进建筑节能改造，继续发展水电、风电、太阳能发电等清洁能源。

建筑领域尤其是既有公共建筑是一个值得长期聚焦的重点领域。据全国建筑碳排放数据分析（2000—2016）统计，我国建筑能耗占全国能源消费的比重为20.6%，其中公共建筑能耗占全部建筑能耗的38%，成为建筑能耗中比例最大的一部分。以下因素导致这两个比例还将进一步提高（见图1）。

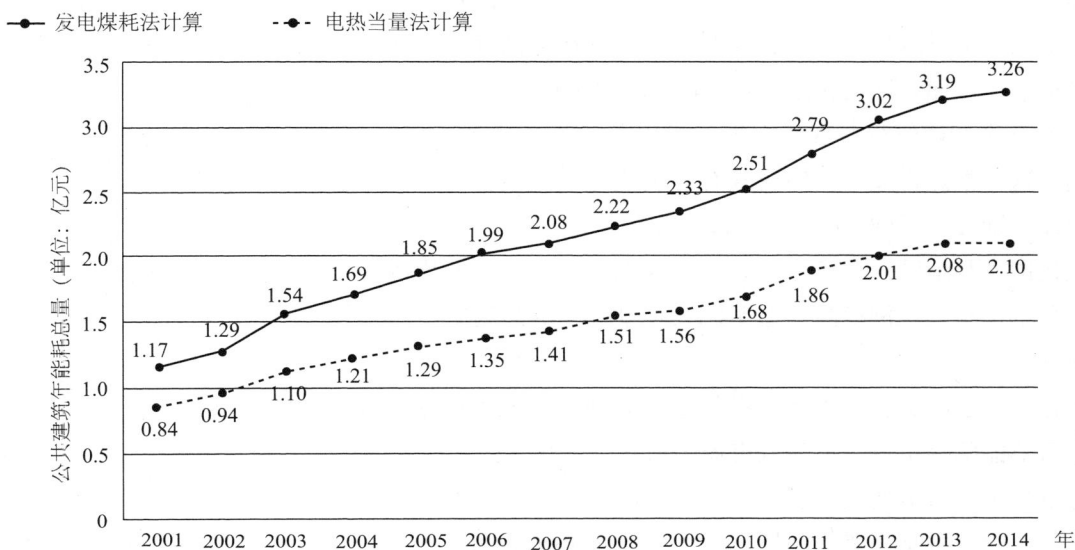

图1　我国公共建筑年能耗总量（2001—2014）

一是在国民经济中，第三产业贡献比重日益增加。第三产业的大部分活动都在公共建筑内进行，随着产业结构的调整、第三产业的发展和居民生活品质的提升，办公、商场、医院等公共建筑的使用强度也会不断增加。

二是公共建筑人员密集，生产、生活活动集中，对设备和空间的要求不断提高。新冠疫情使公共建筑的卫生与健康问题得到更多重视，随之而来的建筑设备和机电系统更新升级可能进一步加大能源需求，从而推高相关建筑的能耗。

这不仅说明我国社会发展将面临来自建筑行业能耗增长和环境容量缩小的双重压力，也说明我国未来的节能潜力将更多地来自建筑行业，尤其是基数大、能耗强度高的既有大型公共建筑。

既有公建节能工作的进展最为缓慢，不仅远远落后于新建建筑，较既有居住建筑也有明显的差距。例如，北方采暖地区的既有居住建筑供热计量及节能改造工作，"十一五"期末累计完成了1.8亿平方米，"十二五"期末（即截至2015年底）累计完成了8.1亿平方米，"十三五"期间仅2016年就完成了3.1亿平方米。而同期，既有公共建筑累计改造面积仅1亿多平方米，只占存量的0.8%。

二、困境

近十年，我国已深化了建筑节能工作。针对新建居住建筑和公共建筑节能，政府通过设计节能专篇、节能专项验收等手段实现了较为有效的控制。而对于既有居住建筑，政府将节能改造作为在公共事业方面的一次性投资，业主（即住户）一般不需出钱，鲜有消极影响，因此节能工作推动的阻力较小。但是，推进既有公共建筑节能，不仅要面对不同类别的强势业主及出发点各异的利益诉求，还要兼顾经济发展的压力、产业结构变化的不确定性和商业陷阱所隐含的风险，面临着大量无形的桎梏，于是逐渐陷入困境。

既有公建节能是个困扰所有国家和地区的问题。全球范围内，每年新建建筑只占总存量建筑的2%，98%的建筑为既有建筑。当然这只是一个平均概念，发展中国家仍在密集搞建设，发达国家每年的新增/新建建筑量则几乎可忽略。各国、各地区的建筑在节能性能上也差异巨大，很多国家甚至连新建建筑都没有节能标准。然而，即便在欧美发达国家，推动既有公建的节能改造与节能运行也是举步维艰。

IEA 2019全球建筑行业现状报告分析提出，为了达到巴黎气候变化协定及联合国可持续发展目标，必须在建筑这一重点行业中，加快既有建筑改造的进度。对于这个方面，报告分工业化国家和发展中国家两个群体分别提出了到2025年和2040年的目标：

工业化国家和地区：2025年以前，每年改造存量建筑的比例提高到2%；发展中国家：2025年以前，每年改造存量建筑的比例提高到1.5%，到2040年提高到2%。此外，还必须通过深度节能，将节能率提高到30%－50%或更高。

我们先来看看欧美发达国家既有公建节能领域存在的问题。欧美国家普遍信奉自由市场。在此背景下，它们对节能问题也更多地强调市场的角度。一些障碍和问题的存在，导致节能市场并非一个高效的、理想状况下的市场，节能效果也因此不如预期。

信息的不完整就是首要的问题之一，体现在相关设备、技术、建筑和系统的能效状况不明晰，节能效果可见度差。此外，还存在能源消费信息也不完善、节能量难测量、能源价格难预测、单个设备的能耗难拆分等问题。

市场的障碍还包括一些机制上的约束，例如在节能改造项目中的激励不对等（Split Incentive）问题，业主投资进行的节能改造无法获得对应的收益，获益的只是租户，节能帮助后者降低了能源费用。

此外，环境社会影响未计入能源成本，节能市场的不充分竞争或垄断等也是重要的障碍，详见表1。

表1　障碍的类型及问题

类型	具体障碍和问题
收益层面的障碍	缺乏资金：业主无法获得改造所需的充足资金
	初投资高，回报期长：改造需要较高的初投资，而受益往往需要一段时间的累积，导致较长的投资回报期
	不是投资优先选项：投资者愿意将资金用于其他高回报领域
	价格信号弱：价格激励足够大时，才会吸引改造投资
	激励不对称：业主投资，租户收益，二者收益不对等
	节能预算属于柔性成本：缩减成本时，首先会削减节能预算
	回报不确定：实际节能量与计算和预测的节能量有差异，影响投资收益和回报期
	缺乏关注：改造的增量收益比其他投资回报低，所以得不到业主的关注和重视

类型	具体障碍和问题
决策层面的障碍	碎片化市场：设计、施工、运营方都不是节能方面的专家，但是，实现节能却离不开他们的参与和贡献，形成协调难题
	机构投资者的偏见：机构投资者习惯于供给侧的大金额投资，不熟悉需求侧的较少量而高风险的投资
	结构性难题：既有建筑的拆除率低，平均年龄不断老化，在业主投资—租户受益模式下，业主投入资金改造既有建筑的意愿更低
	利益相关方多：对多业主建筑，项目需要业主一致同意，决策非常困难和缓慢
	政府意愿不强：政策信号不明显，没有形成更持续的积极影响
信息层面的障碍	缺乏信息和意识：业主和使用者往往都对节能、可持续缺乏了解，有些情况下甚至对当前的最佳实践都不知道
	缺乏对潜力的认知：只是知道节能是好，对不同节能措施的成本、潜力缺乏了解
	缺乏动力：除非设备损坏或直接引起空置率上升，否则有些业主无意改善建筑性能
	专业技能乏：节能服务商和建筑的设计、施工等专业人员都存在此类问题
	选择最佳路径的困惑：如果两个不同的专业机构给出相左的建议，业主就无法决策
	对节能的偏见：有些业主认为节能工作复杂且投入高，无法收回成本
社会层面的障碍	影响建筑正常使用：节能改造时往往会对建筑正常使用产生影响，在深度改造时甚至需要清空建筑，将对业主和租户产生较大影响，比如寻找和安排其他临时空间等

近年来，节能环保一直是我国各级政府大力提倡的工作。然而，在公共建筑的实际运营中，节能更多是处在"说得多、做得少"的状态，这当然也是由多方面现实原因造成的。在诸多影响节能工作的因素中，我们将其中比较突出的因素分为两类进行分析：一类制约着节能项目的启动，另一类使实施的节能项目难以收到预期的效果（见表2）。

表2　中国既有公共建筑节能障碍

节能项目立项难	效果不尽如人意
节能并非建筑的核心业务	复杂工作简单化：工作缺乏系统性
节能并非业主的主要利益诉求	简单工作短视化：工作缺乏可持续性
建筑运维方可能抵触节能	缺乏细化的节能量测量验证规范

（一）节能项目立项难

制约节能项目立项的因素在不同经济发展区域、不同建筑间有差异，但主要存在于节能工作的地位、业主的利益诉求以及建筑运维模式三个方面。

1. 节能并非公共建筑的核心业务

公共建筑的核心业务是确保其所提供的服务能充分满足用户的要求，以换取营业收入。因此，公共建筑的空间管理、设施设备管理、客户服务、停车服务、保安、保洁等运营工作，都是围绕着建筑基本功能的实现和建筑服务品质的保证。节能降耗只是众多运营工作中的一项，不仅不是第一重要的工作，而且其效果好坏在短期内不会影响建筑基本功能和服务品质的提升，其长期效益则更容易被忽略，因此很难得到重视，这也是目前大部分公共建筑的运营方并未积极推进节能的主要原因之一。比较常见的案例是出于节能目的进行的围护结构改造更新项目。这类项目由于改造成本高、投资回收期长、施工存在安全风险等原因，往往不会获批。但若外墙材料因年久失修等原因造成脱落的安全隐患时，业主大多都会主动进行改造。这就意味着节能项目往往难以独立实施，不得不依附于一些业主认为重要性更高的项目才可能顺利实施。这也说明节能相对其他公建的运营工作处在弱势地位。

2. 节能并非业主的主要利益诉求

商业建筑业主的主要利益诉求是盈利。对私营企业或个人经营的公共建筑而言，业主对建筑物及其附属的机电系统拥有绝对的处置权。商业建筑的资产价值体现在经济的发展水平、建筑所在地段、运营团队品牌、业态、商业定位、管理团队运营水平等多个方面。近十年，我国经济的迅猛发展使房地产业高度繁荣，与建筑资产价值紧密相关的地价、房价、租赁价格飙升。业主和相关投资方更关注建筑资产升值带来的快速且巨量的收益。建筑物的运营成本在建筑资产价值中的占比往往较小，其中能源消费成本在运营成本中的占比也十分有限（例如在宾馆、酒店中仅占8%左右），而节能带来的收益在整个资产价值中的占比就更小，甚至是微乎其微。如此一来，节能工作被忽略就不足为奇了。

除单一业主形态之外，还存在一种开发商售卖商场内的商铺或写字楼内的办公间后形成的多业主形态。这种业态中，建筑物的多个业主均具有一定的话语权。由于节能改造的实际收益在其商业经营收益中占比不大，这些业主同样不会有多大的积极性关注节能。此外，这些业主更关注的是会对自身营收产生直接影响的室内空调效果，而节能工作是否对室内空调效果有负面影响并不明朗，从而使他们无法就节能工作达成共识，甚至存在抵触情绪，严重制约节能工作的开展。

对公共机构而言，建筑物所属政府机构的领导可视为该建筑的"业主"。作为向国家或地方政府负责的"一把手"，许多单位领导的诉求是"稳字当头"，即便建筑物存在能耗高甚至服务效果不佳的问题，严格来说并不属于自身工作的失职。换言之，本单位建筑物的节能与否基本不影响领导自身的考核、任免以及晋升。但是，公共机构的节能工作很多涉及大型设备的更换、系统结构的变更甚至建筑本体的改造，存在一定的施工风险以及对现有办公环境的不利影响。在不受到上级政策压力的前提下，单位领导往往出于安全责任考虑，不愿对所辖建筑进行较大规模的改造工程，导致公共机构的节能改造在推进过程中存在较大阻力。

3. 来自建筑运维方的抵触

既有公共建筑的运行维护方一般是业主单位的下属部门或外聘的物业公司。在大多数公共建筑中，运维方的利益一方面是通过为业主提供其所需的服务以换取相应报酬，另一方面是通过减少实际运维成本来增加利润。如果由业主承担能源成本，则运维方的服务内容就应包括节能降耗。常理上说，运维方通过更新设备、提高系统自控水平实现减人增效，这与节能工作的利益诉求是一致的。但实际上，即便在业主承担能源成本的模式下，运维方也往往对节能工作持消极甚至抵触态度。运维方抵触节能工作的原因：

（1）能耗数据透明化导致运维利润缩水。在一些能源消费成本占总运营成本比例过小的公共建筑中，业主出于方便，往往会选择"物业费包干制"，即向物业公司支付固定的物业费，由物业公司实际承担包括能源在内的各项成本，盈余全部归物业公司。然而，对建筑物各类能耗的分布情况和变化趋势进行详细核算，是印证节能效果的必要前提。在物业费包干的模式下，如果业主有意进行节能改造，物业费与能源消费成本间的差额必然透明化，这就极易触及物业公司的利益，导致其对节能工作从各方面提出反对理由，甚至在执行中采取各种手段阻碍节能效果的实现。

（2）节能增加运维难度。当物业服务收益较为固定时，物业公司往往追求人力投入最低。此刻，常规、固化的运维策略是其最易接受的，也是短期成本最低的。对节能工作来说，如果要在低能耗和优质供能效果之间进行平衡，就需要增加自动控制措施，或是提高原有自控系统的精度与可靠性。这将改变物业公司及基层工程师的日常工作习惯，导致其产生抵触心理。另外，一旦自控功能出现问题其故障排除和检修的难度远高于简单系统。如果此时维修工作未及时跟进，则很容易出现高效节能的自控系统迅速被弃用、恢复传统的手动控制状态，使节能成果付诸东流。

（3）节能容易暴露运维方的技术短板。在未实行节能绩效考核的公共机构中，能源消费成本由公共财税支付，与领导个人或单位的效益关系不大。在"稳字当头"的思维下，运维方在节能方面的投入和技术水平就不会显得很重要。"不变"是维系现态的根本保证。于是，运维方不仅缺乏节能动力，还往往出于对自身实际水平的顾虑，阻挠节能工作的开展。

（二）节能项目的实际效果不尽如人意

一些公共建筑的业主会因能源消费成本压力或政策压力来实施节能项目，然而由于自身专业认知的匮乏，其节能工作在规划甚至构想阶段就呈现盲目性，使节能项目难以达到预期效果。这些负面的例子，更加剧了业主对待节能工作的消极态度，形成恶性循环。这一问题的根源一方面是系统性、可持续性理念的缺失，另一方面在于合同能源管理项目缺乏足够、细致的规范指导。

1. 复杂工作简单化，节能项目缺乏系统性

建筑空间中，各种专业系统并非完全独立，而是互为支持，共同实现建筑物的基本功能。因此推进节能应该遵循系统化思路，将建筑视为整体，而非"头痛医头脚痛医脚"。例如，降低空调能耗不仅要从空调系统角度考虑提高设备能效和降低水泵、风机的输送电耗，还应考虑提升外围护结构的保温性能，以及减少建筑物内部照明、设备等的散热。即使是简单的设备更换，也应考虑所更换的设备与其他设备以及整个系统之间的相互影响，否则很容易出现"节能不节"甚至"越节越耗"的问题。再比如，系统安装了变频循环水泵，但水管路中未增设平衡措施，导致系统在流量减小时极易出现水力失调，无法以变频方式运行。

遗憾的是，现在很多节能工作都是设备商家、节能服务公司从其商业目的出发，向业主推销自己的产品和改造方案。刚好业主也倾向于认为节能工作只是更换设备，热衷于寻找各种高效节能的产品，系统化概念无法深入到业主内心。

2. 简单工作短视化，节能项目缺乏可持续性

好的建筑节能项目不仅要具备系统性理念，还应具有可持续性的特征，即有利于系统长期、稳定的

实现节能目标，并为未来的发展留出足够的空间。以短期节能效果为目标，忽略甚至牺牲整个系统长期运行的稳定性和安全性，是得不偿失的。忽视改造措施的可持续性，很容易出现"去年更换高效水泵，今年更换高效冷机，运行时才发现二者容量与特性无法匹配，整体能效不高"之类的问题。

（三）EMC 项目缺乏细化的节能量测量验证规范

合同能源管理（EMC）为缓解业主资金压力、确保最终节能效果提供了不错的解决方案。然而，该机制在我国建筑领域的实践效果并不理想，呈现出实施效果差、纠纷多等问题。这些问题集中体现于合同上所约定的节能量计算上。许多合同文本中关于节能的表述存在边界模糊、计算标准不明确、能耗因素考虑不全面等缺陷，导致最后核验是否实现节能效果时业主与节能公司各执一词。例如，写字楼、商场等服务租赁型建筑的入驻率显著低于业主的估计，导致实际总能耗较低，即能耗的降低并非"节"的效果，而合同上仅规定能耗低于某限值时即视为节能量达标。又如，业主在合同期内对建筑物内部的功能布局做出大幅调整，而合同内未明确该情况应如何认定其影响，导致后续出现能耗量的大幅变动时，双方对业主该行为的影响程度解释不一致。在纠纷频出且相关财政补贴在 2015 年被取消的背景下，EMC行业投资额在 2015 年和 2016 年的同比增速下降到 10% 以下（图 2）。

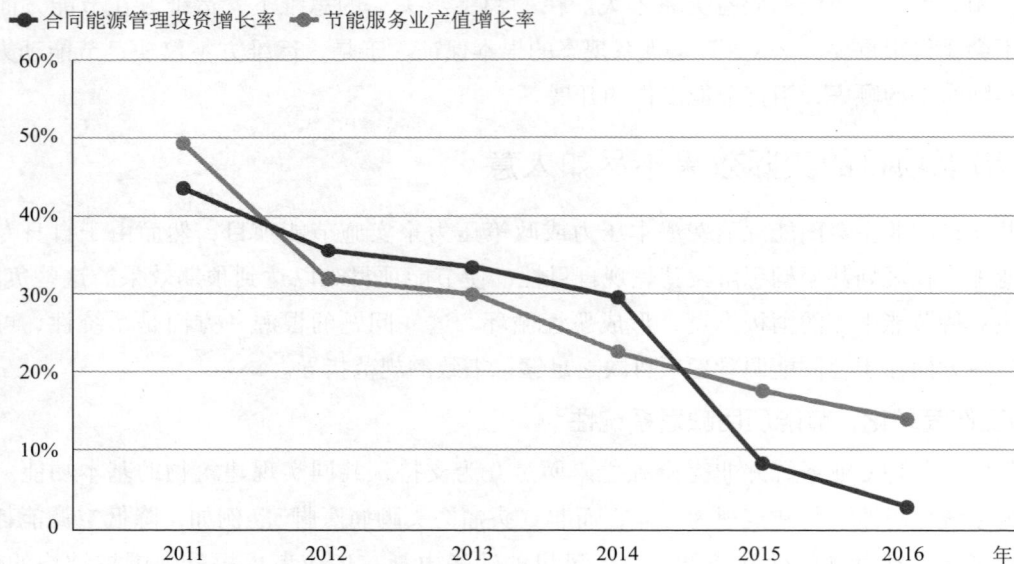

图2　"十二五"以来合同能源管理投资增长情况

合同能源管理项目之所以乱象丛生，一方面在于一些甲、乙方的诚信缺失，例如节能服务公司在合同中刻意将节能效果模糊表述，以便获取商业价值。另一方面则可归因于节能量的测量验证难度。作为项目结算的重要依据，节能量并不是直接测量得到的，而是通过间接计算得到的。在计算节能量时，边界条件、工况条件的微小偏差就容易带来节能效果的巨大变化。2012 年，国家标准《节能量测量和验证技术通则》（GB/T 28750 - 2012）颁布并实施，各种典型节能改造场景对应的国家标准随后相继颁布。但是，这些标准仅对节能量的确定方法做了一般性、概括性的指导，缺乏足够细致的表述，而实际的节能项目存在多种多样的具体情况，仅靠国家标准很难杜绝节能量计算方法偏差带来的节能收益结算纠纷。

三、机遇

变化和挑战也意味着机遇。近年来经济、科技、社会等各方面日新月异的发展为"十四五"期间推动既有公共建筑节能提供了良好的机遇。

（一）全社会节能意识提升让不节能建筑面临全方位压力

得益于"十五"以来国家对节能问题的高度重视，节能环保工作的地位不断提高，各项节能支持政策、节能项目、产品深入生产生活的方方面面，使全社会对节约能源、提高效率、保护环境等宏观层面的概念已经形成了普遍认知，节能环保意识得到了显著提升，带来了几个方面的变化。

首先，在公共建筑领域，尽管"绿色建筑"等具体理念还未能被公众广泛认识乃至理解和接受，但较十年前，形势还是发生了很多可喜的变化。大量示范工程的涌现提供了看得见摸得着的样本。一些公共建筑的业主也不再单纯着眼于建筑物的资本收益，开始打造自身绿色环保的品牌形象，间接起到自我宣传的作用。一些公共机构也力图将自身建设成为绿色节能的示范单位，例如朗诗集团、当代集团、金茂地产和葛洲坝地产等，都通过节能环保工作在行业中树立起绿色的品牌形象，并以此在市场中获得了远超常规地产项目的收益。

其次，随着企业和社会整体意识的提升，人们对高品质公共建筑的需求也不断增长。事实上，处于服务需求端的建筑使用者、租赁者正在成为推动公共建筑能效和品质提升的关键力量。从政府机构、大型企业到一些小型的社会组织，在选用办公地点时都开始优先选择有绿色建筑相关认证的建筑，这一现象在大城市尤为明显。越来越多的投资者、企业等开始重视环境、社会责任和公司治理（ESG）方面的评级。在企业发展中考虑环境影响不再是空洞的口号，而是有利于其自身业务发展的切实需求。ESG评级差的企业将受到产业链上下游传导来的越来越大的压力和发展约束，而企业对环境的影响直接涉及企业所在建筑在能源和环境方面的可持续性能。

最后，建筑使用者不仅是个集体概念、企业概念，也包含企业的员工和每一个活动于建筑中的个体，个体的行为对建筑的日常运行能耗也有可观的影响。一般认为，使用者行为模式的改变能带来3%－5%的节能效果。在政府和企业层面，面向个人低碳行为的激励措施和引导模式在不断多元化、趣味化，个人的节能参与度也在不断加强。

这些变化都为影响和推动更多建筑业主和租户采取节能行动、为利益相关者关系向着更健康模式发展创造了良好的、正向的环境。这样的氛围下，政策如果能提供行之有效的节能行动指导，将收到高于以往的社会响应。

（二）业态调整加剧和设备批量老化为公共建筑节能带来重要窗口期

"十三五"末期，我国经济增速放缓与中美贸易摩擦所导致的商业活动疲软对一些生态产生影响。在公共建筑上的显著体现包括宾馆酒店的入住率下降，商用写字楼的空租率增加，商场饭店改换频繁等。同时，电商经济与共享概念也对传统依赖实体公共空间的经营模式造成一定的冲击。

例如，电商冲击了传统商场，Airbnb模式提供了不同于传统酒店的选择，办公空间的共享化使企业、机构、个人可以享受租约灵活的场地。新冠肺炎疫情的冲击对以上依赖线下商业的建筑和场所而言更是雪上加霜。这些因素都加快了商业业态的调整频率，给公共建筑业主带来了更大的经营压力和紧迫感。

另外，由于商业建筑常用的暖通空调设备如冷机、水泵等一般有效使用期限为 20 年左右甚至更短，而 2000 年以后正是公共建筑大量建设和投入使用的时期，这就意味着，全国范围内大量的既有大型公共建筑正在迎来密集的设备更换期。业态的密集调整、设备的服役周期结束都为商业建筑的改造提供了客观利好，充分利用好这些重要机遇，做好政策引导，可以事半功倍。

（三）房地产行业转向存量更新的经营模式使既有建筑节能地位更加凸显

"十三五"期间，房地产行业从土地开发的增量模式向城市更新的存量模式转型。一方面，大城市土地供应紧缺、地价高昂的状况越发挤压着房地产企业的经营空间。另一方面，早期建筑在使用功能、内部格局、机电设备等方面的陈旧与城市发展和市场需求越发不匹配。这种形势下，一些企业和投资人将目光转向城市更新项目，投资收购既有建筑，通过业态调整、翻新改造和运营管理，提升其服务效果和市场价值，在项目期获得物业增值收益，最后择机退出并获取增值利润。这类项目的投资目标包括住宅、公寓、写字楼、酒店等建筑，更新升级的方向包括健康、舒适、节能、环保、智慧等。这种项目模式下，既有公共建筑的节能工作有机会嵌入改造的目标及过程中，并成为项目打造的标杆之一。

（四）国内建筑节能技术发展迅速使分系统能效指标管理成为可能

以我国巨大的存量市场为基础，加上良好的工业化发展势头，国内建筑节能技术发展迅速。国家发展改革委、工业和信息化部、财政部、生态环境部、住房城乡建设部、国家市场监督管理总局、国家机关事务管理局七部委在 2019 年 6 月印发的《绿色高效制冷行动方案》中提出了"到 2030 年，大型公共建筑制冷能效提升 30%，制冷总体能效水平提升 25% 以上，绿色高效制冷产品市场占有率提高 40% 以上，实现年节电 4000 亿千瓦时左右"的目标。实现这一目标的技术保障在于"十三五"期间，以中央空调为代表的国产大型建筑设备技术发展迅速，产品在系统集成、控制等方面的性能实现了对国外品牌的超越，同时兼具价格优势。在明确的政策引导下，国产高效制冷产品体系将进一步发展，为公共建筑的节能改造提供了强有力的技术保障。

《民用建筑能耗标准》对建筑整体总能耗提出了指标，但未给出实现指标的路径建议。《绿色高效制冷行动方案》中，从制冷系统整体和单体设备两个层级提出了节能要求。可以预见，如果对建筑的新风、数据中心等系统运用类似的思路，构建从各单体设备到各专业子系统的分层级节能路线，将非常有助于形成建筑整体的节能效果，《民用建筑能耗标准》中给出的指标是否可执行也就有了支撑。

（五）物联网＋人工智能的趋势减少节能中间环节

伴随着"十三五"期间互联网和智能家电、设备的迅猛发展，包括建筑机电系统在内的物业管理快速涌现出新模式。一个典型现象就是空调等大型设备的制造商开始积极投入物联网，推出了"购买设备赠送云服务"的模式。"十四五"期间，一种互联网＋人工智能的新型建筑运维模式或将形成。在这种模式里，机电系统之间将建立起全方位的互联互通，实现高度智能化的设备参数控制和调节，并可以通过不断的数据累积和自我学习去优化。这个变化对公共建筑的节能运行有着十分积极的影响。一方面，公共建筑的设备监控和巡更人员都被远程化、后台化的智慧中心替代，极大减少了节能效果对物业运维人员水平和经验的依赖，使设备的节能性能真正落到实处。另一方面，物业管理人力需求的减少，降低了业主支付的建筑运营人工成本，相较于以往难以打动业主的"节能后降低能源消费成本"等解释，人工成本的减少更加直观，确定性更高，对业主而言也更容易接受。

四、突围的策略

目前，节能、低碳的理念已经在宏观层面获得了非常大的支持，是生态文明建设的重要支撑和组成部分。大环境已经十分有利，要解决的是具体的、"最后一公里"的政策指导。是否能在"十四五"阶段克服长期存在的既有公建节能难题，大幅度提高节能率和节能效果，取决于政府制定的政策能否下沉到实用层面，充分理解用户的需求并满足之，以及是否适时回应新变化，抓住新机遇。基于这一认识，我们提出以下建议。

（一）通过激发社会责任感来调动业主节能积极性

激发社会责任感包含节能行动带来的贡献感、成就感和荣誉意识等。这可以成为今后一个阶段调动业主积极性的有效方式。这种方式的实现需要一种思路上的转变，即主管部门改变以往着眼于建筑业主盈亏的财政补贴策略，转而倡导和表彰业主及其所在企业的社会责任意识，从而鼓励其担负起更多的环境责任。

是否投入节能项目关键在于业主，在于他们平衡诸多因素后的决定，他们的决策可能是理性而审慎的，也可能是感性而随机的，这就要看其基本的心理诉求。逐利曾经在很长一段时间里都是建筑业主的压倒性诉求。因此，以往的政策出发点和宣传引导的方向大多强调直接经济利益，背后的逻辑也很清晰。然而，在建筑节能工作突飞猛进的过去十余年里，业主及其建筑所属企业在诉求上已经发生了很大的变化。在全面建成小康社会的当前阶段，越来越多的建筑业主和企业已经切实认识到不能再只是关注短期、直接的经济收益，转而在经营中自发承担更多社会责任。对社会、环境的回馈已经成为一种渐趋流行的认知。这说明改革开放过程中，更多的中国人实现了马斯洛需求层次上的跃升，从只关注温饱问题转向更加注重精神方面的需求，企业作为一个群体单元也实现了类似的跃迁。

社会诉求变化了，政府回应的策略就要有所调整，并且，此前着眼于直接经济利益的引导方式也有它的弊病和困境。比如，沿着经济利益的思路，很容易引到对直接成本收益的横向权衡上，结果发现节能虽有回报，但相对其他业务要低得多，而其工作复杂程度就更和投入不匹配了。这是"晓之以利"所不能解决的窘境。

当然，也有一种观点认为，公众对社会责任的关注度低，没有能够有效监督企业社会责任的土壤。应该说，以往政策对社会责任的要求只是作为锦上添花的"自选动作"，是经济利益局上的候补牌，这也是与过去的经济发展阶段相适应的。当前国内企业和建筑业主对社会责任的关注虽未成为主流，而这种趋势是明显的。中国的高质量发展和中国企业的走出去，都必然要求我们更多地加强环境保护和社会责任表现的曝光，更应借此机会加快营造相应的政策环境。

用绿色节能的社会责任感来激发节能利益相关方的动力，可以从以下几个方面做出政策引导：采用创新的形式，表彰主动采取绿色节能行动的业主，授予一定的荣誉称号并在建筑内外醒目位置展示，同时通过电视节目和网络媒体等渠道予以宣传。还可以通过与 ESG 评级机构合作，突出节能行动在企业社会责任评级中的得分比重。对能够主动实现节能运维或有绿建运维成功经验的物业公司，以及能够提供有效节能方案的节能服务公司、机电设备生产商等企业进行表彰，引导行业协会进行相关的分级评价，增强其在业内的影响力。针对租户开展节能行动和倡议，推广绿色租赁、节能租户等行动。在楼宇节能中，业主和物业往往因担心影响客户关系而仅对公共区域采取节能措施，在租区内则难以向租户提出要求。然而，租区大多是经营型公共建筑中产生能耗的主要部分。反过来，一旦租户有了主动节能的意识，由他们向楼宇提出可持续节能的要求，就会倒逼楼宇更快地走向低碳节能。

（二）精细梳理各类最佳实践，为建筑提供"导诊"服务

对以往各类示范项目中累积的设备更换指南、节能运行策略和节能改造方案等资料进行分类整理，制作通俗而简洁的信息或手册，张贴在节能主管部门网站的显著位置并定期更新，方便业主查询和理解，减少业主在节能问题上的认知偏差，进而削减其被误导的概率。

在材料和产品的性能、价格等方面，业主与节能服务商、材料设备厂商等存在严重的信息不对称。其结果就是更多业主或者依赖服务商、经销商的推广来获取信息，或者是根据其他业主的口口相传。无论哪一种，都很容易被一些片面甚至过时的信息左右，做出"头疼医头、脚疼医脚"的不当决策。一旦效果不佳，或者不同服务商提出了完全矛盾的方案，业主甚至由于对部分推广厂商的不信任而对节能产生负面印象，将其认定为一种商业上的"忽悠"。

在当前公建节能并非严格强制性要求的大背景下，指导公建节能行动的现有资料（如各类标准、导则、指南等）多面向开展节能工作的专业人士，业主则很难获得其需要的一些基本的、公正的客观信息，比如某类建筑常见的节能解决方案以及各个方案的优缺点、成本、需要先期考虑的其他相关问题和潜在风险等。当然业主面临的问题要比这个更多，也会有一些其他的更具体的共性问题，比如设备服役到期后如何更换、各类型建筑如何着手考虑节能问题、如何解决改造中的建筑运营问题、租户关系协调问题、节能项目审批流程等。这些信息完全可以通过对现有资料的系统整理来解决。有了这些分类的基础信息，就相当于为业主提供了粗线条的"导诊"。如果再利用好当地已经掌握的建筑用能等各类监测数据，甚至还可以免费为建筑提供进一步的"轻诊断"服务，解除业主在节能问题上因未知而产生的畏惧。

除整理现有的最佳实践外，还可以逐步将一些工作纳入日常的统计调查中，比如做好现有存量公建的建设年代、设备服役期、装修和大修记录、更新改造计划等方面的摸排，从而将公建节能工作更加细致化，甚至网格化。在此基础上，可以结合建筑的装修、大修、设备更换等需求，有针对性地推送相关资料，给出目标建筑在常见工况下的改造优选方案建议，包含经济性分析的几类可选套餐等。

（三）借力新技术和新趋势，消除运维环节对节能的制约

调整大型公建节能政策的思路，将以往用于支持地方能耗监测系统等的财政资源用于鼓励和引导新技术的应用、推广。通过政策引导和编制技术标准，促进物联网在大型公建中的规模应用；以新技术带来的管理水平跃升为壁垒和动力，加速物管公司的兼并，淘汰业务水平低下的中小型物管公司，推动物管行业的集中化、专业化、高效化。通过助力和借力物业管理行业的新趋势，消除建筑运维环节对节能工作的制约。

破除运维团队的阻力并非易事。我国的建筑节能工作推行已有十余年，各类建筑的运维团队作为"一线战斗队伍"比节能服务商和机电设备厂家更熟知节能项目后面的利益点所在。虽然也有市场能力较强的服务商试图说服建筑业主以期顺利推行节能项目，但依然难以完全跳开运维团队的掣肘。这是因为，

作为节能工作重要对象的机电设备和能耗系统，其操作、管理是由运维团队掌控的。以可能危害到系统运行的稳定性、影响重点客户的使用效果为借口，即可轻易消解掉大部分节能工作的效果，让节能工作付诸东流或大打折扣。

运维团队的核心权限在于对设备的操作权和管辖权。绝大多数公共建筑配备了楼宇自控系统（BAS），用于对全楼主要机电设备进行启停控制、运行调节、运行参数显示及故障报警等操作。基于楼宇自控系统开展节能工作，当然是成本最低的。节能服务商没有必要，更没有足够的投资用于重建节能所需的专属楼宇自控系统。国内楼宇自控系统的市场基本由几家欧美品牌占领，其私有化的通信协议开放性不足，将节能服务商的节能技术融入现有楼宇自控系统的集成难度大，还需要自控系统维保商的配合，从而产生额外的成本。即使迫于无奈直接跳过楼宇自控系统，与冷水机组等重要设备直接集成，同样需要该品牌、该型号冷水机组的专属通信协议及对应厂家的配合。接口费是肯定要收的，但其收益不具有吸引力，因此厂家配合的意愿普遍不强。这也是目前变频水泵、变频风机很多，而节能效益更突出的冷机变温等措施实施较少的主要原因。当然，出于系统、设备的运行安全和知识产权的保护等考虑，这样的设置对厂家来说是合理的，但极大增加了节能工作的难度和成本，难以实现项目预期的节能效果。

同样的，近些年广泛推行的能耗监测系统也受到了楼宇自控系统专属协议的掣肘，由于无法接入楼宇自控系统而只能自成体系。由于机电设备运维数据的缺失，能耗监测系统在发现能耗异常时，无法实时、快速的定位异常设备并找出问题所在，其效果大打折扣，并导致了大部分能耗监测系统流于形式，快速为市场所抛弃。当其他节能商希望集成能耗监测系统时，由于其协议的唯一性，当初的"受损者"成为损害他人的一方。于是，整个行业陷入"人人希望开放、人人不希望对他人开放、只希望他人对自己开放"的境地。

在物联网（IoT）、人工智能（AI）、大数据等新技术涌现的今天，这种被少数几家设备与系统供应商绑架、各系统各自为政的局面，有望得到极大改善。物联网"万物互联"的基础是其开放、通用、低成本的特性，这需要各类设备的联通、组网、组建系统极为便捷，不再受到以楼宇为壁垒的束缚。对以楼宇为边界的传统自控系统而言，其竖向架构能够便捷且低成本地获取各类设备的信息，但也因单通道特征而易于形成"卡脖子"的地位将其他技术或措施拒之门外。而物联网是横向的、扁平架构，所有设备可轻松与互联网服务器联通，俗称"上云"，从而轻松绕过传统楼宇自控系统的管辖。数据上云之后，设备和设备之间、设备和系统之间、系统和系统之间、楼宇和楼宇之间都没有了壁垒，只需考虑以什么样的应用来满足特定的需求。这样的应用可以大而全，也可以小而专，给快速把握并满足用户的需求带来了可能。这样的扁平式云端架构使得开发应用与数据采集分开，技术团队各得其所实现高效运转，总体运作效率更高。例如：采集全楼室内空气质量并在手机微信上推送，将全楼各租户耗电情况进行横向对比并将异常情况推送给特定用户，都属于小而专的小型化应用。

小型化应用只是物联网带来的新思路之一。扁平化的云端架构还很好地解决了数据源的问题，节能服务商和设备商从而只需专注于解决用户需求，这又催生了更多新的工作模式。设备商对其销售的产品进行组网，难度很小。当大量项目中同品牌、同型号的设备运行参数汇聚之后，同类对比其能耗、运行效率等重要运行参数，能够定位运行状态差甚至可能存在故障的设备，提前通知用户及维修人员，核查的结果反向修正数据分析诊断的算法，而非以前出了问题先由用户投诉到设备商，设备商再派员解决的低效工作模式。这极大地改善了用户体验，增强了品牌价值，并促进了传统设备销售业务的提升。这种工作模式若进一步深入，将使冷热源系统及附属设备得到新技术的重要加持，运维难度将远小于从前，保稳定、保安全的传统运维方式将很容易实现，高效、节能运行的技术难度也将大为降低，使业主更有意愿把整个机电系统的运维委托给专业度更高的设备商。这种新型的能源托管模式，将设备供应商、维保商、零部件供应商和运维方整合为一个团队，大大减少了中间环节，降低了业主的管理难度和风险，传统的设备供应商也迅速转型为服务提供商，设备、服务和销售互为促进，有利于实现相关行业的高效率发展。

从技术上看，把基于物联网技术的能源托管范围继续扩大到全楼宇甚至建筑群是可行的。这将成为大型物管公司的管理工具，使快速复制其管理模式成为可能，并极大降低接收新项目的管理成本。管理成本的缩减，能源成本的降低，管理规模的提升，是近几年来国内资本青睐物管行业后，对物管行业提出的新需求。在资本的驱动下，物管企业正加速其扩张的步伐，扩张的顺利与否则取决于其综合管理实力，包括接管新项目后的管理品质能否提升、综合管理成本能否下降等。大批大型物管公司都在开发及使用基于物联网的管理系统，以增强其综合实力，适应行业的发展。与之对应的是中小型物管公司，开发大型管理系统的成本较高，且旗下管辖楼宇较少，无开疆拓土的动力和能力，更愿意守土维持。然而，在整个行业迅猛发展的大环境下，中小型物管公司被综合管理成本更低、服务品质更好的大型公司吞并或挤垮，将在预期的较短时间内成为现实。这种市场向少数超大型物管公司集中的行业整合趋势，正逐渐凸显。地产行业整体增速放缓，一方面使整个行业的目标市场逐级下沉，例如开发商开始做物业的自持，施工单位开始做能源托管，另一方面使建筑运维得到更多重视，具体体现在地产项目的运作模式发生了变化。住宅物业拓展居家养老服务，兴办社区商超，以提升其服务社区的综合服务能力。商业物业用低租金的方式吸引更多租户入住其持有的长租公寓，通过比常规公寓更好的服务品质，收取更高的物业和各类服务费用，以获得更高的利润和持续的现金流。产业物业在项目入住产业园区时提供融资及产业定位等辅导，通过免除物业服务费的形式入股孵化项目，比传统收取物业费模式的盈利空间更高。多种新型发展模式的共同趋势在于，基于现有的物业服务，扩展服务范围，提升服务品质，以更加高效的方式契合用户的需求和行业的发展。这种高效率的新趋势需要新技术的辅助，两者相辅相成，相得益彰。

在新技术和新发展双重趋势的共同挤压下，坚守传统发展模式的中小型物管公司将会很快被时代所淘汰，来自运维方的建筑节能工作阻力，若急于正面突围反而容易加剧抵触。因此，建筑节能行业应在政策上做好引导，在技术上用标准体系进行规范，在项目应用上加强前期评估、实施过程中的辅导和后期的效果验证。借着双重趋势发展的东风，建筑节能工作将呈现不错的预期。

（四）推动节能技术产品化、标准化，带动分系统能效有序提升

以落实和深化《绿色高效制冷行动方案》为契机，进一步扩展系统能效的概念。对大型公建中常见用能设备和产品按照其实现的分系统功能进行集合，推动相关产品的集成化和标准化，实现由对单个产品能效的关注上升到分功能子系统能效的考察。形成如"高效新风机房""高效组合式空调机房""高效水泵机房"等标准化子系统，为产品能效控制到全建筑能效控制搭建中间桥梁。

长期以来，较低的标准化程度制约着公共建筑节能措施的推广。我国消费型电子产业已形成一套成熟、完善的产品体系。在短短的数年时间内，华为、小米、OPPO、VIVO等手机品牌足以与世界知名品牌苹果、三星相媲美，并有越来越强的超越欧美成为世界顶级品牌的趋势。与之相比，建筑节能领域的技术措施、设备产品更像是小作坊生产的"大玩具"——看上去很美，实际运行效果跟预期相差十万八千里。抛开其产业规模及价值远小于消费型电子产业等非技术因素，建筑节能措施的应用场景主要在建筑

内，各建筑的千差万别是节能措施难以标准化的主要原因。这种特点深受建筑业的影响，绝大多数建筑的建设过程都是非标准化的，从规划、设计、施工到运行，每个环节都需要进行定制化的工作。建筑节能工作在实施过程中同样需要定制化的设计、施工和运行，这都要求节能服务商和设备商具备较高的定制化的技术实力。而节能项目的总利润率普遍相对不高，于是实施措施粗糙、实施效果不理想的现象就在所难免。这又加剧了业主对节能技术的不信任和抵触，压低了节能项目的利润率，形成了恶性循环，对建筑节能行业的危害极大。

按照"抓大放小"的思路，形成标准化的建筑节能产品从技术上来说是可行的，冷源系统就是一例。由于建筑形式、区域划分、使用用途的千差万别，建筑的机电系统从整体来看差异性极大，然而其共性仍然存在。冷源系统在机电系统中能耗占比最高，且在大部分公共建筑中形式类似，都由冷水机组、冷却塔、冷冻水泵、冷却水泵和必要的附属设备组成，差别体现在各设备的类型、数量和组合上，因此可以将其定义成一个标准化的产品。

以冷源系统为边界形成的"高效机房"的产品定义，已在新加坡、美国等国家和地区得到了良好的应用。自1992年开始，美国就有学者开展了高效机房方面的研究，Thomas Hartman率先开展了全变频制冷机房（AllVariable Speed Centrifugal Chiller Plants）的相关研究，并于2000年发布了针对全变频制冷机房的"哈特曼控制策略"（Hartman Loop Control），成功解决了全变频制冷机房的运行效率问题，使其运行能耗相比定速制冷机房可降低40% – 60%，且运行十分稳定。2012年，美国ASHRAE协会发布了《制冷机房能效测试导则》（Instrumentation for Monitoring Central Chilled – Water Plant Eciency），对电驱动的水冷式制冷机房实际能效的测试和计算方法进行了说明。

近几年，国内高效机房的研究及项目应用呈现出快速发展的态势。比较典型的案例有广州市设计院负责的广州白天鹅宾馆制冷机房改造项目，通过采用冷冻水系统大温差运行、选择高能效比制冷主机并合理配置容量来保证各负荷段均处于高效运行区、管路优化设计降低水系统阻力、循环水泵和冷却塔风机变频改造、自控系统优化运行等措施，改造后制冷机房的系统能效达5.91。类似的项目还有由美的公司实施的广州地铁苏元站，系统能效达6.48。

国家七部委在2019年发布的《绿色高效制冷行动方案》中，从制冷系统整体和单体设备两个层级提出了节能要求："到2030年大型公共建筑制冷能效提升30%"。该政策是我国国家级政策第一次以"系统能效"来指导和约束公共建筑中节能工作的开展，也是对本文所提及的节能技术"产品化"的极好例证。高效机房概念这几年在国内快速普及，受到学界、业主的积极追捧，说明了整个行业对节能技术产品化的渴求。高效机房在国外的研究及应用都取得了显著成果，但是在国内还没有相关的标准体系来指导或规范其发展。这将是除鼓励政策外，今后几年内需要重点解决的技术问题，从而确保高效机房所带来的行业发展能更加高速和稳健。

高效机房的概念对"系统整体能效"而非单一设备的能效做出规定，是这一概念能迅速深入人心的另一个原因。后者已有全套且完善的标准，而前者则与系统的实际效果和业主的经济利益都息息相关。这种基于零散设备的集成形成系统级产品的理念，将实际效果和业主利益紧密绑定，受欢迎是必然的。

政府还可以鼓励行业协会或民间公益组织自行开发和推广应用各类系统整体能效的标识，对实测证明达到先进水平的系统免费颁发、更新相应的标识，如"高效新风机房"标识、"高效水泵机房"标识等。为了保障和扩大标识的公信力，避免带来权力寻租或"卖证"现象，此类标识不宜沿用由政府主管部门指定机构收费评价与颁证的模式，而应突出其市场性和公益性。借力中国技术和解决方案蓬勃崛起的东风，通过公益性标识规范市场，帮助国产的产品和体系获取更大的国际认可，具有一举多得的作用。

无论用哪种概念，将多个零散的设备集成为产品化的系统，其集成过程需要综合考虑设计、施工、调试和运维，也就需要"调适"体系。

（五）推广调适理念和相关技术体系

加快建立"全系统、全过程"的既有建筑调适政策体系，加强政策引导，把调适的理念贯穿到节能项目的每一个环节，开发符合国情的既有建筑调适相关技术导则，鼓励节能项目的全系统全过程承包责任制，确保节能的真正效果。

调适不是一种技术，而是一种项目实施机制。调适的概念与当前建筑节能市场上的很多概念都存在着交叉或包容的关系。例如，建筑能耗的横向比对如果由业主委托节能服务公司实施，就成了调适项目中的前期规划调研环节；调适项目全过程、全系统负责的合同模式与工作流程，又与合同能源管理的相关内容高度吻合。因此，推广调适机制不是制定一种新的节能工作制度，也不是为某些采用调适概念的节能服务公司打广告，而是要求今后的节能工作在整个流程的各个环节中渗透"全系统、全过程"的调适理念。

既有建筑的调适机制所体现的全系统、全过程理念，弥补了我国目前既有公共建筑节能工作中系统性、可持续性理念的缺失。不仅具体的节能项目需要贯彻这些理念，在既有公共建筑节能的政策指导上更应当处处从全局全程着眼，形成时间上囊括"项目启动—项目实施—后续保障"，空间上包容"全建筑—分项系统—各个设备"的政策体系。在这样的理念下，可以做出以下方面的政策指导。

（1）在战略上，要加强建筑节能工作与其他工作、其他行业的沟通和协调，让建筑节能的概念走出能源范畴，在"全系统"的高度提升节能等级。节能在一些建筑中往往重要性较低，与外围护结构安全性提升等改造工作绑定则实施更为顺畅。这充分说明节能工作的切实推行要与建筑的其他改造或建筑评价工作整合，在建筑更重要的功能提升工作中体现节能要求。可以通过政策的力量，将节能要求融入ESG、绿色建筑评级、地产责任评级等领域，进而将建筑节能工作编织到整个产业体系、经济发展乃至社会进步的大网中。而且，提出全局视角、全专业配合的节能要求，还能使不同目标的建筑改造工作得到有机整合，避免"拉链式"的反复改造和"头疼医头、脚疼医脚"的短视行为。

（2）推进策略上，应鼓励建筑节能项目的全系统、全过程承包责任制。《绿色高效制冷行动方案》表明我国相关政府部门已经从系统角度提出节能目标，广州地铁的单站模块化承包模式表明，一些公共建筑已经将机电系统从全系统的高度提出全过程负责的要求，一些设备制造商也将物联网和智能运维的理念注入公共建筑的机电设备，提出了设备全生命周期的云服务。基于这些有利契机，我们应及时制定相关的引导政策，促进高能效前沿技术的进步与先进节能服务模式的推广，助推设备制造商从全系统、全专业角度提供集成化的节能方案，并实现运营全过程的节能服务责任。然而必须认识到，设备制造商有可能追求更大的能源负荷或者不关心建筑围护结构的节能。鉴于此，相关政策应规定设备制造商提供的云服务在前期要与建筑能耗比对制度相结合，首先从建筑总体角度充分挖掘节能潜力，便于业主更加明确哪些工作属于系统能效提升并由设备商去完成，哪些工作属于应由业主自筹资金解决的高投入低产出工作（如围护结构改造）。

案例：广州市近五年迎来了地铁建设的高峰期，广州地铁现已开通一、二、三、四、五、六、七、八、九、十三、十四、二十一、APM和广佛线，累计建成开通14条、513公里地铁线路，累计开通车站

269 座。现阶段，正全面推进八号线北延段、十一、七号线西延段、十八、二十二、十三号线二期、三号线东延段、五号线东延段、七号线二期、十、十二、十四号线二期共 12 条、309.7 公里新线建设。广州地处全年温度较高、湿度较大的南方，全年空调运行时间长，其能耗较高。为确保各地铁站房通风空调系统整体的实际运行能效，在建设方广州地铁的引导下，在多个地铁站房内推行"单站模块化承包模式"：由某一家设备供应商"全过程、全系统"负责该站房内通风空调及楼控系统的设计、施工、调适并指导运行，各地铁站的通风空调系统能效用实测运行数据进行对比，倒逼设计、施工、调适各个阶段都应实现全系统、全过程的最优，打破了传统设计方、施工方、设备厂家各自为政、互相推诿的痼疾。目前，在白江、新塘、嘉禾望岗、苏元等地铁站内试行，各站制冷系统综合能效普遍在 5.5 - 6.0，远高于常规制冷系统 3.0 的实际运行能效。

（3）对公共建筑机电设备实行更换备案制度。这一制度不仅是政府官方对节能项目做出的定期回访，以传达节能项目全过程服务的理念，而且是兜底既有公共建筑节能工作效益下限的保障。必须认识到，在各种信息帮助、政策扶持的情况下，一些业主仍然会忽视甚至有意回避节能工作。因此，实行机电设备的备案制，对机电设备三年一审，推动业主做被动的改进，建议或强制淘汰低能效的设备，是对不采取主动节能行为的弱意识群体的鞭策。

（4）效法责任规划师模式，试点责任节能工程师制度。对既有公共建筑节能项目实行分区域精细化管理，抽调相应区域内国家级、省级节能研究和咨询机构，实行分块包干的做法，定期为所辖范围内的公共建筑开展基于需求的指导并提供信息支持，帮助业主、物业、租户等更好地开展节能行动。

（5）从全系统、全过程角度，借鉴国外相关的标准和指南，制定符合中国国情的既有公共建筑调适技术导则，规定既有公共建筑调适的分阶段的技术文本。

（六）加强节能量核证完善节能量核证体系

在已有相关标准基础上，加快编制细化的操作指南以及多种角度的案例指引。同时，在节能量计算方法方面，加快研究制定节能量不确定度计算的方法和规定。

节能量是衡量建筑节能改造是否成功、业主利益能否得到保障的重要手段。当节能量不再成为衡量建筑节能改造项目成功与否的关键指标，各种无法摆上台面的"丛林法则"就会在建筑节能市场横行无忌，使建筑节能市场的大环境恶化。在美国这类自由商业市场驱动的国家中，节能量是商业合同中的重要条款，未达预期则被索赔。因此，业主、节能服务商、设备商都极其重视前期节能量的预估和改造后实际节能效果的测算。

从根本上解决问题，需要制度的完善、契约精神的维持和对应法律法规的健全，聚焦到政策可干预的具体问题上，可以在"十二五"期间编制的《节能量测量和验证技术通则》（GB/T 28750）等系列节能量测量和验证标准的基础上，加快细化各类合同模式下的操作指南、案例参考以及方法规定，提供多种角度的指引，以此带动节能量核证的市场接受度提升。同时，在节能量计算方法方面，还应加快研究制定节能量不确定度计算的方法和规定。

（七）构建分层级的能耗比对制度与节能认证体系

制定建筑能耗比对评价的技术导则，开展建筑机电系统整体到子系统的能耗比对评价，结合认证制度，全面促进系统能效的提升。

国家标准《民用建筑能耗标准》对建筑整体总能耗提出了指标，但未给出实现指标的路径建议。国家七部委发布的《绿色高效制冷行动方案》中，将建筑整体能效分解到冷源系统能效，这使《民用建筑能耗标准》中给出的指标是否可落实有了可能。

《绿色高效制冷行动方案》中的能效相对提升指标是对行业整体水平的要求，需要结合横向的能耗比对来验证。一些发达国家实行的能耗比对制度本身就分为建筑总能耗、建筑各机电系统分项能耗、机电设备能耗三个层次。可见，《绿色高效制冷行动方案》的分级理念与能耗比对制度的内涵高度吻合。因此，我们可以将视角从制冷系统扩展到公共建筑的所有机电系统，建立分层级的能耗比对制度，进行有针对约束和指导。

横向的能耗比对可以由政府启动，通过行政力量在公共机构中实施；也可以由公共建筑的业主及相关行业协会牵头，组织开展同行业同类型的建筑物、机电系统、机电设备的能耗比对；还可以由设备生产厂家及相关行业协会牵头，组织同行业相同设备的能耗比对。建筑总能耗和机电系统分项能耗的量化比对结果最终可用于节能认证制度，使比对结果的影响范围不局限于具有原发节能意愿的公共建筑业主，而是扩展到行业全体、相关领域乃至全社会，形成建筑设备和系统增效的良性竞争氛围。

这里的"认证"是指自愿型认证，是非行政强制行为。政府可以对认证的方向、内容、方法等做出一定的引导。机电设备已经有官方的能效标识制度进行约束，今后的工作重点应是建筑总能耗和机电系统的认证，即前文所说的引导行业协会对企业进行分级评价。这种民间认证的目的不是强制淘汰业内的低水平群体，而是要以打造典型示范等宣传方式，增加节能优秀群体的曝光度，帮助高能效的系统设计方案、系统运维方案、建筑运维团队、设备产品等扩大其市场影响力和行业影响力；同时降低各类业主对建筑能耗和节能工作的认知门槛，拉近专业性较强的节能工作与社会大众的距离。

构建分层级的能耗比对制度与节能认证体系，需要相关政策在以下三个方面做出引导和规定。

（1）制定建筑能耗比对评价的技术导则，为不同层级的能耗比对提供应遵循的技术路线。对高度模块化的建筑机电系统整体或子系统，如地铁站、制冷机房、新风机房等，可基于现有的工作基础制定分层级的能耗比对细则。

（2）开展建筑机电系统整体和子系统的能耗比对，可首先在公共机构中通过行政力量推行。基于比对结果形成建筑业主、机电系统服务商及机电系统运维团队的节能认证制度，为高能效的建筑物和机房颁发有效期为三年的节能挂牌。发动电视节目、网络媒体、官方微博、微信公众号等渠道，对上述能耗比对认证工作的过程和结果进行宣传和推广。

（3）全面推广系统能效概念，基于前沿技术的发展水平，从建筑能源系统整体角度提出节能目标。提出到"十四五"期末实现建筑机电系统整体能效提升30%。

在具体的能耗比对与节能认证工作中，应利用既有的工作经验和行业内的技术发展基础，首先在已经实现高度模块化的建筑机电系统整体或子系统中实施，以降低启动难度，并提高比对和认证结果的社会说服力。

（八）支持国产节能技术

如前所述，目前国内企业的节能设备、产品、系统方案和服务水平已然不输传统的知名国际企业。而且，借助于国内快速发展的互联网基础设施，国内的机电设备制造行业在智能化、物联网化、快速更新、及时响应客户需求等多方面的优势都越来越明显。然而，受制于信息的不对称，一些业主对我国先进技术的认知度还不高，开展节能工作时，往往还是优先选择名头更响亮但性价比相对较差的国际品牌。

鉴于这一情况，政府应开展典型类型机电设备和系统的评测，和国际大牌设备以及发达国家的机电设备和系统形式进行对比，使客观公正的行业信息、技术信息透明化，使相关行业乃至全社会认识到国产设备与系统服务方案的先进水平。在此基础上，再开展进一步的倡议、培训、宣传等活动，扶持国内企业快速发展壮大，形成并固化具有中国特色的本土解决方案，用自己的市场养自己的技术，帮助我国节能技术位居国际领先水平。

（九） 建立建筑节能闭环管理的行政管理权责

应该尽快将住建部门对建筑节能工作的管理职能从设计阶段延伸到运行阶段，赋予其法律地位，建立以住建部门统一归口管理为主，行业组织配合及自律为辅的既有建筑运营节能管理体系。

我国建筑业长期以来的制度形态是"重建设、轻运行"，即法律、法规、制度等在建筑物的建设阶段相当完善，但在运行阶段的监管则极为缺失。然而，即便有节能型的建筑设计、系统形式和设备组件，节能效果最终还是要在建筑运营阶段实现。因此运营阶段不能是法外之地，只有这条关系理顺，才能实现建筑从规划、设计到运行的闭环节能。目前在项目的规划、设计、建设、竣工验收阶段，都有明确的政府主管部门负责监管和指导。在建筑的运行阶段，建筑已交付各类业主进行运维，这一阶段的主管变更为各行业主管，例如旅游饭店业协会负责管辖下属各会员单位酒店，医院协会负责管辖下属各会员单位的医院。各行业协会纷纷从各行业主管部门下剥离，多少还具有部分官方背景和一定的权威性。然而，节能工作仅仅是各行业协会、各建筑业主所关注的大量工作之一，其重要性绝不可能超过该建筑的主营业务，例如旅游饭店业协会必然重点关注各酒店的经营状态，并进行引导和协助。因此，在这种极其分散的管理架构下，如何发挥各行业主管部门、主管协会的主观能动性，加强住建部门、发改部门从技术、政策方面对上述各行业的协助，就显得尤为重要。

各行业协会从政府职能中剥离后，虽然其行政监管力度显著下降，但各协会自负盈亏的经济压力和更好服务会员单位的动力，使其具备了快速转型成为服务型机构的可能，以适应市场化发展。在市场活力得到充分激发后，建立跨行业的建筑节能技术组织、联盟也具备了充分的可能性。此时更需要的是确保技术组织的公信力和公益性。建议相关政府部门可考虑建立脱离于市场经济利益，又服务于业主的建筑节能技术组织，引导既有公共建筑节能走上市场化的良性发展道路。

中国火电厂废水排放控制政策法规与技术路线综述

西安热工研究院有限公司

中国对水环境保护日渐重视，火电行业作为高耗水行业的重要监管对象，实际取水与排放状况与国家政策要求仍有较大差距。很多火电企业实际取水量高于 GB/T 18916.1 – 2012《取水定额》，与《水污染防治计划》2020 年的取水指标相比差距更大；废水实际排放情况与排污许可证的要求也有一定差距。火电企业应尽快开展废水排放控制改造，使取水、用水及排水满足相关要求。

燃煤电厂水系统主要包括原水预处理、锅炉补给水、工业水、循环冷却水、煤水、渣水、工业废水和脱硫废水等处理系统，且系统之间涉及水的串复用，水平衡非常复杂。且各燃煤电厂水源水质、用水现状和环保要求等基础条件不同，目前行业也没有相关的标准或技术路线指导其开展相关改造。

根据《中华人民共和国水法》（2016 年修订版）、《中华人民共和国水污染防治法》（2017 年修订版）、《水污染防治计划》和《排污许可证管理暂行规定》（环水体〔2016〕186 号）等法律法规政策，以及《火力发电厂节水导则》（DL/T783 – 2018）、《发电厂废水治理设计规范》（DL/T5046 – 2018）、《火力发电厂水务管理导则》（DL/T 1337 – 2014）和《发电厂化学设计规范》（DL 5068 – 2014）等火电企业节水与废水治理技术标准，结合燃煤电厂取水、用水、排水实际情况，本文提出具有针对性的废水排放控制技术路线，为燃煤电厂开展相关改造提供依据和思路。

一、火电厂废水排放控制目标与原则

（一）总外排口水量和水质

目前，火电厂排污许可证对外排废水要求基本依据机组建设环境评价（环评）批复文件，若环评批复文件允许废水外排，则环保局给火电厂颁发的排污许可证一般允许设置废水排放口；反之，则不允许火电厂设置排污口，要求废水零外排。国内某大型发电集团不允许设置排污口的电厂约占电厂总数的39%，该比例基本可反映中国不允许设置排污口火电机组数值的平均水平。

火电厂废水外排情况一般包括 3 类：一是废水排至公共污水处理系统，其外排废水一般执行 GB 31962 – 2015《污水排入城镇下水道水质标准》。二是废水直接排放至海域，其外排废水一般执行 GB 3097 – 1997《海水水质标准》。三是废水直接排放至地表水环境，若此类火电厂所在地有废水地方排放标准，其排污许可证中规定的外排口水质要求一般执行地方排放标准，如河南涧河流域、湖北省汉江中下游流域、黄河流域、巢湖流域等；若火电厂所在地没有废水地方排放标准，其排污许可证中外排口水质限值要求一般执行 GB 8978 – 1996《污水综合排放标准》。各废水排放标准主要污染物限值如表1所示。

表 1　国内火电厂各废水排放标准主要污染物限值

单位：mg/L

序号	标准名称	常规指标					溶解性固体含量	氯化物
		悬浮物	COD	氨氮	总氮	磷		
1	《污水综合排放标准》（GB8978–1996）	70	100	15		0.5		
2	《广东省污水综合排放标准》（DB44/26–2001）一级标准	70	100	10		0.5		
3	《北京市水污染物综合排放标准》（DB11/307–2013）B 排放限值	10	30	1.5（5.5）[1]	15	0.3		
4	《上海市污水综合排放标准》（DB31/199–2018）二级标准	30	60	5.0（8.0）[1]	15（20）[1]	0.5	2000	
5	《天津市污水综合排放标准》（DB12/356–2018）二类标准	10	40	2.0（3.5）[1]	15	0.4		
6	《辽宁省污水综合排放标准》（DB21/1627–2008）	20	50	8（10）[1]	15	0.5		400[2]
7	《润河流域水污染物排放标准》（DB41/1258–2016）30	50		15		0.5		
8	《湖北省汉江中下游流域污水综合排放标准》（DB42/1318–2017）		5.0（8.0）[1]	15		0.5		
9	《黄河流域（陕西段）污水综合排放标准》（DB61/224–2011）		50	12	20	0.5		
10	《山东省南水北调沿线水污染物综合排放标准》（DB37/599–2006）、《山东省小清河流域水污染物综合排放标准》（DB37/656–2006）、《山东省海河流域水污染物综合排放标准》（DB37/675–2007）、《山东省半岛流域水污染物综合排放标准》（DB37/676–2007）	20	50	5	15	0.5	1600（2000）[3]	
11	《巢湖流域城镇污水处理厂和工业行业主要水污染物排放标准限值》（DB34/2710–2016）		50	5	15	0.5		
12	《污水排入城镇下水道水质标准》（GB31962–2015）A（B）	400	500	45	70	8	1500（2000）[3]	
13	《海水水质标准》（GB3097–1997）三类标准	100	4[4]		4	0.03		

注：1）括号外数值为水温 >12℃时的控制指标，括号内数值为水温 ≤12℃时的控制指标；2）氯化物（按氯离子计）只针对排放于淡水水域，海域不受限制，排水用于农田灌溉的排放标准为 250mg/L，污水回用处理反渗透膜浓水排放标准为 1000 mg/L；3）以中水或循环水为主要水源的企业，溶解性固体含量指标限值放宽到 2000mg/L；4）此值为高锰酸盐指数（CODMn）。

由表 1 可知，相对于 GB 8978 – 1996《污水综合排放标准》，地方废水排放标准主要污染物种类更多、限值更低；除广东省以外，其他地方废水排放标准均增加了总氮污染物指标；北京市废水排放标准常规指标限值最低，其次是天津市，其余地区废水排放标准常规指标限值处于同一水平。此外，上海市和山东省地方排放标准增加了溶解性固体含量排放要求，辽宁省地方排放标准增加了氯化物排放要求，这给电厂废水治理水平提出了更高要求。

（二）取水方式和取水量

新建火电厂环评批复文件一般要求使用城市中水作为生产水源，但是部分火电厂由于市政污水处理厂未建设、中水管路未铺设、中水水质不满足使用要求等原因，实际未使用中水或中水使用量未满足要求，导致其超量使用地表水、地下水或自来水。此外，部分老厂由于暂不具备使用中水或地表水条件，仍违规使用地下水。

部分火电厂取水方式满足相关要求，但是由于其用水水平低，节水措施不到位，导致其取水量超过政府批复的取水限额。山东省和内蒙古自治区已实行超计划用水累进加价征收水资源费，降低火电厂经济效益，如某循环冷却型电厂装机容量 2 × 135 MW + 2 × 350 MW，由于中水处理设施处理能力不足，导致中水使用量不足，地下水和地表水使用量超过取水限额，年取水费用高达 2300 万元。

不同水源条件下，原水预处理和循环水控制方案以及末端废水水量不一样，因此废水排放控制改造应以环评批复文件和政府最新要求的水源作为设计依据。此外，废水控制技术研究目标不仅是达标排放，还应通过合理的技术路线实现全厂废水的梯级利用，降低全厂的新鲜水取水量，使其满足政府批复的取水限额要求。

（三）节水与废水综合治理原则

火电厂全厂节水与废水综合治理工作应根据"节水优先、系统治理、一厂一策、指标领先"的原则，制定系统、全面的改造方案。

（1）在制定废水排放控制的设计方案前，应在全厂范围内进行用水排水情况核查及评估，摸清各系统水量平衡关系，评价电厂用水及废水处理系统运行情况，结合环保政策对电厂的要求，针对具体问题制定针对性的方案。

（2）当排污许可证或环评报告及批复文件不允许废水外排时，火电厂应通过废水综合利用、末端废水浓缩固化等技术措施，或者通过与下游污水处理企业联合，实现环保目标；当排污许可证或环评报告及批复文件允许循环水或其他废水外排时，火电厂外排废水污染物种类、浓度和总量应同时满足排污许可证和其他环保要求。

（3）节水工作应遵循雨污分流、梯级利用、分类处理、充分回用的原则，选择成熟可靠、经济合理、设施便于维护的节水技术，使改造后取水方式和取水量满足相关要求。

（4）方案制定应充分考虑取水水源和排水指标的变化情况，同步考虑化学药品、污泥处置等外部环境情况；预测电厂计划开展的相关改造对用水和排水情况的影响，如脱硫增容或改造、增设湿式电除尘设施、有色烟羽治理、煤场封闭改造等。

（5）水处理系统的工艺设计和设备选型应遵循"安全可靠稳定、生产维护方便、技术先进成熟、投资经济合理"的原则。

二、各系统废水治理现状及改造技术路线研究

（一）原水预处理系统

1. 原水预处理系统现状

直流冷却型火电机组大多位于南方水量丰富地区，多采用长江水作为生产水源，原水处理工艺采用"混凝澄清—过滤"工艺，去除悬浮物，如华能岳阳电厂、国电投常熟电厂等。

循环冷却型和空冷型机组生产水源一般包括地表水、地下水和中水。典型电厂生产水源主要水质如表 2 所示。

表 2　典型电厂生产水源主要水质

水源	电厂编号	省份	质量浓度/（mg·L⁻¹）				摩尔浓度/（mmol·L⁻¹）			
			Cl^-	SO_4^{2-}	悬浮物	溶解固体	COD	碱度	1/2Ca^{2+}	总硬度
地表水	A	山东	168	391	13.6	1111.2	33	5.2	4.6	8.9
	B	天津	44.59	108.05	30	356	22	2.41	1.54	3.51
	C	黑龙江	6	4.69	12	64	1.9	0.64	0.3	0.48
	D	重庆	30.5	51.45	8	244	4	1.93	1.86	3.31
	E	宁夏	73	95.7	1185	471	2.2	3.31	2.64	5.6
地下水	A	山东	141	111.8	0	902	0.6	6.6	7.82	10.9
	F	山西	38	67.5	0.4	502	8.1	4.62	3.28	5.7
	G	内蒙古	94.19	60.04	1	576	0.5	5.68	3.86	7.1
中水	A	山东	249	213.21	28	1182	28	7.06	6.42	10.35
	H	河南	183.18	162.19	4.8	917.2	43.5	6.33	6.03	9.43
	I	湖北	60	60	26	447.2	6.9	2.76	3.68	4.9
	J	内蒙古	190	164.43	26	888	55	3.57	3.72	10.1

由表 2 可知：（1）各地区地表水、地下水和中水水质相差较大，一般南方和东北地区水质较好，山东地区水质较差。（2）对于同一地区，一般地下水水质优于地表水，地表水水质优于中水。

地表水一般水质较好，有机物、碱度和硬度较低，宜采用"混凝澄清—过滤"处理工艺去除悬浮物后作为循环水和锅炉补给水系统补水，如表 2 的 B、C、D 电厂；A 电厂和 E 电厂碱度和硬度较高，未采用软化工艺，循环水浓缩倍率较低，为 3.0 – 4.0。

使用地下水的电厂一般位于山东、山西和内蒙古等缺水地区。地下水无悬浮物，有机物浓度低，电厂一般不作处理，直接作为循环水和锅炉补给水系统补水，但是地下水碱度和硬度较高，碱度和硬度分别为 4.62 – 6.60 mmol/L 和 5.70 – 10.90 mmol/L，限制了浓缩倍率的提高。

使用中水的电厂一般是新建机组，中水溶解性固体含量、碱度和硬度较高，A、H、I 和 J 电厂均采

用中水石灰混凝澄清工艺，其中 J 电厂中水有机物较高，在石灰混凝澄清前设有曝气生物滤池工艺用于进一步降低来水有机物和氨氮。

2. 原水预处理系统改造技术路线

（1）在中水水质和水量满足运行要求时，应优先使用中水，降低火电厂取水费用。由于地下水取水管理日趋严格，改造后电厂不宜采用地下水作为生产水源，避免二次改造。如 A 电厂，同时采用中水、地表水和地下水的情况下，应优先使用中水，尽量减小地下水的使用量。

（2）对于水源为地表水且硬度低时，原水预处理通常采用混凝澄清工艺，降低悬浮物，如 B、C、D 和 E 电厂；对于水源为地表水且水硬度高或水源为中水的情况，原水预处理通常采用石灰混凝澄清或结晶软化工艺，降低硬度和碱度，如 A、H、I 和 J 电厂。

（3）原水预处理系统产生的污泥需进行浓缩脱水处理，上清液宜进行回收利用，有条件的电厂可考虑污泥掺烧。

（二）循环水系统

1. 循环水系统现状

（1）浓缩倍率低，不利于节水。经调研，约 30% 的循环冷却型电厂浓缩倍率低于 3.0。其主要原因为：部分电厂高碱度硬度的原水未经处理，直接补至循环水系统，限制了循环水浓缩倍率的提高；部分电厂长期未进行循环水动态模拟试验，长期采用阻垢缓释性能差的药剂。

（2）循环水排污水不能稳定达标排放，特别是采用中水作为循环水补充水的电厂，循环水排污水高标准达标排放难度大。主要表现为：部分电厂采用含磷水质稳定剂，导致外排水磷超标；山东和上海地区要求外排废水溶解性固体质量浓度不高于 2000 mg/L，部分电厂浓缩倍率值控制较高，外排水溶解性固体含量易超标；北京、天津、山东和上海等地区，外排水悬浮物和 COD 限值较低，电厂现有处理工艺不能满足要求，总排放口水质易超标。

（3）循环水排污水综合利用程度低。部分电厂循环水排污水未在厂内回用，直接外排造成水资源浪费。

（4）循环水排污水脱盐处理设施运行不正常。循环水排污水有机物、致垢离子浓度高，给循环水排污水膜脱盐工艺的正常稳定运行带来较大影响。部分电厂采用"混凝澄清—过滤—超滤—反渗透"或"石灰凝澄清—过滤—超滤—反渗透"工艺，膜污堵严重。

2. 循环水系统改造技术路线

（1）在通过加强原水预处理、改善循环水补充水水质的基础上，根据水质条件、换热设备材质等情况，经技术经济比较后，筛选循环水水质稳定剂，确定合适的循环水浓缩倍率，减少循环水补充水水量和循环水排污量。采用地表水、地下水或海水淡化水作为循环水补充水时，浓缩倍率可提高至 5 及以上；采用再生水作为补充水时，浓缩倍率可提高至 3 及以上。

（2）循环水排污水可优先综合利用于脱硫、除渣、除灰和输煤等下游用水系统。

（3）当循环水排污水厂内综合利用后仍有污水需要外排，且外排水溶解性固体含量有限值要求或悬浮物、COD 等指标要求较高时，经技术经济比较，可采用循环水排污水脱盐工艺。经过膜脱盐后，淡水可回用于锅炉补给水处理系统或循环水系统等；在不影响脱硫系统正常稳定运行前提下，浓水可回用至脱硫系统，或至末端废水处理系统合并处理。循环水排污水有机物去除工艺有强化混凝、高级氧化、臭氧—生物活性炭等；软化工艺有石灰—碳酸钠软化、氢氧化钠—碳酸钠软化等。去除循环水排污水中有机物和结垢离子，有助于解决循环水排污水膜污堵问题。

（4）对于实施有色烟羽治理的电厂，可考虑将烟气冷凝水补入循环冷却水系统调节碱度。

（三）脱硫废水处理系统

1. 脱硫废水处理系统现状

脱硫废水排放量及水质随机组负荷、煤质特性和脱硫系统要求等因素的变化而变化，水量波动较大，且含有悬浮物、重金属、COD 和氟离子等多种污染物。常用工艺为石灰石—石膏法脱硫，出水水质需满足 DL/T 997－2006《火电厂石灰石—石膏湿法脱硫废水水质控制指标》。

目前，火电厂脱硫废水常用处理工艺流程为：废水调节池→三联箱（加石灰或其他碱性药剂、有机硫、混凝剂、助凝剂等）→澄清器→清水池。主要存在的问题：部分电厂脱硫废水处理系统设备可靠性差，经常停止运行；部分电厂系统出力不足或加药方式和加药量不合理，造成出水水质不达标。

2. 脱硫废水处理系统改造技术路线

（1）对于脱硫增容、增设湿式电除尘器的改造，若系统出力确定，水质较好的湿式电除尘器及除雾器冲洗水可考虑单独收集回用其他系统；若水质较差可考虑梯级使用脱硫工艺水和冲洗水，在不增加脱硫废水排放量的前提下，保证脱硫系统水量平衡。

（2）针对大部分电厂脱硫废水悬浮物和 COD 较高的情况，脱硫废水处理工艺流程可优化为：废水调节池→预沉设施→三联箱→澄清器→中间水池（加氧化剂、酸等）→过滤器→清水池。

（3）当进水悬浮物含量超出设计值、影响到出水水质时，应调整石膏旋流器和废水旋流器运行，从源头降低进水悬浮物含量。

（4）若出水 COD 超标，应采取强化曝气等措施；若 COD 仍不达标，可通过加 NaClO 或其他氧化剂降低出水 COD。

（5）采用新型高效无机絮凝剂及一体式处理装置的脱硫废水达标排放处理工艺，该工艺澄清效果好，但对离子（如氟离子、重金属离子）的去除效果有限，出水水质易超标。某火电厂脱硫废水处理系统采用新型高效无机絮凝剂，进出水水质如表 3 所示。

表 3　某火电厂脱硫废水处理系统进出水水质

单位：mg/L

项目	进水	出水
氟化物	55.2	45.0
总砷	0.0058	0.0039
总汞	0.0220	0.0039
总铅	低于检测限	低于检测限
总镉	0.15	低于检测限

由表 3 可知，出水氟离子超标，因此应加强出水重金属、氟离子等指标监测，及时跟踪评估运行效果。针对脱硫废水原水氟离子和重金属离子浓度高，不能满足排放标准的电厂，可采用"石灰—有机硫"与新型高效无机絮凝剂组合工艺，确保出水水质满足相关标准。

（四）其他废水处理系统

（1）煤水处理系统。煤水悬浮物含量高、水质复杂，应单独处理后本系统循环利用，宜采用预沉淀→（电）絮凝→澄清→过滤工艺。部分地区环保要求敞开式煤场改为封闭式煤场，含煤废水收集和处理系统不宜考虑封闭煤场区域雨水量，封闭式煤场雨水进入雨水排水系统。

（2）湿除渣系统。渣水是一种难处理废水，电导率、氯离子、硬度、胶体等含量高，易结垢，一般不允许排放，与其他废水混合会影响处理效果，应在本系统循环利用。目前电厂除渣系统补水存在不规范的问题，补水阀经常性连续开启，致使溢流水大量外排。这部分溢流水宜通过"沉淀→冷却"工艺及补水量优化实现渣水零溢流。首先应减少进入除渣系统的水量，然后增加渣水冷却器，带走多余的热量，减少蒸发损失的水量，从而减少系统补水量，实现水量平衡和盐量平衡，最终实现除渣系统零溢流。

（3）工业废水处理系统。工业废水包括设备反洗水、冲洗水、反渗透浓水和离子交换再生废水等。工业废水处理站处理流程一般为，废水贮存池（箱）→pH 值调整池（箱）→混合池（箱）→澄清池（箱）→最终中和池→清水池。设备反洗水和冲洗水可回收至原水预处理系统或工业废水处理站。化学制水车间反渗透浓水，可用作脱硫工艺水；对于循环水高浓缩倍率运行的电厂，可作为循环水补充水。凝结水精处理系统再生废水，可通过该系统关键设备改造、运行优化和给水加氧处理，增加设备周期制水量，减少再生废水总量；将再生剂由盐酸改为硫酸，将再生废水作为脱硫工艺用水。

（4）生活污水处理系统。生活污水可生化性好，宜采用曝气生物滤池、膜生物反应器等生物处理工艺，出水可作为循环水补充水、脱硫系统工艺用水、绿化用水或其他生产用水。当电厂有中水深度处理设施时，生活污水可与中水合并处理。

距离市政污水处理厂较近的，在满足环保要求前提下，生活污水可直接排入市政污水收集和处理系统。火电厂产生生活污水的源头较多且分散，各点生活污水水量少且悬浮性杂质多，在长距离输送过程中容易堵塞管道，造成生活污水难以收集，各电厂应根据实际情况采取分散处理与集中处理相结合的方式。

三、末端废水处理技术路线

末端废水是经梯级利用后无法经济合理回用的高盐废水。其主要包括：脱硫废水、溶解性固体含量接近或高于 1% 的离子交换系统再生高盐废水、反渗透浓水等。

在末端废水零排放处理系统设计前，应从源头实现末端废水减量，以优化系统设计规模，降低末端废水处理系统的投资和运行费用。脱硫废水进入末端废水处理系统前，应满足 DL/T997－2006《火电厂石灰石—石膏湿法脱硫废水水质控制指标》要求。

末端废水零排放处理工艺路线原则：（预处理）→（浓缩减量）→蒸发固化。预处理系统主要处理工艺包括化学软化澄清—过滤、化学反应—管式微滤/超滤软化、纳滤软化（分盐）、离子交换软化，及上述工艺的组合工艺。

预处理工艺的设置、选择应综合考虑末端废水水质、水量及后续浓缩、固化工艺对水质的要求，通过技术经济比较确定。当末端废水量大，经技术经济比较后，后续直接蒸发固化成本过高时，宜采用膜法或热法浓缩工艺，实现废水的减量。膜法浓缩工艺有纳滤、高压反渗透、碟管式反渗透、电渗析、正渗透等；热法浓缩工艺有余热闪蒸浓缩、晶种法 MVR 降膜蒸发、蒸汽热源蒸发浓缩等。

蒸发固化工艺主要包括烟气蒸发固化、蒸汽或其他热源蒸发结晶。烟气蒸发固化需要论证工艺对主烟道系统安全运行和粉煤灰综合利用的影响。

对于采用海水冷却的电厂或采用电解饱和盐水制备 NaClO 的电厂，经国家和地方环保许可后，可将脱硫废水、再生高盐废水处理合格后用于电解，制备 NaClO。

四、结语

中国火电厂废水排放控制工作已经取得了很大成就，但仍有部分电厂排水水质和水量、取水方式和水量与相关要求存在一定差距。同时，火电厂在取水、排水方面面临很多客观问题，如部分地区提供的中水溶解性固体含量和 COD 超标，不满足电厂使用要求，增加了二次处理成本和使用风险；废水排放控制改造一次投资和运行成本较高，特别是要求废水零排放电厂，末端废水处理系统投资约 200 万元/t，运行成本约 30 - 60 元/t，大幅增加电厂运行成本。目前水治理改造没有类似于超低排放电价政策资金支持，火电厂废水排放控制是一项极其复杂的工作，各发电集团应结合下属电厂用排水现状和环保要求，制定相应的技术路线，指导其开展相关改造。

中国洁净煤技术发展研究

中国矿业大学（北京）管理学院

一、前言

发展洁净煤技术，实现煤炭清洁高效利用一直是全球关注的重点，煤炭是我国长期以来最重要的一次能源，国家统计局数据显示，2018 年我国煤炭消费总量达到 46.4 亿吨标准煤，占能源消费总量的 59%。燃煤发电在我国电力结构中具有重要基础地位，预计到 2030 年燃煤发电占比将达到约 50%。然而大规模、高强度的煤炭开发利用，一方面造成了我国一些重要产煤区水资源与地表生态破坏；另一方面也引发了诸多地区大范围煤烟型空气污染等环境问题。与此同时，我国是全球最大的 CO_2 排放国，燃煤引起的 CO_2 排放占我国化石燃料排放总量的 80% 左右。洁净煤技术的发展对于促进我国煤基能源的可持续发展，保障国家能源安全，治理大气污染及应对气候变化具有重要的战略意义。

在国外，煤炭资源的主要用途为燃煤发电，美国、欧洲、日本、澳大利亚等发达国家和地区均高度重视清洁燃煤发电技术的开发与示范，特别是先进燃煤发电技术及 CO_2 减排技术成为研究的热点。我国已建成世界上规模最大的清洁高效煤电系统，排放标准世界领先。煤炭清洁利用产业已被确定为"绿色产业"，大力发展洁净煤技术成为促进我国煤炭产业转型升级的重要途径。随着技术创新能力的提升与能源、环境问题治理的日益凸显，在燃煤发电、煤化工和资源综合利用等诸多领域，洁净煤技术具有巨大应用前景和市场潜力。

为推动科技发展和科技竞争力提升，世界各国纷纷开展工程科技发展战略研究工作，重视开展技术预见，并据此制定中长期的科技战略规划，提前布局基础研究、关键技术研发和重大工程示范，如美国的年度重大科技战略计划和战略研究报告、欧洲的"里斯本战略"和"欧盟 2020 战略"、日本每 5 年一次的技术预见调查等，均涵盖能源领域。我国也公布了《能源技术革命创新行动计划（2016 - 2030）》，中国工程院、中国科学院等研究机构也已开展了系统的技术预见工作。

2020 年之后的 10 - 15 年是我国洁净煤技术发展的关键时期。积极发展先进的、颠覆性的煤炭转化与利用技术，大力推进面向 2035 的洁净煤技术创新，有利于提升我国煤炭企业和行业的科技竞争力，实现我国煤炭工业的高质量发展，形成引领世界的煤炭清洁高效转化与利用的新兴产业，推动我国构建绿色低碳、安全高效的现代能源体系，支撑能源革命和能源强国建设。

二、洁净煤技术的概念与范畴

（一）洁净煤技术的概念与分类

洁净煤技术又称清洁煤技术（CCT），指在煤炭清洁利用过程中旨在减少污染排放与提高利用效率的燃烧、转化合成、污染控制、废物综合利用等先进技术（不包括开采部分），其主要技术方向见表1。

表1　洁净煤技术分类

技术类型	子项主要技术
煤炭加工与净化技术	选煤、洗煤、型煤、水煤浆、配煤技术
煤炭高效洁净燃烧技术	循环流化床燃烧、加压流化床燃烧、粉煤燃烧、超临界发电、超超临界发电、整体煤气化联合循环（IGCC）、整体煤气化燃料电池联合循环（IGFC）、富氧燃烧
煤炭转化与合成技术	气化、液化、氢燃料电池、煤化工、煤制烯烃、分质分级转化技术
污染物控制技术	工业锅炉和窑炉、烟气净化、脱硫、脱硝、除尘、颗粒物控制、汞排放
废弃物处理技术	粉煤灰、煤研石、煤层气、矿井水、煤泥
碳减排技术	碳捕获和埋存（CCS）技术，碳捕获、利用和埋存（CCUS）技术
综合利用技术	多联产技术

根据煤炭利用过程，可简要分为前端的煤炭加工与净化技术，中端的煤炭燃烧、转化、污染物控制技术和后端的废弃物处理、碳减排及综合利用技术三大类。

（二）前沿洁净煤技术的遴选标准

技术是具有生命周期的，其随着时间的推进不断完善和进步，甚至产生突破性或颠覆式的更新换代，因而需要对当前洁净煤技术的先进性开展动态评价，以形成具有时效性的洁净煤技术范畴。表2构建了洁净煤技术先进性评价指标体系，从技术的洁净贡献系数、成熟度、领先程度、应用前景和突破难度五个维度给出了洁净煤技术的遴选标准。

表2　前沿洁净煤技术选择指标体系

评价指标	指标说明	参考评价标准
洁净贡献系数	煤炭清洁效率利用贡献程度	提升煤炭利用效率、减少污染物比率、较少碳排放比率
技术成熟度	技术成熟程度	9级技术成熟度评价标准
技术领先程度	较同类或上一代技术的优势程度	技术性能评估参数、技术优势差距
技术应用前景	未来市场化和产业化的可能性	技术产业化竞争力、技术市场需求分析
技术突破难度	技术实现的难度和可能性	技术实现时间、技术进步速度

三、洁净煤关键前沿技术发展研判与发展现状

（一）洁净煤技术发展重点领域与技术方向

全球洁净煤技术的发展方向长期受各个国家洁净煤政策与行动计划的引导。总体上，全球洁净技术发展可以分成"减污染"与"碳减排"两个阶段。前期主要围绕燃烧与污染物控制的洁净技术发展，其中主要引导政策包括美国的洁净煤技术规范计划（CCTDP，1984 年）和洁净煤计划（CCPI，2002 年）；欧盟的第五框架计划（1998－2002 年）和第六框架计划（2002－2006 年）；日本 2000 年提出的"21 世纪煤炭计划"等。近年来，各国更加关注 CO_2 减排和先进发电技术，其中 CCS/CCUS、整体煤气化联合循环/整体煤气化燃料电池联合循环（IGCC/IGFC）是最受关注的洁净煤技术。相关重要的推动政策有美国的《清洁电力计划》和《碳排放标准》，欧盟提出的欧盟第七框架计划（2007－2013 年）和"能源 2020"以及 2015 年日本制定的"IGFC 发展规划"等。

我国在 1997 年印发的《中国洁净煤技术"九五"计划和 2010 年发展纲要》是最早的促进中国洁净煤技术发展的指导性文件。在"十一五"期间，洁净煤技术被列入国家高技术研究发展计划（863 计划），成为能源技术领域主题之一。"十三五"以来，我国颁布了《煤炭工业发展"十三五"规划》《关于促进煤炭安全绿色开发和清洁高效利用的意见》《煤炭清洁高效利用行动计划（2015－2020 年）》《国家能源局关于印发〈煤炭深加工产业示范"十三五"规划〉的通知》等一系列政策文件。

2016 年，国家发展和改革委员会与国家能源局联合发布《能源技术革命创新行动计划（2016－2030 年）》，具体给出了面向 2030 年煤炭开采和清洁利用等相关技术的发展路线图。同时，煤炭清洁高效利用已被列入我国科技创新 2030 重大工程和项目。

本文根据《面向 2035 洁净煤工程技术发展战略》项目研究成果，确定了 10 项面向 2035 的洁净煤前沿技术，相应的技术先进性评分见表 3。

表 3　面向 2035 的洁净煤前沿技术及先进性评分

序号	面向 2035 的前沿洁净煤技术	先进性得分
1	700℃超超临界发电技术	43
2	先进 IGCCIGFC 技术	41
3	CCUS 技术	39
4	燃煤发电污染物深度控制技术	36
5	高灵活性智能燃煤发电技术	36
6	煤制清洁燃料和化学品技术	34
7	先进循环流化床发电技术	33
8	煤炭分级转化技术	31
9	煤转化废水处置与回用技术	31
10	共伴生稀缺资源回收利用技术	30

结合技术的先进性、突破难度和应用前景等具体表现（见图1），综合研判排名前三的700℃超超临界燃煤发电技术、先进IGCC/IGFC技术和CCUS技术为我国面向2035年最主要的洁净煤前沿技术。

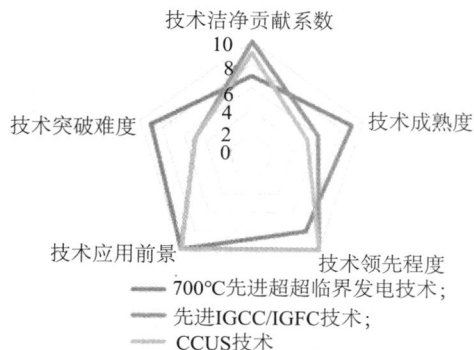

图1　主要前沿洁净煤技术具体评估结果

（二）前沿洁净煤技术发展态势

1. 700℃超超临界发电技术

超超临界发电技术是通过高温、高压来提升热力效率，700℃超超临界发电技术指在700℃/35 MPa及以上的条件下的机组发电技术，研究表明通过增加再热次数其效率可达50%以上，其节能减排经济效益是600℃超超临界技术的6倍，同时可以降低 CO_2 的捕获成本，有助于推进CCUS技术的应用。

早在20世纪90年代末期，美国、欧盟等国家和地区在现有600℃超超临界发电技术的基础上提出了700℃先进超超临界燃煤发电研究计划，如欧盟的"AD700"先进超超临界发电计划、美国的"超超临界燃煤发电机组锅炉材料和汽轮机研究"计划等，推动了锅炉和汽轮机高温材料研发、加工性能测试及关键部件测试等技术取得重大突破，但在示范电站建设方面进展并不顺利，截至目前全球尚未形成700℃超超临界燃煤示范电站。

我国是国际上投运600℃超超临界机组最多的国家，同时注重700℃超超临界燃煤发电技术创新发展。为此，我国在2010年成立700℃超超临界燃煤发电技术创新联盟，2011年设立700℃超超临界燃煤发电关键设备研发及应用示范项目，2015年12月全国首个700℃关键部件验证试验平台成功实现投运。

2. 先进IGCC/IGFC技术

IGCC/IGFC发电技术被视为具有颠覆性的煤炭清洁利用技术，可实现燃煤发电近零排放的清洁利用，供电效率有望达到60%以上，大大降低供电煤耗，一旦取得突破将是具有革命性意义的洁净煤技术。

IGCC是煤气化制取合成气后，通过燃气－蒸汽联合循环发电方式生产电力，被认为是有发展前途的清洁煤发电技术之一，美国、日本、荷兰、西班牙等国家已相继建成IGCC示范电站。2012年11月，我国华能天津250 MW IGCC示范机组投入商业运行，该示范电站是我国首套自主研发、设计、建设、运营的IGCC示范工程，已实现粉尘和 SO_2 排放浓度低于1 mg/Nm³、NOx排放浓度低于50 mg/Nm³，排放达到了天然气发电水平，同时发电效率比同容量常规发电技术高4%－6%。

IGFC是以气化煤气为燃料的高温燃料电池发电系统，包括固体氧化物燃料电池（SOFC）和熔融碳酸盐燃料电池（MCFC），兼备 IGCC 技术的优点，其效率可达 60% 以上。IGFC 不同于 IGCC 的物理燃烧发电方式，其采用燃料电池直接发电，实现了煤基发电由单纯热力循环发电向电化学和热力循环复合发电的技术跨越，其煤电效率理论上可提高近一倍，同时还具有降低 CO_2 捕集成本，实现 CO_2 及污染物近零排放的优势。

目前，以 SOFC 为代表的高温燃料电池技术快速发展，美国和日本燃料电池产业的商业化应用走在世界前列。2010 年，美国布鲁姆能源公司（Bloom Energy）制造了全球第一个商业化 SOFC 产品（ES－5000 Bloom Energy Server），功率为 100 kW。2017 年，日本三菱重工公司推出了代号为 Hybrid－FC 250 kW SOFC 与微型燃气轮机联合发电系统商业化产品，系统整体效率为 65%。

我国同样重视高温燃料电池技术发展，在国家级重大科研项目的支持下，开展了高温燃料电池电堆、发电系统和相关基础科学问题的研究。我国于 2017 年启动了"CO_2 近零排放的煤气化发电技术"国家重点研发项目，使我国领先世界各国较早地布局了 IGFC 相关技术研发和开展 IGFC 发电系统试验平台示范。

3. CCUS 技术

CCUS 技术是把生产过程中排放的 CO_2 进行提纯，继而投入新的生产过程中进行循环再利用。CCUS 技术是 CCS 技术的升级，可实现 CO_2 的再利用。前沿技术包括：先进的 CO_2 捕集技术，地质、化工、生物和矿化等 CO_2 利用前沿技术以及 CO_2 地质封存关键技术等。

近年来，全球各国正积极推进 CCUS 技术的发展和应用。2018 年，配有碳捕获与封存装置的美国 Petra Nova 煤电厂正式投运（装机容量为 240 MW，年减排 $1 \times 106t$ CO_2），成为首家实现碳减排的商业化电厂。同年，美国提出 CO_2 捕集与封存获得税收抵免 50 美元/t，CO_2 驱油与封存获得税收抵免 35 美元/t 的优惠政策以推动 CCUS 技术发展。

在 CO_2 清洁高效转化与利用方面，德国等国家在固体氧化物电解池（SOEC）技术方向上已取得一定的进展，其技术方案是利用可再生能源电力电解水和 CO_2 制取合成气、天然气以及液态燃料。我国也十分重视低碳技术，不断加快推进 CCUS 示范项目，如 2017 年陕西延长石油（集团）有限公司开展了延长石油 3.6×105 t/a CO_2 捕集、管输、驱油和封存一体化示范、2018 年开始施工建设的华润电力（海丰）有限公司碳捕集测试平台、神华国华锦界电厂 1.5×105 t/a CO_2 捕集装置等。综上，世界各国在 CO_2 捕集、CO_2 驱油、CO_2 封存和 CO_2 利用等方面取得了进展，但在商业化方面仍存在一定困难。

四、面向 2035 的我国洁净煤技术发展战略目标与主要任务

（一）我国洁净煤技术的发展战略思路与目标

煤炭是我国的主体能源和重要工业原料，基于洁净煤技术创新推动煤炭清洁高效利用将是保障我国能源安全与能源行业可持续发展的重要举措。洁净煤技术的发展需依靠科技创新，在提高煤炭发电效率、推动现代煤化工产业升级示范以及燃煤污染物超低排放和 CO_2 减排、煤炭资源综合利用等方面取得突破性发展。

其中，为实现高效、节能和低污染的目标，开发清洁、低碳、高效的发电技术是煤炭利用的核心，研发现代煤化工技术是煤炭转化的重点。

到 2035 年全面形成煤炭清洁高效利用技术体系。煤炭集中高效利用比例提高到 90% 以上；燃煤发电及超低排放技术进入国际领先水平，完成 900 MW 级 IGCC 发电系统、100 MW 级 IGFC 发电系统示范，发电效率达到 60%，污染物实现近零排放，CO_2 捕集率达到 95% 以上。面向 2035 年构建的我国洁净煤技术发展战略目标及技术路线图详见图 2。

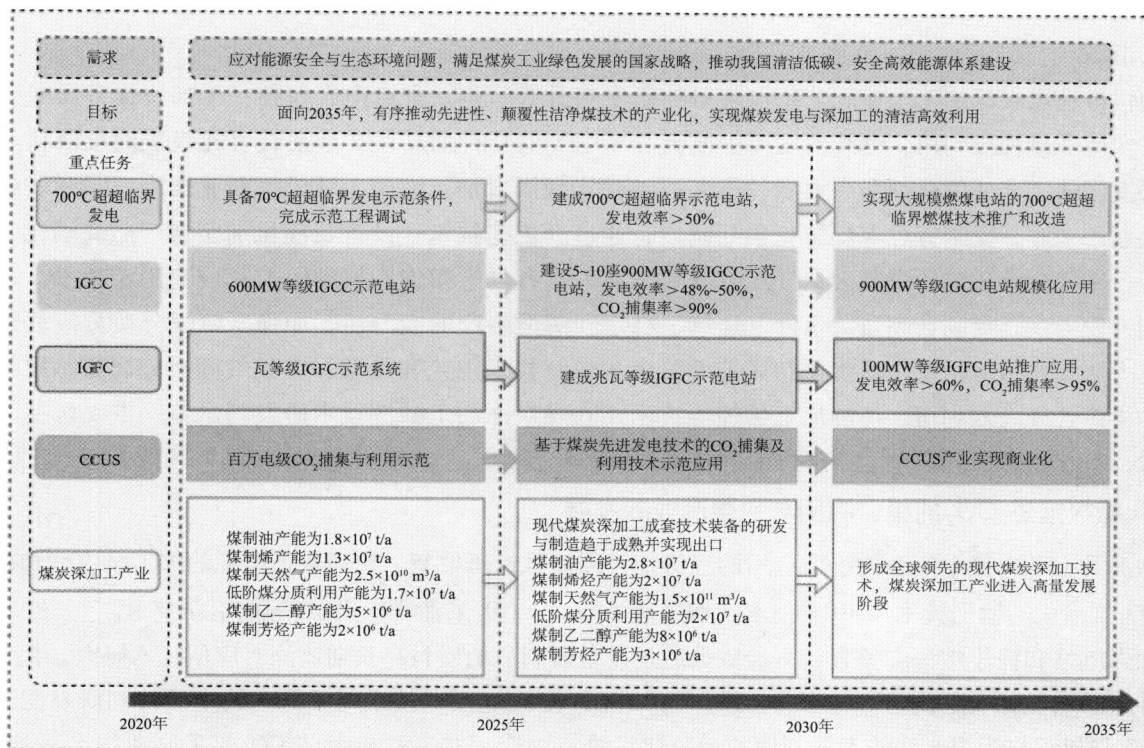

图 2　洁净煤技术面向 2035 的发展战略目标及技术路线

在该技术路线图中，先进发电技术重点发展 700℃ 超超临界发电技术、IGCC/IGFC 技术和 CCUS 技术；煤炭转化技术重点发展煤炭深加工的先进技术。

（二）我国洁净煤技术的发展战略任务与实施路径

1. 持续提升燃煤发电效率，逐步实现燃煤污染物近零排放

加快优化用煤结构，提高电煤消费比重，大幅缩减工业用煤和民用散烧煤，使燃煤发电成为主要的用煤领域。全面实施燃煤电厂超低排放，是推进煤炭清洁化利用、改善大气环境质量的重要举措，是煤电持续发展的关键因素。全面实施燃煤电厂节能及超低排放升级改造，坚决淘汰关停落后产能和不符合相关强制性标准要求的燃煤机组。

到 2035 年，煤炭用于发电（燃烧 + 燃料电池）的比重和煤炭发电效率进一步提高，超低污染物排放煤电机组和近零排放 IGFC 燃料电池发电占全国煤电的 90% 以上（超低污染物排放煤电机组占燃煤发电的 80%），彻底消除散煤及小锅炉的散煤使用。

2. 推动煤炭深加工产业升级示范

进一步提升高效率、低消耗、低成本的煤制燃料和化学品等现代煤炭深加工技术并实现工业化应用，形成具有自主知识产权的燃煤污染物净化一体化工艺设备成套技术，实现煤化工废水安全高效处理，突破煤化工与炼油、石化化工、发电、可再生能源、燃料电池等系统耦合集成技术并完成工业化示范，加快形成天然气、乙二醇、超清洁油品、航天和军用特种油品、基础化学品、专用和精细化学品等能源化工产品市场。

加快推动煤炭深加工产业工艺技术装备的研发与升级示范。重点内容包括：①加快提升煤间接液化产能，实施能量梯级利用，继续研发用于航天、军用等的特种油品；②推动百万吨级煤间接液化示范项目，研发新的工艺、催化剂和高温费托工艺，加快实现润滑油、液蜡、烯烃等商业推广；③开展煤制烯烃、煤制乙二醇、煤制芳烃等煤制化学品研发，通过新工艺技术、设备及催化剂实现产品高端化、差异化发展；④优化已建成的煤制天然气示范项目，加大具有自主知识产权的甲烷化成套工艺技术、设备及催化剂开发力度，提高在高负荷条件下连续、稳定和清洁生产的能力；⑤加强低阶煤分质分级利用及水处理技术研发及示范，进一步优化和完善低阶煤的热解技术工艺和设备、突破气固液分离难、提升焦油品质、半焦合理高效利用、焦油加工延伸等技术；⑥煤炭深加工共性技术研发与示范，主要包括大型空分技术、气化技术、先进节水、环保治理技术和资源化技术。

3. 积极推进 CO_2 捕集、利用与封存产业的发展

为提升 CCUS 技术商业化推广应用的经济性，需要重点研发新一代高效低能耗的 CO_2 吸收剂和捕集材料、CO_2 规模化的输送技术与 CCS 技术、增压富氧燃烧、CO_2 采油/气/水/热等前沿新技术。

加强电站和捕集端深度整合、高参数大通量设备研制、地质封存长期监测等应用技术研究。提升 CO_2 近零排放的煤气化发电技术（重点为 IGCC 和 IGFC）等先进发电技术与 CCUS 技术的协同研发能力，将 CO_2 捕集与封存作为煤炭清洁发电利用的示范建设重点内容，并进一步突破 CO_2 驱采原油技术、SOEC 制备合成气、CO_2 重整煤（半焦）制 CO 技术等 CO_2 利用的前沿技术，加快推进 CO_2 利用产业化。

4. 加强颠覆性技术的基础研究与技术攻关

加大对 700 ℃ 先进超超临界发电技术、IGCC/IGFC 的煤炭清洁发电技术的基础研究与技术攻关。重点研究系统设计优化，包括电站总体设计、锅炉和汽机总体设计；高温耐热合金材料的研发，重点是掌握具有自主知识产权的高温材料、主机关键部件的制造方法，实现超超临界等发电技术的商业化大规模应用。

IGCC 突破性技术的研究重点包括：适应不同煤种、系列化、大容量的先进煤气化技术，适用于 IGCC 的 F 级以及 H 级燃气轮机技术、低能耗制氧技术、煤气显热回收利用技术等，同时通过高效、低成本 IGCC 工业示范，掌握和改进 IGCC 系统集成技术，降低造价，积累 IGCC 电站的实际运行、检修和管理经验。

为进一步提升 IGCC 效率和 CO_2 捕集经济性，需要重点开发大型 IGFC 颠覆性煤炭发电技术，即整体煤气化熔融碳酸盐燃料电池（IG－MCFC）和整体煤气化固体氧化物燃料电池（IG－SOFC）。

其中，IG－MCFC 要突破大面积 MCFC 关键部件设计与制造技术、大容量电池堆组装与烧结运行技术、CO_2 膜气体分离技术和 IG－MCFC 系统集成技术；IG－SOFC 要重点突破煤气化燃料 SOFC 发电技术、透氧膜供氧技术、SOEC 电解技术和 IG－SOFC 系统集成与优化技术。到 2035 年，实现 IGFC 电站兆瓦级

产业化，同时具有全产业链的兆瓦级的燃料电池（SOFC、MCFC）和 IGFC 电站的制造能力。

5. 设立 IGCC/IGFC 重大工程科技专项

以提高煤炭发电效率，实现煤炭发电近零排放，推动煤气化发电多联产产业化为目标，集中攻克新一代 IGCC 和 IGFC 工程科技中的重大关键技术，进一步提升煤炭发电效率，重点突破近零排放的煤气化发电技术，全面提升煤气化发电清洁高效利用领域的工艺、系统、装备、材料、平台的自主研发能力，取得基础理论研究的重大原创性成果，实现工业应用示范，为实现煤气化发电多联产产业化提供科技支撑。

五、我国洁净煤技术发展对策和建议

未来 20 年，我国仍将是全球煤炭资源开发利用大国，但煤炭在能源消费结构中的比重将持续降低，煤炭消费总量将步入平台期，燃煤发电将成为主要的用煤领域。受地区和企业间洁净煤技术发展不平衡、核心技术自主创新能力短板、管理机制与政策环境不完善、科技投入与人才培养有待加强等多重因素制约，当前我国尚未实现煤炭的清洁高效利用，但在部分洁净煤技术的研发、装备制造和工程示范等方面已取得全球领先水平。特别是在 700℃超超临界发电技术、先进 IGCC/IGFC 技术以及煤炭深加工技术产业化方面已具有一定的国际竞争力，因此，亟待面向 2035 年重点发展洁净煤前沿技术。

（一）加快调整用煤结构与产业，前瞻规划洁净煤技术与煤炭产业的长远发展

加强国家中长期煤炭发展的顶层设计，保持洁净煤技术相关政策的连续性和有效性，规范技术创新的周期性与煤炭能源政策协调管理。财税政策需向用煤结构优化与节能提效方面倾斜，开展煤炭清洁高效利用的配套法律、法规、政策及环保激励机制研究，建立完善的市场激励手段引导企业优先发展和运用先进洁净煤技术。持续提升发电用煤效率，逐步管控燃煤发电污染物排放从超低排放进入近零排放时代。

建立清洁高效利用产业"用煤"的行业技术选择标准，针对煤炭利用与转化效率、污染物排放和碳排放情况建立洁净煤技术的备选库、可行性评价规范和补贴标准，通过规范化技术管理实现洁净煤技术发电的持续、可靠、达标、经济运行。基于碳市场交易、碳排放的政策引导，将 CCUS 技术成本转移至最终消费端，提升 CCUS 技术的经济可行性。积极引导先进煤化工、煤炭分质分级利用，研究"低阶煤制氢""煤基燃料电池发电"等技术，为未来煤炭的更大规模充分利用提供可能。

（二）优先发展适应国情的煤炭深加工技术路线，科学布局现代煤化工产业

提高煤炭深加工用煤质量，降低燃料用煤比例；优先发展适应中国国情的煤炭分级利用技术，深入研究煤质与气化炉的适用性，开展低阶煤提质、煤炭气化、新型催化剂等关键技术攻关。

建立现代煤化工产业合理布局的评价体系，对建成示范的煤制油、煤制烯烃、煤制气等技术方案开展综合评价，优化深加工技术及产业发展路径，淘汰污染大、效率低的落后煤化工项目。协调地方政府加强监管力度，完善现代煤化工标准规范和环境审批流程。对具有自主知识产权的煤化工技术、装备研发和示范情况开展科学评估，特别是开展对成套技术装备的向外输出潜力分析，推动煤炭深加工产业

"走出去"，开拓国外煤炭资源与市场。

（三）依托重大科研项目，积极部署颠覆性技术研发与工程示范

加强清洁高效燃煤发电、低污染物排放和碳减排等洁净煤技术研发的政策扶植，明确煤炭清洁高效转化与利用技术的重点发展方向，鼓励企业与研究机构联合开展煤炭清洁高效发电技术研发与工程示范。加快开展燃煤电站超低排放、IGCC/IGFC、700℃超超临界、CCUS 等先进技术的研发和示范，并在产业政策上给予支持。

设立洁净煤技术发展专项基金，集中攻关一批制约煤炭清洁利用和低碳转化的基础性问题。建立国家洁净煤技术研发清单，制定合理的研发目标和分阶段实施的研发计划，引导企业加强洁净煤技术研发，基于技术发展、装备研发规律，建立企业洁净煤技术研发的扶植和激励政策。

（四）提升全产业链煤炭清洁高效利用水平，加强技术创新的人才制度保障

建立以绿色煤炭资源为基础的煤炭资源精准开发利用模式，制定绿色煤炭资源评价相关行业技术标准。通过提升绿色矿区煤炭资源基数和产量比重，从投入端开始，实现全产业链我国用煤质量和煤炭清洁高效利用水平提升。通过前端绿色煤炭资源安全高效开发及洗选加工来保障后端利用清洁。

探寻依托煤炭资源优势，降低煤炭清洁利用成本，同时减少煤炭开发、利用或转化过程对环境影响的煤炭工业发展优化路线。加强对洁净煤技术创新人才的自主培养，通过行业、企业、院校合作，形成本科—硕士—博士连续性、跨学科的洁净煤工程科技人才培养通道，以适应煤炭新兴产业技术创新引领发展需求为培养目标，鼓励其有煤炭背景的大专院校设立煤炭清洁高效利用工程基础研发与科研管理相关的专业方向，采取优先录取和专业学费减免的政策，并充分发挥大型企业在洁净煤新技术研发、应用和推广的主体作用与资源集聚优势，与大专院校合作，为相关企业定向、联合培养洁净煤领域的专业技术人才。

中国锌冶炼工艺现状及有价金属高效回收利用新工艺综述

广西冶金研究院有限公司

随着社会经济的发展，有色金属、贵金属、稀散金属的需求量不断增加。2018 年，我国锌产量达 568.1 万 t，约占世界总产量的 40%，年需消耗锌精矿约 1070 万 t。锌精矿伴生有贵金属、稀散金属和其他有色金属，若其平均含量按铜 0.4%、镉 0.3%、钴 0.003%、镍 0.002%、镓 0.009%、铟 0.03%、铊 0.002%、锗 0.009%、锡 0.05%、铅 0.9%、锑 0.06%、铋 0.01%、银 80g/t、金 0.1g/t 进行估算，我国每年消耗锌精矿中伴生金属的资源量为：铜 42800t、镉 32100t、钴 321t、镍 214t、镓 963t、铟 3210t、铊 214t、锗 963t、锡 5350t、铅 96300t、锑 6420t、铋 1070t、银 856t、金 1.07t。可见，锌精矿是一个巨大的贵金属、稀散金属和其他有色金属的资源宝库，伴生有价金属总资源量巨大，总价值达 200 亿元以上。

传统冶炼工艺中，有价元素镓、铟、铊、锗、锡、锑、铋、铝、铜、银、金、铅、锌等随铁渣走，损失较大，而且低含量的有价元素不能富集回收利用，急需开发新的锌冶炼工艺，在提高主金属锌的回收率的同时，做好伴生有价金属综合回收，这不但是企业提高经济效益、增强国内外竞争力的需要，也是减少重金属污染物排放、保护环境的需要。

一、锌冶炼工艺技术应用现状

（一）火法炼锌

火法炼锌方法有平罐炼锌、竖罐炼锌、电炉炼锌和密闭鼓风炉炼锌。其中，平罐炼锌和竖罐炼锌均已被淘汰。电炉炼锌工艺的产品为粗锌，锌回收率低、综合回收能力差，只有在边远地区、当地水电丰富的少数几家中、小型企业采用。密闭鼓风炉炼锌适合于铅锌混合矿的处理，韶关冶炼厂和葫芦岛有色金属集团公司等曾使用该法生产，该工艺能同时回收铅锌，具有一定竞争力，但生产时污染严重。

与湿法炼锌相比，火法炼锌普遍存在烟气和粉尘污染、劳动条件差、能耗高、停产检修、开炉费用大、有价金属综合利用率较低的问题。我国目前火法炼锌产量只占约 10%。

（二）湿法炼锌

湿法炼锌产量约占锌总产量的 90%，冶炼工艺有传统的两段浸出法，以高温高酸浸出为代表的黄钾铁矾法、针铁矿法、赤铁矿法、喷淋除铁法。全湿法炼锌有加压富氧直接浸出法、常压富氧直接浸出法等。前 5 种锌冶炼工艺流程为"焙烧—浸出—净化—电解—熔铸"，实质上是火法和湿法联合流程，所用原料要经过焙烧脱硫，含 SO_2 的烟气用来生产硫酸，烟气余热产高压蒸汽，用来发电和加热溶液。某企业近年来制酸尾气加装脱硫装置后，其 SO_2 排放量减少约 60%，环保成果显著。

全湿法炼锌工艺流程为"浸出—净化—电解—熔铸"，其 SO_2 排放量为零。与火法炼锌相比，湿法炼锌具有生产环境好、资源利用率高、能耗低、生产易于控制等优点，是我国目前主要采用的炼锌工艺。

1. 常规浸出法

常规浸出法分为两段中性浸出和一中一酸（一段中性浸出加一段酸性浸出）浸出，是我国湿法炼锌的主要生产方法，其产量占湿法炼锌总产量约 60%。应用该法的代表性企业有株冶集团、河南豫光锌业、云南驰宏锌锗股份有限公司。

常规浸出法因浸出时使用的硫酸浓度低，锌原料浸出率只有 86% 左右，产出的浸出渣含锌在 20% 左右，浸出渣一般先进行银浮选，产出银精矿外售。但当锌原料含银低时，银浮选系统不能产生效益。浸出渣送还原挥发窑生产含锌 50% 以上的次氧化锌，浸出渣中的锌、铅、镉、铟、锗、铊等只有 70% - 92%，银、锡、锑、铋、镓等只有 30% - 70% 进入次氧化锌，浸出渣中的铜、金不挥发，几乎全部进入挥发窑渣中。可见，用挥发窑处理常规浸出法产出的浸出渣时，进入窑渣中不能回收而损失的铜、铅、锌、镓、铟、铊、锗、锡、锑、铋、银、金等数量仍相当可观，且用挥发窑处理浸出渣能耗高，含低浓度 SO_2 的烟气排放量大。

2. 热酸浸出黄钾铁矾法

热酸浸出黄钾铁矾法产锌量约占湿法炼锌总产量的 25%，西北铅锌冶炼厂、广西华锡集团来宾冶炼厂等用该法生产。与常规浸出法相比，该法增加了高温高酸浸出，投入钠盐、铵盐使三价铁生成铁矾沉淀。由于采用高温高酸浸出，原料中的铁酸锌和金属硫化物得到溶解，锌浸出率高，达到 98% 左右，有价金属铜、镓、铟、铊、锗、锡、锑、铋的浸出率为 80% - 95%。高温高酸浸出后所得浸出渣（以下简称"高浸渣"）渣率只有 15% - 20%，且 98% - 99.5% 以上的金、银、铅以不溶物形式进入高浸渣中，富集了 5 - 7 倍，可作为炼铅原料，同时回收金、银，缺点是铁矾渣含铁低，只有 20% 左右，沉铁矾时，溶液中的镓、铟、铊、锗、锡、锑、铋一起沉淀，如国内某厂从富铟铁矾渣中回收铟，回收率不足 60%。由于从铁矾中回收有价金属难度大、成本高，国内大部分企业采取堆存处理，但因铁矾渣量大、堆存占地面积大，堆存时铁矾渣中的可溶重金属会污染环境。从目前来看，该法除了铅、银、金有较高回收利用率之外，锌、镓、铟、铊、锗、锡、锑、铋的损失要比常规浸出法大，并且堆存的铁矾渣存在较大的环境污染风险。有的厂家已开展通过技改回归到常规浸出法加挥发窑处理工艺。

3. 热酸浸出针铁矿法

热酸浸出针铁矿法使用高温高酸浸出，锌的浸出率可超过 97%。湖南水口山四厂应用该法。该法除铁过程为：先用锌精矿作还原剂把溶液中的 Fe^{3+} 还原成 Fe^{2+}，使铁进入溶液，然后用氧气作氧化剂再将溶液中的 Fe^{2+} 氧化成 Fe^{3+}，Fe^{3+} 在溶液中发生水解生成结晶态的针铁矿沉淀。溶液中的镓、铟、铊、锗、锡、锑、铋、铝、砷等随铁渣沉淀而开路。针铁矿法沉铁比黄钾铁矾法产渣率小，渣含铁为 40% 左右，但由于针铁矿结晶是一个聚合体，其吸附能力强，并且在水解过程中为了维持溶液 pH 值大于 3，必须加入含锌原料作中和剂，导致渣含锌超过 8%，此渣属于危废物，必须建挥发窑回收处理。因此，进入窑渣中不能回收而损失的有价金属量大。该法流程较为复杂、能耗较高，基建及运营费用也较高，阻碍了其应用。

4. 热酸浸出—喷淋除铁法

热酸浸出—喷淋除铁法由江苏冶金研究所与温州冶炼总厂共同开发，使用高温高酸浸出，因此锌的浸出率也可超过97%。其除铁过程为：先用氧化剂把溶液中的 Fe^{2+} 氧化成 Fe^{3+}，在溶液 pH 值大于3的条件下，控制 Fe^{3+} 的氧化速度小于 Fe^{3+} 的水解速度，Fe^{3+} 生成结晶态的针铁矿沉淀。溶液中的镓、铟、铊、锗、锡、锑、铋、铝、砷等随铁渣沉淀而开路，但铁渣含锌较高，同样需用挥发窑处理，因此有价金属的回收利用率低。

5. 热酸浸出赤铁矿法

云锡文山锌铟冶炼有限公司采用热酸浸出赤铁矿法炼锌，并在2018年建成投产了10万t锌/年生产线。该法使用高温高酸浸出，锌的浸出率超过97%。其除铁在高温高压条件下进行，使铁以赤铁矿（Fe_2O_3）析出，渣率最小，可得到高铁低锌渣（含Fe58%−60%，含Zn约0.5%），此渣不需建挥发窑处理，可作为炼铁原料或生产铁红涂料使用。

由于在沉淀分离铟之前先把铁还原为二价铁，铟渣含铁低、富集度高，对有价金属回收利用有利，但该法目前不具备对稀散金属循环累积富集能力，不利于对低含量的镓、铟、铊、锗、锡、锑、铋等有价金属的回收利用。

6. 加压富氧直接浸出法

云南冶金集团和丹霞冶炼厂应用该法生产。该法让浸出在高温高压和富氧的环境中进行，具有工艺流程简洁、不产生 SO_2 污染环境，硫以元素硫形式产出，不受硫酸市场制约。加压富氧浸出反应速度快，并有较高的浸出回收率，溶液除铁采用针铁矿法，缺点是操作控制难度高，需要从浸出渣中分离回收元素硫，尾渣才能进入炼铅系统回收，铁渣同样需用挥发窑处理，不具备对稀散金属循环累积富集能力，有价金属回收利用率还有待进一步提高。

7. 常压富氧直接浸出法

2009年株洲冶炼厂引进并建成了年产13万t锌的常压富氧浸出生产线。该法避免了加压富氧浸出高压釜设备制作要求高、操作控制难度大等问题，同样可达到浸出锌回收率高的目的，溶液除铁采用针铁矿法。常压富氧浸出法的投资比加压浸出法相对要低，操作控制简单，维修费用稍低，但相对于加压浸出，其反应时间较长，浸出反应器设备庞大，底部搅拌对密封要求较高，运行费用也较高。由于浸出渣中硫与银、锌、镉高度混合，分离困难，浮选时50%以上进入硫精矿中造成损失，不具备对稀散金属循环累积富集能力，铁渣同样需用挥发窑处理，对有价金属的回收利用效果并不好。

二、高温高酸浸出—稀散金属循环累积富集回收有价金属新工艺

为了解决目前锌冶炼过程中的锌及其伴生有价金属损失大、低含量有价元素不能富集回收利用、金属回收利用率过低、经济效益损失巨大和环境污染风险大等问题，本文提出采用高温高酸浸出—稀散金属循环累积富集——渣两液三路分离回收有价金属工艺，工艺流程见图1。

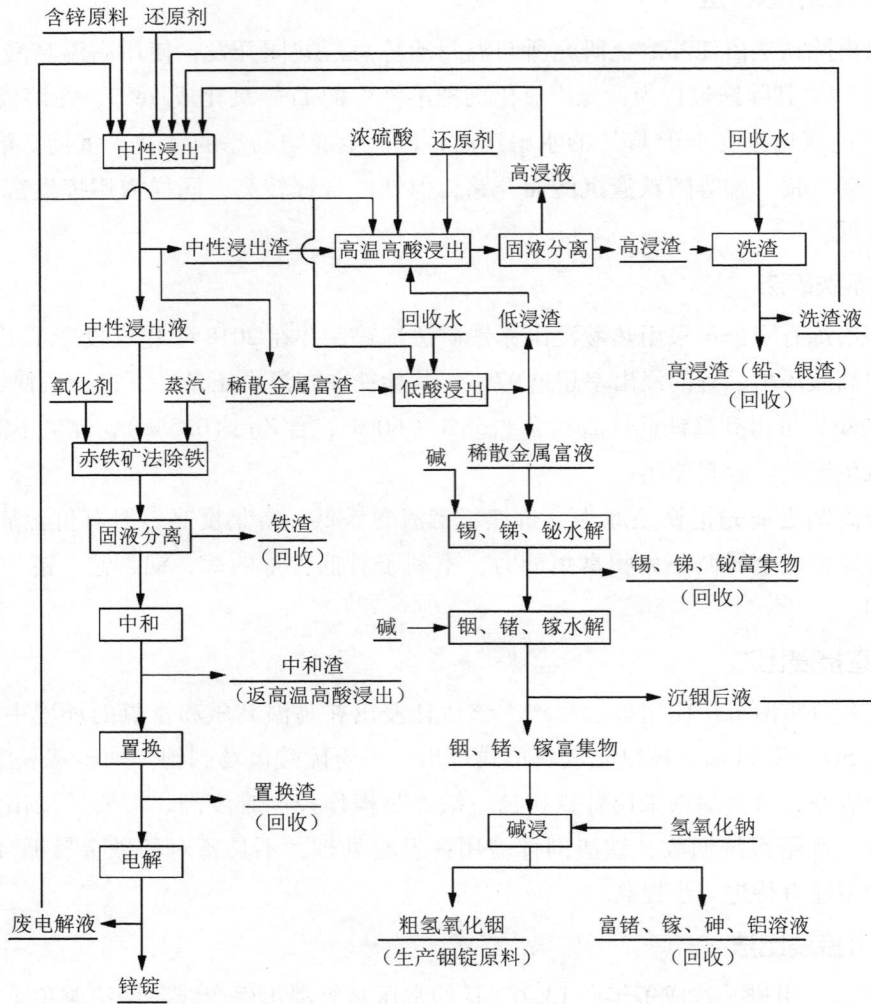

图1　高温高酸浸出—稀散金属循环累积富集——渣两液三路分离回收有价金属法的锌冶炼工艺流程

（一）工艺过程原理

1. 高温高酸浸出

高温高酸强化浸出是提高有价金回收率的关键。各种含锌原料经中性浸出后得到中性浸出渣或是稀散金属富渣，中性浸出渣再用高温高酸浸出，稀散金属富渣经低酸浸出分离稀散金属富液后得到的低酸浸出渣也采用高温高酸浸出，中和渣也返回高温高酸浸出。该过程锌、镉、铜、钴、镍、镓、铟、铊、锗等浸出率为90%－99%，锡、锑、铋、铁、砷、铝的浸出率为70%－95%。

2. 稀散金属循环累积富集富集过程

中性浸出结束时（pH值为5.2－5.4），溶液中的镓、铟、铊、锗、锡、锑、铋等金属几乎全部水解生成氢氧化物沉淀，进入中性浸出渣中，接着中性浸出渣再进行高温高酸浸出，这些氢氧化物沉淀又被溶解进入高温高酸浸出液（以下简称"高浸液"）中，同时，锌原料中在中性浸出时未溶解的镓、铟、铊、锗、锡、锑、铋等金属也充分溶解进入高浸液，高浸液返回中性浸出。中性浸出结束时，溶液中的镓、铟、铊、锗、锡、锑、铋等金属几乎全部水解生成氢氧化物沉淀进入中性浸出渣中。

每次投入原料中的镓、铟、铊、锗、锡、锑、铋等金属最终都被富集到中性浸出渣中，或者说在浸出系统中得到循环累积富集。

此外，由于在终点 pH 值酸度条件下，溶液中铜离子的活度小于 0.6g/L，当使用高铜的锌原料时，铜也会循环累积富集。当高浸液中的镓、铟、铊、锗、锡、锑、铋等金属的循环累积富集浓度达到便于回收利用时，在高温高酸浸出时投入亚硫酸锌（或锌精矿、或铅精矿）还原 Fe^{3+}，或在中性浸出时投入亚硫酸锌、锌渣、铁屑还原 Fe^{3+}，使 Fe^{3+} 生成 Fe^{2+}，让铁从中性浸出液中开路后，得到渣量少、含铁低的中性浸出渣即为稀散金属富渣，稀散金属富渣再用低酸浸出，得到富含镓、铟、铊、锗、锡、锑、铋的稀散金属富液和低酸浸出渣，低酸浸出渣送到高温高酸浸出回收。因为在高温高酸浸出时，溶液中的 Fe^{3+} 能促进金属硫化物溶解，同时 Fe^{3+} 被还原成为 Fe^{2+}，所以一般只在产出稀散金属富渣前才另外投入还原剂把过多的 Fe^{3+} 还原成为 Fe^{2+}，让铁从中性浸出液开路。

3. 一渣两液三路分离回收有价金属

所谓一渣，即整个浸出系统产出的渣，只有一条高浸渣开路。锌原料中98%以上铅、银、金以不溶物形式进入高浸渣中，高浸渣渣率为15%－20%，铅、银、金富集5－7倍。另外有1%－10%的锌、镉、铜、钴、镍、镓、铟，5%－30%的锡、锑、铋、铊、锗、铁、砷、铝未被浸出（或是浸出后生成新的不溶盐）进入高浸渣中，高浸渣作为炼铅原料，在炼铅过程中回收铅、银、金，并富集高浸渣中的其他有价金属。

所谓两液，即整个浸出系统有两条溶液开路：一是中性浸出液，二是稀散金属富液。

中性浸出液中含有投入原料中93%－99%的锌、镉、铜、钴、镍，约70的铁和约5%的砷。镉、铜、钴在置换时进入置换渣中，从置换渣中回收利用，铁用赤铁矿法除去，得到含锌低、铁高的赤铁矿，作为炼铁原料或生产铁红涂料使用。

稀散金属富液中含有投入原料中60%－90%的镓、铟、铊、锗、锡、锑、铋、铝和砷。通过加碱调节溶液的 pH 值，分步沉淀分别得到锡、锑、铋、铊富集物和镓、铟、锗、铝、砷富集物，再经碱浸得铟富集物和富锗、镓、铝、砷溶液。

（二）工艺特点及优化方向

1. 工艺特点

（1）适用原料广泛。硫化锌焙烧矿和烟尘，铜、铅、锡、锑等其他有色金属冶炼过程中回收的次氧化锌烟尘，从钢铁厂含锌尘泥中回收的次氧化锌烟尘，锌氧化矿等，这些都可作为主要原料使用。常规浸出法产出的浸出渣和以锌为主并含多种有价元素的冶炼废渣可作搭配原料使用。这为当下锌精矿资源越来越紧张和匮乏的情况下，开辟了新的炼锌原料供应来源。

（2）流程简单、固定投资少，现有的大部分湿法炼锌生产线具备技术改造条件，技术可靠。生产工艺是由工业生产证实成熟可靠的工艺技术经集成创新而成。按本工艺流程做了 15－20kg 级试验表明，对含铟0.031%－0.09%的次氧化锌原料，铟的回收利用率为81.6%－87.5%，对次氧化锌原料中的锡、锑、铋等金属的回收利用率（包括稀散金属富液和高浸渣中回收的金属）分别为 94.2%、97.8% 和 96.2% 以上。

（3）采用赤铁矿法除铁，得到高铁低锌渣（含 Fe58% –60%，含 Zn 约 0.5%），不需要建挥发窑处理铁渣，铁渣可作为炼铁原料搭配使用或生产铁红涂料使用，且铁渣中少量的锌金属还可在炼铁时产生的高炉尘泥中富集回收利用，因此本工艺具有极高的锌金属回收利用率，实现了铁渣资源化，锌冶炼厂废渣零排放和无挥发窑烟气排放污染环境，实现锌冶炼清洁生产。以全国年消耗锌精矿约 1070 万 t 计，从高铁低锌渣中可回收铁约 90 万 t，锌约 0.8 万 t。

（4）产品中锌的总回收率超过 97%，高浸渣中铅、银、金的回收率超过 98%，稀散金属富液中镓、铟、铊、锗、锡、锑、铋、铝等回收率为 70% –90%。彻底解决了有价元素镓、铟、铊、锗、锡、锑、铋、铝、铜、银、金、铅、锌等随铁渣走造成损失大的难题，彻底解决了有价元素镓、铟、铊、锗、锡、锑、铋回收利用率低的问题。实现了有价金属资源化、高值化、无害化，社会、经济、环保效益显著，新工艺具有良好的应用前景。

2. 工艺优化方向

高温高酸浸出—稀散金属循环累积富集——渣两液三路分离回收有价金属的锌冶炼工艺为冶炼锌的新工艺，虽然锌回收率高并能高效、综合回收锌精矿中的稀贵等有价金属，但目前尚处于实验阶段，需要进一步的验证和完善，建议从以下几个方面进行优化。

（1）中性浸出完成后的矿浆用压滤机压滤，再进行高温高酸浸出，目的是增加中性浸出液产量，并避免因返液过多而降低高温高酸浸出时的始酸浓度，造成浸出率下降。高浸渣、赤铁矿渣用带有水洗、榨干功能的压滤机压滤，能提高锌回收率，便于高浸渣、赤铁矿渣的堆存和转运利用。

（2）当高浸液含 Fe^{3+} 过高时（≥4g/L），为了得到易压滤的中性浸出矿浆，可采用如下办法：在高温高酸浸出时投入还原剂，还原高浸液中的 Fe^{3+} 浓度至 4g/L 以下。或是中性浸出时先用回收的低度水与含锌原料打浆，再投入高浸液，控制高浸液流量，使加入的 Fe^{3+} 速度小于溶液中 Fe^{3+} 的水解速度，使 Fe^{3+} 水解生成过滤性能好的针铁矿，避免形成胶体。

（3）采用赤铁矿法除铁，利用沸腾炉产的高压蒸汽加热，用氧气或双氧水做氧化剂，在高温（180 –200℃）、氧压（1.0 –2.0MPa）的操作条件下，中性浸出液中的 Fe^{2+} 被氧化生成赤铁矿沉淀，得到渣率小、锌回收率高的高铁低锌渣，可作为炼铁原料或生产铁红涂料使用。

（4）当原料含氟过高时，在中和时用石灰中和，当原料含氯过高影响电解时，增加除氯工序。

（5）用自产的含锌烟尘（或次氧化锌）矿浆吸收制酸尾气中的 SO_2，减少 SO_2 排放量，同时产出的亚硫酸锌矿浆用于把高温高酸浸出液中的 Fe^{3+} 还原成为 Fe^{2+}，亚硫酸锌被氧化生成硫酸锌，让铁从中性浸出液中开路，提高稀散金属富渣中有价金属含量，也使亚硫酸锌矿浆得到比较合理的利用。

三、结论

采用传统锌冶炼工艺处理锌精矿，锌精矿中的有价元素镓、铟、铊、锗、锡、锑、铋、铝、铜、银、金、铅、锌等随铁渣走，且低含量有价元素不能富集回收利用，致使经济效益损失大，并存在环境污染风险。

　　本文提出的高温高酸浸出—稀散金属循环累积富集—渣两液三路分离回收有价金属的锌冶炼新工艺所得锌总回收率高，并可综合回收稀贵金属，实现有价金属的资源化、高值化和无害化，且社会、经济、环保效益显著，具有良好的应用前景，有望成为冶炼锌的新工艺。

　　用高温高酸浸出—稀散金属循环累积富集—渣两液三路分离回收有价金属的锌冶炼新工艺锌总回收率可超过97%，高温高酸浸出渣中铅、银、金回收率在98%以上，稀散金属富集液中镓、铟、铊、锗、锡、锑、铋、铝等回收率80%－90%。

国家级绿色矿山试点单位成效分析与建议

中国自然资源经济研究院

2011－2014年，原国土资源部分四批共确定了661家矿山企业开展国家级绿色矿山试点建设工作。2019年，自然资源部在试点工作基础上，组织开展年度绿色矿山遴选，经自评估、第三方评估、省级遴选推荐后，将953家达到绿色矿山建设标准要求的矿山企业纳入全国绿色矿山名录，其中398家为原国家级绿色矿山试点单位，约占661家国家级绿色矿山试点单位的60.2%。以期在全国绿色矿山名录建立初期，为进一步推进绿色矿山建设相关工作提供有益借鉴，本文对试点单位通过遴选情况进行了不同角度的分析，并对试点建设工作成效与作用进行了总结。

一、试点单位通过遴选情况分析

（一）各省（区、市）试点单位通过情况

各省（区、市）的国家级绿色矿山试点单位，通过遴选比例达到85%的有海南、广东、江西、辽宁、四川、湖南；60%－85%的有江苏、内蒙古、浙江、山西、山东、湖北、陕西、河南、广西、青海、黑龙江；60%以下的有安徽、新疆、福建、西藏、甘肃、河北、云南、吉林、贵州、宁夏、重庆。

各省（区、市）部分试点单位未通过遴选的原因主要为已停产、关闭或破产，近年来存在违法违规行为被行政处罚且整改不到位，被列入异常名录或严重违法名单，矿区范围与各类自然保护地重叠等。其中，因2019年度绿色矿山遴选，要求生产矿山剩余服务年限在5年以上，而北京市矿山企业都将于近年陆续政策性关闭，因此其被纳入名录矿山数为0。

（二）不同区域试点单位通过情况

国家级绿色矿山试点单位按所在区域进行统计，中部地区通过遴选比例最高，为69.78%，其中只有安徽通过率不足60%；西部地区通过率最低，仅为52.75%，其中新疆、西藏、甘肃、云南、贵州、宁夏、重庆通过率不足60%；东北地区通过率为60.71%，其中吉林通过率较低；东部地区通过率为59.32%，其中福建、河北、北京通过率较低。

表1 不同区域试点单位通过情况

区域	试点 单位/家	纳入名录试点 单位/家	点试点相应区域 比例/%
东部地区	177	105	59.32
中部地区	182	127	69.78
东部地区	84	51	60.71
西部地区	218	115	52.75

西部地区是我国大江大河的发源地，森林、草地、湿地、冰川等生态资源集中，同时也是我国生态环境极度脆弱地区。近年来，随着生态文明建设的大力推进，西部地区大力发展绿色产业，探索低碳转型路径，加大矿山整顿力度，淘汰落后产能，不符合生态环境保护要求的矿山企业被整合或关停。同时，因为绿色矿山建设需要投入一定的人力、物力、财力，而近年来矿业经济持续不景气，对西部地区矿山企业影响较大，部分试点单位被迫关停，或积极性主动性降低，以致不再满足依法办矿、未受处罚等绿色矿山建设先决条件。

中部地区煤炭、有色金属等矿产资源非常丰富，且开发利用程度较高，矿业经济相对发达，近年来，我国大力促进中部地区崛起，中部六省积极转变经济增长方式，全面优化矿业经济结构，提升矿业产业集中度，通过大力推进矿产资源集约高效开发利用，不断提高矿产资源精深加工水平和矿产资源综合利用效率，推动矿山企业走绿色发展之路。

（三）各行业试点单位通过情况

国家级绿色矿山试点单位按行业进行统计，油气、化工、有色和黄金行业试点单位通过遴选的比例较高，煤炭、非金属及其他行业的通过率较低，分别为50.68%、48.68%。

表2 各行业试点单位通过情况

行业	试点 单位/家	纳入名录试点 单位/家	点试点相应区域 比例/%
煤炭	219	111	50.68
有色	119	83	69.75
冶金	96	55	57.29
黄金	76	53	69.74
化工	62	46	74.19
油气	13	13	100.00
非金属及其他	76	37	48.68

在我国城镇化持续进程中，基础设施建设得到大力推进，以建筑原材料为主的非金属矿产资源开发利用程度不断提高，同时也暴露出很多问题，如产业准入门槛低、开发利用方式粗放、产业集中度低、生产企业规模小产品单一、产品附加值低、资源浪费与污染严重等问题。近年来，随着生态环境保护要求的日益严格、中国经济增长速度放缓和非金属矿产资源需求结构的变化，各地不断加强对非金属矿山特别是露天非金属矿山的管理，严格准入门槛，强力规范整顿关闭已有部分非金属矿山，加快非金属矿业产业结构优化，提高矿山规模化、集约化、规范化开采水平。

党的十八大以来，我国煤炭行业开始供给侧结构性改革，大力推进煤炭企业兼并重组转型升级，加快淘汰落后产能，关闭退出大型煤炭基地外煤矿。据中国煤炭工业协会数据，煤炭矿山数量由2015年底的1.08万个减少到2019年底的5300个，有效促进了煤炭产业结构调整和转型升级，规模化及产业集中度都大幅提高。部分煤炭矿山试点单位在此过程中被整合关停。

（四）不同规模试点单位通过情况

国家级绿色矿山试点单位中，大型矿山通过遴选比例最高，为67%；中型矿山、小型矿山分别为50.6%、60.0%。

表3　不同规模试点单位通过情况

行业	试点 单位/家	纳入名录试点 单位/家	点试点相应区域 比例/%
大型矿山	355	238	67.04
中型矿山	251	127	50.60
小型矿山	55	33	60.00

绿色矿山建设涉及矿区环境、资源开发方式、资源综合利用、节能减排、科技创新和数字化矿山、企业管理和企业形象等多个方面。小型矿山的矿区范围小、生产规模小、员工人数少、产业链短、多以初级矿产品为终端产品，在开展绿色矿山建设时，重点考虑的多是对固体废物合理处置，废水、废气、废渣达标排放，噪声和粉尘有效处理等环境保护方面；中型矿山具备一定的生产规模、企业管理也相对规范，其开展绿色矿山建设时，主要侧重在矿区环境、资源开采方式、节能减排、企业管理等方面。大型矿山开展绿色矿山建设，更注重将绿色发展理念贯穿开发利用全过程，谋求经济效益、生态效益和社会效益的协调统一。

国家级绿色矿山试点单位中，小型矿山试点单位所占比例不足10%，通过遴选的数量也较少，主要原因是小型矿山受制于生产规模或矿山企业管理者的积极性、主动性不足，相对较难达到绿色矿山标准要求。中型矿山试点单位在参与全国绿色矿山名录的遴选时，遴选依据主要是2018年自然资源部发布的金属、煤炭、非金属等9项绿色矿山建设行业标准，相比2010年原国土资源部关于国家级绿色矿山试点单位基本条件的要求更加细化，且有更加完善的评价指标体系，存在短板的中型矿山在统一标准要求的前提下，较难通过遴选。

二、试点单位的成效与作用

（一）树立了大批先进典型模式

国家级绿色矿山试点单位确定后，经各级管理部门大胆创新、规范管理，试点单位科学运营、积极建设，在资源综合利用效率提高、矿山运营模式创新、现代化矿山建设、矿地和谐等方面形成了一批绿色发展典型模式，树立了矿山企业良好形象，发挥了良好示范引领作用。如，山东能源新汶矿业集团有限责任公司积极探索研发应用"以矸换煤"技术装备，推进煤炭绿色开采，实现矸石不升井、矸石山搬下井，大幅提高煤炭开采回采率，减少地面塌陷，同时盘活亿吨级"三下"压煤资源；包头钢铁（集团）有限责任公司白云鄂博铁矿创新采选技术，最大限度实现共生的战略性新兴矿产铌、钪等元素的综合利用，打造了全新资源产业链，同时为国家提供大量战略资源；铜陵有色金属集团股份有限公司冬瓜山铜矿创新矿山管理模式，实现千米深井开采及伴生硫、铁资源高效回收利用，显著增强矿产开发综合经济效益；湖州新开元碎石有限公司形成"环保化开采、清洁化加工、无尘化运输"的绿色生产模式；抚顺罕王傲牛矿业股份有限公司（铁矿）通过数字化矿山建设，实现生产流程自动化、成本控制实时化的精细化管理，降低企业生产成本，在矿产品价格走低的情况下，仍能保持一定的利润；中国铝业股份有限公司广西分公司平果铝土矿率先进行矿业用地改革试点，实行边开矿边复垦，及时还地于民，实现"采矿无痕、绿色矿山、协调发展"的良性循环等。

（二）探索了矿业转型升级新路径

试点建设工作推进以来，试点单位在做好绿色开采、综合利用、节能减排、矿地和谐等工作的同时，还着力延长产业链和发展循环经济，建立了煤基产业、多金属资源利用、磷化工产业等产业发展体系。各地因地制宜，将资源高效利用、环境保护、节能减排、矿地和谐等作为重要任务，积极探索推进绿色矿山建设，推动矿业加快转型升级。

作为"两山"理论发源地的浙江省，率先制定绿色矿山创建指南和管理办法，明确采矿权人必须建设绿色矿山，做到应建必建，创新绿色矿山建设激励支持政策，提高矿山企业积极性主动性，全域推进绿色矿山建设。

福建、江西等省将绿色矿山作为建设生态省的重点任务。很多市县也采取各种措施推进绿色矿山建设，如浙江湖州发布了我国首个地方绿色矿山建设规范；河北邯郸专门制定了《邯郸市绿色矿山建设总体规划》；安徽铜陵出台了《开展创建绿色矿山的实施意见》《绿色矿山创建工作实施方案》，积极探索矿业转型和绿色发展之路。

（三）为全国绿色矿山名录形成奠定了重要基础

2010年原国土资源部在部署开展试点示范工作时提出的9项国家级绿色矿山基本条件，为2017年提出7个行业绿色矿山建设要求和2018年研制发布9个绿色矿山建设行业规范，提供了重要的理论基础。试点工作及经验的推进与推广，引起社会各界广泛关注，绿色矿山建设随后被作为重点任务写入《中共中央国务院关于加快生态文明建设的意见》《中华人民共和国国民经济和社会发展第十三个五年规划纲要》等重要文件，绿色矿山建设逐渐成为矿业领域落实生态文明建设要求的重要手段。

试点工作为矿山企业集团提供了丰富的、可借鉴的典型经验，中国石油天然气集团有限公司在总结所属试点单位绿色矿山建设经验基础上，研究制定了《油气田企业绿色矿山创建验收标准（试行）》《油气田企业绿色矿山创建验收量化评分表》，积极推进绿色矿山创建工作；山东黄金集团有限公司以所属试点单位为样板和标杆，率先在行业内提出"生态矿业"理念，研制《山东黄金集团有限公司企业标准绿色矿山建设规范》，全力推进所属矿山开展绿色矿山建设。同时，通过遴选的398家原试点单位，占纳入名录现有绿色矿山总数的41.8%，一定程度上充实了全国绿色矿山名录。

试点单位建设虽然取得了一定的积极成效与作用，但同时也存在占全国矿山总数比例很小、带动效应及带动范围有限、配套激励支持政策措施不足、通过遴选比例偏低等问题。

三、进一步推进绿色矿山建设的建议

（一）不同类型矿山企业创建绿色矿山时工作要有所侧重

矿山企业在对照绿色矿山标准规范开展建设时，要以依法办矿为首要前提，依法依规生产运营，积极主动履行采矿权人义务，避免行政处罚，最大限度减少事故的发生。大型矿山可在企业内部积极宣传绿色发展理念，鼓励支持员工开展工艺技术创新，切实提高企业绿色发展质量和劳动生产效率，降低生产经营成本；中型矿山可对照所属行业绿色矿山标准要求，定期开展自评估，及时发现不足并制订改进计划；小型及以下矿山，特别是非金属矿山，可进一步提高绿色发展认知水平，本着践行绿色发展理念，推进生态文明建设的原则，为切实减少关闭后的矿山地质环境恢复治理成本、规避潜在的生态环境污染破坏法律法规成本，严格按照标准要求逐步有序开展建设工作；西部地区矿山企业，应更加严格按照国家生态文明建设要求和地方绿色发展有关规定，制定矿山企业发展规划，积极开展科技创新，重视绿色矿山建设，避免被政策性整顿关停。

此外，未通过遴选的原试点单位，可结合未通过遴选的原因，继续创建，在满足标准要求时申请纳入全国绿色矿山名录。

（二）已纳入名录绿色矿山要持续推进绿色发展避免被除名

全国绿色矿山名录中现有的953家绿色矿山，需要继续规范企业管理，加强科技创新或引进先进适用技术装备，提高资源综合利用效率，逐渐降低生产运营成本，适当延伸产业链，同时，加强矿区范围内矿产勘查，加强深部与外围找矿，扩大矿山后备储量，避免因矿业不景气或资源枯竭等原因而关停矿山。作为全国绿色矿山要以身作则，继续严格依法办矿，健全完善企业管理制度，及时履行采矿权人义务和企业社会责任，杜绝滥用全国绿色矿山称号，塑造并维护矿山企业形象，定期对照标准要求开展自查，发现问题及时改进，主动接受自然资源主管部门抽查和社会各界的监督，在发生重大事项时，及时向主管部门报告，避免在全国绿色矿山名录动态管理过程中被淘汰。

（三）管理部门对纳入名录的绿色矿山要加强激励支持与监督管理

建议各地自然资源主管部门及时总结绿色矿山建设经验和典型做法，借助新媒体资源，加大宣传力度，使社会各界了解、认识、认同绿色矿山，向社会彰显矿山企业正面形象，切实发挥现有绿色矿山的示范效应，带动更多矿山企业绿色发展，推动区域绿色发展。

解决政策落地"最后一公里"问题，继续创新激励支持政策，如优先满足绿色矿山矿业发展用地需求；协调相关部门，在信贷融资等方面给予绿色矿山企业政策倾斜，在政策性临时停产、限产时，适当减少绿色矿山停产限产天数；建议有关部门在开展环保督察、安全生产巡查、矿山卫片执法等监管工作时，不将绿色矿山作为重点检查对象或免于检查绿色矿山；鼓励用矿单位优先采购绿色矿山矿产品等。严格按照"双随机、一公开"原则开展抽查，并借助社会监督力量，加大监管力度，不符合标准要求的及时报自然资源部除名，实现全国绿色矿山名录的动态管理。

环境安全监测物联网行业发展综述与展望

中国工业节能与清洁生产协会环境安全监测物联网专业委员会

一、背景

2014 年 4 月，习近平总书记在主持召开中央国家安全委员会第一次会议时提出了要构建集政治安全、国土安全、军事安全、经济安全、文化安全、社会安全、科技安全、信息安全、生态安全、资源安全、核安全等于一体的国家安全体系。这 11 种安全要素相互作用又高度关联，只要其中的任何一种安全要素面临威胁，就会"牵一发而动全身"，其所产生的风险连锁联动效应可能牵扯到其他一种或多种安全要素，进而产生结构性矛盾、系统性危机。我们既要密切关注现实的可见的安全风险，还要有强有力的举措，创新全程跟踪式的常态化治理机制，应对日益显现的新型安全风险。

其中生态安全必然涉及环境监测。生态环境监测是生态环境保护的基础，是生态文明建设的重要支撑，也是实现生态安全的重要支撑和手段。党的十八大以来，党中央、国务院高度重视生态环境监测工作，将生态环境监测纳入生态文明改革大局统筹推进，取得了前所未有的显著成效，为深入贯彻落实习近平生态文明思想，科学谋划生态环境监测事业发展，切实提高生态环境监测现代化能力水平，有力支撑生态文明和美丽中国建设，起到了强有力的支撑作用。

基于大数据、物联网基础的生态环境监测，是指按照山水林田湖草系统观的要求，以准确、及时、全面反映生态环境状况及其变化趋势为目的而开展的监测活动，包括环境质量、污染源和生态状况监测。其中，环境质量监测以掌握环境质量状况及其变化趋势为目的，涵盖大气、地表水、地下水、海洋、土壤、辐射、噪声、温室气体等全部环境要素；污染源监测以掌握污染排放状况及其变化趋势为目的，涵盖固定源、移动源、面源等全部排放源；生态状况监测以掌握生态系统数量、质量、结构和服务功能的时空格局及其变化趋势为目的，涵盖森林、草原、湿地、荒漠、水体、农田、城乡、海洋等全部典型生态系统。环境质量监测、污染源监测和生态状况监测三者之间相互关联、相互影响、相互作用。

二、行业发展现状与进展

（一）环境监测技术发展现状

我国工业经济的发展速度之快，导致出现很多环境问题，生活质量的提高使人们对环保、节能减排的认知程度越来越深，使环保成为社会关注的焦点问题。环境监测能够有效地监测到污染物的存在并进行有效地控制，保证周边环境质量的提高。我国现今的环境监测体系从原始单一的环境分析逐步发展到生物监测、物理监测、遥感卫星监测、生态监测，从间断性监测过渡到自动连续监测，监测范围也在不断扩大。随着环境监测技术的不断进步，环境监测技术手段也在逐渐增多，在很多国家重大的项目中，我国自主研发的环境监测仪器也发挥着越来越重要的作用，但仍有较大的潜力有待开发。

1. 国产化程度环境监测设备需要逐步提高

国产环境监测仪器的自动化程度较低，还有很大的提升空间。现阶段环境监测仪器中部分关键元器件受制于人，自动化程度不高。监测设备性能差导致数据可靠性与国际水平仍有一定的差距，缺乏一些特殊污染物的监测手段，环境监测的准确性有待提高。

2. 国内环境监测技术有待进一步研发

我国大多数环境监测设备生产企业由于规模小，技术含量低，生产出的产品属于中低档，不能有效地满足我国环境监测工作发展的新要求，不能与大数据物联网应用很好的结合。有些部门仍然在用落后的监测技术设备，这些设备技术水平不高、监测性能不稳定，严重影响了环境监测的质量和水平。

3. 环境大数据应用、监测质量、监测技术标准和方法有待提高

各级环境监测单位对于实验室内部质量控制非常重视，但是对于环境监测全过程质量管理缺乏重视，导致环境监测的质量以及监督管理能力不高，缺乏完善的自我约束能力和外部监督机制。虽然我国环境监测技术规范、环境质量标准体系、环境监测分析方法和环境质量报告制度已初步形成，但对于迈向标准化仍然需要一定的时间。环境监测信息、环境管理政务等需要逐渐地向大众公开，这样才能有效提高全国人民的环保意识。

（二）行业进展

近年来，环保政策的密集出台，涉及治理范围不断扩大，环境监测对于检查治理效果，及时调整治理方法和方向，提升治理质量都具有重大作用。大数据、人工智能算法在监测行业得到有效应用，尤其是卫星遥感手段的应用。2015－2017 年，中央全面深化改革领导小组连续三年分别审议通过了《生态环境监测网络建设方案》《关于省以下环保机构监测监察执法垂直管理制度改革试点工作的指导意见》《关于深化环境监测改革提高环境监测数据质量的意见》等文件，基本搭建形成了生态环境监测管理和制度体系，生态环境监测的认识高度、推进力度前所未有，各项工作取得了明显进展。

1. 基础能力明显提高

逐步形成国家、省、市、县四级生态环境监测组织架构，共有监测管理与技术机构 3500 余个、监测人员约 6 万名，另有各行业及社会机构监测人员约 24 万人，全社会监测力量累计达 30 万人左右。全力推进生态环境监测网络建设，国家和地方已建成城市空气质量自动监测站点 5000 余个、地表水监测断面约 1.1 万个、土壤环境监测点位约 8 万个、辐射环境质量监测点位 1500 余个，总体覆盖所有地级及以上城市和大部分区县。

推动落实排污单位污染源自行监测主体责任，2.3 万家重点排污单位与国家平台联网。建成 63 个生态监测地面站。环境一号 A/B/C 卫星组网运行，高分五号卫星成功发射，初步形成天地一体的生态状况监测网络，运转效能明显提高。

深化生态环境监测改革，按照"谁考核、谁监测"的原则，全面上收国家空气和地表水环境质量监

测事权，通过省以下垂直管理改革将地方生态环境质量监测事权上收至省级，从体制机制上有效预防不当干预，保证了环境监测与评价的独立、客观、公正。

积极推进政府购买监测服务，鼓励社会监测机构参与自动监测站运行维护、手工监测采样测试、质量控制抽测抽查等工作，形成多元化监测服务供给格局。

2. 数据质量明显提高

坚持"保真"与"打假"两手抓，已形成覆盖主要领域的监测类标准1141项，构建了国家—区域—机构三级质控体系并有效运转，确保监测活动有章可循。配合最高人民法院、最高人民检察院出台"两高司法解释"，将环境监测数据弄虚作假行为入刑；与公安部建立了案件移送机制，从严从重打击环境监测违法行为。不断强化外部质量监督检查，及时发现并严肃查处了西安和临汾两起环境数据造假案，对地方不当干预和监测数据弄虚作假形成有力震慑，监测数据质量得到有效保证。

3. 支撑能力明显提高

深入开展空气、水、土壤、生态状况、辐射、噪声等要素环境质量综合分析，及时编制各类监测报告和信息产品，不断深化对考核排名、污染解析、预警应急、监督执法、辐射安全监管的技术支撑。定期开展城市空气和地表水环境质量排名及达标情况分析，督促地方党委政府落实改善环境质量主体责任；组织开展重点地区颗粒物组分、挥发性有机物和降尘监测，逐步说清污染来源；初步建成国家—区域—省级—城市四级空气质量预报体系，区域和省级基本具备7-10天空气质量预报能力；完善污染源监测体系，组织开展重点行业自行监测质量专项检查及抽测，为环保督察和环境执法提供依据。

4. 服务水平明显提高

每年发布《中国生态环境状况公报》，定期发布环境质量报告书，实时公开空气、地表水自动监测数据，支持网站、手机App、微博、微信等多种渠道便捷查询，为公众提供健康指引和出行参考。推进国家和地方监测数据联网与综合信息平台建设，支持管理部门、地方政府以及相关科研单位共享应用。全面放开服务性监测市场，满足公众和企事业单位对监测服务的个性化需求，带动监测装备制造业和监测技术服务业蓬勃发展。

三、行业发展需求

（一）全面助力生态文明建设对监测技术创新、服务管理、信息化水平提出新要求

新一轮党和国家机构改革明确了生态环境部统一行使生态和城乡各类污染排放监管与行政执法职责，要求重点强化生态环境监测评估职能，统筹实施地下水、水功能区、入河（海）排污口、海洋、农业面源和温室气体监测，建立与之相适应的生态环境监测体系。同时，生态文明建设体制机制的逐步健全、绿色发展政策的深入实施和科技创新实力的不断增强，为持续深化生态环境监测改革创新提供了良好机遇。"十三五"期间监测行业设备销售市场空间达到500亿元。经过前几年烟气治理、水处理等领域的实践，监测设备的发展正在从价格低、易维护、运行稳定、适应恶劣环境等基础上，向自动化、智能化和网络化方向发展。同时，固定污染源监测市场逐步稳定，原有监测设备即将进入更换期，受益于产品更

新换代、技术升级改造等因素影响，这对于监测企业的技术创新、服务管理、信息化水平都提出了新的要求。

（二）精准支撑污染防治攻坚对监测与技术的及时性、前瞻性、精准性提出新目标

生态环境监测数据是客观评价生态环境质量状况、反映污染治理成效、实施生态环境管理与决策的基本依据。当前正处于污染防治"三期叠加"的重要阶段，要实现2035年生态环境质量根本好转的目标，需要加大力度破解重污染天气、黑臭水体、垃圾围城、生态破坏等突出生态环境问题，系统防范区域性、布局性、结构性环境风险，加快推进生态环境监测业务拓展、技术研发、指标核算、标准规范制定、信息集成与数据分析，进一步提升监测与技术支撑的及时性、前瞻性、精准性。

（三）不断满足人民群众健康环境和优美生态的迫切需求对有效防范生态环境风险、提升突发环境事件应急监测响应时效提出新期待

人民群众对健康环境和优美生态的迫切需求与日俱增，对进一步扩大和丰富环境监测信息公开、宣传引导、公众监督的内容、渠道、形式等提出更高、更精细的要求；对进一步加强细颗粒物、超细颗粒物、有毒有害污染物、持久性有机污染物、环境激素、放射性物质等与人体健康密切相关指标的监测与评估提出更多诉求；对有效防范生态环境风险、提升突发环境事件应急监测响应时效提出更高期待。

紧跟国际发展趋势，深度参与全球环境治理对监测支撑能力提升，补齐短板、跟踪发展并超前布局提出新方向。履行温室气体、消耗臭氧层物质、生物多样性、持久性有机污染物、汞、危险废物和化学品等领域的国际环境公约，参与全球微塑料、海洋低氧、西北太平洋放射性污染、极地冰川大洋等新兴环境问题治理，是彰显我国负责任大国形象的重要途径，也是提升我国生态环境保护领域国际话语权的重要基础，需要加快形成相关领域监测支撑能力，补齐短板、跟踪发展并超前布局。

生态环境监测管理与运行体系、网络体系和方法标准体系的发展与环境治理体系和治理能力紧密相连。发达国家普遍采用环境部门牵头、分级管理、政府监督、社会参与的模式，以完整且行之有效的法律法规为基础，以统一的行业监管为保障，以信息化平台为支撑，强化监测机构、人员及监测活动的全过程质量管理，确保监测数据质量。监测网络已普遍覆盖大气、水、海洋、土壤、声、辐射、生态等各类环境要素，点多面广但监测频次较低，根据环境质量达标情况动态调整。监测方法标准体系较为完善，监测指标涵盖物理、化学、生物、生态以及有关功能分类特征项目，与环境质量标准、污染物排放标准相配套。注重强化标准方法的法律地位和国家本级标准研发能力，实行研发储备、检验替代、适用评估等动态管理，保持标准体系先进性。物联网、大数据、人工智能等新技术应用不断深入，分析测试手段向自动化、智能化、信息化方向发展，监测精度向痕量、超痕量分析方向发展。

尤其是我国推出的卫星商用化，军民融合技术应用政策，卫星遥感监测的应用极大地推动了监测行业的技术进步和精细化管控的飞跃发展。目前用于大气环境监测数据繁多，如基于地面自动站获取的大气污染物实时监测数据、基于卫星遥感获取的广空间覆盖、高时空分辨率的大气污染物浓度分布以及其他地面设备和航空设备获取的大气污染物信息等，因此，现阶段对大气污染监测提出了更高的数据处理与数据分析的要求。而面对海量多源大数据，必须积极探索高效的多源大数据处理与分析方式，深度挖掘海量数据信息并及时、有效地获取大气污染信息。基于卫星遥感获取实时大气污染物浓度空间分布，

以及其他地面与航空获取的海量大气监测数据。根据区域多源大数据特征，实现每日产生的海量多源大气污染监测数据的关联性分析，高效整合多源数据，系统性综合分析各种数据对大气污染的影响，使采集到的天、地基数据发挥最大价值，建设"多源大数据融合的大气环境精准监测分析平台"是未来趋势，将大量出现在地方环境执法管控部门。更加精准、科学的指导区域空气质量治理。

四、面临的问题与挑战

当前，我国生态环境监测存在的问题集中表现在服务供给总体不足、支撑水平有待提高两大方面，具体原因主要有以下几点。

（一）统一的生态环境监测体系尚未形成

海洋环境保护、编制水功能区划、排污口设置管理、流域水环境保护、监督防止地下水污染、监督指导农业面源污染治理、应对气候变化和减排等职责划转生态环境部，但相关监测支撑能力还较为薄弱。部门间沟通协商壁垒尚未完全打通，监测信息共享不充分。省以下生态环境监测垂直管理改革中，各地模式和进展差异较大，辐射环境监测工作有被削弱的倾向。

（二）对污染防治攻坚战精细化支撑不足

现有监测网络的覆盖范围、指标项目等尚不能完全满足生态环境质量评估、考核、预警的需求。地表水、地下水、海洋等监测网络布局需整合优化，水环境、水生态、水资源协同监测能力不足，生态状况监测网络亟待加强，农业面源、农村水源地等监测工作刚刚起步，大数据平台建设和污染溯源解析等监测数据深度应用水平有待提升。

（三）法规标准有待加快完善

现行法律法规对生态环境监测的性质、地位、作用及管理体制的规定有待完善，监测数据的法律效力不明确，尚无专门的生态环境监测行政法规。生态环境监测方法标准体系有待健全，海洋、地下水、饮用水水源和辐射自动监测等领域标准规范亟待整合统一。生态、固体废物、农业面源、核设施流出物及伴生矿等标准规范需要更新补充，自动监测、卫星遥感监测、应急监测等标准规范缺口较大。

（四）数据质量需进一步提高

生态环境监测机构门槛低，人员素质参差不齐，相当一部分社会监测机构成立时间短、规模小、质量管理措施落实不到位，数据质量堪忧。生态环境部门尚无监管社会监测机构的法律依据和主体资格，缺乏相关调查取证程序和处罚标准。自动监测质控体系不完善，量值溯源业务体系与基础能力尚未形成，标准样品配套不足，物联网等高新技术在质量监管中应用不充分。

（五）基础能力保障依然不足

国家级监测机构的人员编制、业务用房严重短缺，质量控制和技术创新引领能力不足。各地监测机构能力水平的地区差异、层级差异较大，西部地区和县级监测机构能力滞后。生态环境监测任务安排、网络建设与运行保障有脱节现象。环境监测装备现代化、国产化水平不高。部分省份辐射环境监测能力偏弱，部分地市尚未建立专门的辐射环境监测队伍，核与辐射应急监测未形成海陆空多维保障能力，核设施监督性监测系统建设和运维、国控自动监测网升级改造经费未纳入财政预算安排。

五、发展趋势与展望

（一）发展趋势

推进完善环境监测技术体系，提高环境监测的整体水平以及环境监测系统的综合能力是发展的必然趋势。完善环境监测体系需要制定监测质量标准以及多方评价和反馈监测质量，建立严格的监督体系，让工作人员了解环境监测过程的重要性，从而提高监测工作人员的监测能力。提升环境监测仪器以及人员技术储备是环境监测未来前进的方向。我国的环境监测技术需要进一步加大技术研发的投入力度，同时还要进一步提升环境监测设备生产企业的市场竞争力，实现企业集约生产，组建优秀的环境监测设备生产企业，逐渐改善监测技术水平低、经费分散竞争力不强的状况，从而保障我国环保监测的稳步发展。

（二）展望

参考发达国家环境监测发展历程和经验，结合我国生态文明体制改革的总体形势、美丽中国建设的目标任务和生态环境管理的现实需要，生态环境监测发展的总体方向是：2020 - 2035 年，生态环境监测将在全面深化环境质量和污染源监测的基础上，逐步向生态状况监测和环境风险预警拓展，构建生态环境状况综合评估体系。监测指标从常规理化指标向有毒有害物质和生物、生态指标拓展，从浓度监测、通量监测向成因机理解析拓展；监测点位从均质化、规模化扩张向差异化、综合化布局转变；监测领域从陆地向海洋、从地上向地下、从水里向岸上、从城镇向农村、从全国向全球拓展；监测手段从传统手工监测向天地一体、自动智能、科学精细、集成联动的方向发展；监测业务从现状监测向预测预报和风险评估拓展、从环境质量评价向生态健康评价拓展。具体分三个阶段实施。

（1）到 2025 年，科学、独立、权威、高效的生态环境监测体系基本建成，统一的生态环境监测网络基本建成，统一监测评估的工作机制基本形成，政府主导、部门协同、社会参与、公众监督的监测新格局基本形成，为污染防治攻坚战纵深推进、实现环境质量显著改善提供支撑。

监测业务方面，以环境质量监测为核心，统筹推进污染源监测与生态状况监测。环境要素常规监测总体覆盖全部区县、重点工业园区和产业集群，针对突出环境问题或重点区域的污染溯源解析、热点监控网络加速形成；覆盖全行业全指标的污染源监测体系建立健全，污染源监测数据规范应用；覆盖典型生态系统的生态状况监测网络初步建成，生态状况评估体系基本确立；面向污染治理的调查性监测和研究性监测深入推进。

综合保障方面，中央和地方监测事权与支出责任划分清晰，一总多专、分区布局的监测业务体系高效运行，协同合作、资源共享机制健全顺畅；生态环境监测法规制度体系完备严密，重点领域量值溯源能力切实加强，监测数据真实性、准确性、全面性有效保证，监测信息及时公开、统一发布；生态环境监测人员综合素质和能力水平大幅提升。

（2）到 2030 年，生态环境监测组织管理体系进一步强化，监测、评估、调查能力进一步强化，监测自动化、智能化、立体化技术能力进一步强化并与国际接轨，监测综合保障能力进一步强化，为全面解决传统环境问题，保障环境安全与人体健康，实现生态环境质量全面改善提供支撑。

监测业务方面，环境质量监测与污染源监督监测并重，生态状况监测得到加强。新型污染物、有毒有害物质、生态毒理监测有序开展，污染源自行监测与监督监测的精细化水平全面提升，实现污染源智能识别、精准定位、实时监控；生态状况监测网络全面建成并稳定运行，综合评价指标体系成熟应用。

综合保障方面，生态环境监测社会化服务质量全面提升，监测市场繁荣有序；大数据智慧管理与分析应用水平大幅提高，综合评估、精准预测、污染溯源、靶向追踪能力显著增强。

（3）到2035年，科学、独立、权威、高效的生态环境监测体系全面建成，传统环境监测向现代生态环境监测的转变全面完成，全国生态环境监测的组织领导、规划布局、制度规范、数据管理和信息发布全面统一，生态环境监测现代化能力全面提升，为山水林田湖草生态系统服务功能稳定恢复，实现环境质量根本好转和美丽中国建设目标提供支撑。

监测业务方面，环境质量、污染源与生态状况监测有机融合，常规监测从大范围、高频次、全指标模式逐步向动态调整、差异布局、增减结合转变，并与监督监测、调查监测和研究性监测有机衔接；监测站点向多要素、多功能、生态化综合设置转变，生态状况监测的覆盖范围系统拓展。

综合保障方面，生态环境监测方法标准健全完备，覆盖影响生态系统与人体健康的主要指标；全天候、全方位、多维度的监测技术广泛应用，监测能力与生态环境治理体系与治理能力现代化相适应，总体发展水平跨入国际先进行列。

六、结语

随着生活水平的逐步提高，人们对环境质量的认识也在不断提升，所以环境监测数据的真实性和精确性就显得非常重要，环境监测技术也将面临更加严峻的挑战。从理论上而言，环境监测技术水平将直接影响环境保护工作的实施进程，环境监测工作人员需要提升自身素养以及知识水平，用创新的思维研发出新技术。

特别提出的是，"十四五"期间我国将大力推进环境遥感技术应用。推动构建全天时、全天候、全尺度、全谱段、全要素的卫星遥感观测网络体系，形成高时间分辨率、高空间分辨率、高光谱分辨率、高辐射分辨率、高监测精度的生态环境遥感服务能力，强化遥感技术在全国生态状况、环境质量、污染源监测与评估中的应用，逐步开展全球生态环境遥感监测。支持监测装备自主研发，推进人工智能、5G通信、生物科技、纳米科技、超级计算、精密制造等新技术在环境监测领域的应用示范，加快推进生态环境监测技术进步。以环境监测装备的集成化、自动化、智能化为主攻方向，加大空气、水、土壤、应急等监测技术装备研发与应用力度，推动形成一批拥有自主知识产权的高端监测装备，强化生态环境监测核心竞争力。

"互联网 +"智慧环保技术发展研究

中科宇图资源环境科学研究院

一、前言

在全球新一轮科技革命和产业变革中，互联网与各领域的融合发展具有广阔前景，成为时代潮流。"互联网 +"是将互联网的创新成果与经济社会各领域深度融合，形成更广泛的以互联网为基础设施和创新要素的经济社会发展新形态，"互联网 +"行动计划在推动技术进步、效率提升和组织变革，增强实体经济创新力和生产力方面潜力突出。

我国高度重视"互联网 +"的发展，《国务院关于积极推进"互联网 +"行动的指导意见》明确了推动"互联网 +"的 11 项重点行动。在"互联网 +"绿色生态重点行动方面，要求推动互联网与生态文明建设深度融合，完善污染物监测及信息发布系统，形成覆盖主要生态要素的资源环境承载能力动态监测网络；就发挥互联网在逆向物流回收体系中的平台作用，促进再生资源交易利用的便捷化、互动化、透明化方面也做了具体部署。生态环境部《生态环境大数据建设总体方案》进一步提出，运用大数据、云计算等现代信息技术（IT）手段，提高生态环境保护综合决策、监管治理和公共服务水平，转变环境管理方式和工作方式。

新一代移动互联网的应用日新月异，人工智能（AI）在环保领域的应用初见端倪，区块链、边缘计算等技术的发展也在不断创新，新型 IT 技术成为推动"互联网 +"智慧环保发展的重要支撑。随着"十一五"至"十三五"时期一系列重大环保项目的实施，"互联网 +"智慧环保建设在相关技术、产业、应用、政策与保障层面均取得了显著进展，为推进环境保护历史性转变奠定了坚实基础。但要注意到，在"互联网 +"与智慧环保领域融合发展的过程中，技术发展和应用拓展方面仍然存在一些亟待解决的问题，如数据共享、业务协同、市场应用等。

二、"互联网 +"智慧环保的发展需求

为了充分调度政府、企业、公众的资源和力量，促进形成环境治理协同创新的格局，将互联网与智慧环保深度结合来形成"互联网 +"智慧环保体系成为现实选择。"互联网 +"智慧环保综合运用互联网、云计算、大数据、物联网等新型 IT 技术，以多源环境监测网络建设为基础，推动污染源监管数据、环境质量监测数据、环境治理数据、环境产业数据的开放共享，支持"源头防控、过程监管、综合治理、全民共治"环境管理闭环；在助力环境质量改善和环境风险防范的基础上，为社会提供更加优质的生态环境产品。

"互联网＋"智慧环保具有切实的市场需求和良好的增长潜力。随着互联网技术在环保领域的应用深化，未来发展需求更加丰富全面：环保智能化要求更高效、更精确的监测和分析技术以及与"互联网＋"有机结合的完整技术生态；环保产业与互联网的全方位结合尤为迫切，包括完善现有技术路线、商业模式和管理方式；环境监测行业面临重大发展机遇，涉及大气、土壤、水的智慧化监测；有关实施和运维服务也成为重点需求，依托"互联网＋"实现智能实时动态的监测维护服务，提高智慧环保应用效率，最大限度地降低成本和不确定干扰因素。

三、"互联网＋"智慧环保的技术与应用现状

（一）生态环境信息采集与传输

近年来，我国生态环境信息采集能力随着环境监测体系的逐步建设取得了长足进展：生物监测、物理监测、生态监测、卫星遥感监测等多种监测技术投入使用，天/空/地一体化的立体监测体系基本建成；环境监测微站、尾气遥测、激光雷达、高清视频等新型监测设备规模化投入应用，监测精度大幅提高。

例如，在大气环境监测方面，天/空/地一体化生态环境立体监测体系实现了卫星遥感大气污染物浓度监测、无人机航空遥感大气污染物浓度监测、微型空气子站污染物浓度监测；相较常规空气质量监测站，全面提升了对大气污染的多时相、多维度感知与实时监控能力。

基于物联网感知体系对水、空气、土壤、生态等多种环境要素进行全面感知，在一定程度上实现了生态环境质量现状评估、生态环境质量变化趋势预测，进而科学预警可能的环境污染事故；初步实现了粗放式监管转向精细化监管，对各种污染源和污染物末端排放、工况监测等能力基本成形，环保管理模式已由事后处理为主转向事前预防为主；具备对核与辐射、危险废物和危险化学品运输等风险源进行全程监管的能力，防范了环境风险的发生发展，从而快速高效地应对重污染事件和突发环境污染事件，保障了区域污染联防联控工作。

从技术角度看，生态环境立体综合监测、数据融合、第五代移动通信（5G）等技术在"互联网＋"智慧环保体系中的应用仍有待深化，未来发展空间主要体现在两方面：①运用多源生态环境监测技术采集生态环境信息，整合生态环境管理数据资源，建立具有时空完整性的生态环境监测数据体系，在验证技术可行性、经济性和科学性之后遴选出具有重大价值的技术及其应用方式。②利用以5G为代表的高效数据传输技术来完善监管体系，实现立体化、全方位监测和实时高效的数据传输，相关生态环境物联网感知设备涵盖标准监测站、微/小型监测站、遥感卫星、无人机、无人船等。

（二）生态环境管理与决策支持

面向专有业务的应用需求，生态环境管理部门逐步建立业务应用系统：建设项目管理、环境统计信息、排污收费、排污申报登记、生物多样性管理、环境质量管理、污染源管理、核与辐射管理、卫星环境遥感应用、环境空气质量预测预报等系统，通过业务管理流程的优化和协同，显著提高工作效率。环境信息资源开发和利用水平整体较高，定期发布环境质量公报、环境统计年报、空气质量日报、水质监测周报、卫星遥感监测简报等信息产品，为环境保护工作提供了重要基础。

随着污染源管理模式从分散分段管理转向体现要素的综合性管理，建立专业性的生态环境管理平台，

体现大气、水、自然生态等核心环境要素特征，成为智慧环保的发展方向和应用趋势 。适应生态环境管理与决策支持的技术需求主要体现为：利用大数据信息管理技术开展数据汇集和整合，通过环境综合模拟和多业务协同建模技术预测未来情景，应用云计算技术提高预测效率，采用 AI 技术对多源数据进行综合分析和处理，发布预警及处置信息以实现应急预警和快速溯源，通过感测设备和公众反馈实现环境风险的智慧化管理。

科学的顶层设计是"互联网 ＋"智慧环保应用实施的关键前提。从全局视角出发设计相应的总体技术架构，对架构涉及的各方面、各层次、各类服务对象和因素进行统筹考虑。梳理环境管理的业务流程，分析信息化建设体系需求，前瞻性地设计信息化总体框架，以统一规划、同一平台、统一标准、统一安全等级、统一运行维护的方式推进环保信息化建设。采取切实举措来缓解机构部门之间资源难以共享、信息难以互联互通的问题，为总体规划实施铺平道路。结合云计算、大数据、AI 等技术实现生态环境的评价预测和污染快速溯源，推动从监测到监管的自动化和智能化。

四、"互联网 ＋" 智慧环保面临的问题

"十一五"以来，一系列重大环保项目的建设和实施，促进了"互联网 ＋"智慧环保建设的突出成效，为实现环境保护的历史性转变打下良好基础。也要注意到，在"互联网 ＋"与智慧环保融合发展的过程中，技术、产业、应用方面仍然存在着一些亟待解决的问题。

（一）技术层面

推动互联网技术和智慧环保的深度融合是智慧环保创新发展的技术基础，然而相关新技术的创新应用尚不匹配环境保护业务快速发展的步伐。国内企业和机构亟待加强环境监测与智能化治理设施领域的技术研发和创新应用，以有效缓解部分国外先进环保技术引进途径不畅的现象。大数据、5G、AI 等技术与"互联网 －"智慧环保的融合应用仍显不足，尤其在综合性决策服务方面的深度应用有待加强。

另外，通过科研、示范、实践等多类措施来推动环境保护信息资源公开、数据深层次开发利用、环保服务模式创新，也是应当着力解决的问题。

（二）应用层面

针对环境管理的现实需求，环保主管部门建立了众多类别的业务应用系统，提高了我国环境信息资源的开发和利用水平。也要注意到，我国在以"互联网 ＋"智慧环保为中心的创新应用体系方面尚处于起步阶段，特别是没有形成"互联网 ＋"智慧环保的标准化顶层设计、合作模式、跨界融合核心标准指南等关键内容，阻碍了"互联网 ＋"智慧环保技术的推广应用范围和力度。

（三）产业层面

我国拥有强烈的环境改善诉求和规模庞大的环保市场，环保产业具有以先进除尘脱硫、生活污水处理、余热余压利用、绿色照明装备供给为代表的业务能力。然而，环保产业也存在着薄弱环节，主要表现在：①因市场竞争无序导致优秀环保技术在国内推广缓慢，加之环保和互联网融合不足、信息严重不对称，导致环保产业供给能力远远不能满足生态文明建设要求和市场需求；②缺乏具有权威性、国际化

程度高、能够获得政府和市场广泛认可的环保综合服务平台，许多地方政府和产污企业因缺乏获取适用环保技术的信息渠道而导致技术供需对接困难；③以企业为主体的环境技术创新体系建设进展迟缓，新技术示范推广渠道不畅，环境服务业发展相对滞后。

五、"互联网+"智慧环保体系框架及其典型应用

（一）总体架构

考虑环境保护全生命周期活动规律，兼顾"互联网+"智慧环保建设的标准规范、安全管理、运维管理等要求，提出了"互联网+"智慧环保体系架构（见图1）。

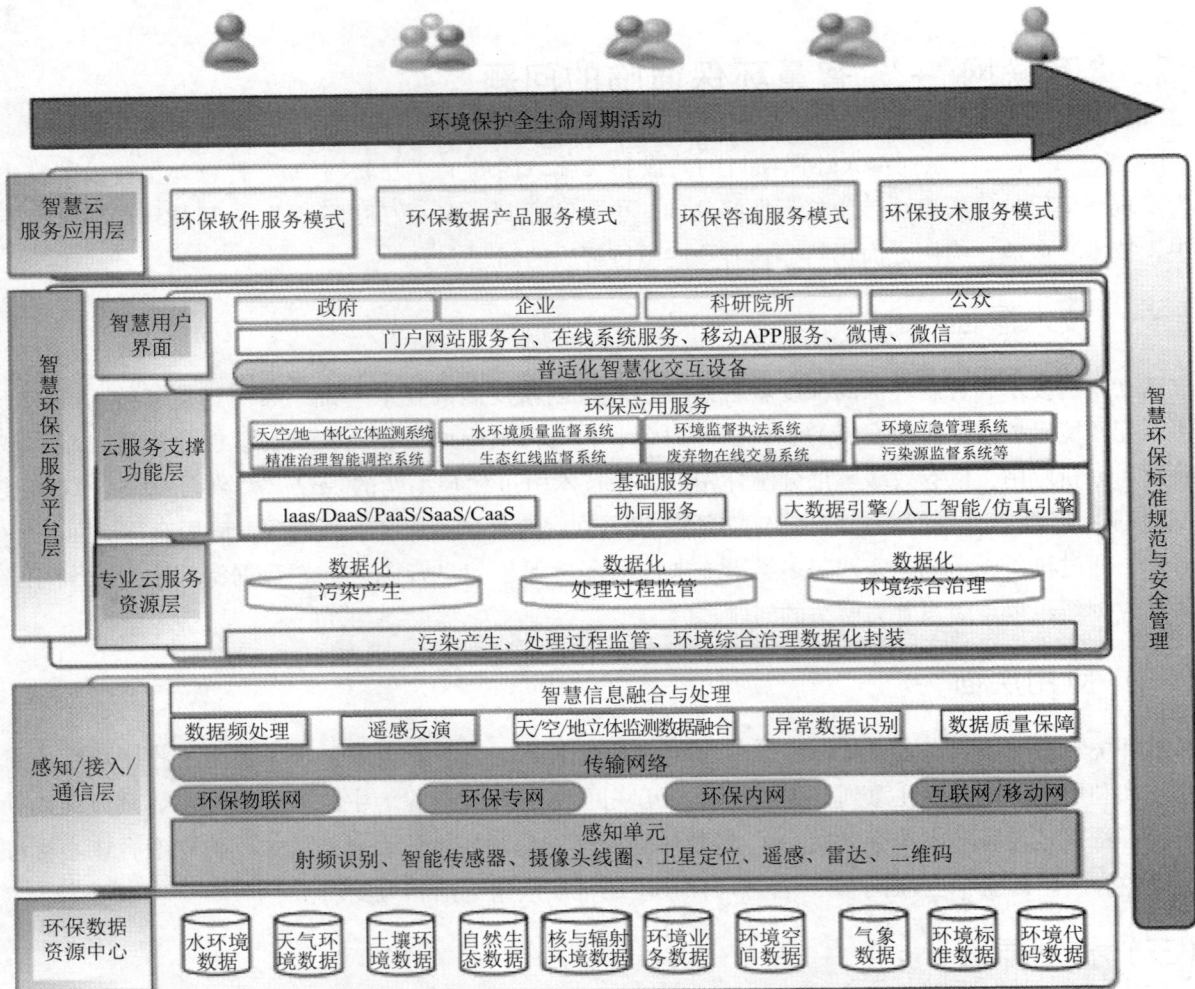

图1　"互联网+"智慧环保总体架构示意

注：App 表示应用程序；IaaS 表示基础设施即服务；DaaS 表示数据即服务；PaaS 表示平台即服务；SaaS 表示软件即服务；CaaS 表示通信即服务。

这一总体框架主要包括以下四方面内容。

环保数据资源中心，用于汇集"互联网＋"智慧环保的全部数据资源，为业务应用提供数据支撑。环境管理涉及业务纷繁复杂，数据类型形式多样（维度多、尺度大、涉及面广），在数据层面按照数据的主题进行划分，分别形成各自的主题数据库。

感知/接入/通信层，用于实现数据的感知、传输和处理。通过传感器、摄像头、雷达等感知单元来获取数据，通过环保物联网、专网、内网、互联网、移动网等网络传输数据；经过数据预处理、数据融合、异常数据识别、数据质量保证等处理环节来实现智慧信息的融合。

智慧环保云服务平台层，主要分为：专业云服务资源层用于封装污染产生、处理过程监管、环境综合治理等方面的数据；云服务支撑功能层涵盖大数据引擎、AI、协同服务等基础服务以及天/空/地一体化立体监测、精准治霾智能调控、水环境质量监管、生态红线监管、废弃物在线交易等环保应用服务；智慧用户界面包括政府、企业、科研院所、公众等不同用户类型以及门户网站、在线系统、应用程序等终端交互设备。

智慧云服务应用层，用于对"互联网＋"智慧环保服务模式进行分类，一般分为环保软件服务模式、环保数据产品服务模式、环保咨询服务模式、环保技术服务模式等。

（二）典型应用方向

1. 精准治气应用

开展"互联网＋"智慧环保在大气污染防治方面的应用探索，对于推动精准治理和系统治理、促进大气环境的持续改善具有科学意义和实用价值。

国内企业具有大气污染防治综合服务的基础能力，相关市场规模约为数十亿元。（1）建立立体监测体系，综合卫星遥感、高空视频、无人机、网格化监测微站、激光雷达、污染源在线监测设备等先进监测技术，全面采集空气质量和污染源数据。（2）实施精准研判，通过环境大数据分析和印痕、情景模拟等多元模型，抓准污染症结，快速诊断污染排放趋势，契合空气质量的动态调控需求。（3）提出靶向管控建议，结合污染治理的专家团队经验，开展科学达标分析，在长效靶向治污的同时具有应急精准管控能力。（4）进行科学成效评估，面向各类防治措施和监管手段，针对性提供区域污染防治成效和绩效考核评估服务。

以天/空/地一体化的立体化监测和环境大数据分析为基础，建立一套以"立体监测、精准研判、靶向管控、科学评估"为核心特征的大气污染防治业务流程。突出专家团队经验的运用，支撑构建大气污染精准防治、智慧管控和科学评估的工作模式，初步实现大气环境污染防治的科学化、精细化和经济性。

2. 系统治水应用

针对水污染防治，"互联网＋"智慧环保的作用重点体现为智慧监管和靶向治理。国家机构管理职能调整之后，排污口全面纳入生态环境管理体系之中。系统治水的智慧化监管体系具有"污染源—排口—水体"全链条信息化监管能力，从而实现对水污染源、流、汇的统一监管。在普查、详查污染源和排污口的基础上，准确把握污染底数，建立和应用动态的数据库支撑系统。

此外，水环境科学精细化管理重在体现污染源排口的拓扑关系，把握污染产生—排放—入河（湖）的量化关系、入河（湖）排污通量和断面水质的响应关系。重点建设污染源监管、水质监测、执法监管、河长制平台等业务应用子系统，全面掌握水环境及其相关信息，具备对污染事件的快速响应能力。

系统治水的另一个重点方面是水环境的工程治理。作为水环境质量保障的重要组成部分，相关工程设施的建设、运行通过整体性设计与优化，体现靶向性工程治理体系的理念，确保水质目标的可达性。"互联网 ＋"智慧环保在这一方向的应用，如生态补水与污染治理设施的协同运行控制决策，有力促进了工程调度的整体优化和能效发挥。

3. 生态监管应用

"互联网 ＋"智慧环保在生态监管领域的应用包括生态红线监管、自然保护区监管、生物多样性监管等。综合利用卫星遥感、云计算、地理信息系统，建立多尺度/多时相、天/空/地一体化的生态监管信息数据资源库。依托无人机航空遥感与地面生态观测方面的数据快速获取能力，开展生态保护红线巡查、人类活动监控、生态系统格局、生态系统质量、生态风险监管、生态资产统计核算、生态保护成效评估、移动核查与执法等领域的业务应用，提升国家生态监管水平。

作为我国"三线一单"环境管理模式的重要组成部分，生态红线是未来生态监管体系建设的重要方向。"互联网 ＋"智慧环保在生态监管领域具有重大应用前景的业务有：将生态红线的划定、勘定与建设项目审批、规划环评等业务审批相结合；从人类活动干扰、生态环境质量等维度科学评估红线保护成果。例如，生态环境部卫星环境应用中心应用了多种业务化系统，标志着基于卫星遥感的生态监管体系建设取得了阶段性成效。

4. 资源交易应用

环保产业与互联网技术的全方位结合，推动了"互联网 ＋"环保领域的深化应用，涌现了废弃物在线交易、环保技术线上对接、企业网上排污权交易等新兴业态。这些环保业态的发展需要对技术路线、商业模式、管理方式进行优化，从而促进产业技术进步、环保产业的颠覆性变革。进一步鼓励互联网企业参与构建城市废弃物回收平台，推动再生资源回收模式创新：利用电子标签、二维码等物联网技术跟踪重点电子废物流向，实施各类产业园区废弃物信息平台建设；推动现有骨干再生资源交易市场朝着线上线下结合的方向转型升级，逐步形成行业性、区域性产业废弃物和再生资源在线交易系统。重点推进主要污染物总量减排，探索企业网上排污权交易试点；开展碳排放权交易市场的先行先试，通过循环经济信息交流平台来推动企业节能低碳成果的在线展示和经验推广。通过示范工程的推动，加快废弃物在线交易的全面实施进程。

六、对策建议

（一）技术层面

发展多源生态环境监测技术，注重技术的可行性、经济性和科学性，遴选出实用价值突出的应用方式，保障"互联网 ＋"智慧环保的深入发展。综合互联网、物联网、移动通信、云计算等方面的技术成果，与生态环境监管体系进行融合应用，推动信息采集、传输、处理效率的全面提升。突出生态环境管理业务需求导向，优化相关系统的顶层设计，采用大数据技术高效实施数据汇集和整合；运用环境综合模拟、多业务协同建模等技术合理预测未来情景，采用 AI 技术辅助实现多源数据的综合分析和处理，支持生态环境的管理决策。

（二）应用层面

进一步加大数据开放共享政策推动力度，保障"互联网＋"智慧环保在环境管理和决策方面的能效发挥。准确界定主管部门和相关单位的具体职责，尤其是强化相关单位的主体责任，同时对数据的生产者和使用者提出明确要求并结合实际情况予以更新。合理监管数据的交流与利用，主管部门和相关单位应依法明确数据密级和开放条件。重视数据保护，规范数据使用者的行为，体现对数据生产的尊重。注重数据积累、促进开放共享，要求环保信息化项目产生的数据进行强制性汇交，通过数据中心来规范管理和长期保存。加强数据管理能力建设，相关单位建立具体的工作机制和激励机制，明确考核责任。

（三）产业层面

进一步推进"互联网＋"智慧环保，为环保产业链条式发展、环保产业技术升级变革、环保企业扩大规模并提升竞争力进行充分赋能。环保企业加大智慧环保建设的投入力度，谋划环保产业转型升级。在环保产业政策体系、环境服务行业规范性等方面重点突破，规范和引导行业性的技术规划、金融支持、人才培育等。合理扶持环保产业，推动作为新兴事物的环境信息服务业的规范化和规模化发展。

纯电动汽车技术现状和发展趋势分析

中汽研究中心汽车工程研究院

电动汽车作为汽车的一种重要类型，在近年来受到了极大的关注，对其的研究和开发也在持续性深入，从掌握的资料分析来看，国家之所以大力发展电动汽车主要有三个方面的原因：（1）电动汽车的节能效果比较突出。当前的我国能源利用紧张局面愈演愈烈，国家积极提倡绿色经济发展，电动汽车发展满足节能的需要，也符合绿色经济发展的具体要求。（2）电动汽车的环境污染小。从调查分析来看，电动汽车的噪声污染小，而且在行驶过程中基本可以实现零排放，和燃油汽车相比环保效果有了明显的提升。（3）电动汽车的技术研究在持续性深入，而且相关研究取得了不错的成果，这为电动汽车的发展提供了稳定的支持，所以电动汽车的各方面性能和安全性等在显著提升。

综合来讲，纯电动汽车的整体利用效果要优于燃油汽车，所以基于社会发展大方向积极的分析研究电动汽车的技术现状并做好发展方向的讨论，可以为技术研究实践提供指导。

一、纯电动汽车概述

纯电动汽车是电动汽车的重要组成部分，其具体指的是以车载电源为动力，用电机驱动车轮行驶，符合道路交通、安全法规各项要求的车辆。

就纯电动汽车的具体分析来看，其主要的结构有：电力驱动及控制系统、驱动力传动等机械系统、完成既定任务的工作装置等，在具体的构成中，核心是电力及控制系统。对现阶段的纯电动汽车应用做分析发现其突出的优势是对环境的影响比较小，可以实现节能和环保的目的，但是其也表现出了突出的缺陷，比如寿命短、充电时间长等。

总之，当前的纯电动汽车因为受技术等各个方面的限制，具体的价值表现还不够充分，在未来社会应用实践中，要想充分的发挥纯电动汽车的优势，需要加深技术分析和研究，解决目前存在的技术难题。

二、纯电动汽车的技术现状

从对纯电动汽车的具体分析来看，其产生的时间较长，对其的研究也在不断深入，不过在很长一段时间内，纯电动汽车的应用限定在某些特殊的领域，因此对其的具体研究十分有限。如今，出于环境保护的需要和可持续性经济发展的需要，国家大力提倡电动汽车的发展，这使纯电动汽车的研究有了明显的深入，其应用范围也在持续性扩展。

总结分析纯电动汽车的技术现状，了解技术困境和不足，对于具体的技术进步和发展有积极的意义。就现实资料分析来看，纯电动汽车的技术现状主要表现在如下几个方面。

（一）电池技术

就纯电动汽车的具体应用来看，其受电池的限制比较明显，所以在电动汽车的研究实践中，专家组的人员对汽车的电池研究在持续性深入。

就现实分析来看，要解决电池应用方面的具体问题，首先需要对电池的主要性能等进行明确，而电动汽车的电池，其性能评价指标主要有比能量（E）、能量密度（Ed）、比功率（P）、循环寿命（L）和成本（C）等。在目前的社会中，要全面的提升纯电动汽车的市场竞争力，必须开发制造比能量高、比功率大、使用寿命长的高效电池。

就纯电动汽车的电池研究来看，其主要经历了三个阶段。

第一个阶段是酸铅电池。这个阶段的纯电动汽车使用的多为阀控酸铅电池，此类型的电池具有比能量高、价格低和能高倍率放电的显著优势，而且其可以被大批量的生产。正是因为此类型电池的应用，纯电动汽车的生产和应用迈入了新阶段。

第二个阶段是碱性电池。此阶段的电池主要有镍铬电池、镍氢电池、钠硫电池、锂离子电池以及锌空气电池等。此阶段应用的碱性电池和第一阶段的铅酸电池进行比较会发现其比能量有了显著性的提升，所以在纯电动汽车的具体使用中，此类型的电池利用极大的提升了电动汽车的动力性能，汽车的续驶里程也会显著的增加，不过此类型的电池造价明显偏高。

第三阶段的电池主要是燃料电池，此类型的电池可以直接将燃料的化学能转化为电能，不仅能量转变率高，比能量和比功率也有了显著的提升。此外，燃料的反应过程可以进行控制，能量的转化过程可以连续进行，可以说，此类型电汇是纯电动汽车的理想应用电池。不过该类型电池还在研制阶段，因为部分的技术还未突破。

总之，电池作为纯电动汽车运行的关键，电池的整体性能对电动汽车的影响显著，所以积极地开发高性能电池非常的必要。现阶段，我国在纯电动汽车电池研发中取得的成绩推动了电动汽车的发展，而且关于电池的具体技术研究和突破还在不断地进行着，所以说只要电池技术进步，纯电动汽车的发展必然走向新局面。

（二）电力驱动及控制技术

就纯电动汽车的具体分析来看，过程中电动机和驱动系统的价值显著，所以说其是比较关键的部件。对现阶段社会中的纯电动汽车运行实践做调查研究发现，要想使电动汽车的整体性能表现良好，驱动电机必然会具备一定的条件，比如有比较高的转速，有比较大的启动转矩、体积小、质量小等。

从实践总结的结果来看，现下在纯电动汽车中应用比较广泛的电动机主要有四个类型，分别是直流电动机、感应电动机、永磁无刷电动机和开关磁阻电动机。

近年来，基于感应电动机的纯电动汽车电力驱动和控制技术研究持续深入。从现实研究的结果来看，利用感应电动机的电动汽车，其在控制实践中主要利用的控制方式有两种，分别是矢量控制和直线转矩控制。在控制实践中之所以会利用直线转矩控制这种方式，主要是因为此种控制方式具备以下突出的优势：（1）控制方式比较的简单，且便于操作。（2）简单的控制结构却能发挥优良的控制性能。（3）具有比较好的反应速度。这三方面的优势与纯电动汽车的契合性比较高，所以会在控制方式应用中选择此种方式。当前的美国和欧洲诸国在电动汽车的控制实践中，主要利用的便是这种控制方式。

在电动汽车的电力驱动中，永磁无刷电动机的利用研究也在不断地深入。就此种电动机的具体利用来看，基于驱动方式的不同可以将其分为两大类，分别是无刷直流电动机系统和由正弦波驱动的无刷直流电动机系统。就两种系统的具体利用来看，其在实践中表现出的突出特点是高功率密度，且这两种系统在控制方式方面和感应电动机存在着相似性，所以在电动汽车实践中，两种系统的应用广泛。就两种控制方式的具体应用来看，由正弦波驱动的无刷直流电动机系统类电机具有较高的能量密度和效率，其体积小、惯性低、响应快，非常适应于电动汽车的驱动系统，其应用前景广阔，而且目前的日本研制电动汽车主要采用的便是此类型系统电机。

总之，目前的电器驱动以及控制技术研究在不断深入，而且已经总结出了成系统、可应用的控制技术，这些技术的应用对于电动汽车的发展有重要的意义。

（三）电动汽车整车技术

在纯电动汽车的发展实践中，汽车整车技术的研究也要与时俱进。就现实分析来看，电动汽车是高科技综合性产品，其高科技技术不仅在电池和电动机方面有体现，在车体车身中也有体现，而且部分技术，尤其是节能技术和措施，其相比于电池储能能力更容易实现。在汽车的具体研制中，轻质材料，比如镁、铝和复合材料的具体利用实现了汽车结构的优化，这使汽车本身的质量有了显著的降低。

目前的资料研究表明，轻质材料和复合材料应用可以实现车身质量 30% - 50% 的减轻。从实际分析来看，车身的质量减轻会产生比较积极的效果，最为显著的便是车辆在制动、下坡以及怠速的时候会实现能量的回收。在考虑到能量回收的基础上对车身材料等进行优化，这样，车体在运动过程中所受到的阻力会明显减小，车体运动的整体性能表现会更加优越。总之，纯电动汽车整车技术的研究和突破实现了车辆运行实践中整体性能的优化和提升。

（四）能量管理技术

纯电动汽车在使用的过程中蓄电池发挥着重要的作用，而且纯电动车运行的整体结果和蓄电池的储能特性有显著的关系，所以在应用实践中，纯电动车要维持良好的性能，蓄电池的比能量、使用寿命等都是需要考虑的重要因素。重视蓄电池的能量管理，强调管理实践中的技术更新，这对于实践工作的开展现实意义显著。

就电动汽车的智能核心分析来看，其为能量管理系统。基于研究分析可知，设计优良的纯电动汽车，不仅要具备良好的机械性能、电驱动性能，选择适当的能量源，还需要具备能够调节各个功能部分的能量管理系统。该系统可以实现对电池以及电池组荷电状态的检测，并基于各种传感信息，比如温度、蓄电池工况等进行车载能量的有效调配，这样可以使电池组的使用情况和充放电方式达到最为协调的状态，电池的使用寿命会有效延长。

基于纯电动汽车的能量管理，目前的各个国家均在进行积极的研究，各个国家均取得了显著的成效。就具体的管理系统建设来看，主要是基于具体的计算进行管理数学模型的建设，然后基于管理分析对模型进行优化，从而实现模型实际利用价值的提升。就当前我国的研究来看，能量管理系统的具体建设已经具备了科学性和实用性，但是整体优化还不够全面，所以能量管理系统的模型研究和建设还在继续实践中。

三、纯电动汽车技术发展趋势

对目前的纯电动车研发和应用做具体的分析可知，我国的纯电动车研发还要持续深入，主要是因为纯电动车在未来有巨大的发展前景。

由此论断主要基于两个方面的原因。

（1）政策因素。当前的我国经济发展由过去的重量向重质转变，所以国家积极的提倡绿色经济和可持续经济发展。在这样的大环境下，国家的政策会倾向于绿色发展产业。纯电动汽车所消耗的能源可以持续性的生产，而且纯电动车在使用过程中可以基本实现零排放，这对于环境改善有经济的作用，所以当前的我国在政策上更倾向于纯电动车的开发和研究，有政策引导和帮助，纯电动车的研发和产出必然会在未来取得显著的成果。

（2）市场需求因素。从目前的分析来看，在人们的观念转变下，其需求也有了显著的变化。燃油车和电动汽车柜比虽然性能等存在着优势，但是电动汽车的技术研究在不断的突破，各方面性能提升的技术都在优化，而且电动汽车的绿色环保效果突出，能源利用也能加的清洁。加之价格方面的问题，很多会将购车的眼光投向电动汽车。这种市场的转变会使电动汽车在未来有更广阔的发展前景。

四、结语

综上所述，纯电动汽车作为电动汽车的重要一类，在目前的市场中所占的比例在不断地提升，而且随着技术研究的深入，纯电动汽车的各方面性能均在提升，这使越来越多的人倾向于纯电动汽车的购买。

以精细化管理为手段探索构建系统化
源头企业管理模式

中国启源工程设计研究院有限公司

从 2002 年政府部门对电镀企业进行严格管控开始，到目前全国已经建立的电镀集控园区有 100 家左右，主要分布在我国沿海经济发达地区。

电镀集控园区的发展主要配套于鞋服、汽配、卫浴、生活用具、电子线路、机械制造、航空航天等行业相关产品的表面镀覆，共同的特点是存在重金属污染物质、强酸性、强碱性以及无组织有机废气排放等环境风险管理问题。由于国家产业政策的积极推进，"疏堵结合"工作思路，零散作坊式的小电镀企业搬迁至电镀集控区，健全的电镀集控区应该具有完善的专业厂房配套设施，科学先进的管理模式，统一配套的污水处理厂，合法有序的危险废物及妥善安全的废气处理方式，以及满足清洁生产和职业健康安全的合理生产布局。

实践表明，电镀集控区集中管理模式已经表现出了良好的经济效益、环境效益、社会效益、陆地及海洋生态效益。

一、电镀集控园区电镀企业源头管控模式及制度建设

（一）电镀集控园区企业管理模式

1. 严把企业入园形式

严格把控新入园电镀企业关。入园前，根据电镀企业镀种形式，调查研究电镀企业原生产模式，了解管理水平及水质分类情况。入园时，严格要求企业提供相关生产资料，包括生产原材料及用量、车间平面布置图、工艺流程图、车间废水分区图、车间废水排放管道布置图等，判断企业生产规模及类型，准入与否。根据电镀企业提供的生产资料，排查企业存在的水质生产隐患，杜绝工艺不合理导致水质变化。

对新进电镀企业按照实际排污模式或环评要求进行相关技术评审，满足排污模式要求及水质预估情况方可进行试生产。试生产前务必进行各股废水管道试排水，杜绝因管道对接错误导致的水质污染，同时对电镀企业生产设施、排污设施进行产前验收，符合验收要求后方能允许试生产。试生产过程中，应实际跟踪企业排水水质情况，若无异常可以正常排产；若存在水质分流不清隐患，立即停止试生产进行整改，整改通过验收后方可再行试产。

2. 企业巡查

电镀集控园区管理部门应设立专门的环保部门，各电镀企业应配置环保专员。根据具体情况，环保

部门管理人员应进行日常巡查，及时发现问题，制止电镀企业操作工人的不规范行为；紧急事件发生时，立即着手排查各电镀企业，以免影响水质持续恶化。进行巡查时，应善于观察，提炼总结，结合电镀企业各自生产特点形成一套完备的检查、巡查体系。

3. 水质分类检测

根据电镀企业生产情况及电镀废水分质分流要求，对 10 类电镀废水根据其特征污染物进行分类性管理，进行日常、节假日前后、复产前后取样检测，并对各电镀企业废水分区混排情况进行定期取样检测管理。杜绝因人为操作影响水质情况，尤其是节假日前后复产的电镀槽液排放问题，对电镀废水的处理将产生明显冲击。

（二）电镀集控园区管理制度建设

1. 三方环境责任公约

为贯彻落实生态环境保护政策要求，巩固管理成果，落实电镀集控区内污水厂、电镀企业、园区管委会各方行为主体在管理、责任和利益"共同体"模式，共同落实集控区企业的环境责任，依法处理集控区企业污水、废气、危险废弃物、危险化学品管理和处置问题，经集控区内所有行为主体协商一致，应达成环境责任公约，保护环境责无旁贷。

2. 电镀废水混排管理办法

电镀废水混排管理办法着重介绍有关电镀企业废水混排的危害性、有关电镀废水排放的具体要求、有关电镀废水混排预防的方式方法、有关电镀废水混排治理处置措施以及有关重大事故处理流程。通过设立电镀废水混排管理办法进行规范企业排水，提高混排治理效率，降低电镀废水水质处理风险，提高处理效率，节约经济成本。

3. 电镀废水浓度管理办法

为保证电镀废水处理厂持续健康稳定运营及废水达标排放、为保障电镀集控园区内所有电镀企业的共同利益和正常生产，应根据实际情况对超出相关规定排放浓度和 pH 指标的电镀企业车间进行必要的调整和管控。

若电镀企业排放的生产废水浓度远远超出规定排放浓度，已经导致污水厂处理难度、成本、系统风险大幅增加，为避免全园区停产的风险，制定电镀废水浓度管理办法。要求所有电镀企业的含铬废水总铬浓度小于 1000mg/L；含氰废水浓度小于 1000mg/L；含锌综合废水、前处理含油废水、焦磷酸盐废水、酸铜废水、含镍废水、地面废水的 pH 值不得低于 1.2。若超出指标规定要求，按照电镀废水浓度及相关指标要求管控。

4. 其他制度建设

其他制度建设包括《电镀集控区园区企业水样采样 样品保存管理办法》《电镀集控区企业非正规水源管理办法》等。采样、样品管理办法主要解决废水样品取定及效力问题，减少争议，为数据的准确性、效力提供基础保障；水源管理办法旨在明确水源管理权限及水量定量，确保水量计量准确及有效性，保障电镀废水处理收费的基本权益。

（三）宣传教育及示范操作

通过设立的环保管理部门及各电镀企业环保专员，对园区内各电镀企业负责人、管理人员、电镀过程实际操作人员进行电镀废水分区不清、混排风险性、环保知识、水质分类重要性等各方面进行不间断宣传教育及现场示范操作，督促完成整改，提高要求以解决电镀废水分质分流问题，减少混排情况，降低电镀废水处理成本及风险。

（四）持续改进

1. 建立企业管理记录档案

通过建立环保档案管理，完善企业突发情况、环保事故、微小环保问题、水质化验结果记录制度，使电镀集控园区管理工作更加精细化、透明化、标准化，遇到水质突然变化，有章可循，有据可依，从而快速有效及时解决相关源头问题。企业管理记录档案包括电镀集控园区内各电镀企业所有相关事宜，如管道维修维护、装修装潢、安装设备、生产线扩增、产量明显增多或减少等不同生产活动，加强联系有利于突发水质变化问题解决。

2. 建立预防性巡查制度

电镀集控区环保管理部门及各电镀企业环保专员应制订巡查计划，并按照巡查制度要求进行巡查，及时发现异常状况，时刻掌握电镀生产车间现状和生产实际情况，从而能够准确快速判断企业生产状态、排水状态及预估排水浓度，以便制定并实施突发应急措施。

3. PDCA 循环管理提升

依据 PDCA 循环管理理论，要求集控园区环保管理人员把各项工作按照做出计划、计划实施、检查实施效果，然后将成功的管理方式和效果纳入标准，不成功的留待下一循环解决。这一工作方法有效提高集控园区管理，能够摸索各项工作的一般规律。通过 PDCA 循环进行持续改进，逐步提升管理水平，提高管理效率，减少严重混排等突发事件发生。

二、管理成果经济效益及社会效益

（一）经济效益分析

根据集控园区不同管理水平以及管理效果，成熟电镀集控园区采取有效的管理及发展模式后，具有较为可观的经济效益，具体经济效益情况如下。

1. 减少应急事故处理量

加强集控园区各电镀企业监管，提高管理水平后，最大限度杜绝电镀过程事故槽液排放、电镀过程操作人员致使的电镀废水随意排放等应急事故发生以及加强废酸收集、高浓度特征污染物槽液收集，可以节省电镀废水处理过程中主要药剂用量的6%，节约资金投入量约75万元/a。

2. 减少混排情况

根据运营实际情况，减少混排情况可以减轻废水处理压力，提高电镀废水处理效率，可以节省电镀废水处理过程中主要药剂用量的 4%，节约药剂费用支出约 50 万元/a。

3. 浓度水平管控

根据电镀企业废水排放氰化物浓度、总铬浓度以及 pH 值水平，加强各企业管控，可明显减少电镀废水处理加药量、提升水量、降低水质处理难度、降低运营风险，实际可减少药剂费用支出约 12%，约 150 万元/a。

4. 企业入驻前期管理

提高电镀集控园区管理水平，有助于改善电镀企业的入驻率。根据企业入驻前提供的各类资料的反馈情况，提前介入企业生产布局、排水，进行事前管控，预防事故发生，减少损失。根据实际情况，估计可减少费用支出约 3%，约 35 万元/a。

（二）社会效益分析

成熟电镀集控园区采用提升硬件结构及管理模式提高园区发展水平，能够集中社会资源，统一调配社会资源。在区域经济内，能够有效剔除散乱污、作坊式电镀企业，集中性将各类电镀企业进行整合提升，集中在成熟电镀集控区内进行生产，有利于整个地级市区域内形成规模化的产业集群，进一步拉动产业整合，提升产业及关联产业竞争力，提升综合实力，进行供给侧改革，实现电镀集控园区经济集中发展的优势。

（三）环境生态效益分析

采用集控园区式生产管理结构，电镀废水污染物统一综合处理，显著降低生态环境重金属、酸碱等物质污染风险，使环境结构、生态功能进一步满足区域规划要求，为保护青山绿水提供有力保障；统一回用中水，能够有效减少缺水地区地下水资源开采、提高水资源重复利用率，节水降耗减排；集控园区协调发展有利于生态功能规划，有利于切实践行绿色发展模式。

三、结论与建议

（1）通过着重从电镀集控区企业管理模式、制度建设、宣传教育、持续改进等方面介绍成熟的电镀集控园区环境管理模式，明确了电镀集控区未来的发展模式及方向，有利于电镀产业集中进行环境治理、优化布局、完善配套服务、推进清洁生产及职业健康安全等相关政策。

（2）从技术及环境管理实例上实现循环经济（清洁生产）与生态环境保护，推广先进的、可复制性、可操作性电镀集控园区的环境管理。

（3）优化实施电镀集控区企业管理模式，可以降低约 20% 药剂使用量，有利于精细化管控模式进一步实施。

绿色供应链推动中小企业节能减排分析及相关建议

中国标准化研究院资源环境研究分院

中小企业是促进就业、改善民生、稳定社会、发展经济、推动创新的基础力量，是构成市场经济主体中数量最大、最具活力的企业群体。我国中小企业量大面广，大多数为乡镇企业、私营企业、合资或外资企业，据初步统计，其能源消耗约占工业能源消耗的 25% – 30%。我国在"十一五""十二五"和"十三五"期间重点关注重点用能单位（年综合能耗万吨标准煤及以上）的节能管理和节能改造，发布了一系列节能政策和节能行动计划。由于相关措施以大型企业为重点对象，中小企业工艺装备仍普遍落后，能耗、水耗、土地和矿产资源消耗相对较高，污染物排放量小面广。

随着产业升级和高质量发展的深入发展，以《中小企业促进法》修订实施为代表，中小企业的经济活力将成为区域、国家乃至世界经济增量的主要贡献者。中小企业发展状况关系到中国经济社会结构调整与发展方式转变，关系到促进就业与社会稳定，关系到科技创新与转型升级。"十四五"期间及更长远期间，中小企业的节能减排、绿色发展在国家节能减排政策框架中的位置将逐渐得到加强。

一、我国绿色供应链相关政策法规和进展

改革开放以来，在我国经济高速发展的同时，出现了严重的资源环境问题，资源短缺、环境污染和生态破坏已经成为制约我国经济可持续发展的瓶颈。为破解资源环境约束，从根本上改变高投入、高消耗、高排放的发展模式，实现经济的健康持续发展，我国正在按照生态文明建设的要求，推动生产方式及生活方式转变。

开展绿色供应链管理工作，发挥企业的主体作用，通过供需双向选择，可以推动上下游企业改进环境管理，进而减少产品全生命周期的环境影响。因此，调动企业特别是龙头企业、大型零售商及网络平台等"关键少数"参与绿色供应链管理工作的积极性，以点带面，发挥示范带动作用，将有助于推动我国经济绿色转型。

绿色供应链管理是以企业为主体开展的环境保护工作，法律政策起到的作用主要是调动企业参与，提供判断上下游企业活动是否绿色的依据，并提供相关保障。截至目前，虽然我国尚未出台专门调整绿色供应链管理工作的法律或高位阶政策，但已有不少法律政策涉及此项工作。2016 年，环境保护部发布的《关于积极发挥环境保护作用促进供给侧结构性改革的指导意见》将绿色供应链作为环境保护供给侧结构性改革的重要抓手，强调以绿色采购和绿色消费为重点，利用市场杠杆效应，带动产业链上下游采取节能环保措施。同年，工业和信息化部联合相关部委颁布实施的《工业绿色发展规划（2016 – 2020年）》《绿色制造工程实施指南（2016 – 2020 年）》以及《绿色制造标准体系建设指南》等文件，将打造绿色供应链作为工业绿色发展的一项重点工作，明确围绕汽车、电子电器、通信、大型成套装备等行业

龙头企业开展试点示范工作，旨在到 2020 年，在这些行业初步建立绿色供应链管理体系。

另外，我国出台的《供应链风险管理指南》（GB/T24420 - 2009）和《供应链管理业务参考模型》（GB/T 25103 - 2010）等标准，也涉及绿色供应链管理工作。除上述宏观政策及标准外，一些法律政策的制定并非以推动绿色供应链管理为初衷，但是在其实施的过程中，调控到供应链某个环节上的具体活动，对于绿色供应链管理工作具有推动和保障作用。

在地方层面，一些地方政府也开展了绿色供应链的有益探索，出台了一些地方性的法律政策，积极引导企业参与绿色供应链管理工作。天津市是我国最早开展绿色供应链管理试点工作的城市，不仅出台了《绿色供应链管理试点实施方案》《绿色供应链管理工作导则》《绿色供应链管理暂行办法》《绿色供应链产品政府采购管理办法》《绿色供应链产品政府采购目录》等政策，而且配套出台了《绿色供应链管理体系要求》（DB12/T 632 - 2016）、《绿色供应链管理体系实施指南》（DB12/T662 - 2016）等标准，充分发挥政策规范和标准引领的作用，率先在钢铁和建筑等基础较好的领域开展绿色供应链管理试点工作。

东莞作为重要的制造业基地，在绿色供应链管理方面也开展了大量工作。2015 年，东莞成为原环境保护部首家绿色供应链试点城市。2016 年 8 月，颁布实施的《东莞市绿色供应链环境管理试点工作方案》，提出围绕家具、制鞋、电子和机械四大行业以及零售服务业开展试点工作。此外，上海市、深圳市等地在绿色供应链管理方面也或多或少地颁布了相关政策。在绿色供应链管理中，相关法律所起到的作用主要是引导和规范，通过政府和企业两类主体发挥作用。

二、绿色供应链特征以及在企业绿色发展中的作用

近年来，随着我国经济的持续快速发展，资源与环境压力日益加大，人们越加重视经济、资源和环境的全面协调可持续发展。而传统的供应链管理往往只考虑供应链上企业利益最大化，不考虑使用产品的废弃物和排放物如何处理、回收和再利用等，不利于节约资源和环境保护，在此情况下绿色供应链应运而生。绿色供应链是指在以资源最优配置、增进福利、实现与环境相容为目标的，以代际公平与代内公平为原则的，从资源开发到产品的消费过程中物料获取、加工、包装、仓储、运输、销售、使用到报废处理、回收等一系列活动的集合，是由供应商、制造商、销售商、零售商、消费者、环境、规制及文化等要素组成的系统，是物流、信息流、资金流、知识流等运动的集成。

绿色供应链主要是在资源的节约有效利用、减少整个供应链环境的负面影响以及资源的再回收再利用方面对供应链进行优化。与传统供应链相比，绿色供应链具有以下几个方面的特征。

（1）绿色供应链管理将环境目标和节约资源作为管理的目标之一。传统的供应链管理仅仅局限于供应链内部资源的充分利用，没有充分考虑在供应过程中所选择的方案会对周围环境和人员产生何种影响、是否合理利用资源、是否节约能源、废弃物和排放物如何处理与回收、环境影响是否做出评价等，而绿色供应链的管理战略重点旨在提高供应链内各行为主体活动对环境的友好程度。

（2）绿色供应链管理强调各节点企业之间的数据共享。数据共享包含绿色材料的选取、产品设计、对供应商的评估和挑选、绿色生产、运输和分销、包装、销售和废物的回收等过程的数据。供应商、制造商和回收商以及执法部门和用户之间的联系都是通过网络来实现的。因此，绿色供应链管理的信息数据流动是双向互动的，并通过网络来支撑。

（3）绿色供应链增加了回收商这个角色，通过回收过程，实现产品或部分零部件的再利用，或者材

料和能量的再循环，从而形成"闭环"物流，不仅提高了资源的利用率，同时还减少了废弃物对环境的影响。

（4）绿色供应链管理充分应用现代网络技术。网络技术的发展和应用加速了全球经济一体化的进程，也为绿色供应链的发展提供了机遇。企业利用网络完成产品设计、制造，寻找合适的产品生产合作伙伴，以实现企业间的资源共享和优化组合利用，减少加工任务、节约资源和全社会的产品库存；通过电子商务搜寻产品的市场供求信息，减少销售渠道；通过网络技术进行集中资源配送，减少运输对环境的影响。企业的绿色供应链包括绿色设计、绿色生产、绿色采购、绿色物流和绿色回收及再利用等主要环节。

绿色设计。相关研究表明，工业品80%的资源消耗及环境影响都取决于设计阶段。因此，绿色设计应是绿色供应链管理工作中的关键一环。要求在产品及包装物设计阶段，统筹考虑原料、设备、工艺、消费、回收及处理等环节的环境影响，优先选择无毒、无害、易于降解或者便于回收利用的方案，减轻产品全生命周期对环境的不利影响。

绿色生产。绿色生产涉及企业能源资源消耗及污染物排放，据此可以作为判断上游生产企业是否绿色的重要依据。通过加强环境管理，改进技术工艺和处理设施，可以减少产品生产过程中的用材、用水、用能及污染物排放，使产品更加绿色。

绿色采购。绿色采购是绿色供应链管理中最为关键的一环，采购产品的环保与否在很大程度上决定着供应链的绿色化程度。包括优先采购具有节能、节水、节材、废物再生利用等特性的绿色产品；或者通过相应财税金融手段引导，鼓励企业进行绿色采购。

绿色物流。绿色流通环节主要包括绿色物流、绿色包装和绿色销售。在供应链中物流环节不可或缺，但也带来了大量的能源消耗和污染物排放。在物流环节使物流资源得到最充分的利用和达到对环境最小的危害，在包装环节考虑减少包装耗材的使用和对环境的污染，在销售环节利用各种营销策略在提高市场份额和销售额的同时节约能耗、保护环境，这些绿色流通实践的核心是通过降低成本来达到提高利润的目的，因而是企业经济利益的内部需求。因此各种交通运输工具之间的协调和衔接、智能交通建设、节能减排型运输工具和仓储设施建设和使用以及避免过度包装等都对企业的节能减排和绿色环保至关重要。

绿色回收及再利用。在残次品、废旧品或者零部件回收后，进行整体或部分再利用，不仅可以延长产品生命周期，而且有助于节约资源能源和减少污染物排放。回收利用产业在我国尚属发展初期，尤其是电子电器回收利用产业的基础更是薄弱，在缺少配套性标准及相关支持措施的情况下，很难将绿色供应链打造成为一个闭环，进而实现资源的再利用。

三、绿色供应链在中小企业节能减排工作中的作用及先进经验

"十一五"以来，国家开展的"千家企业"和"万家企业"等一系列节能减排行动，有效地推动了重点行业的节能减排，为国家实现节能目标提供了有力支撑。相比之下，大部分中小企业的节能和减排潜力还未充分发掘。此外，中小企业基本都是供应链上的某个环节，受市场和核心企业影响较大。因此，基于市场手段，通过政府和核心企业从市场供应关系角度约束中小企业开展节能减碳工作，落实绿色供应链管理，在供应链管理中综合考虑节能减排和环境保护，有望推动中小企业节能减排工作的全面开展。

当前，绿色供应链在中国的实践多是大型企业，推动模式自主性强且关注的点各不相同，有的企业

关注节水、有的关注节能、有的关注原材料选材等，全社会推动绿色供应链的有效模式尚未形成。并且基于企业微观层面的推进机制缺乏系统性，可复制性差，不利于推广。

从开展绿色供应链管理工作的情况看，不少国外大型跨国公司在华机构及中外合资企业已经开展了多年相关实践，规章制度相对完善、运作机制较为成熟，其主要原因是企业总部对此提出了要求，也有部分企业自发开展了此项工作。相比较，开展绿色供应链管理工作的内资企业数量较少，即使已经开展，也多是处于起步和探索阶段。由于目前绿色供应链管理工作对于大多数中国企业来讲，还比较陌生，而过于分散的法律政策则很难引导广大企业参与到此项工作中。因此，需进一步在探索实践的基础上，总结经验，进而全面推行。

中小企业主要为大型工业公司提供产品或作为它的分包商，随着客户对环境要求的提高，大企业也要求这些配套中小企业向环境友好型企业转变，并为它们提供相应帮助。从20世纪90年代开始，通用汽车开始将资源节约、环境保护等内容列入供应商培训计划，并且对世界范围内的140多个供应商进行了培训，与供应商组成环境咨询小组，开拓与供应商之间的合作途径，包括如何把环境因素融入设计、制造等过程，使合作伙伴掌握节能减排的相关知识，提高了供应链企业节能减排的主动性。

基于各企业间的长期经济活动，企业建立了稳定的供应链合作形式。供应链中的企业彼此比较信任，关于节能减排的相关技术、信息、经验能进行充分交流，甚至一些企业会为其合作伙伴提供人力、资金等方面的支持。但是，一些中小企业主要为大的工业公司提供产品或作为它的分包商，市场力量不强，虽参与节能减排活动的实施，但不能充分分享节能减排活动所带来的收益。而且，供应链中合作企业数量有限，不能实现物质、能源的闭路循环，单一供应链模式带动效应较小。

通过供应链上战略伙伴之间的协调与合作，实行信息共享、资源共享以及利益共享，各企业能做到在经济利益及环保效益上的双赢。结合环保和能源管理体系建设，对绿色供应链管理的模式进行研究，企业构建从绿色设计、绿色材料、绿色供应、绿色生产、绿色营销到逆向物流的全面绿色供应链管理模式，并认为该模式有利于消除绿色壁垒限制，有利于提升供应链上各企业的国际竞争力。

四、中小企业节能减排问题分析及建议

（一）中小企业节能减排潜力分析

国家统计局发布的《2018年国民经济和社会发展统计公报》显示，我国2018年全年能源消费总量46.4亿吨标准煤，工业能源消费总量占比约65%，约30亿吨标准煤。虽然目前我国针对中小企业能源管理没有系统全面的研究和数据，有初步统计结果显示其能源消耗约占工业能源消耗的25%－30%，年综合能耗折合标准煤约8亿吨，占我国全年能源消费总量的17%。根据江苏省试点情况，通过加强能源管理，中小企业的能效提升比例约在10%－20%。以平均15%计，在产出基本不变的情况下，有望实现节能量约1.2亿吨标准煤。

就中小企业自身特点而言，相比电力、钢铁等重点用能行业，中小企业尽管单个企业耗能量不大，但是中小企业数量多、涉及行业广、社会影响大，且现阶段我国中小企业节能工作基础薄弱，节能空间巨大。因此降低中小企业能耗和排放对于国家节能减排总量目标完成有着重要意义。

近年来，我国中小企业发展迅速，已成为推动经济社会发展的重要力量。调查显示，"十二五"以来，广大中小企业正在成为进一步推进节能减排的主力军，中小企业的节能减排潜力存在很大发掘空间。

当前，绝大多数中小企业目前的节能减排基础设施和相关工艺技术还处在相对落后水平，中小企业在能源利用方面效率偏低，能源利用效率比全国平均水平低20%以上，在一些规模经济要求较高的资源型产业，中小企业数量多、规模小，工艺水平落后。如，黑色冶炼及加工行业中小企业数量虽占全部企业的74%，但其总产值规模仅占全行业的20%；在安全和技术要求较高的采矿业，中小企业占采矿企业的96%；在建材行业，落后工艺80%以上集中在中小企业。一旦中小企业更新这些设备和技术、加强能源管理，中小企业的节能减排效果将会有显著提高，这无疑将对国家节能减排目标总量有极大贡献。

此外，就宏观政策和相关配套措施而言，由于中小企业具有规模小、数量多、能源消费量较少、信息获取能力差、技术和管理水平低、经营压力大、资金不足等特点，大量针对企业的通用型政策除淘汰落后产能产生直接影响外，其他如节能技改奖励、重点耗能企业管理、税收优惠、示范工程、节能培训等政策难以企及中小企业，对其节能减排的推动作用十分有限，中小企业获取这些政策的支持也面临诸多困难和障碍。各级政府都制定出台了相关扶持中小企业发展和技术创新的政策措施，但鲜少提及中小企业节能减排和配套节能资金优惠及奖励等。相比高耗能行业和重点用能企业，尽管当前我国中小企业在节能减排方面还存在诸多问题，相关政策也不尽完善，其节能减排潜力还未充分挖掘，但中小企业凭借其数量多、涉及行业广、社会影响大等特点，还有极大提升空间。

（二）中小企业能源管理共性问题

从企业基本情况、节能管理情况、企业节能意向三个方面对中小企业能源管理体系实施情况做以下分析和总结。

大部分企业都意识到能源管理工作对企业效益提升的重要性，决定实施能源管理体系的驱动因素都是为了提高经济效益，树立企业形象，响应国家政策号召。且有着明确的目的，为了节能降本，提高企业综合竞争力。在企业管理理念、人员素质、平台建设等能力建设方面都有工作基础。在能源计量，节能改造实施等方面也投入了大量的工作。能源管理体系的引入，也确实给企业带来了可见的效应和效益。

但也有一些问题，如实际企业的人员专业素质有待提高，专业能源管理人员的能力还需要加强；对调查问卷的内容不理解，一部分企业对于建立能源管理体系进行能源管理没有相关的知识和获取渠道，例如能源审计、合同能源管理、能源计量、能源绩效等；计量基础薄弱，计量器具配备不齐全，从而导致计量的数据不齐全等问题。我国中小企业数量庞大，是造成能耗总量和污染排放总量不断走高的重要因素。同时由于中小企业基础管理薄弱，生产技术落后，节能减排效率普遍低于大型企业。

目前中小企业能源管理和节能减排普遍还存在如下问题。

（1）工艺设备落后，能耗高，污染大。长期以来中小企业的发展方式是粗放式的，产业结构不合理，主要以低技术含量高劳动强度的产业为主。由于工艺水平低，技术落后，能源资源利用效率相对较低，单位产品能源消耗比大型企业同类产品高出50%左右，造成了高额的资源消耗和严重的环境污染。

（2）节能减排投入不足。由于设备太贵，企业规模过小，资金压力大等诸多原因，中小企业在节能减排中的投资严重不足。一般只有在获得国家财政的支持下，才进行节能减排投资。再加上国家对于中小企业节能减排的监督也不是很严格，造成许多的企业节能减排只是流于形式。

（3）节能减排技术应用水平低。由于信息渠道不通畅，缺乏为节能减排服务的中介机构，中小企业无法及时获取节能减排的新技术，节能减排技术的应用水平普遍落后。

（4）节能减排意识薄弱。很多中小企业仅注重成本和经济效益，节能减排意识欠缺，没有专门制定相关节能减排规章制度，也没有相应的管理机构和人员。

（三）政策体系存在的不足

从宏观政策层面来看，为达到节能减排的绿色发展目标，我国出台了大量能源管理相关政策和配套措施，为钢铁、建材、电力等重点用能行业的能源管理提供了强有力支撑，但对于中小企业而言，这些政策措施却难以适用，针对性明显不足，而针对中小企业的相关政策又不够完善。

具体来说，当前我国中小企业能源管理政策体系还存在如下问题。

（1）现有的通用型政策不适合中小企业特点，难以对中小企业发挥显著效力，需要探索和建立新的推动机制。由于中小企业具有规模小、数量多、能源消费量较少、信息获取能力差、技术和管理水平低、经营压力大、资金不足等特点，大量针对企业的通用型政策除淘汰落后产能产生直接影响外，其他如节能技改奖励、重点耗能企业管理、税收优惠、示范工程、节能培训等政策难以企及中小企业，对其节能减排的推动作用十分有限。且目前专门针对中小企业的节能促进政策还比较零散，政策的制定和执行都处于起步阶段，尚未形成完整的、明确的政策体系。在节能管理部门，中小企业也没有作为单独的政策对象从所有企业中分立出来，更没有专门针对中小企业的特点，制定完全适用于中小企业的节能政策。

（2）中小企业规模小，能力不足，享受不到引导性和支持性政策。当前，我国节能减排方面的政策基本以约束性政策为主，而引导性和支持性政策明显不足。尽管约束性政策对落后技术、工艺和装备加大淘汰力度，保证按期关闭有较强的可行性和实施效果，但对于中小企业而言，如何建立较为完善的落后产能退出补偿机制，以及如何积极引导和鼓励没有列入淘汰目录的中小企业开展节能工作、加强政府对中小企业节能的服务职能，是下一步考虑的方向。

（3）缺乏政策目标，考核目标不够明确、监督奖惩政策措施不够完善。当前，我国对于中小企业的节能减排考核目标还不够明确，同时，配套的监管体系和相应的奖惩措施也不尽完善，导致中小企业节能减排的推进存在一定阻力。没有明确的考核目标，中小企业的节能减排就没有抓手，各项推进工作也失去了方向。同时，中小企业本身小而散的特点，导致其监管更难有效完成，这就要求政府加强监管力度，制定奖惩措施，强化中小企业主体责任，要求企业必须严格遵守节能和环保法律法规及标准，落实目标责任，自觉依法节能减排并接受监督。

（4）缺乏创新机制，创新型鼓励、支持、引导政策不足。中小企业是市场的重要组成部分，普遍规模偏小、灵活性高，对于市场变化可迅速做出调整。因此，可探索针对中小企业的创新型节能减排相关政策，例如，建立节能减排的市场化运作机制，充分发挥市场机制的作用，允许企业之间进行节能减排权的交易，使节能减排既是一项工作任务，也是一个巨大的商机。

五、中小企业能源管理政策建议

当前中小企业在主观上缺乏积极性，缺乏动力，在客观上缺乏政策扶持和配套支撑等条件。对此，相关节能主管部门针对中小企业在节能减排中遇到的问题应给予重视，提出如下中小企业能源管理政策建议。

（1）完善现有政策，加强财税、绿色金融以及节能自愿协议等中小企业适用的针对性政策，开展中小企业节能自愿协议活动。中小企业节能自愿协议可由地方政府组织，通过企业自愿申报并与组织方签订自愿协议合同的方式来进行。

在自愿协议活动中，政府主管部门要和企业在协商的基础上确定节能目标，并以此作为开展各项活动的基础。政府组织者的义务是为加入自愿协议的中小企业开展节能活动提供必要的支持和激励，包括节能培训与宣传、能源管理体系建设及考评指导、清洁生产、审核咨询、节约量认定咨询、项目专项能源审计、项目节约量的计算、节能产品推介、合同能源管理推介、实施节能技改项目技术支持、节能项目申报指导等服务，以及提供优惠贷款、优先安排财政资金、实行税收减免等经济激励措施等。参与企业的义务是承诺完成协商制定的节能目标，并在政府组织者的监督和指导下，开展企业能源管理体系建设、节能技改项目实施等一系列活动，不断提高企业能源利用水平。在此过程中，可按自愿协议合同规定享受政府提供的一系列技术支持服务和经济激励政策。如果完成自愿协议合同所规定的各项目标，企业还可获得额外的资金奖励和精神激励（如授予荣誉称号）等。

加大对中小企业研究开发和引进节能环保生产技术的财政支持。由于中小企业普遍存在资金短缺问题，很难依靠自身的力量开展技术创新或引进先进的节能环保生产技术，中央和地方各级节能主管部门应加大对中小企业的资金扶持。对中小企业节能项目实施财政补贴和奖励政策。未来政府用于节能的财政资金应向中小企业倾斜，应根据中小企业节能的目标和任务设定专项用于中小企业的资金比例或数额，并在数年内保持资金来源和用途的相对稳定，加强中小企业节能融资能力建设。各级政府鼓励金融机构开发适合中小企业节能减排的一些金融产品。

落实税收优惠政策。在现有节能减排税收优惠政策的基础上，参照其他专门针对中小企业的税收优惠政策，制定更加优惠、激励力度更大的中小企业节能税收政策。对审批立项的中小企业节能减排技术创新项目提供更多的无偿资助或贴息贷款，加强对立项资金的使用监督。对于财政支持的环保项目，可免费提供中小企业使用，或先免费转让给中小企业，再从获取的利润中分期支付转让费。

（2）加强能力建设，并加大力度制定技术支持类政策。加强中小企业节能减排的制度建设，对能源消费和排放总量不同的中小企业实施分类管理制度，规定不同的降耗标准；对企业的节能减排管理人员实行从业资格认定制度，并加强对节能减排管理人员的培训；建立中小企业节能减排统计监测和信息披露制度。

政府为中小企业提供技术支持和服务、专业技术培训、中介机构、能源服务公司、建立专家和机构资源库等，建立中小企业节能信息综合服务平台。该平台的建设可以由现有的中小企业信息网络为基础，并进行适当扩展和深化。利用中小企业信息网络，可使用已成熟的信息传播渠道，更有效地将信息传播至目标受众，降低中小企业获取信息的成本和难度，提高平台的针对性。

加强对中小企业的节能培训，培训内容应以企业能源管理体系建设、主要生产设备优化操作经验和良好行为规范、用能设备效率监测、评价和改进方法等为主，针对中小企业在管理上的薄弱环节，使培训内容更具针对性。政府部门可委托相关行业协会、技术服务机构编写中小企业节能指南和培训教材，供广大中小企业使用。

（3）明确政策目标，加强考核监督。在"十四五"规划中制定中小企业节能工作目标，加强年度评估和考核。加强中小企业节能监察和执法，督促其尽快淘汰国家明令禁止使用的用能设备。应制定和出台有关节能监察条例和办法，完善和更新需淘汰的用能产品、设备、生产工艺的目录和实施办法。各级节能监察部门应针对中小企业开展专项节能监察和执法活动，将工作范围由重点耗能行业向所有工业行业扩展，督促中小企业按《产业结构调整指导目录》《淘汰机电产品目录》和电动机、风机、水泵等用能设备能效标准，尽快淘汰落后的用能设备和产品。同时，改变以往一次性、就事论事型的节能监察方式，开展经常性、日常性的节能监察，并就监察后的执行结果进行跟踪，综合运用限期整改、罚款惩戒、停产整顿等手段督促企业尽快执行监察意见，保证监察活动发挥最大效力。

（4）鼓励中小企业建立能效网络小组，引导企业参加小组并分享、学习和借鉴先进的能源管理经验。在调研中我们发现，作为中小企业获得能源管理等节能减排技术和政策信息的渠道十分有限。大多数时候，还是靠同行之间"口口相传"等传播方式传播节能技术等实践经验。

根据这一中小企业的特点，我们认为推广"能效网络小组"这一形式能够有效加快节能技术、政策信息和最佳节能实践的有效传播。能效网络小组一般由当地信誉较好的公司或机构发起，由企业自愿组成，小组成员拥有加强企业能源管理和节能减排的共同目标，成员企业希望通过相互学习交流、共享经验的方式改变以往信息闭塞、各自为政的局面，探索更快、更经济的降低能源成本的方式。一般能效网络由能效网络小组组织者、主持人和能源咨询师组成。

具体实践中，"能效网络小组"要选择能效管理水平存在差距的企业形成梯度，充分发挥节能标杆企业的示范效应；配置专业力量提高小组活动质量，如邀请节能专家、节能服务公司人员、咨询公司专家或设备技术供应方技术专家，提供相关的专业信息和专业咨询服务等。

"能效网络小组"可以充分凝聚分散在各个企业中的各种专业力量和先进经验，优化资源配置，通过成员的经验共享和专家专业指导，以小组交流、学习的方式帮助企业解决在节能减排方面所面临的实际问题，也是贯彻落实政府节能减排政策的一种简便快捷的手段，受到越来越多企业的欢迎。在德国，参与能效网络活动的企业的能效提高速度与普通企业的平均水平相比，要高出 1－2 倍。目前，我国以中石化和国家电网公司为代表的企业，已率先采取了类似"能效网络"做法，组建整个行业范围内的"能效网络小组"。

在建立"能效网络小组"过程中，政府可以通过制定相关政策或开发相关的项目（计划）同国内企业形成良好的互动关系。通过能够激发企业内在动力的自愿协议来鼓励企业参与节能减排活动，并将同一区域或同一行业的企业以网络机制联系在一起，形成"能效网络"。通过企业之间的相互学习沟通，并引入（用能）过程管理和能效审计制度，使"能效网络"内部的企业实现更大的能源效率。同时，各地政府可配套设立"示范能效网络"资助项目，吸引企业参与，按照能效网络管理体系的要求开展工作，通过示范项目，加快在全国推广和普及能效网络的步伐。

（5）探索绿色供应链节能减排，以供应链核心企业、大型采购方、龙头行业等为纽带，通过供应链节能管理，推动节能减排工作向深度和广度开展。

当前，绿色供应链在中国的实践同样多是大型企业，推动模式自主性强且关注的点各不相同，有的企业关注节水、有的关注节能、有的关注原材料选材等，全社会推动绿色供应链的有效模式尚未形成。并且基于企业微观层面的推进机制缺乏系统性，可复制性差，不利于推广。因此，需进一步在探索实践的基础上，总结经验，进而全面推行。

具体政策建议如下。

强化理论研究，完善顶层设计。绿色供应链涵盖面较广，是一项系统工程，需要进行科学合理的顶层设计，需要各有关部门的统筹协调、合力推进。因此，建议继续加强基础研究，厘清绿色供应链的原理，探索实施模式，并由综合部门牵头，协同推动绿色供应链在中国的不断发展。

多部门协调参与，逐步完善。在完善基础理论研究和顶层设计的基础上，结合国家的实际情况制定可行性、可操作性强的实施路线图。由于供应链节能减排涉及社会多领域、多行业、多管理单位，建议由牵头部门首先确定总体战略和布局，相关部门分别制定各领域的实施方案和路线图，基于各部门的实施计划汇总形成国家的发展目标和路线图。

试点先行，总结复制经验。从开展试点到全面推行，当前我国推行供应链节能面临的关键阻碍包括缺少经验、缺少典型的借鉴对象。因此，开展实践、在干中学显得尤为重要。根据绿色供应链管理的特征，落实绿色供应链管理的关键措施就是抓核心企业。在配套政策体系相对不足、核心企业积极性有待加强的背景下，建议国家通过开展试点的方式，积累经验并总结复制，为全面推广供应链节能创造条件。

建立多层次配套支持。建议将供应链节能减排纳入《节约能源法》《应对气候变化法》等相关法律文件中，为供应链节能减排的实施提供上位法依据。建议将供应链节能减排写入国家有关战略规划中，为绿色供应链的实施提供支持。完善相关制度建设，包括管理办法、评价制度、认证制度、奖罚机制等。完善标准、认证和标识体系，例如绿色采购标准、绿色低碳供应商认证、产品碳足迹标识等。

多途径宣导贯彻。加强宣传和推广绿色供应链的核心驱动力是市场和消费，仅靠政府和核心企业的推动不足以支撑供应链节能减排的广泛和可持续发展。当前，我国绿色供应链管理的实践尚处于探索阶段，建议采取政府带头引领、对先进企业或试点进行官方宣传、鼓励绿色消费等多途径，加强绿色供应链管理系统的宣传和推广。

2020 年上半年度中国绿色债券发展综述

中央财经大学绿色金融国际研究院

受新冠肺炎疫情影响，2020 年上半年贴标绿色债券发行规模同比有所下降，但发行数量明显增长，并在品种创新、支持防疫事业等方面取得了诸多进展，绿色资产证券化基础资产来源更为丰富。承销方面，47 家证券公司承销绿色债券及资产证券化产品规模占比达 75%。同时，非贴标绿色债券发行规模实现大幅增长，2020 年上半年以地方政府为主的发行机构将 1.03 万亿元投入各类绿色产业，规模接近 2019 年全年的 2 倍。由此可见，绿色产业发行债券的总体需求较高，绿色债券市场仍具备保持高速增长的基础。建议进一步加强各地绿色项目储备，支持绿色债券产品创新，探索降低融资成本，提升市场主体能力建设水平，以便更好地推进中国绿色债券市场持续高质量发展。

一、2020 年上半年中国绿色债券相关政策

中国绿色债券市场的发展与宏观经济状况、债券市场整体发展趋势联系密切。在新冠肺炎疫情影响下，国民经济受到明显冲击，2020 年一季度 GDP 下降 6.8%。为加快复工复产复商复市进程，恢复经济社会秩序，多部门推行了一系列刺激政策，提升金融对于疫情防控的总体支持。中国人民银行通过公开市场操作精准滴灌实体经济，保持金融市场流动性合理充裕，利率整体下行，2020 年上半年债券发行量同比实现大幅上升。

政策层面，公司债及企业债注册制的推行进一步放宽债券发行条件，简化发行流程。《绿色债券支持项目目录（2020 年版）》征求意见稿的发布将绿色债券标准统一工作进程向前推进，中国绿色债券市场的政策及标准体系更为完善。

（一）公司债券、企业债券发行实施注册制

2020 年 3 月 1 日，修订后的《中华人民共和国证券法》施行。同日，中国证监会发布《关于公开发行公司债券实施注册制有关事项的通知》，国家发改委发布《关于企业债券发行实施注册制有关事项的通知》，公司债券、企业债券发行由核准制改为注册制，分别报中国证监会、国家发改委履行发行注册程序。

注册制下，公司债券、企业债券发行条件有所放松。公司债券公开发行新增了"具备健全且良好运行的组织机构"的条件，删除了"最低公司净资产""累计债券余额不超过公司净资产 40%"等要求，取消了利率限制，允许改变募集资金用途并明确相应程序；企业债券发行条件放宽为发行人最近三年平均可分配利润足以支付企业债券一年的利息。此外，注册制对公司债券、企业债券的信息披露要求及中介机构责任予以强化，压实发行人、证券服务机构的法律职责。

公司债券、企业债券是境内绿色债券市场的重要组成部分，相比于核准制，注册制进一步降低发行条件，简化发行程序，提高债券审批和发行效率，有助于激励市场主体发行公司债券及企业债券的意愿，继而提升绿色公司债、绿色企业债的市场供给。

（二）《绿色债券支持项目目录（2020年版）》征求意见稿发布

分类标准是绿色债券市场政策体系的基石。由于我国债券市场处于多头监管之下，自贴标绿色债券市场启动以来，各类绿色债券未形成统一定义，绿色债券市场存在两套分类标准。其中，绿色金融债、公司债、债务融资工具、资产证券化产品依循《绿色债券支持项目目录（2015年版）》（以下简称《绿色债券目录（2015）》），绿色企业债券发行依循《绿色产业指导目录（2019年版）》，两套标准并存为绿色债券的发行和界定增加了难度，亦成为制约中国绿色债券市场发展的重要因素。

2020年5月29日，中国人民银行、国家发改委、中国证监会联合发布《关于印发〈绿色债券支持项目目录（2020年版）〉的通知（征求意见稿）》（以下简称《绿色债券目录（2020）》），将绿色债券定义统一为"将募集资金专门用于支持符合规定条件的绿色产业、绿色项目或绿色经济活动，依照法定程序发行并按约定还本付息的有价证券"，适用范围"包括但不限于绿色金融债券、绿色企业债券、绿色公司债券、绿色债务融资工具和绿色资产支持证券"，对推进我国绿色债券市场标准统一工作具有重要意义。

在分类标准方面，《绿色债券目录（2020）》与《绿色债券目录（2015）》《绿色产业指导目录（2019年版）》等政策文件进行有效衔接，统一了绿色债券支持绿色产业发展的适用范围，有助于激励相关行业通过发行绿色债券满足自身融资需求，提升绿色债券发行供给。值得一提的是，《绿色债券目录（2020）》删除了引起国际社会广泛争议的煤炭、燃油清洁利用和煤电项目，为中国与国际社会更好探寻绿色金融共同语言打下良好基础。

二、2020年上半年中国绿色债券市场发展情况

截至2020年6月末，2020年我国境内外累计发行绿色债券规模达1173.91亿元。其中，境内市场发行普通贴标绿色债券93只，募集资金985.53亿元；绿色资产证券化产品12单，募集资金128.98亿元；中资主体赴海外发行绿色债券4只，募集资金约合人民币59.4亿元。尽管境内外发行总规模相比于上年同期1651.44亿元有所下降，但绿色债券发行数量有所增加，品种创新更为多元。证券公司在贴标绿色债券和绿色资产证券化承销上取得突出成绩，累计承销份额占全市场比重75%。非贴标绿色债券投向绿色产业规模超过万亿元，接近2019年全年的2倍。

（一）境内普通贴标绿色债券发展情况

2020年上半年我国境内市场累计发行普通贴标绿色债券93只，同比增长31%；发行规模为985.53亿元，同比下降12%。相比于去年同期，尽管受新冠肺炎疫情影响导致贴标绿色债券市场发行规模有所下降，但市场参与主体更为丰富，产品创新更为多元。

1. 发行主体以非金融企业为主，期限更为丰富

从债券类型来看，与往年主要以金融机构发行的绿色金融债为主不同，2020年上半年由非金融企业

发行的绿色公司债、企业债、债务融资工具占贴标绿色债券总发行额的83.8%，占总发行数量的93.5%。绿色债券通过直接融资方式服务实体经济、满足实体企业绿色融资需求的能力进一步增强。

表1 2020年上半年境内各类型贴标绿色债券发行规模及数量

债券分类	发行规模（亿元）	发行数量（只）
地方政府债	27	1
金融债	132	5
公司债	353.73	44
企业债	225.8	20
债务融资工具	247	23
总计	985.53	93

数据来源：中央财经大学绿色金融国际研究院

从企业性质来看，国有企业仍是贴标绿色债券市场最主要的发行人，其中地方国有企业发行规模占市场总规模的75.8%，中央国有企业占比为19.77%，二者合计达95.57%。地方政府及民营企业发行绿色债券占市场份额仍然较低，均处于3%以下。从期限分布来看，相比于2019年，2020年上半年贴标绿色债券期限分布更为丰富，新增126天期、149天期、1年期、6年期、9年期绿色债券各1只。

2. 募集资金主要投向清洁交通、清洁能源领域

我国目前对于各类型绿色债券募集资金投向存在差异化要求，金融债、债务融资工具需将募集资金100%用于符合规定的绿色产业，公司债要求为70%，企业债为50%。在2020年上半年发行的985.53亿元贴标绿色债券中，有837.16亿元投向于各类型绿色产业，占比高达84.9%，其余资金用于发行人补充流动性资金等。

从具体投向来看，按照《绿色债券目录（2015）》的六大类一级分类，贴标绿债用于清洁交通类项目的规模最高，达298.1亿元，占总发行规模的30.2%；其次为清洁能源领域，规模达224亿元，占比22.7%；投向资源节约与循环利用项目的规模最小，仅为37.2亿元，占比3.8%；另有191.4亿元绿色债券投向多个领域。

3. 区域分布较为广泛，试验区表现突出

从区域分布来看，除港澳台外的境内31个省份中，2020年上半年共有19个省份参与发行贴标绿色债券，其中北京发行6只，共计171.6亿元，发行规模居于全国首位；江苏省发行16只，共计116.89亿元，在发行数量上位列全国第一。绿色金融改革创新试验区发行情况良好，浙江省发行贴标绿色债券13支共计92.29亿元，为试验区省份中贴标绿色债券发行金额和发行数量最大省份。试验区省份共发行贴标绿色债券金额221.59亿元，在全国占比26.47%；共发行26支，在全国占比27.96%。

4. 品种创新更为丰富

2020年上半年，我国贴标绿债实现多维度品种创新。南京金融城建设发展股份有限公司2020年度第一期绿色项目收益票据于4月7日发行，是银行间市场首单绿色项目收益票据。2020年4月23日，常州

滨江经济开发区投资发展集团有限公司发行的长江生态修复专项绿色债券，为新修订的《证券法》下全国首批 6 只注册制企业债券之一，也是长三角地区首只以长江生态修复为主题的企业债券。2020 年 5 月 12 日，广东省政府发行的"2020 年珠江三角洲水资源配置工程专项债券（绿色债券）"，为广东省政府发行的首只绿色政府专项债，同时也是全国水资源领域的首只绿色地方政府债。

5. 绿色公司债券为疫情防控提供有力支持

在新冠肺炎疫情影响下，各监管部门出台多项金融措施，保证疫情防控资金供应以及物资需求。在 2020 年上半年发行的 93 只贴标绿色债券中，6 只为疫情防控债券，均为绿色公司债券。上述债券发行总规模为 28.7 亿元，其中 24.59 亿元用于支持与疫情防控相关的绿色产业。募集资金投向绿色领域具体包括保证疫情较重地区蔬菜供应的寿光绿色蔬菜大棚项目、用于为受疫情影响严重的清洁能源企业提供资金支持的融资租赁项目、清洁生产项目、武汉市经济技术开发区水体治理项目以及防护服环保原料生产项目等。

（二）境内绿色资产支持证券发展情况

2020 年上半年，我国累计发行 12 单、128.98 亿元的绿色资产支持证券，相比于去年同期的 13 单、184.87 亿元有所下降；基础资产来源包括可再生能源补贴电价、融资租赁租金收入、环保服务等基础设施收费权或债权等，并首次出现了以脱硫收费权、生态保障房信托收益权为基础资产的绿色 ABS 产品，基础资产来源更为丰富。12 单绿色资产证券化产品中，有 3 单为疫情防控 ABS，募集资金 29.91 亿元。

（三）中资主体境外发行绿色债券情况

2020 年上半年，中资主体分别于新加坡交易所、香港联交所、澳门交易所发行 4 只绿色债券，募集资金 8.5 亿美元，约合人民币 59.4 亿元，相比于去年同期 9 只、345.87 亿元人民币的境外发行规模下降明显。从发行主体来看，朗诗绿色地产、当代置业等房地产企业发行 3 只、5.5 亿美元绿色债券，票面利率均在 10% 以上，处于较高水平。此外，首创集团于 2020 年 3 月 11 日通过其境外全资子公司首创北极星，发行三年期 3 亿美元有担保绿色债券，票面利率 2.8%，创五年来中资非金融企业绿色美元债最低利率，也是首只在香港、澳门两地同时上市并获得绿色双认证的创新债券。

（四）金融机构承销绿色债券情况

2020 年上半年，在已发行的 985.53 亿元贴标绿色债券及 128.98 亿元绿色资产证券化中，共 1 家政策性银行、19 家商业银行、47 家证券公司参与承销。其中，证券公司总承销金额达 835.75 亿元，占比高达 75%，体现了证券公司对于绿色债券市场的广泛参与。

表2　2020年上半年银行业、证券业金融机构绿色债券及绿色资产证券化产品排名情况

机构名称	承销规模（亿元）	全市场排名（亿元）	银行业排名	机构名称	承销金额（亿元）	全市场排名	证券业排名
中国银行	50.19	4	1	中信建投	121.98	1	1
农业银行	36.31	7	2	中信证券	80.59	2	2

机构名称	承销规模 （亿元）	全市场排名 （亿元）	银行业排名	机构名称	承销金额 （亿元）	全市场排名	证券业排名
招商解行	29	9	3	海通证券	74.97	3	3
开发银行	29	10	4	中金公司	37.52	5	4
中信银行	28.5	12	5	天风证券	36.57	6	5
建设银行	16.37	21	6	国泰君安	31.75	8	6
工商银行	15.7	22	7	华泰联合	28.71	11	7
兴业银行	14.61	26	8	申港证券	28	13	8
邮储银行	10	32	9	开源证券	26.8	14	9
光大银行	9.25	38	10	浙商证券	24.6	15	10

数据来源：中央财经大学绿色金融国际研究院

（五）非贴标绿色债券发行情况

非贴标绿色债券即未经专门贴标，但募集资金投向绿色产业的其他债券。受益于债市发行规模整体上行，2020 年上半年我国累计有 625 只非贴标债券投向绿色产业领域，总发行规模 2.15 万亿元，其中 1.03 万亿元投向各类型绿色产业，相比于 2019 年全年发行 491 只非贴标绿色债券、募集资金 5602.46 亿元投向绿色产业而言，2020 年上半年规模已接近翻番。非贴标绿色债券市场的大幅增长体现了我国通过债券市场满足绿色产业融资需求的存量仍然处于高位，可以支撑贴标绿色债券市场保持高速发展。

地方政府发行量较大，2020 年上半年 625 只非贴标绿色债券中，419 只由地方政府发行，募集资金用于绿色产业规模达 5114.33 亿元，占比近一半。除港澳台外的境内 31 个省份全部参与发行非贴标绿色债券，其中广东、吉林等多个省市发行了多单包括生态保护、水利建设等领域在内的地方政府专项债。尽管上述专项债券未进行绿色贴标，但仍形成了对地方经济绿色转型的有力支持。

三、建议与展望

绿色债券有望在我国经济转型的整体进程中提供更为有力的支持，为推动其更好发展，提出以下四点政策建议。

一是提升政策激励传导效果，加强地方绿色项目储备。绿债市场发展既需要金融监管政策的支持，也需要财税政策与产业政策的协同与良性互动。目前，多省市已发布相关财政激励政策鼓励绿色债券发行，应进一步提升激励政策传导效果，引导资本投向绿色产业。同时，可通过产业政策进行前瞻布局，加强地方绿色项目储备，定期开展新能源、绿色交通、节能环保、污染治理、绿色制造、绿色物流、绿色农业、绿色建筑等绿色企业和项目遴选、认定及推荐工作，引导资本支持绿色产业发展。

二是设立专门投资板块，鼓励公募基金将绿色债券纳入投资标的。目前，上海证券交易所已设置绿色证券专栏，部分展示了已发行的绿色债券及绿色资产证券化产品，建议进一步探索设立全市场、全品种的绿色债券投资板块，为投资者追踪市场表现、选择绿色债券提供便利。此外，部分绿色债券，特别是绿色资产证券化产品投资门槛较高，仅允许合格投资者认购及交易。建议鼓励公募基金将绿色债券、绿色资产证券化产品纳入投资标的，发行专门针对绿色债券及绿色资产证券化的基金产品，降低绿色债券市场投资门槛，吸引公众投资者广泛参与绿色债券市场投资。

三是规范绿色债券信息披露制度，完善绿色债券评估认证体系。目前我国主要债券监管部门对绿色债券信息披露要求严格程度不一，绿色金融债及绿色债务融资工具较好地执行了存续期信息披露制度，信息透明度整体较高，并较多地采取第三方评估认证。相比之下，绿色公司债、企业债以及资产证券化产品的披露规范、绿色项目属性评估认证有待进一步加强。建议未来进一步规范绿色债券认证市场，强化信息披露制度，形成较为统一的信息披露平台和渠道，提升绿色债券整体信息透明度。

四是加强市场能力建设，提升参与方认知水平。目前，我国绿色债券市场参与主体存在对绿色内涵不够了解、绿色项目界定不清等问题。未来可继续加强绿色金融相关领域研究，通过培训、辅导、学术交流等方式，为市场有针对性地提供绿色债券在发行前准备、项目识别、外部认证、发行流程及规范等多方面的指导，通过加强能力建设提升各主体对绿色理念的认知以及对相关政策的了解程度，从而提升其发行和投资绿色债券的积极性。

工商银行绿色金融实施现状研究

中国工商银行信贷与投资管理部

一、我国绿色金融发展现状

（一）绿色金融政策体系建设稳步推进

一是我国已建立起一套绿色信贷政策框架。2012 年，为推动银行业金融机构以绿色信贷为抓手调整信贷结构，从而有效防范环境与社会风险，中国银行业监督管理委员会（现中国银行保险监督管理委员会）制定了《绿色信贷指引》，在组织管理、政策制度及能力建设、流程管理、内控管理与信息披露、监督检查等方面提出相关建设要求。

2013 年，中国银行业监督管理委员会（现中国银行保险监督管理委员会）将《绿色信贷指引》相关要求指标化，制定了《绿色信贷实施情况关键评价指标》，要求各银行每年根据该指标体系，开展对本行绿色信贷工作的自评价。截至 2019 年，绿色信贷评价工作已连续开展六年，自评价结果是绿色银行总体评价的依据，并纳入人民银行对银行业宏观审慎考核（MPA）内容，有力推动了银行业金融机构绿色信贷工作。

二是设立绿色金融改革创新试验区，加快绿色金融改革创新。2017 年，人民银行等七部委联合发布了浙江、江西、广东、贵州、新疆 5 省（区）的建设绿色金融改革创新试验区总体方案，提出通过构建绿色金融服务体系、发展绿色金融组织机构、创新绿色金融综合业务等促进投资结构和经济发展绿色转型。方案实施以来，5 省（区）绿色金融改革创新试验区在绿色金融基础设施建设、体制机制创新、产品创新等方面初步形成了可复制、可推广的有益经验。为鼓励绿色金融发展，部分地方政府还出台了有针对性的财政贴息及奖补政策，牵头建立了专业化的绿色基金和绿色担保机制等。

三是积极推进绿色金融标准体系建设。绿色金融标准是规范绿色金融业务的必要技术基础。2017 年，人民银行等五部委联合发布了《金融业标准化体系建设发展规划》，将绿色金融标准化确定为"十三五"期间金融业标准化工作的重要内容。2019 年，国家发改委等七部委联合印发《绿色产业指导目录（2019年版）》及解释说明文件，进一步厘清绿色产业边界。

（二）绿色金融发展成效显著

一是绿色金融市场规模不断扩大。截至 2018 年末，中国绿色债券存量规模接近 6000 亿元，位居全球前列；全国银行业金融机构绿色信贷余额 8.23 万亿元，同比增长 16%；绿色基金、绿色保险、绿色信托、绿色 PPP、绿色租赁等绿色金融产品不断丰富，有效拓宽了绿色项目的融资渠道。

二是绿色金融的社会和环境效益进一步显现。绿色金融在自身快速发展的同时，其社会和环境效益也进一步显现，主要包括：为绿色发展和转型升级提供综合性金融服务，有力推进了新旧动能转换和高质量发展；对畜禽养殖废弃物处置和资源化利用等污染防治领域和重点民生工程的专项支持力度不断增强；通过支持绿色项目建设，有效提升了能源利用效率和节能减排效果。

三是广泛深入参与全球绿色金融治理。借助 G20、中英经济财金对话等多边和双边平台，在全球范围内宣传推广中国绿色金融政策、标准和实践，不断提升国际社会和境外投资者对中国绿色金融市场和产品的认可度。

2018 年，人民银行牵头的 G20 可持续金融研究小组将发展以绿色金融为核心内容的可持续金融的相关建议写入《G20 布宜诺斯艾利斯峰会公报》。由中国等 8 个国家共同发起成立的央行与监管机构绿色金融网络（NGFS）成员进一步增加，截至 2019 年 4 月，NGFS 的成员数量已发展到 36 个国家。

（三）中国工商银行绿色金融实施情况

一是持续深化绿色金融发展战略。长期以来，工商银行积极践行国家绿色发展理念和可持续发展战略，认真落实党中央、国务院关于打好污染防治攻坚战的部署和要求，全面推进绿色金融建设。2007 年，工商银行率先提出"绿色信贷"发展理念并大力推进绿色信贷建设。2015 年，工商银行董事会审定《中国工商银行绿色信贷发展战略》，明确了绿色信贷发展目标、组织管理及绿色信贷体系建设等内容，为全行绿色信贷工作持续发挥引领作用。2018 年，根据国家生态文明建设的新要求，工商银行印发了《关于全面加强绿色金融建设的意见》，进一步明确未来一段时间全行绿色金融建设的基本原则、工作主线及具体措施，全面提升绿色金融工作质效。

二是强化政策引领、制度规范及保障机制建设。工商银行逐年修订印发行业（绿色）信贷政策，引导全行优先支持绿色经济领域信贷业务，有效引导全行投融资结构"绿色调整"。同时，不断完善绿色信贷分类管理，在借鉴赤道原则和 IFC 绩效标准与指南的基础上，按照贷款对环境的影响程度及其环境与社会风险大小，将境内法人客户全部贷款分为四级、十二类，对不同类别的客户和贷款实施动态分类及差异化管理。此外，工商银行不断完善绿色信贷保障机制，例如，逐年开展绿色信贷专项审计，客观评价总行政策制度有效性及分行贯彻落实情况，提出整改要求及建议；加强绿色信贷考核和资源倾斜等。

三是绿色经济领域投融资规模持续扩大。多年来，工商银行各相关业务条线持续加大绿色经济领域投融资支持力度，为绿色领域提供全产品、多渠道综合金融服务。截至 2019 年 12 月末，工商银行绿色信贷余额 13508.4 亿元，较 2019 年初增加 1130.8 亿元，资产质量优良。工商银行绿色信贷规模居国内商业银行第一位。贷款支持的节能环保项目形成的节能减排效益相当于节约 4627 万吨标准煤、减排 8986 万吨二氧化碳当量、节约 5904 万吨水。同时，积极支持绿色债券发展。近年来，工商银行承销发行了境内首单绿色金融债券、首单绿色企业债，在银行间市场主承销了首单绿色企业永续票据等。持续推进绿色债券发行工作，2017 年以来分别通过卢森堡分行、伦敦分行、工银亚洲、新加坡分行及香港分行发行 5 笔绿色债券，累计发行金额约 98.3 亿美元。

四是加强投融资环境和社会风险管理。工商银行全面践行绿色信贷一票否决制，将绿色信贷要求嵌入尽职调查、项目评估、评级授信、审查审批、合同签订、资金拨付以及贷（投）后管理等各环节，加强对环境与社会风险的监测、识别、缓释与控制。2019 年，工商银行印发《绿色信贷审查要点》《一般法人客户信贷业务尽职调查管理办法》，强化关键环节要求。持续加强环境敏感领域风险防控，2019 年印发《关于加强环境敏感领域投融资风险管理的通知》，对环保问责重点事项提出针对性的投融资风险防控要求。工商银行对产能过剩行业实行客户分类管理，积极促进产能过剩矛盾化解。

五是积极参与全球可持续发展相关国际治理及标准制定。2018 年 4 月，工商银行作为唯一受邀的中资银行，参与联合国环境规划署金融行动机构发起的"负责任银行原则"项目，并于 2019 年 9 月以发起行身份，成为首批签约银行。2019 年 10 月，时任工商银行行长谷澍受联合国秘书长邀请，与全球 24 个国家的 30 位 CEO 共同加入全球可持续发展投资者联盟（GISD）。同时，工商银行积极参与中国金融学会绿色金融专业委员会中英环境信息披露试点工作，开展绿色金融建设成效宣传与披露等工作。

二、我国绿色金融发展面临的问题

一是配套激励约束政策有待完善。目前，节能减排、固废处理等绿色金融项目呈现技术专业性强、项目评估复杂、投资周期长、贷款风险较高等特点，而针对该类绿色项目的融资担保机构、风险补偿基金尚未设立；同时排污权、水权的评估交易等市场机制建立和完善仍需较长时间，在一定程度上制约了绿色金融产品创新。

二是银行投融资结构的前瞻性调整面临挑战。随着我国产业结构调整以及转型升级的加快，针对重点地区、重点领域、重点行业等的环保要求逐步提高，化工、有色、地炼、造纸等高耗能、高污染企业环保压力加大，部分产业面临行业内部和区域布局的大调整。如何有效防控环保和社会风险，准确把握产业结构调整的方向，前瞻性调整信贷结构，对银行信贷政策及绿色金融工作均提出较大挑战。

三是绿色产业的界定及部分领域环保风险的把握较为复杂。一方面，绿色产业范围界定较为复杂，根据《绿色产业指导目录（2019 年版）》，绿色产业共包括 6 大类、30 个中类、200 多个小类指标，其中很多产业须满足一定的行业技术规范标准才属于绿色产业，给银行界定绿色产业和进行绿色信贷统计带来一定难度。另一方面，部分领域工艺和设备的专业性较强，加大了银行把握环保风险的难度。

三、相关建议

一是建立绿色金融发展协调联动机制。建议政府、监管部门、银行等分享企业环保信息，降低信息成本。支持并鼓励第三方机构搭建环保信息交流与共享平台，完善企业征信信息系统，定期公布企业环保信息，并确保数据信息的准确性、权威性和及时性，增强银行推进绿色金融业务的可操作性。

二是建立绿色金融正向激励机制。从国际上较为领先的经验和历史成果来看，绿色金融发展需要政策和资金支持。我国绿色金融发展起步较晚，仍需进一步完善政策体系，研究制定更多创新性的激励约束政策。同时，加快探索节能环保项目特许经营权、排污权和碳排放权等环境权益及其收益权切实成为合格抵质押物的路径，降低环境权益抵质押物业务办理的合规风险。

三是支持银行业按照国家产业政策、环保政策对信贷结构进行绿色调整。设立区域、产业"绿色项目库"，结合区域经济特点推进新能源、新材料、绿色矿山、绿色建筑、公共建筑节能改造、节能环保等绿色企业和项目的遴选、认定和推荐工作，引导银行对项目库中的绿色项目给予优先支持。推动设立绿色产业担保基金，为绿色信贷和绿色债券支持的项目提供担保。积极试点污染防治等环保领域的 PPP

项目。

四是加快绿色金融专业人才培养。通过窗口指导和业务培训等方式，提升银行业金融机构在绿色信贷统计、绿色金融产品开发、绿色可持续投资等方面的能力和水平，增强银行业环境和社会风险识别与防控能力，培养更多绿色金融领域专业人才。

典型案例

高效节能技术应用——雷茨空气悬浮离心风机系统

雷茨智能装备（广东）有限公司

雷茨智能装备（广东）有限公司成立于 2011 年，是专注节能风机研发、生产、销售的国家高新技术企业，已经为世界 500 强在内的全球数千家企业提供超过 10000 套以上的节能风机系统解决方案。

雷茨立足工业 4.0 的大趋势，旗下"雷茨"系列空气悬浮高速离心风机、磁悬浮高速风机和"探索者"系列风机等产品，成为全球中高端客户的风机全案设计供应商和全生命周期服务商。雷茨风机在世界各国被广泛用于污水处理曝气、鼓风干燥、表面处理、食品医药、酒水饮料、汽车工业、电子半导体、气力输送等行业。

一、雷茨空气悬浮离心风机技术情况

雷茨空气悬浮离心风机是一种全新概念的风机，它融合空气悬浮轴承技术、超高效永磁同步电机、航空铝合金叶轮、世界独创电机冷却技术、二级空气压缩技术五大核心科技，开创了超高效率、低噪声、低能耗的风机产品新纪元。因为没有物理摩擦，长期无须维修保养，寿命可达到半永久。

（一）技术优势

1. 超高效率

三元流涡轮设计，风机效率高达 87%，转速是 40000 - 50000 转/分（传统罗茨风机只有 55% - 60%，转速为 1000 - 2000 转/分），稀土永磁高速电机效率高达 96%（普通电机效率只有 89%），国家一级能效 IE4 级别，刷新了行业新顶点。

2. 半永久寿命

空气悬浮轴承无须油膏润滑，只是单纯的空气输送，使用寿命可达到半永久。采用世界独创电机冷却技术，在任何条件下都可以保障发动机的输出效率，降低发动机温度。没有轴承控制器，没有接近传感器，接线简单，故障率低，寿命长。

3. 超低噪声

由于没有机械性摩擦，无机械性震动，它的噪声控制在 75 分贝以内，而传统风机的噪声大于 100 分贝，国家对噪声污染的管控越来越严格，雷茨的诞生也为企业在环保上提高了竞争力。

4. 超高性价比

永磁电机的效率高达 95% - 96%，经实际使用案例测算，雷茨空气悬浮离心鼓风机对比罗茨风机能够节约35%，一年就可以收回投资成本。节能就是创造价值，一台100kW/h的电机一年可以节约100kW/h×35%×24小时×365天≈30.6万度电，工业用电按1元/度，一年可以节省30万元。

（二）应用领域

广泛应用于污水/废水处理工程（污废水输送空气/GRIT、BACKWASH反冲洗领域）、原材料加压输送（粉磨或颗粒状原材料输送）、食品及药品处理工程（简化物及饮食类、药品等输送/制造）、金属处理工程（贴/非铁输送及散热处理、污泥干化处理）、火力发电（煤炭粉磨/FY – ASH）、燃料气体输送（OXIDATION）、水泥行业、化工行业、半导体行业酿造行业、生物制药行业、发酵行业、造纸行业、纺织印染行业等。

二、雷茨空气悬浮离心风机应用案例

河北雪川食品有限公司（以下简称"雪川食品"）始创于2012年，位于河北张家口市，是集马铃薯研发、种植、生产、加工、储运、营销于一体的马铃薯全产业链企业。公司注重环境保护，工厂的废弃物处理采用生物发酵技术，年处理废弃物3万吨，生产680万立方沼气，用于生产供热替代燃煤6500吨。年生产沼渣有机肥1.2万吨，沼液有机肥20万吨。

项目改造前，雪川食品采用两台75kW和一台55kW罗茨风机进行鼓风曝气污水处理，经过雷茨技术人员现场计算后，决定选用两台110kW空气悬浮离心风机替代原有罗茨风机。

改造前采用罗茨风机，总运行功率约190kW，改造后采用雷茨空气悬浮风机，总运行功率控制在160kW，全年不间断开启，每年省电约25万度。传统罗茨风机的效率在50% – 85%，雷茨空气悬浮风机的效率在97%及以上，雷茨风机具有超高效率超低节能特点。

经过改造，在完全满足原有气力输送系统需求的状况下，雷茨空气悬浮风机实现了大幅度的节能效果，同时节约大量的人工维护成本，机房噪声降低到75分贝，符合环保部门要求的噪声排风标准。大大降低了工厂的运营成本，为企业在市场竞争中取得更大的优势。

三、结语

雷茨把客户的难点痛点作为产品研发的主要方向，并将为客户创造价值和提升客户的核心竞争力放在第一位，从而实现雷茨的可持续发展。雷茨自成立至今，为德国、韩国、西班牙、意大利等全球客户提供超过10000 + 套的风刀系统及风机问题解决方案，每年为用户节约电费超过50亿元以上。

高效节能技术应用——工业节能之余热回收利用

洛阳利尔功能材料有限公司

洛阳利尔功能材料有限公司（以下简称"洛阳利尔"）是北京利尔高温材料股份有限公司投资建设的全资子公司，位于河南省洛阳市伊川产业集聚区东园。公司主营业务为年产 40 万吨高纯耐火原料及系列制品，主要生产应用于建材、有色冶金、煤化工、钢铁冶金等高温行业的氧化铝复合材料、高纯活性氧化铝微粉、高效节能不定型（含散装料和预制件）耐火材料、功能性透气元件、RH 炉成套装置以及煤化工用高级热陶瓷制品等。

洛阳利尔自成立之初就将环保理念、绿色发展理念和智能化制造理念融入生产管理全过程中，积极采取技术上可行、经济上合理以及环境和社会可以承受的措施，开展节能设计和技术改造，于 2020 年入选国家第五批绿色制造名单。公司在工业节能，尤其是余热回收利用方面成效卓越。

一、窑炉余热利用

洛阳利尔设置有主要生产高效节能不定型散状料和预制件耐火材料产品的高效节能车间。公司在设计之初就引入余热利用方案，如将隧道窑烧成工序产生的余热引入高纯氧化铝微粉产品砖坯干燥工序加热系统，将高温隧道窑产生的余热引入机压定型制品（包括 RH 砖、RH 浸渍管、铝镁碳砖和煤化工用定型耐火制品）养护、干燥工序加热系统，将干燥工序产生的余热引入预制件产品养护工序加热系统。

干燥窑及排烟管路　　　　　　　　　　干燥窑排烟管道将余热送往养护窑

图1　高效节能车间干燥窑余热利用

以制取高纯氧化铝微粉为例，洛阳利尔采用国内最先进的"均化＋制坯＋隧道窑烧成"的生产工艺，该生产工艺与传统的"匣钵＋粉体＋隧道窑烧成"或者"粉体＋回转窑煅烧"的生产工艺相比，在产能上有显著优势。公司的主要煅烧装备是目前国内氧化铝微粉生产厂家中产能最大的隧道窑之一，其产能是国内其他类型隧道窑产能的2倍。最先进的生产工艺和最出色的装备提高了煅烧过程中的转相率，大大降低了成品中氧化钠等杂质含量，保障了高纯氧化铝微粉的优异质量。值得指出的是，公司还采用了先进的自动控制系统、烧嘴燃烧系统、隧道窑节能保温系统等，可充分利用隧道窑烧成工序产生的余热干燥高纯氧化铝微粉产品砖坯，有效降低了天然气能耗量，经计算，公司吨产品天然气消耗是其他生产厂家的70%左右。

冷却带抽热风管进入风机进风管　　　　　　　　　冷却窑预热引入干燥窑进风主管道

图2　高纯微粉车间隧道窑余热利用

隧道窑排烟管道将余热分送至高铬砖干燥窑及RH浸渍管干燥窑　　　　隧道窑余热输送至RH浸渍管养护及干燥窑管道

图3　机压定型制品车间余热利用

二、空压机余热回收利用

空压机余热利用是通过换热器与螺杆空压机油路连接，实现油—水换热，从而达到水温升高，同时冷却油路利于空压机散热。洛阳利尔针对生产过程中空压机存在的余热余能的浪费现象，积极实施空压机余热回收利用项目，建立了一套完善的能源综合利用方案，既为公司员工生产提供洗澡用热水，又减少了冷却器风机的工作时间，降低了空压机的耗电量，进而延长了空压机的使用寿命。据统计，公司空压机余热回收利用项目每年可节省电 52.416 万度，折合标煤 68.42 吨标煤。

（一）空压机的工作原理

螺杆式空气压缩机的工作过程分为吸气、密封及输送、压缩、排气四个过程。当螺杆在壳体内转动时，螺杆与壳体的齿沟相互啮合，空气由进气口吸入，同时也吸入机油。齿沟啮合面转动时将吸入的油气密封并向排气口输送，在输送过程中齿沟啮合间隙逐渐变小，油气受到压缩。当齿沟啮合面旋转至壳体排气口时，较高压力的油气混合气体排出机体。

当空压机连续运行时，压缩机主体和机油温度都会升高。空压机机油在空压机系统中不仅起润滑、防锈、清洁、密封和缓冲等作用，还起到冷却的作用。当机油温度达到一定程度时（如80℃），风机开始运行，用以降低主机工作温度。风机运行一段时间，机油温度下降，当机油温度低于75℃时风机停转。

空气压缩机输入的电能用于通过强烈的压缩将原动机的部分机械能转化成气体的压力能，这一过程在生产高压空气的同时排放大量压缩热，这部分热蓄积在机油、油气和机体上，被风机带走并排放到环境中。其中，机油及油气带走的热量约为75%，压缩空气带走的热量约为10%，空压机机体带走的热量约为5%，不可回收的电能消耗约为10%。

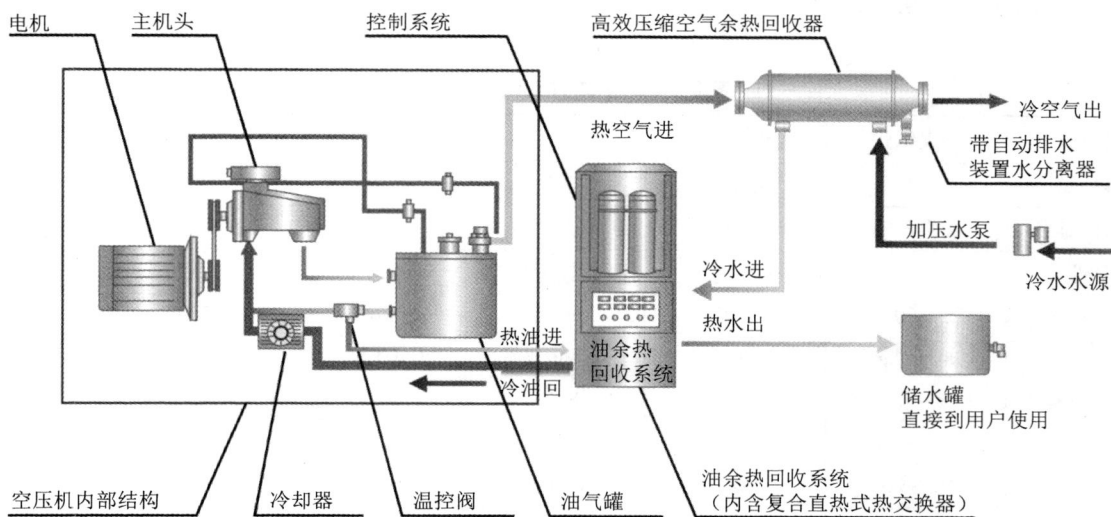

图4　空气压缩工作原理图及能量回收利用原理图

（二）空压机余热利用方案

空压机排出机体的油气混合物温度一般高达 80 - 95℃。如果热量不能及时排出，会对设备造成严重的损坏，影响产气效率，达到油温上限时还会造成保护性停机。因此，空压机需同时配置风冷或水冷系统进行降温。这个强制降温的过程，实际上也是能量浪费的过程。余热利用实施改造不但可以最大限度地回收能量，减少能耗，还能提高空压机的产气效率，延长空压机设备寿命。

1. 空压机余热回收利用方案设计

空压机余热回收主要通过在原有油路管道中接入换热器的途径来实现。洛阳利尔通过在空压机机油冷却回路上加装三通电动阀，将机油管路引出，即将空气压缩机的机油冷却装置外置，将原风冷系统改造为水冷系统。为了提高安全系数，原风冷系统继续保留，作为备用冷却系统。经油气分离后，分离出的高温气直接通往原有的气冷却系统，分离出的高温油则经温度感应器检测温度。若高温油温度低于76℃则不用进行热交换，直接通过过滤器通往油路循环系统；若高温油温度高于76℃，则需进行热交换后再进入油路循环系统。系统设置了保温水箱和储水箱分别作为供水水箱和用户水箱。除此之外，为了优化空压机余热回收利用系统，洛阳利尔设置了正常和紧急处理两种工作模式，制定了水质和防冻等一系列保证措施。

众所周知，水冷的效果优于风冷的效果，因此项目改造后不但不会影响空压机的正常工作，而且可以延长空压机运行寿命，减少机油消耗量和设备维护量。与此同时，水冷系统换热得到的中温水可以作为洗澡水或其他生活热水，从而实现余热资源的回收利用。

2. 效果评估

洛阳利尔空压机余热回收利用项目中，空压机余热回收率最低可达空压机负载功率的65%，回收效率为80%，回收的热能全部用来制取 40 - 60℃的热水。按空压机每天运行10小时计算，洛阳利尔空压机余热回收利用项目每年可节约103.90万度电，节省费用72.73万元。

表1 不同供热方式使用成本对比

供热方式	燃煤锅炉	天然气锅炉	蒸汽加热	电锅炉	空气源热泵	空压机热泵
燃料种类	煤	天然气	蒸汽	电	电	无
环境污染	非常严重	无	不太严重	无	破坏臭氧	无
危险性	有	比较危险	比较危险	有	无	无
燃值	4300 kCal/kg	8500 kCal/kg	66万 kCal/吨	860 kCal/kW·h	860 kCal/kW·h	800 kCal/kW·h
平均热效率	64%	90%	82%	95%	350%	—
燃料单价	0.92 元/kg	3.3 元/M3	220 元/吨	0.8 元/kg	0.8 元/kg	无
吨热水耗料	16.35kg	5.88M3	0.082	55.085kW·h	14.95kW·h	无
吨燃料费用	15.1 元	19.4 元	18.2 元	44.00 元	11.96 元	无
人工费用	有	有	有	无	无	无
设备寿命	5 - 8 年	5 - 8 年	5 - 8 年	12 - 15 年	12 - 15 年	12 - 15 年

三、电熔炉烟气余热利用

（一）电熔炉烟气余热利用方案

洛阳利尔生产车间有两台 3600kVA 电熔炉，熔炼温度高达 2000 度以上，有大量余热可进行回收利用。为充分利用电熔炉生产过程中烟气热量，公司排布换热器，将电炉的余热引入高效节能车间，用以预制件产品的养护及干燥。项目共投资 99 万元。

（二）效果评估

洛阳利尔有高效节能预制件养护窑 3 台、干燥窑 4 台，每天工作时间为 12 小时。3 台养护窑每天天然气用量合计为 298.8m³，4 台干燥窑每天天然气用量合计为 588m³。改造后，养护窑和干燥窑全部采用电熔炉烟气余热供能，按照每立方米天然气 3 元、全年工作 330 个工作日计算，每年可节约 87.8 万元成本，1.13 年即可收回投资成本，经济效益明显。

高效节能技术应用——压缩空气系统节能技术和综合能源智慧管理系统

中竞同创能源环境科技集团股份有限公司

中竞同创能源环境科技集团股份有限公司（简称"中竞集团"）是能源与环境可持续发展综合服务提供商，致力于节能、环保、新能源、应急管理四大业务领域，业务涵盖咨询服务、技术服务、产品服务、托管运营服务四大板块，为客户提供高品质、可信赖与系统化的综合能源服务。

一、技术情况

（一）压缩空气系统节能技术原理及工艺

目前我国电机能效比发达国家低 3% – 5%，但电机系统能效低于发达国家 10% – 35%，由此可见，当前我国工业压缩空气领域节能侧重点依然在"单机优化"和"局部优化"，系统节能还未成为主流，节能空间巨大。在此背景下，中竞集团率先将北欧先进的压缩空气系统节能服务理念引入国内，并结合我国工业企业实际情况进行协同创新，将"大数据分析＋云计算"技术引入压缩空气系统节能领域，从技术和管理两方面进行"精细化节能＋持续化改进"，在 CDA（Compress Dry Air）系统整体节能的同时为企业实现可持续的节能降耗并制定长期优化策略，帮助企业管理者降低运营成本，实现和保持节能效益最大化。此外，将"大数据"应用于工业领域，对于行业数据的积累和分析具有重要意义。目前该技术在国内处于领先地位。

经过整体 Green CDA 服务流程，通常可为压缩空气系统实现年节电率 10% – 35%。目前市场现有的空压机节能技术通常仍为传统方式，即"单机"优化或"单元"优化，采用系统节能方式提供整体节能服务的企业较少，该模式可谓是"互联网＋"模式在工业节能领域的创新尝试，在国内同行业处领先地位。

（二）"能源大脑"——综合能源智慧管理系统技术原理及工艺

1. 技术原理

"能源大脑"是基于大数据支持下的综合能源智慧管理系统，采用自动化、信息化技术和自上而下的顶层设计，对用能单位能源的购入存储、加工转换、输送分配、终端使用环节实施动态监测、统计、分析、控制和管理，实现能耗数字化、管理动态化、数据可视化、节能指标化的节能降耗管控一体化系统。

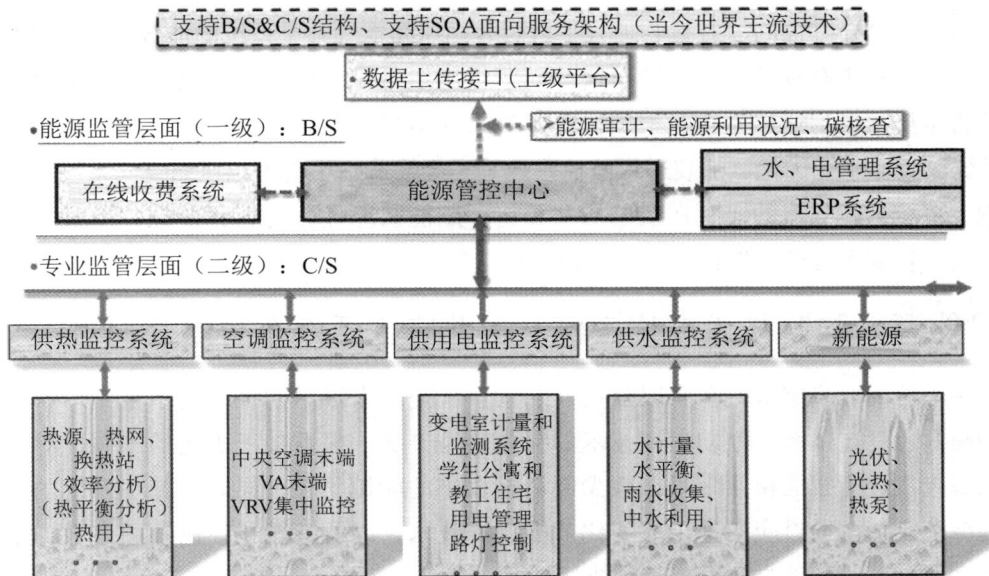

图1　能源大脑服务构架

2. 技术功能

能源管理：通过采集、监测和控制，实现能耗统计分析、对标管理、预警报警、费用管理、考核公示、能耗报表、定额管理、设备管理、数据上报等功能，满足用能精细化管理要求，实现各级平台互联互通。

运行监控：对重点用能系统、区域和主要用能设备，采用智能化手段，根据节能控制策略自动调节用能系统参数进行节能优化控制。

智慧运维：通过多种方式对能耗数据、运行参数和环境参数进行实时采集，实现对用能单位的能源利用状况实时监测。

安全报警：运用720°视频监控、图像识别、语音处理的技术实现安全报警功能，保证系统安全稳定运行。

二、应用案例分析

（一）压缩空气系统节能技术应用案例——北京京东方光电科技有限公司

本项目应用单位为北京京东方光电科技有限公司，北京京东方光电科技是国家级第四批绿色示范工厂，位于北京经济技术开发区的京东方显示科技园，是京东方科技集团股份有限公司下属子公司，是目前中国大陆唯一完整掌握TFT-LCD核心技术的本土企业。北京京东方光电科技始终坚持"绿色工厂"的发展理念，在提高能效、降低排放、节约资源等方面持续改进，通过严格的管理措施，对能源、水资源、"三废"排放进行有效管控，将可持续发展的理念融入工厂建设过程。

项目改造前，北京京东方光电科技压缩空气系统存在缺乏单独能源的计量及监控系统，空压机站房负压过大、系统缓冲能力不足、干燥机设备配置、控制模式不合理等状况。

通过安装 GreenCDA – Platform 智慧管理云平台对客户压缩空气整个系统的能效现状进行精确诊断，发现系统具有一系列运行不合理的问题，针对这些问题提出了对应的优化改造措施并分阶段实施，具体改造内容包括改善空压机站房通风系统、干燥机冷却气采用氮气冷替代、加装干燥机露点控制系统、安装 ES360 控制系统、缓冲系统优化、加装远程监控系统等。经改造，用能单位压缩空气系统得到了全面优化与提升，实现了系统运行数据的实时在线监测与分析，用能状况优化与远程监控。项目年平均节能率达 19%，年节约耗电量 695 万度，取得了良好的经济效益与社会效益。

（二）"能源大脑"技术应用案例——北京宝沃汽车有限公司

本项目应用单位为北京宝沃汽车有限公司，北京宝沃是国家级第四批绿色示范工厂，北京宝沃在制造环节积极构建绿色制造体系，推动生产技术的绿色转型升级。根据加工工艺的不同，对数控加工中心的轴、泵、伺服电机进行智能精益配置，减少制造过程中的能源消耗，同时延长了系统的使用寿命，保证整车生产的绿色制造。通过应用基于数字化节能设备技术，以及智能化控制相关参数，宝沃汽车的制造过程能耗大大低于国家和地方政府规定的能耗指标。

中竞集团项目团队经过深入的现场调研，结合北京宝沃汽车有限公司生产能源管理业务需求，分析厂区的能源结构、生产系统、监测现状，发现生产系统存在数据独立存放，数据无法实时共享，形成了"信息孤岛"，缺乏对能源系统信息统一分析管理等问题，设计定制化的"能源大脑"——综合能源智慧管理系统，实现能效精细化管理、智慧化分析，提高能源管理效率，解决实时生产过程中能效分析、生产数据和能耗数据脱节的痛点，发现节能降耗的盲点，为领导节能决策提供有力的数据支持。

项目团队随后根据目前现状的分析给出"能源大脑"——综合能源智慧管理系统的建设方案，首先完善生产线能源计量体系，在关键位置更换高精度的能源计量表；建立能源数据监测系统，实现生产计量数据共享，建立能效监管可视化平台实现用能数据精细计量、用能数据实时采集、用能数据可视化管理，并根据其业务需求定制化设计新功能，大数据分析，让数据"慧"说话。

"能源大脑"——综合能源智慧管理系统建设完成运行后，能源管理处负责人反馈，自从平台运行以来厂区的能效精细化管理看得见，同时也提高了管理者和工人的工作效率；这套系统通过大数据对能源消耗的规律进行分析，挖掘节能空间，并通过集控系统对设备进行控制，达到了节能降耗的目的；同时通过这套系统提升了过程管理的透明度，树立了节能意识，有效地杜绝了能源浪费，为节能决策提供了数据支撑。

三、结语

北京京东方光电科技有限公司使用了中竞集团的压缩空气系统节能技术，压缩空气系统节能项目经过系统监测、数据分析、系统节能改造实施、评价及效益分享四个阶段的滚动实施，项目年平均节能率达 19%，年节约耗电量 695 万度。此外，即时、详细的监测系统为精细化运营提供了可视化的管理工具，使系统智能化水平获得提升，节约了大量日常运营的人力，且智慧控制系统的预测、报警、自调整功能极大地提高了系统运行的安全系数。经过持续不断的优化，确保了节能效益的稳定提升。该项目已入选北京市发改委组织评选的《北京市 2018 年节能低碳技术产品推荐目录应用案例》，具有良好的示范意义。

应用于北京宝沃的"能源大脑"——综合能源智慧管理系统是具有"绿色发展"示范意义的，其功能定位"能源管理、运行监控、智慧运维、安全报警"充分体现了结合工厂的工艺流程和能源管理需求，通过运用5G、AI、大数据、物联网、云计算等新技术、新产品，从智慧节能出发，通过对能耗数据的分析管理，实现提高能源利用效率、降低能源消耗水平并与对整个系统化的能源系统能源效果进行监测、诊断和评价，查找能源系统存在的问题和浪费的原因，提出整改建议和改进措施，进一步发挥平台自身的节能管理职能，使生产企业实现了节能降耗，增效提质的目标。

高效节能技术应用——清洁高效铜电解新技术

阳谷祥光铜业有限公司

目前，国内大型铜冶炼企业普遍采用的永久不锈钢铜电解工艺可使电流密度达到 $280 - 320 A/m^2$。若进一步提高铜电解槽的生产能力，则需更高的电流效率和电流密度。阳谷祥光铜业有限公司（以下简称"祥光铜业"）电解二期采用清洁高效的铜电解新技术，在同样 720 个电解槽的情况下，该工艺电流密度能够达到 $385 - 420 A/m^2$，与常规电解相比，阴极铜产能可提高 50%。

一、技术介绍

金属电解过程中，金属析出的量遵循法拉第定律，在已有设备参数条件下，即一定的电积面积条件下，要想提高电析出的铜量，只有提高电流密度。当其他条件一定时，降低扩散层厚度是提高电流密度的唯一途径，其最有效的方法就是提高电解槽内电解液的流动速度。祥光铜业在追求高产能、高品质的基础上，更加注重清洁、高效、环保、节能，研发出了一种清洁高效的铜电解新技术——平行流电解技术，它可实现 $420 A/m^2$ 高电流密度下的铜电解生产，可大幅提高产品产量率、降低产品的能耗。

该技术电解液的循环通过一种特殊的供液装置——平行流装置（PFD）来实现。整套 PFD 由进液装置、分流装置、定距装置三部分组成。进液装置的箱体呈扁平状，箱体上部的挂耳可将 PFD 固定在电解槽侧壁上。分流装置上分布有一定数量的喷嘴，能够很好地起到稳压分流的作用，且出液喷嘴的位置和尺寸进行了特殊设计，能够保证新电解液均匀稳定在极板的两侧平行、自然向上流动。在阴极铜析出的地方，新电解液直接作用于阴极板面，骨胶、硫脲、盐酸等添加剂也直接随电解液导入阴极。电解液的平行流动不仅可以减少旁通流量，也使电解槽内电解液的成分和温度分布更加均匀。同时，利用变频式循环泵直接给电解槽供液，可实现电解液的快速流动。电解液的流动速度加快，可有效地减小扩散层的厚度，进而实现电流密度的大幅提升和产能的提高。

需要指出的是，电解液的高速流动可能会导致阳极附近阳极泥的沉降出现问题，进而导致阴极上出现结瘤、树枝状结晶等，因此，电解液入口位置的选取和阴阳极板的定位选择十分关键。而平行流装置上特殊设计的三角模块和出液喷嘴对极板的排距起到很好的定位作用。出液喷嘴位于三角模块下部，阴极固定在每两个喷嘴之间，以保证阴极板和出液喷嘴之间相对位置的准确。出液喷嘴的独特设计与阴阳极板的精准定位，使采用平行流电解给液很好地解决了阳极泥沉降的问题，还能够保证阴极铜的产品质量。

二、工艺参数设计与配置

（一）工艺参数

祥光铜业电解二期采用清洁高效的平行流电解技术组织生产，该系统工艺设计参数如表1所示。

表1　平行流电解系统工艺设计参数

名称	单位	指标
阴极铜产量	kt/a	250～300
年工作日	d/a	350
电流密度	A/m²	385～420
电流效率	%	98
残极率	%	14～16
槽时利用率	%	93
电解槽数量	个	720
阳极尺寸	mm	960×1000
阴极尺寸	mm	1010×1029
同心极间距	mm	100
沉积面积	m²	1.0393
电解液循环量	L/（min·cell）	75～100
阳极周期	d	15～16
阴极周期	d	5/6/5 或 5/5/5
槽电压	V	0.3～0.5

（二）车间配置

公司电解二期车间有两个系统。两个系统的配置、部署完全对称，机组位于两个系统之间。电解槽总数量720个，每4组为一个系列，共分八个系列32组。每个系统各四个系列16组，每组22槽或23槽，每两组由1台短路开关控制。车间配置两套剥片机组，一套阳极加工机组，一套残极加工机组，两台电解行车。其中，每套剥片机组配备5个机械臂替代了传统的链条运输。

另外，针对电解液的脱铜脱杂，车间净液系统还配套设计了一次脱铜和二次脱铜工序，一次脱铜工序有10个电解槽，二次脱铜工序有90个电解槽。净液系统能保持电解液中铜、酸与杂质浓度的平衡，确保了电解主系统的稳定与生产工艺的顺利运行。

三、电解新技术攻关

由于电解二期引进新的铜电解技术，投产初期，从工艺管控、现场操作到设备运行都存在一定问题，但随着后续生产技术人员进行不断摸索与技术攻关，新工艺生产运行逐步顺利，产品质量保持稳定。

（一）装槽技术攻关

平行流电解新技术下，电解槽内的 PFD 装置替代了常规电解的进液底管，出装槽作业时不能再沿用常规电解原有的装槽操作，需对电解装槽作业进行相应的调整和优化。工艺人员经过不断摸索与实践，总结出了一种新的铜电解装槽作业技术。装槽作业时，首先对 PFD 的状况进行检查，主要是查看喷嘴、三角模块与箱体的完好情况。然后对绝缘板、PFD 装置与电解槽的相对位置进行校正与调整。最后是阳极板与阴极板的装槽定位，先利用 PFD 的定距装置辅助进行定位，再人工进行精细调整。

上述作业可确保装槽后每块阴极和阳极两侧都有一个喷嘴与之对应，进而保证阴阳极之间的电解液能够快速循环更新。

（二）电流密度攻关

电流密度的提高主要通过降低扩散层的厚度来实现，而降低扩散层厚度的有效措施是提高阴阳极板之间电解液的流量。为此，针对电解液流量、电解液成分等关键工艺参数进行了试验。

1. 摸索最佳的电解液流量与给液方式

分别对不同区间的单槽流量进行了试验摸索，最终确定了电解槽的电解液流量在 $75 - 100L/min$。同时，去掉高位槽，配备变频式循环泵。生产过程中，变频泵和电解槽给液之间设定了压力联锁，使电解液流量得到精准控制。平行流下部侧面出液、上部两端回液的方式可使电解槽内电解液迅速更新。上述调整与改变，既能够满足高电流密度铜电解过程对电解液流量的需求，又能够使阴极铜产品质量得到保证。

2. 设计新型液位调节器

随着电解液循环量的加大，电解槽两端电解液溢流时会出现回液不畅、向外喷溅的问题，对周围的备件造成腐蚀，也给现场安全环保带来问题。针对该问题，设计了一种新型液位调节器。该液位器分 A、B 两部分，两者配套使用不仅可解决电解液回液不畅、向四周喷溅的问题，还可对电解槽液位进行有效调节，避免阴极铜液位线处容易出现的上口粒子问题。

3. 摸索工艺控制

（1）电解液成分的控制。随着电流密度升高，电解液中铜、酸浓度也需要实时调整。实际生产中，采取了高铜、低酸的工艺技术控制，铜 $48 - 56g/L$、含酸 $160 - 185g/L$、氯离子 $40 - 60mg/L$。另外，尽可能将电解液中的杂质含量稳定在低限，电解液密度控制在 $1.23G/cm^3$ 左右。

（2）添加剂的加入。及时关注阴极铜的析出情况，根据铜质量情况对骨胶、硫脲等添加剂进行及时调整。配置一套专门设计的自动控制系统，添加剂可进行 24 小时连续、自动添加。同时，通过隔板将循环槽内部空间隔为 12 部分。每部分上下联通，有利于电解液的流动，进一步确保骨胶、硫脲的稳定添加。

（三）电流效率攻关

为保证高电流密度铜电解时的阴极铜产品质量与电流效率，从以下几个方面着手进行改进与提高。

1. 提高阳极板的质量

从源头抓起，提高氧化还原终点判断的准确性；及时关注风管压力和流量的调控；加强对铜模、溜槽、电子秤等设备的维护；严格控制浇铸前的铜液温度和浇铸速度。上述措施有效解决了阳极板薄厚不均、超重超轻、毛刺、背筋、蜂窝、上部裂纹等问题，为电解工序提供保障。

2. 提高出装槽操作精度

加大操作人员的工艺培训力度，确保每位员工都掌握电解装槽技术。每天作业时给员工划分具体任务，每一槽责任到人，进而约束作业人员的工艺操作，提高员工的责任心。同时，加大检查力度，制定车间、工段、班组三级检查方案，每一级都有专人负责进行检查。以上措施，确保了装槽操作精度，进而稳定阴极铜的质量，提高阴极铜电流效率。

3. 严控电解液的澄清度

出槽时，电解槽下部浆液进行两次压滤过滤，然后再通过净化过滤机进行处理。净化过滤机独特的过滤系统和处理能力能够有效保证溶液的澄清度，符合高电流密度电解条件。

4. 加强日常工艺管控

严控电解工艺参数；及时排除板面粒子；加强对槽电压的检测；及时清洗极间触点；定期检查电解槽、绝缘板的绝缘性能；及时维修更换导电不良、板面弯曲、变形的阴极板；及时调整净液系统的脱铜脱杂，稳定铜、酸及砷锑铋等杂质成分。上述各项措施的实施，稳定了电解生产的顺利进行，确保了阴极铜产品质量及各项指标的达成。

（四）环保技术攻关

祥光铜业在研发新的电解技术时，就考虑到高效节能与清洁生产问题。围绕该问题，主要从以下几方面进行了攻关。

1. 酸雾净化处理

采用密闭抽风净化、碱液喷淋等措施处理循环槽、上清液槽、浓密机、阳极泥储槽等各电解液储槽产生的酸雾，喷淋碱液的 pH 进行 24 小时连续检测，碱液的自动添加与 pH 检测设定联锁。处理后的酸雾排放检测值远低于环保要求标准值（20mg/m³）。上述措施的实施，有效地改善了现场作业环境，避免了车间周围区域环境的污染。

2. 废水无外排处理

相对来讲，电解液系统为一个闭路系统。为使电解液成分均匀、稳定，则需保持电解液系统的平衡与稳定。因此，酸雾净化产生的废水、暖通冷凝水等生产废水需要进行开路处理。随着近几年生产的不断优化，电解产生的所有废水可全部在系统内消化，不再进行开路处理，做到了电解废水零排放和废水的回收利用。

四、工艺指标比较

祥光铜业电解系统主要工艺指标与常规电解主要工艺指标情况如表2所示，由于电解槽电压偏高，祥光铜业电解新技术阴极铜的交流电耗比常规电解的电耗高，但其蒸汽消耗几乎为零，所以电解综合能耗比常规电解工艺下降了30%以上，在产能、效率等方面的优势明显。在同等建设规模的基础上，平行流电解新技术较常规工艺产能提高50%以上，电流效率稳定在99.5%以上，实现电流密度和电解产能的大幅提高。另外，由于出槽周期明显缩短，产品周转快，大幅提高了资金周转率。

表2　主要工艺指标对比

名称	单位	常规电解	祥光电解新技术
电解槽数量	个	720	720
阴极铜产量	kt/a	200	250～300
电流密度	A/m²	260～320	385～420
阴极周期	d	10～11	5～6
电流效率	%	96.5～98.5	99.3～99.6
残极率	%	15	13
蒸汽	t/t	0.35	0
槽电压	V	0.2～0.4	0.3～0.5
交流电耗	kWh/t	380～405	440～495

五、结论

经过不断探索与攻关，祥光铜业电解二期采用的平行流技术工艺设备运行稳定，各项工艺指标均达到或优于设计水平，在世界同行业内均处于领先水平，标志着中国和世界的铜电解精炼工艺技术迈上了一个新台阶，将为有色金属产业的转型升级起到重要的推进作用。

高效节能技术应用——重庆气矿节能技术应用

中石油西南油气田分公司重庆气矿

中国石油西南油气田分公司重庆气矿（以下简称"重庆气矿"）是主要从事四川盆地东部地区天然气开发、集输、地面建设、天然气营销的专业化单位，拥有各类生产场站 587 座，天然气集输管道 4043.33km，增压机组 109 台，脱水装置 30 套，变压器 347 台。重庆气矿消耗的能源主要为天然气和电能，其中天然气占比达 95% 以上。随着气田压力持续下降，生产综合能耗逐年增加，节能形势日益严峻，有必要对节能技术应用现状进行分析，为持续推进节能工作提供思路。

一、气田开发中的常用节能技术

（一）重点用能设备节能技术

气田开发中主要用能设备包括压缩机、加热炉、泵类设备等。其中，压缩机是消耗天然气最多的设备，加热炉次之；泵类设备是最主要的用电设备，配套的变压器和线路本身也会消耗电。

1. 燃气压缩机节能技术

增压开采是气田后期主要的增产措施之一，其核心设备是燃气压缩机。重庆气矿大量使用的压缩机负荷过低，燃料气消耗率高。通过调整机组运行参数提高机组负荷率是燃气压缩机最直接的节能措施。通过优化点火提前角、调整空燃比等也可以达到节能的目的。

2. 加热炉节能技术

单井采气保温所用水套炉和脱水站重沸器都属于加热炉。加热炉节能技术分三类，一是调整运行参数，提高加热炉负荷率；二是减少热损失，通过合理控制尾气温度，降低表面温度，配置最佳空燃比；三是优化加热炉盘管结构，减慢结垢速度，强化传热，提高热效率。

3. 泵类设备节能技术

通过变频器改变电机工作电源频率进而控制交流电动机的转速，可以将泵类设备调整到最佳运行状态。为变负载运行或长期轻负载运行的回注泵、转水泵等泵类设备增加变频器，在气田开发中具有大量的应用实际，并取得了较好的节电效果。工业领域电机用电量约占工业用电量的 75%，淘汰低效率电机，使用高效电机，同样的工况条件下将节约用电量。

（二）系统节能技术

气田开发系统节能技术主要包括集输系统节能技术、供配电系统节能技术和可再生能源利用技术。

1. 集输系统节能技术

气田开发集输系统包括的压缩机、加热炉、泵类设备都涉及运行效率低下的问题。通过集输系统的整体节能分析，将多个气田的天然气集中处理，可以增加压缩机、重沸器及循环泵等设备的负荷，提高运行效率，进而达到节能的目的。集输系统还可以通过以井下节流器充分利用天然气自身能量，就地利用压力过低的天然气等方式降低耗能。

2. 供配电系统节能技术

供配电系统本身需要耗能，减少系统中变压器耗能和线路耗能，是减少系统耗能的主要途径。可以通过优化变压器容量，使用无功补偿装置，以及接入农网等方式，实现供配电系统节能。

3. 可再生能源利用技术

以可再生能源代替化石能源，可以起到同样的环保效果。一方面可以利用太阳能光伏发电，其原理是利用压差发电装置管道内流动介质的压力驱动叶轮旋转发电；另一方面可以利用增压机烟气余热，大型锅炉、加热炉余热。二者的使用均能够减少气田开发系统过程中化石能源的使用。

二、重庆气矿节能技术应用情况及效果分析

（一）重庆气矿节能技术应用情况

"十二五"以来，重庆气矿广泛开展井站优化简化，增压、脱水运行优化等方面的工作，同时大量应用了闪蒸气利用、节能机泵、板式换热器、变频器、节能灯具、井下节流器、压差发电应用7个方面的技术设备。特别是近5年来，重庆气矿通过分析各个气田的系统节能潜力，优化运行增压脱水设备，提高了机组负荷率，减少了机组的燃料气消耗。确保了重庆气矿在气田压力和产量下降的情况下，完成能耗KPI指标和节能量指标。

2014年至2018年，重庆气矿共开展节能项目31个。如表1所示，五年来公司共计节约电量7.75×10^4kW·h，节约天然气539.43×10^4m³，节能量达77230吨标煤，全面完成节能量指标。

表1 重庆气矿2014-2018年节能项目能耗指标完成情况

序号	指标	2014年	2015年	2016年	2017年	2018年	合计
1	节能项目数量（个）	11	7	4	5	4	31
2	年贡献节能量（吨标煤）	1730	1818	1685	991	1006	7230
3	年节电实物量（10^4k·Wh）	0	7.65	0.07	0.03	0	7.75
4	年节气实物量（10^4m³）	127.69	134.79	126.71	74.55	75.69	539.43

如表2所示，重庆气矿2014年电单耗为28kW·h/10^4m³，2018年上升至47kW·h/10^4m³；燃料气单耗从2014年135m³/10^4m³上升到2015年的142 m³/10^4m³。2016年开始，重庆气矿产量指标下调，关闭了部分低压低产井和间歇生产井，2018年燃料气单耗下降到122 m³/10^4m³。

表 2　重庆气矿 2014 - 2018 年电、气单耗指标完成情况

序号	指标	单位	2014 年		2015 年		2016 年		2017 年		2018 年	
			指标	实际	指标	实际	指标	实际	指标	实际	指标	实际
1	电单耗	$kW \cdot h/10^4 m^3$	36	28	45	34	50.4	40	48.75	43	55	47
2	气单耗	$m^3/10^4 m^3$	151	135	190	142	188.3	137	156.4	121	141	122

（二）节能技术应用案例

1. 优化运行多气田增压系统

重庆气矿卧龙河片区设有卧南、卧北和黄葛三座增压站，承担增压片区石炭系、阳新、嘉陵江三个气藏来气。随着北区嘉陵江气藏气井压力不断降低，三个增压站机组负荷率逐渐降低，燃料气消耗率增高，运行不经济。2016 年 1 月，重庆气矿将原卧北、黄葛两座增压站处理的部分气量导入卧南增压站，同时卧南增压站对阳新、嘉陵江气田来气进行混采后增压。一年节约燃料气 $52.7878 \times 10^4 m^3$，节能效果良好。

2. 优化运行增压站压缩机组

重庆气矿沙罐坪增压站对沙罐坪单井来气进行增压，站内有 ZTY310 整体式压缩机组 3 台，RTY330MH120×95 分体式压缩机组 1 台。随着开发后期产量递减，每台机组的负荷率大幅度降低，燃料气消耗率逐渐升高。2017 年 1 月，沙罐坪增压站开始运行一台机组，其余机组作为备用机组。经过一年的运行，气田开发正常进行，生产平稳。一年内沙罐坪增压站共计节约燃料气 $7.7908 \times 10^4 m^3$，节能效果良好。

3. 应用高效节能机泵

重庆气矿福成寨脱水站主要对福成寨气田来气和西河口气田部分来气进行脱水，站内有两台 5.5kW 的大功率循环水转水泵。由于天然气处理量减少，三甘醇循环量降低，对应冷却水的循环量也降低，用较高功率的机泵存在着大马拉小车现象。2014 年 6 月，重庆气矿将一台 5.5kW 泵更换为 2.2kW 的高效节能机泵，一年内节约电量 $1.2672 \times 10^4 kW \cdot h$。

4. 应用太阳能发电技术

重庆气矿七桥站是一座具有集、输、脱功能的大站，月用电量 $1.5 \times 10^4 kW.h$；天东 29 井也是一座具有采、集、输、脱功能的大站，站月用电量 $0.85 \times 10^4 kW \cdot h$。两座脱水站原生活用电及生产用电均为外购电，2013 年，重庆气矿在两个井站分别安装了 99 块太阳能光伏板。一年内天东 29 井和七桥中心站太阳能发电量分别为 $1.6028 \times 10^4 kW \cdot h$ 和 $1.5459 \times 10^4 kW \cdot h$。

重庆气矿近 5 年的节能实践表明，气矿节能主要由优化增压机组运行数量和参数实现，其他节能新技术应用节能量较少。这主要是因为气田开发过程中场站分散，大型节能先进技术没有实现条件，而小规模节能技术应用一般较难取得可观节能量。

三、重庆气矿节能管理面临的困难及出路

（一）节能管理形势严峻

1. 指标考核形势日益严峻

重庆气矿的电单耗指标逐年增大，如图1所示，从2014年 $28 \times 10 kW \cdot h/10^4 m^3$ 上升到2018年 $47 \times 10 kW \cdot h/10^4 m^3$，年平均增长率达到了17%。如果天然气产量持续下降，将可能出现指标超标的风险。同样的，产量和压力降低也将直接导致增压机组的燃料气消耗率增加，随着地方政府下达的指标日趋严格，气矿同样面临着气单耗指标超标的风险。

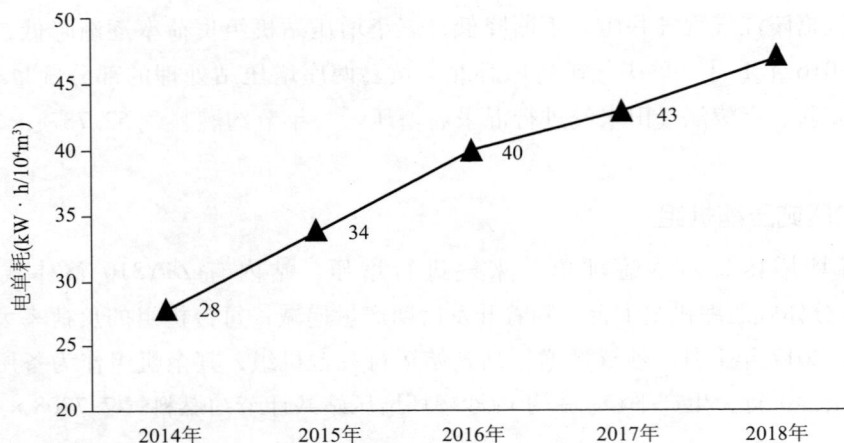

图1　重庆气矿2014 – 2018年用电单耗统计

气矿各场站经过"十二五""十三五"来的持续优化，设备运行调整，在保证正常生产的情况下，场站设备继续优化的可能性较小，技措项目的实施困难加大。

2. 大型节能项目投资难度大

气矿用能单元分散，587座生产场站用能不均衡、分散性强。大型余热利用项目等存在着资金投入大、用量小、投资回报率低的特点。近年来重庆气矿对沙坪场余热利用开展了可行性分析，但截至目前市场上没有一家单位愿意采用EPC模式进行投资，导致大量余热未能有效利用。

3. 重点用能设备节能管理不到位

各单位的重点用能设备如压缩机的工况随气田生产的调整而产生变化，但目前重点用能设备节能监测频率约为3 – 5年一次，未能提供设备实时节能运行的技术支撑。加之井站员工的专业技术水平有限，对重点用能设备的绩效参数控制不到位，设备长期处于低效率运行状态，严重制约着节能工作的开展。

（二）节能技术应用思路

1. 开展地面集输系统优化调整

根据气田的生产情况开展跨气田节能分析和系统节能监测。气矿管网密集，加之增压、脱水等场站齐全，为系统节能管理提供了良好的基础条件，可开展集输系统调整、工艺优化简化、天然气就地利用等工作，以达到节能减排效果。同时，可将节能技术应用融入项目设计中，从建设环节统筹部署节能工作。

2. 开展重点用能设备节能技术应用科研攻关

目前，重庆气矿正开展稀薄燃烧技术。企业将大力开展先进技术应用科研项目，使新技术能适应设备本身的实际情况。同时，开展区域性的技术改造科研项目研究，降低市场资金进入门槛，使 EPC 得以小型化、区域化开展。

3. 打造气矿能耗在线监测系统

重庆气矿目前的节能监测方式为人工监测，效率低，优化调整作用滞后。未来将利用气矿信息化覆盖网络，结合环境节能监测系统的数据处理中心，建立重点用能设备在线监测系统。在此基础上，通过大数据处理，形成气田开发节能技术中心，为气矿强化能源日常监控管理、提升能源管理精细化水平、开展能源审计、能效对标、节能改造等提供支撑服务，切实提升气矿气田开发过程中的节能管理水平。

绿色低碳技术应用——电石法乙炔装置除尘系统优化改造

陕西北元化工集团股份有限公司

陕西北元化工集团股份有限公司化工分公司（以下简称"北元化工"）拥有 100 万 t/a 电石法 PVC 生产装置，第一期 50 万 t/a PVC 采用湿法乙炔装置，第二期 50 万 t/a PVC 采用干法乙炔装置。自 2010 年以来，北元化工生产系统稳定，但随着环保要求的日益严格，出现一期湿法乙炔装置电石破碎及皮带输送共计 5 个除尘系统在运行过程粉尘超标，二期干法乙炔装置电石破碎及皮带输送共计 7 个除尘系统在运行过程粉尘超标等问题，企业除尘系统改造势在必行。通过现场勘察和分析研究，北元化工利用原有配套除尘系统的材料及设备，对电石罩棚除尘系统、干法乙炔发生楼除尘系统、干法乙炔发生楼除尘系统实施了改造优化，有效地解决了粉尘超标问题，改善了现场环境。

一、电石罩棚除尘系统改造

北元化工电石罩棚除尘系统现有 2 台 APPCM64 - 5 型除尘器，处理风量 17500m³/h，过滤面积 320 m²，风机功率为 30 kW。每台除尘器治理 2 个电石下料点和 2 个破碎机下料点。由于现场粉尘浓度大、管道及吸尘罩制作不合理、除尘设备选用处理风量小等原因，风机风量及风压不能满足实际运行需求。针对这一问题，北元化工实施了 3 项改造。

一是通过详细查看除尘系统管路及布置，明确了除尘器所需风量的详细要求，其中电石下料点风量为 22000 m³/h，粗破碎机下料点风量为 8000 m³/h。为了减少二次扬尘及人工操作，除尘器所收集的粉尘由人工处理改为螺旋输送机装置处理，同时增加 1 个卸灰吸尘点，风量为 5000 m³/h。

二是更换现有 2 台 APPCM64 - 5 型除尘器及引风机，增加 2 台 PPC128 - 5 型除尘器。除尘器放置于电石罩棚内，处理风量 38000 m³/h，过滤面积 640m²，风机功率 75 kW。每台除尘器处理 2 个电石下料点、2 个粗破碎机下料点及 1 个卸灰下料点。

三是由于破碎机的进料口是敞开式结构，为有效捕集外溢粉尘以及避免横向气流的干扰，在破碎机口设置一只半密闭容积式捕集罩。捕集罩设计合理，方便设备检修及进料操作，除尘器所收集的粉尘直接通过溜槽落入下方皮带，随皮带运走。

二、干法乙炔发生楼除尘系统改造

北元化工共有 4 座干法乙炔发生楼，共布置 3 套除尘系统。其中一区和四区发生楼共用 1 台 PPC128 - 8

型防爆型气箱式脉冲袋式除尘器，二区和三区发生楼各配 1 套 PPC96 – 6 型防爆型气箱式脉冲袋式除尘器。每座乙炔发生楼有皮带机落料点 3 个尘点，分别是 14 皮带机的 1 个落料尘点，15 可逆皮带机的 2 个落料尘点。为改善现场粉尘浓度大，管道、吸尘罩及风机风量设计不合理的情况，北元化工将 PPC128 – 8 型防爆型气箱式脉冲袋式除尘器改造为 2 台 PPC128 – 4 除尘器，分别布置于一区和二区发生楼楼顶，处理一区和二区发生楼尘点，新增 2 台功率 55 kW 的 4 – 6810D 风机；原有 2 台 PPC96 – 6 型防爆型气箱式脉冲袋式除尘器分别布置在三区和四区发生楼楼顶，分别处理乙炔三区和四区发生楼尘点。为了保证除尘器的稳定运行，减少除尘器本体的风载，除尘灰斗通过楼顶打孔进入楼内部。同时，除尘器灰斗设置防水措施，防止楼顶发生漏水的情况。

三、湿法乙炔发生楼除尘系统改造

北元化工湿法乙炔发生楼除尘系统共有 2 台 PPC96 – 4 型除尘器，主要承担皮带转运到乙炔发生器和皮带落料产生的扬尘。转运平台上面有 4 个点位常开，平台下部有 2 个落料点和 6 台乙炔发生器的 12 个点位，其中乙炔发生器有 4 个点位常开，现有除尘器安装在地面。为改善除尘效果，北元化工把除尘器移至乙炔发生楼楼顶，并各增加 1 台除尘器，除尘器收尘随溜管进入皮带运至各发生器备料小缸。同时，对除尘器管道全部进行优化，在管道弯头处设清灰口。

四、除尘系统改造效果

北元化工通过对乙炔装置除尘器全部进行改造，将所有除尘器全部移至装置区顶部，重新配制除尘管线，在现场各个转运站安装除尘器，每个电石输送点增加吸尘点，保证了粉尘的零排放。在此基础上，在除尘器底部增加绞龙，将所吸的电石粉末全部回运至电石输送皮带，进入电石料仓，实现了电石粉末的回收利用，降低了生产消耗和成本。

（一）社会环境效益

改造前后各装置空间粉尘浓度情况分别见表 1、表 2。改造后，北元化工局部空间粉尘浓度由改造前的平均 190mg/m³ 降至 8mg/m³，排尘量由改造前的 50mg/m³ 降至 10mg/m³，改造效果非常明显。现场环境得到很大改善，有效降低了岗位人员的职业危害。

表 1　改造前各装置空间粉尘浓度统计情况

除尘系统编号	安装位置	数量/台	除尘器型号	吸尘点分布	检测值/（mg·m⁻²）
1#除尘系统	电石库	2	APPCM64 – 5	一级破碎机入料口、破碎机下料口	374.4
2#除尘系统	干法一区厂房南侧	1	PPC128 – 8	14A/15A 皮带落料口	35.3
3#除尘系统	干法一区厂房北侧	1	PPC96 – 6	14B/15B 皮带落料口	40.5
4#除尘系统	干法四区厂房北侧	1	PPC96 – 6	14C/15C 皮带落料口	34.8
5#除尘系统	干法一区厂房南侧	1	PPC128 – 8	14D/15D 皮带落料口	38.4

除尘系统编号	安装位置	数量/台	除尘器型号	吸尘点分布	检测值/（mg·m⁻²）
6#除尘系统	发生装置一楼外	2	PPC96-4	备料小缸口、备料皮带落料口	107.1

表2　改造后各装置空间粉尘浓度统计情况

除尘系统编号	安装位置	数量/台	除尘器型号	吸尘点分布	检测值/（mg·m⁻²）
1#除尘系统	电石库	2	PPC128-5	一级破碎机入料口、破碎机下料口	7.2
2#除尘系统	发生一区楼顶	1	PPC128-4	14A/15A 皮带落料口	7.5
3#除尘系统	发生二区楼顶	1	PPC128-4	14B/15B 皮带落料口	7.8
4#除尘系统	发生三区楼顶	1	PPC96-6	14C/15C 皮带落料口	7.3
5#除尘系统	发生四区楼顶	1	PPC96-6	14D/15D 皮带落料口	7.4
6#除尘系统	湿法发生装置楼顶	4	PPC96-4	备料小缸口、备料皮带落料口	6.8

（二）经济效益

除尘系统改造投运后，北元化工每月可回收电石粉尘约765t，折合电石约139.57t，每年可节省电石1674.84t，按电石平均采购价2663元/t计算，每年可节省费用446万元。由于改造后取消了人工卸灰，每月还可节省机械及人工费约1万元。总的来说，公司在取得显著社会效益的同时降低了生产成本，每年可节省费用458万元。

五、结语

北元化工乙炔装置除尘器系统改造基本解决了长期以来困扰公司发展壮大的瓶颈问题，电石在输送过程各下料口处粉尘治理效果较好，但电石卸车过程中粉尘量大、治理难度大、资金投入量大等问题还需进一步改进。

绿色低碳技术应用——废气及恶臭治理系统

广州紫科环保科技股份有限公司

广州紫科环保科技股份有限公司（以下简称"紫科环保"）致力于为工业企业、市政工程、公共环境等领域提供各类废气、VOCs及恶臭治理系列智能环保设备、运维服务和系统解决方案。主要制造拥有自主知识产权的大气污染和恶臭治理系列智能环保设备，并利用物联网技术实现对智能环保设备的远程控制和运营维护。

一、技术情况

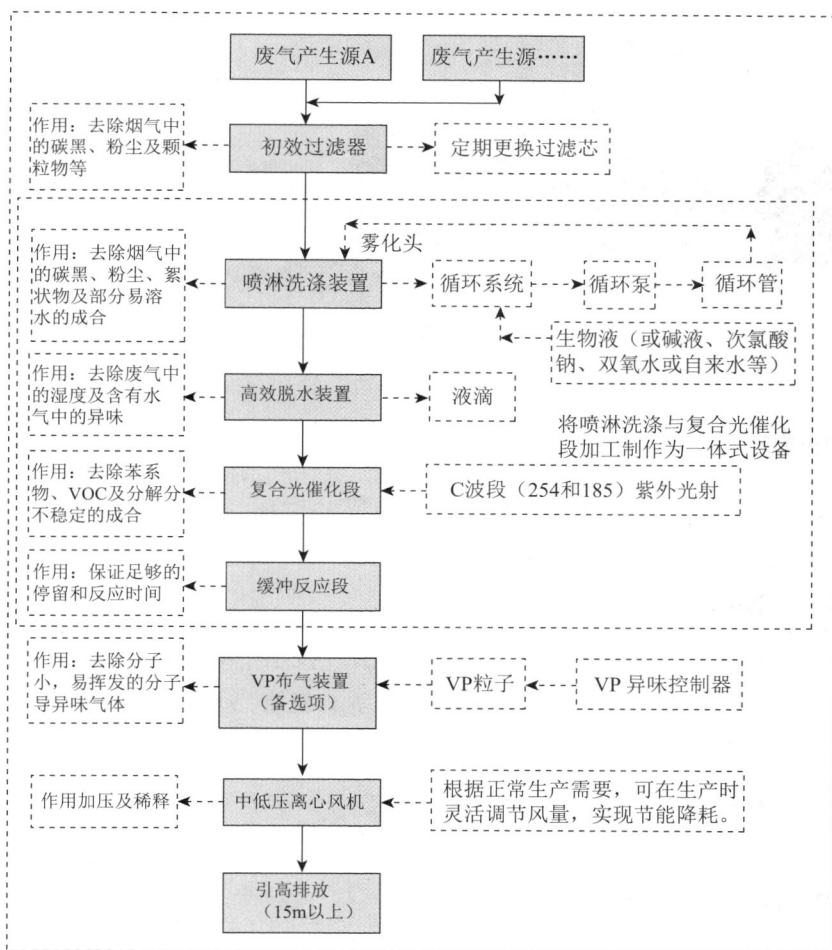

图1　废气及恶臭治理系统工艺

（一）技术原理及工艺

针对橡胶轮胎、塑料与制药行业废气排放的污染强度大、排放量大、污染成分复杂多变的特点，尤其是废气中的粉尘和恶臭成分容易对周围环境、厂区环境造成较大的污染，紫科环保在传统的"袋式除尘器 + 活性炭吸附"工艺基础上，研发了"初效过滤 + 喷淋洗涤 + 复合光催化 + 干式中和脱臭"废气及恶臭治理系统，用"初效过滤器 + 喷淋洗涤"代替了袋式除尘器、旋风除尘器、静电除尘器等；用"复合光催化 + 干式中和脱臭"代替了活性炭吸附、微生物降解、低温等离子等技术。本处理工艺充分考虑了废气的成分指标和感官嗅觉综合治理，经处理后废气的各主要污染物指标均能达到国家排放标准，具有良好的推广应用前景。

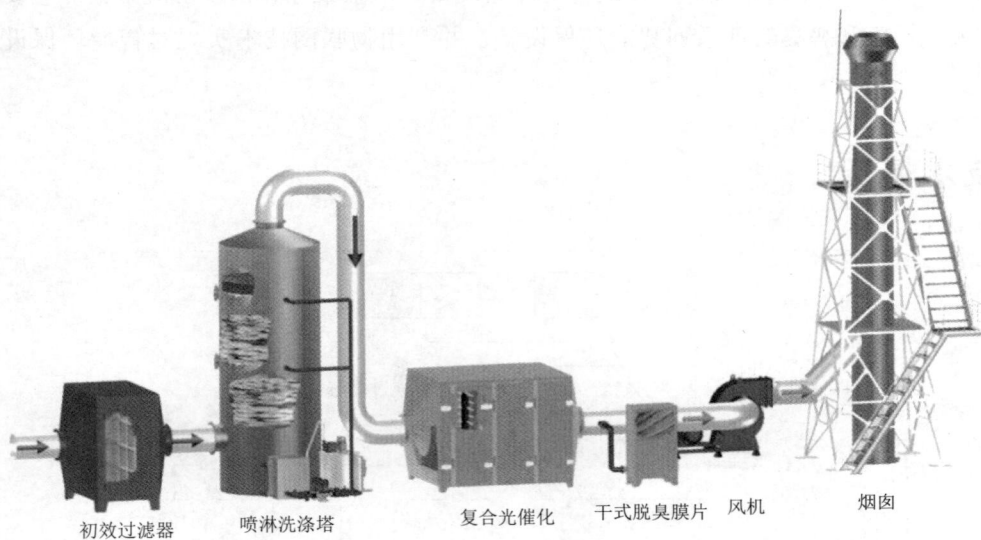

初效过滤器　　喷淋洗涤塔　　　　复合光催化　　干式脱臭膜片　风机　　　　烟囱

图2　废气及恶臭处理工艺效果

（二）技术创新点

紫科环保废气及恶臭治理系统充分考虑到了除尘、成分指标、强化异味治理、考虑非甲烷总烃和VOCs指标，具有如下优点。

1. 处理效果好、处理范围广

"初效过滤 + 喷淋洗涤 + 复合光催化 + 干式中和脱臭法"技术中的复合光催化技术能有效分解废气中的苯、甲苯、二甲苯、非甲烷总烃，以及去除部分 VOCs 等有机物，但是对于部分分子量大和结构稳定的成分，其分解功效有限，为提高技术的处理效果，在处理工艺的末端增加了异味控制系统，适合用于各类成分复杂、浓度较高的废气成分。

2. 防爆性能高

工艺中不含低温等离子处理工艺，提高防爆性能。

3. 占地面积小

"初效过滤 + 喷淋洗涤 + 复合光催化 + 干式中和脱臭"技术是各技术优点的有机组合，根据企业实地情况进行优化设计，占地面积远小于微生物和臭氧治理法。

（三）技术应用领域

"初效过滤 + 喷淋洗涤 + 复合光催化 + 干式中和脱臭法"技术适用于处理含粉尘的中低浓度 VOCs、恶臭排放等行业或领域，包括橡胶轮胎、塑料、喷漆、垃圾恶臭、污水处理场/站恶臭气体、纺织染整、生物制药、造纸、食品饮料、饲料生产、油脂加工、石油化工等行业或领域。

（四）技术应用效果

"初效过滤 + 喷淋洗涤 + 复合光催化 + 干式中和脱臭法"技术对于颗粒物、苯系物、非甲烷总烃、VOCs、恶臭浓度等大气污染物的去除率，均比单一的处理工艺提高 15% - 40%，尤其对颗粒物和恶臭浓度的去除效果更为明显。经处理后排放的废气满足《大气污染物综合排放标准》（GB 16297 - 1996）及《恶臭污染物排放标准》（GB 14554 - 93）排放要求，其中恶臭浓度、甲苯及二甲苯合计、非甲烷总烃等指标的去除率达到 90% 以上。

二、应用案例分析

（一）废气治理技术应用案例——山东玲珑轮胎股份有限公司

山东玲珑轮胎股份有限公司（以下简称"玲珑轮胎"）成立于 1975 年，是一家专业化、规模化的轮胎生产企业，玲珑轮胎主导产品轮胎涵盖高性能轿车子午线轮胎、乘用轻卡轿车子午线轮胎、全钢载重子午线轮胎等 10000 多个规格品种。公司积极响应政府绿色发展要求，主动实施环保提标治理项目。玲珑轮胎是国家级第二批绿色示范工厂。

玲珑轮胎委托紫科环保对生产系统废气进行处理。紫科环保经现场勘察，选用"初效过滤 + 喷淋洗涤 + 复合光催化 + 干式中和脱臭法"技术对玲珑轮胎的废气进行处理。与同等规模的处理站相比，节省 3 - 5 个操作管理人员。废气治理系统运行稳定，处理效果好，维护便捷。排放的废气满足《大气污染物综合排放标准》（GB 16297 - 1996）及《恶臭污染物排放标准》（GB14554 - 93）要求，其中恶臭浓度、甲苯及二甲苯合计、非甲烷总烃等指标的去除率达到 90% 以上。

（1）初效过滤器：炒炉区烟气经过两层过滤布/棉时，气体中的颗粒物、粉尘和油脂被拦截，将烟气中的炭黑、硫黄、颗粒物、絮状物、粉尘去除掉一部分。

（2）喷淋洗涤塔：在循环液中加入碱液或除臭液，作为洗涤喷淋溶液与气体中的臭气分子发生气、液接触，使气相中之臭味成分转移至液相，并借化学药剂与臭味成分之中和、氧化或其他化学反应去除臭味物质，将废气中的将废气中的颗粒物、絮状物、粉尘；硫化氢、氨、酸性废气及易溶于水溶液的成分。

（3）高效脱水除湿层装置：由于废气上升的惯性作用，水汽与脱水层相碰撞而被附着在表面上，使得液滴越来越大，达到重力沉降。将气体中的絮状物拦截，脱去气体中的大部分水汽。

（4）复合光催化装置：废气在高能紫外灯光束的灯照射下，形成 TiO_2 光催化氧化活性羟基（·OH）和其他活性氧化类物质（·O^{2-}，·OOH，H_2O_2），迅速有效地分解去除废气中一部分的苯、甲苯、二甲苯、非甲烷总烃、VOCs 等有机物，并具有较好的消毒和除臭效果。

（5）Vaportek 异味控制系统：异味控制箱里的除臭微粒子与待处理废气混合后，迅速主动捕捉空气中的臭味气体分子，并将臭味粒子包裹住，降低其活性与刺激性，彻底去除臭味。

图3　废气治理现场图及复合光催化装置

（二）废气级恶臭治理技术应用案例——江苏恒瑞医药股份有限公司

江苏恒瑞医药股份有限公司（以下简称"恒瑞医药"）是一家从事医药创新和高品质药品研发、生产及推广的医药健康企业，是国内知名的抗肿瘤药、手术用药和造影剂的供应商，也是国家抗肿瘤药技术创新产学研联盟牵头单位，建有国家靶向药物工程技术研究中心、博士后科研工作站。恒瑞医药是国家级第三批绿色示范工厂。

图4　恒瑞医药废气治理项目现场

图5　生产车间密封收集系统项目现场

恒瑞医药的产品中有较多的化学合成类制药，化学合成类制药在生产过程中使用大量的有机溶剂，在合成反应、提炼纯化、精制和干燥等工序中存在有机溶剂的挥发，产生 VOCs，在污水处理过程中易产生恶臭。

恒瑞医药委托紫科环保开展了"医药车间废气异味收集及治理工程"，项目完成后，医药车间排放的废气满足《大气污染物综合排放标准》（GB 16297－1996）及《恶臭污染物排放标准》（GB14554－93）的排放要求，其中恶臭浓度、甲苯及二甲苯合计、非甲烷总烃等指标的去除率达到90%以上。

三、结语

紫科环保"初效过滤＋喷淋洗涤＋复合光催化＋干式中和脱臭法"废气及恶臭治理系统对于颗粒物、苯系物、非甲烷总烃、VOCs、恶臭浓度等大气污染物的去除率，均比单一的处理工艺提高15%－40%，对颗粒物和恶臭浓度的去除效果更为明显。该技术可以大量节省投资费用，提高废气的处理效率，增强废气系统运行的稳定性，降低运行维护难度，具有良好的环境效益、社会效益和经济效益。

绿色低碳技术应用——推动能源高效利用和特种装备绿色制造的解决方案

洛阳双瑞特种装备有限公司

洛阳双瑞特种装备有限公司（以下简称"双瑞特装"）成立于 2005 年，以"以军为本、技术引领、产研结合、创新提升"发展方针，致力于桥梁建筑、管路装置、换热节能、能源储运及复杂工况部件的安全和经济运行，以军工品质为客户提供高可靠性产品和综合解决方案。本文对双瑞特装推动能源高效利用和特种装备绿色制造的解决方案及运行情况进行介绍，希望对新技术的推广起到一定的推动作用。

一、低质热能利用技术及解决方案

节能减排是我国经济和社会发展的一项重要战略方针。当前低品位、低能量密度的热量排放现象严重，回收余热降低能耗对实现节能减排、环保发展具有重要的现实意义。"十四五"期间国家将继续推动建构绿色制造体系，推行生态设计，提升产品节能环保低碳水平，引导绿色生产，实现生产洁净化、废物资源化、能源低碳化。公司依托核心技术，整合关键装备，搭建细分行业平台，创新余热利用解决方案，实现余热的充分回收利用，市场应用超亿元，广泛应用于山西热力、北京热力等，市场反应强烈，经济和社会效益显著。

（一）集中供热领域基于吸收式换热的余热利用解决方案

低温余热回收及利用技术及装备可基于吸收式热泵技术，在不改变供热蒸汽量的情况下，原有供热管网可提高 50% 以上的供热能力，新建管网投资降低 30% 以上，热电联产综合供热能耗下降约 40%。

高效凝汽器技术及装备基于高效换热技术，在不额外增加冷却水泵功的前提下，凝汽器换热面积减少 25%，设备重量减轻 15%，减少占地面积，节约建造成本。

烟气深度余热回收技术及装备基于高效换热技术与装置，实现一体化设计、低压降、高效率、排放温度低，生产余热用于其他工艺过程，提高能源利用率，降低单位产品能耗。

（二）工业领域基于凝水回收利用、烟气深度回收技术的工业余热利用解决方案

采用凝水回收利用、烟气余热深度回收利用技术，实现水质除氧、蒸汽的存储平衡及分配，喷淋直接接触式热交换可实现热量的充分回收利用；通过蒸汽发生系统、能量存储平衡系统、水处理系统集成设计技术，实现手动和自动调节，正常运行实现巡检和各系统之间的高度匹配运行，提高系统综合效率；

通过热风流量调配、蒸汽流量调节等并网系统技术，实现热风流量自动调配、蒸汽流量自动调节。

（三）烟草行业基于双热源联合回热干燥技术的烟草烘干解决方案

我国是世界上烤烟产量最大的国家，年产烤烟叶 200 余万吨。燃煤烤房每年总耗煤在 350 万吨左右，且大都采用热功率不超过 140kW 的散煤燃烧热风炉，但由于其燃烧不稳定、空间升温不均匀，影响烤后烟叶的质量，同时无效能耗过高导致燃料浪费大，排放大量 SO_2、CO_2、NO_x 和颗粒物等污染物污染环境。双瑞特装通过高效节能保温技术，实现烟叶烤房的隔热防潮；通过双热源（热泵 + 太阳能）联合回热干燥技术，吸收排湿余热，减少压机启动频次，降低机组能耗；通过智能化控制技术，做到烘烤过程精确化自动化，充分降低劳动强度。可实现烘烤成本降低到 1.6kW·h/kg 干烟、控温精度达到 ±0.5℃。

二、绿色制造产业化应用——铸造绿色改造、VOCs 治理

国家蓝天计划环保攻坚战的实施对工业企业环保治理提出了较高要求。双瑞特装桥梁安全装备、管路补偿装备、特种材料制品、高效节能装备、能源储运装备五大产业不同程度受到影响，突出体现在两个方面。一是特种材料制品产业核心铸造车间。铸造是双瑞特装河南省特殊钢及耐蚀合金材料应用技术工程实验室关键技术，是特种工况条件下服役的特殊钢铸锻件耐蚀、耐热、耐磨、高强性能实现的关键环节。二是涂装工序的 VOCs 治理。公司各产业均涉及涂装工序，拥有涂装线 6 条，包括多厂房多涂装设备、喷涂生产线及打磨房等，涉及产值 10 亿元左右。基于当期现状及未来发展的规划，双瑞特装投资 5000 余万元进行了铸造车间绿色改造、VOCs 治理改造，取得预期成效，对同类型企业具有较好示范。

（一）铸造车间绿色改造方案

双瑞特装铸造车间建设之初即选择了先进、绿色环保的工艺路线和工艺装备，包括高效低耗的熔炼系统（高效中频炉和美国第五代智能控制的 AOD 精炼炉），完备的除尘系统，机械化、自动化造型线及砂处理线，溃散性极佳回收特性较好树脂砂；全封闭、环保设施完善的砂处理、回收系统，工艺技术先进，装备绿色化程度高，具备较好的环保改造基础。

依据《洛阳市 2019 年铸造行业污染治理专项方案》、工信部《铸造企业清洁生产综合评价方法》、铸协《铸造行业大气污染物排放限值》《重污染天气重点行业应急减排措施制定技术指南》等标准涉及的主要相关改造要求，针对铸造车间生产全流程、分工序开展如下治理。

一是物料存储、输送环节治理，所有物料密闭存储、运输。二是生产环节颗粒物、废气治理，根据烟、尘特点，分区域治理。按新标准改造除尘器，现有组织排放提标治理，达标排放；有组织收集无组织排放污染物，实现达标排放。车间硬件改造，提升密闭性，进行二次整体除尘改造治理。同步进行机械化、自动化改造及工艺流程布局优化，改善环保治理基础。三是废气专项治理。采用活性炭在线吸附脱附 + 催化燃烧工艺开展低浓度、大风量废气专项治理。

改造后：颗粒物排放浓度不超过 $8mg/m^3$。企业厂界边界颗粒物浓度不超过 $0.5mg/m^3$。企业废气排放浓度达标，其中非甲烷总烃排放浓度不超过 $60mg/m^3$、苯排放浓度不超过 $1mg/m^3$、甲苯与二甲苯排放浓

度不超过 40mg/m³；一氧化碳质量浓度不超过 12mg/m³。企业厂界废气排放浓度达标：非甲烷总烃排放浓度不超过 2mg/m³、苯排放浓度不超过 0.1mg/m³、甲苯与二甲苯排放浓度不超过 0.8mg/m³；一氧化碳质量浓度排放浓度不超过 4mg/m³。旧砂回收利用率 >98%，最大限度地减少了固废排放、新砂资源的使用。同时，造型线、浇注冷却线自动化提升改造，工艺流程布局、物流存储及配送路线优化等，有效改善了铸造车间的环保治理基础。

目前，双瑞特装铸造生产满足《洛阳市 2019 年铸造行业污染治理专项方案》《铸造企业清洁生产综合评价的二级标准》即国内清洁生产先进水平、《重污染天气重点行业应急减排措施制定技术指南》的 A 级要求，达到行业示范标杆地位。

（二）涂装 VOCs 治理方案

双瑞特装目前拥有各种形式涂装线 6 条，主要采用活性炭吸附工艺进行废气排放治理。从使用效果来看，作业点 VOCs 排放不稳定，滤芯更换频繁。随着公司产能增加，大规模的改造势在必行。传统 VOCs 治理主要采取单一回收利用技术或销毁技术，现多采用回收利用 + 销毁的组合技术。通过监测排放数据，公司 VOCs 属于低浓度（60 - 500mg/m³）范围，可选择治理工艺有：沸石转轮技术、活性炭吸附技术、低温等离子体技术及光氧催化技术。

运行排放可靠性方面，沸石转轮技术处理浓度大于 1500 mg/m³，净化效率超过 90%，使用期间净化效率无衰减，排放出口浓度可降低至 10mg/m³ 左右，转轮使用寿命在 5 - 8 年，风量大于 10000m³/h 即可满足运行工况。蜂窝活性炭技术处理浓度低于 1000mg/m³，净化效率低于 85%，使用期间净化效率持续衰减，排放出口浓度可降低至 15mg/m³ 左右，活性炭使用寿命在 1 - 2 年，风量大于 10000m³/h 即可满足运行工况。低温等离子技术、光氧催化技术处理浓度低于 100mg/m³，净化效率介于 20% - 40%，排放出口浓度大于 60mg/m³。经比较，可满足公司处理要求的有沸石转轮技术和蜂窝活性炭技术。

运行排放经济性方面，综合考虑辅助燃料消耗、电消耗、单位运行小时能耗、年运行时间、维护费用等，沸石转轮技术方案年费用总计 49.7 万元，优于年费用 99.7 万元的蜂窝活性炭技术方案。

运行安全性方面，沸石转轮技术沸石分子筛转轮具有天然的不燃性，安全方面无风险。蜂窝活性炭技术蜂窝活性炭吸附器局部存在溶剂残留，若温度过高，容易导致着火或爆炸等事故。蜂窝活性炭着火事故会使吸附器内活性炭燃烧殆尽，造成较大损失。

整体看，沸石转轮吸附浓缩 + 燃烧工艺可靠性、经济性、安全性突出，可最大限度发挥投资效能。从最终的运行数据来看，沸石转轮吸附浓缩 + 燃烧工艺解决方案实测数据远远超出设计要求，各产业在环保管控期正常生产，公司也因此被评定为洛阳市环境治理标杆企业。

表 1　沸石转轮吸附浓缩 + 燃烧工艺解决方案实测数据

设备位置	苯（mg/m³）	苯和二甲苯（mg/m³）	非甲烷总烃（mg/m³）	总 VOCs（mg/m³）	总净化效率
指标要求	≤1	≤20	≤60	≤80	≥70%
18#实测值	0.119	7	7.81	14.93	93.2%
6#8#实测值	0	4.3	2.48	6.78	89.5%

三、强化创新，创造价值，推动装备制造绿色发展

顺应绿色制造趋势，迎接绿色时代挑战。未来，双瑞特装将通过切入细分领域工况环境，创新细分领域解决方案，强化技术创新，为顾客及相关方创造价值，推动实现桥梁建筑、管路装置、流体节能、能源储运装备及复杂工况部件的安全和经济运行，推动装备制造绿色发展。

绿色低碳技术应用——企业"超低排"改造治理

山西建邦集团有限公司

一、蓝天保卫战目标年"超低排"改造的重要性

2020 年是全面建成小康社会和"十三五"规划的收官之年，是打赢蓝天保卫战关键之年，是有条件解决生态环境的"窗口期"。研究表明，钢铁企业产污环节多、污染物排放量大，与重污染天气有一定相关性。对此，《打赢蓝天保卫战三年行动计划》和《关于推进实施钢铁行业超低排放的意见》提出，加大钢铁等重点行业落后产能淘汰力度，逐步关停超低排改造不达标重点排污企业。面对环保工作已关系到生存和发展这一形势，钢铁企业必须紧紧围绕超低排改造升级目标任务，保持方向不变、力度不减，突出精准改造、科学改造，做好超低排放改造工作，全面推进清洁生产改造或清洁化改造，打赢污染防治攻坚战。

山西建邦集团坚持"绿水青山就是金山银山，共建生态文明，打造绿色建邦"的发展理念，以"有组织排放超低化，无组织排放系统化，大宗原料运输清洁化，公司生产厂区社区化"为全公司超低排放全面改造目标，积极开展超低排改造治理。

二、"超低排"改造之有组织排放治理

（一）除尘器管路优化、布袋更换

依据烟尘性质和特殊的应用环境等特点，山西建邦集团有针对性地使用不同面层滤料、高效覆膜滤料及高效滤筒替代原有除尘布袋，并对除尘器管路进行优化。通过对综合原料场上料、破碎、转运、混料、仓顶等 8 套除尘器进行点检、修复，将高炉炉前除尘改用聚酯覆膜滤筒、涤纶针刺毡覆膜滤料，对烧结、熔剂除尘器管路进行优化、进行更换布袋等措施，确保颗粒物排放浓度不超过 $10mg/m^3$ 的超低排放目标。

（二）烧结球团烟气脱硫脱硝改造

山西建邦集团采用电除尘 + 循环流化床半干法脱硫 + 滤筒除尘器技术对 360 m^2 烧结机进行机头烟气脱硫脱硝升级改造，采用石灰石膏湿法脱硫 + 湿电除尘技术对球团焙烧进行改造，确保排放烟气在基准含氧量 18% 的条件下，颗粒物浓度不超过 $10mg/m^3$，二氧化硫浓度不超过 $35mg/m^3$，氮氧化物浓度不超过 $50mg/m^3$。

（三）烧结烟气循环改造

为提高烧结机除尘效率及脱硫效率、降低有害物质排放量，山西建邦集团进行了烟气循环改造，即一部分热烟气被再次引入烧结料层参与烧结过程。采用烧结烟气循环工艺后，在减少污染物排放，降低了运行费用，同时提高了烧结矿的产量。经计算，改造后固体燃耗降低 2 - 3kg/t，电耗降低 5 - 7kW·h/t，烧结烟气外排总量减少 20% 以上，烧结矿产量提高 10% - 20%。

（四）高炉均压煤气放散回收改造

在环保、成本要求日益提高的背景下，山西建邦集团进行了高炉均压煤气放散过滤回收再利用技术改造。此项技术不仅具有良好的环保效益，也可带来可观的经济效益，能在有效避免有毒气体及粉尘向大气排放的同时，实现回收可利用能源的目的，是钢铁企业实现安全生产、降本增效、环保节能的技术典范。

三、"超低排"改造之无组织排放治理

（一）开展原料堆放场地环境治理

山西建邦集团在综合原料场、焦炭料场、球团精粉料场、喷煤料场、烧结焦沫料场、熔剂石料料场建盖了密封料棚，料棚覆盖了所有堆放料区，包括堆放区、工作区和主要通道。粉性物料采取库房式存放，临时性货场采取严格的棚盖和围挡措施。同时，山西建邦集团注重现场卫生整理整顿，料场的卫生环境由各车间安排专人负责早中晚清扫，以确保料场内干净整洁。裸露地面实行绿化、硬化措施，走绿色发展之路，打造森林式工厂。

（二）配备抑尘系统

公司密闭料棚内配备了抑尘系统，包括高效干雾系统、雾炮系统和棚内监控系统等。料棚建设的颗粒物无组织排放监测系统，监测范围涵盖综合原料场、焦炭料场、球团精粉料场、烧结料场、喷煤料场、熔剂石料料场。当料棚内装载机装卸时引起扬尘时，棚内监控系统发现之后会自动定位抑尘，抑尘作用迅速高效。棚内每一万平方米安装一套监测系统，确保了密闭棚内粉尘浓度不超过 5mg/m³。此外，无组织排放监测设备与烧结机尾、脱硫脱硝及球团脱硫、高炉出铁场矿槽等自动监测站房相连接，在生产过程中控制废气治理设施及时开启关闭，保证了环保设施与生产设施同步运行。公司所有监测设备均符合测量要求，并通过了 CCEP 环保认证。

（三）开展物料输送环节治理改造

与此同时，山西建邦集团开展了物料输送环节的多项治理改造。汽车受料槽采取密闭措施，以提高现有除尘设施的集尘效果。所有除尘器放灰、输送、贮存采取密闭措施，除尘灰远距离输送如熔剂烧结，采取气力输送方式或部分采用密闭罐车等密闭输送方式。焦炭料场卸料过程设置高效干雾抑尘设施，以有效控制卸料现场扬尘。生产现场皮带下料口加装抑尘帘，皮带通廊全封闭。铁水罐加盖处理，坚决杜

绝冒烟现象。建设标准化的洗车台，对物料运输车辆车轮以及车身进行彻底冲洗，确保无黏附颗粒物，力求做到清洁运输，减轻道路污染现象。同时，洗车台设专人维护，保证冬季冰冻季节能够正常使用。

四、"超低排"改造之建设智能管控中心

为了辅助环保治理，提高环保监控实时效率，山西建邦集团利用 AI 智能技术、通信技术以及大数据技术等建设了集综合管理、监控、治理于一体的无组织排放管、控、治一体化智能平台。智能平台可通过智能识别定位技术实现生产动态识别、三维立体网格化监测，获取无组织粉尘浓度分布特点、分析无组织颗粒物的产生及变化规律，以及管控、治理不同阶段产生的无组织粉尘。智能平台为公司环境治理插上了智慧的翅膀，降低了无组织颗粒物管控难度，提高了全厂的污染物治理效率，同时实现了环保全方位全天候治理。山西建邦集团智能管控中心可实现四大功能。

一是视频监控。可查看厂区道路、料棚等重点位置的视频监控。实时画面中，还叠加显示了棚内总尘监测点的实时数据，包括点位信息、数据列表、数据图表、国控和省控站数据对比等。

二是数据统计分析。系统能够展示某个监测点位的详细数据，包括所在位置、实时监测数据、数据变化趋势、超限报警等，同时，能够对历史数据进行横向、纵向的多点位、多参数分析。可根据条件查询，导出查询结果。此外，平台支持接入各类有组织排放监测设备，能够在平台 GIS 地图上显示有组织排放监测点位和监测数据。

三是热力图分析。系统利用 GIS 地图技术，可视化厂区内的厂房布局、道路、监测设备、治理设备、监测数据、机扫车 GPS 位置等无组织污染、监测、治理等相关信息。在形成 GIS 地图的基础上，系统可以热力图的方式显示厂区内的无组织扬尘情况。

四是远程控制。平台在联动棚内安装的鹰眼摄像机和总尘监测设备，能够对抑尘设备位置、雾炮方向、总尘监测点位位置、摄像机位置等情况建立可视化界面。同时，平台统一管控厂区内的治理设备，能够统计治理设备总数量、在线数量、离线数量、故障数量，按照料棚、输送等区域类型对设备进行分类，还能显示治理设备开关、运行状态，对设备进行远程操控。

基于以上功能，山西建邦集团智能管控中心真正将管理、控制与治理融为一体，当棚内出现起尘现象时，操作人员可在可视化界面内对抑尘设备进行远程操作，实现对起尘点的精准定位，并且联动抑尘系统定点定时工作，及时治理起尘现象；当道路扬尘监测设备监测到的数据超过报警限定时，平台软件能够自动计算，判断出距离报警监测点最近的机扫车，并且在 GIS 地图上进行提醒，使用户能够尽快调度机扫车前往报警位置。

五、结语

山西建邦集团在深入实施"超低排"改造任务的同时，本着"能绿化则不硬化，能植树则不种草"和"种一棵树，绿一片地，吸收5kg 二氧化碳"的环保理念，累计种植各种树木近10 万棵，绿篱近15 万株，综合绿化面积达40%，做到了四季有绿，三季有花，两季有果。公司将继续稳步推进"森林中的钢铁企业"建设，努力达成环境改善与经济发展的双赢。

绿色低碳技术应用——碳素生产系统
沥青烟气净化新技术

沈阳铝镁设计研究院有限公司

液体沥青作为黏结剂广泛使用在铝电解用阳极、阴极以及钢铁行业石墨电极、高功率石墨电极等炭素制品的生产过程中。液体沥青由生产企业直接购买或通过固体沥青熔化后获得，在固体沥青熔化、液体沥青储存与使用过程中会散发大量的沥青烟气。沥青烟气中除含有微小的沥青液滴外还含有大量的有机化合物，其中的苯并芘、苯并蒽、咔唑等有机物会对人体造成伤害，多为致癌和强致癌物质，所以沥青烟气必须净化处理，达标排放。近年来，环保政策与标准越来越严格，其中沥青烟的排放标准降低至20mg/m³，某些地区要求新建项目沥青烟排放浓度降低至5mg/m³，并且提出了排烟筒或厂界苯并芘等污染物排放指标要求。

炭素生阳极生产中产生沥青烟气的工序为沥青熔化与储运车间和生阳极车间，常用沥青烟气净化技术为电捕焦油法与黑法吸附技术，但该项技术在实际使用中存在净化效率低、故障率高、环保排放难以长期稳定达标等不足。为提高烟气处理效率，减少有害物质排放，沈阳铝镁设计研究院有限公司结合行业特点，开发了适用于沥青烟的蓄热式焚烧炉（RTO）净化专项装备及技术。

一、沥青烟气特性

煤沥青作为生阳极生产的黏结剂，将煅烧石油焦、残极、生碎等骨料黏结到一起，其占生阳极配料的百分比为13%－16%。配料用液体沥青的温度为160－200℃，由于温度较高会产生大量的沥青烟气。沥青烟气的主要成分为多环芳烃，包含上百种化合物。

按照芳香环数量，多环芳烃可分为轻质多环芳烃与重质多环芳烃。当化合物含有至少3个以上芳香环时为重质多环芳烃，否则为轻质多环芳烃。通过对某生阳极生产企业的沥青烟气测量分析，沥青烟中多环芳烃的组成如表1所示，其中轻质多环芳烃占总量的70%，重质多环芳烃占总量的30%。轻质多环芳烃具有良好的水溶性，对水中生物有很强的毒性，而含有5个到7个苯环的芳香烃具有致癌性。

表1　沥青烟气中多环芳烃成分

项目	化学式	数值/%
萘	$C_{10}H_8$	9.0
苊	$C_{12}H_{10}$	11.5
苊烯	$C_{12}H_8$	1.5

项目	化学式	数值/%
芴	$C_{13}H_{10}$	10.5
菲	$C_{14}H_{10}$	31.0
蒽	$C_{14}H_{10}$	6.8
荧蒽	$C_{16}H_{10}$	10.2
芘	$C_{16}H_{10}$	7.3
苯并（a）芴	$C_{17}H_{12}$	1.3
苯并（b）芴	$C_{17}H_{12}$	1.1
苯并（a）蒽	$C_{18}H_{12}$	1.1
䓛	$C_{18}H_{12}$	1.6
苯并（b）荧蒽	$C_{18}H_{10}$	1.2
苯并（k）荧蒽	$C_{20}H_{12}$	1.0
苯并（a）芘	$C_{20}H_{12}$	1.2
苯并（e）芘	$C_{20}H_{12}$	1.0
茚并［1，2，3-ed］芘	$C_{22}H_{12}$	1.2
苯并（g，h，j）芘	$C_{22}H_{12}$	0.9
二苯并（a，h）蒽	$C_{24}H_{14}$	0.9

二、传统沥青烟气净化技术

传统的沥青烟处理方法有燃烧法、电捕焦油法、吸附法和吸收法。

（一）沥青熔化与储运车间一般采用电捕焦油法

沥青熔化与储运车间沥青烟气净化技术常采用一级或多级电捕焦油器净化技术，该技术依据高压静电场的物理原理设计，其工艺流程如图1所示。

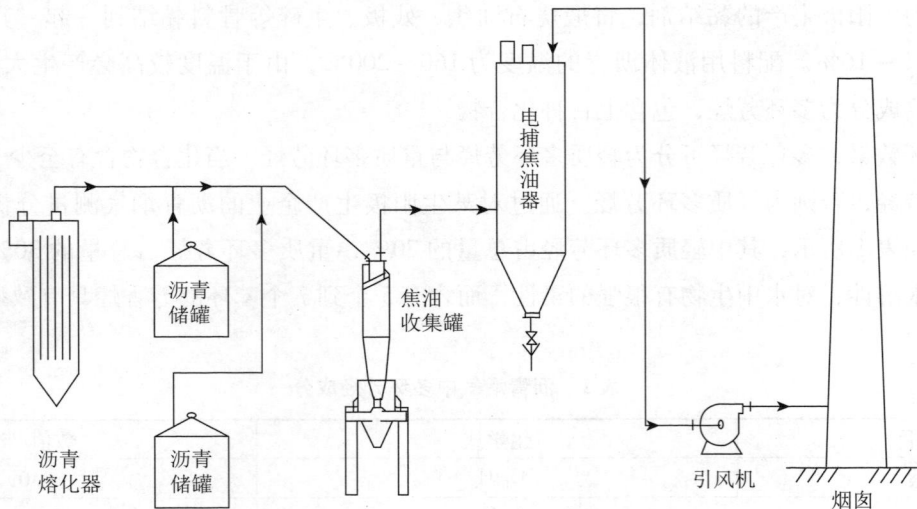

图1　电捕焦油器净化沥青烟气工艺流程

电捕焦油器净化技术在实际生产运用中可以有效地收集沥青烟中的焦油与沥青液滴，净化效果明显。但通过对多个现场的苯并芘测试发现，其排放浓度在 $0.03 - 0.1mg/Nm^3$。而净化沥青烟气收集的焦油属于危险废物，处理需要额外的费用与额外审批。当前，由于电捕焦油器运行需要频繁检修，运行连续性低，已不能满足日益严格的大气污染物排放要求。

（二）生阳极车间一般采用炭粉黑法吸附净化技术

生阳极车间使用液体沥青作为黏结剂，将由煅烧石油焦、残极、生碎等骨料通过配料、混捏、冷却等流程黏结起来，形成糊料，最终送入成型机内，振动成型后生产生阳极碳块。沥青烟存在于液体的储存与使用各个环节，沥青烟的主要产生位置为沥青高位槽、混捏机（连续混捏机或混捏锅）、冷却机（强力冷却机或冷却锅）、糊料输送机、成型机等设备。

因为炭粉比表面积大，并且与沥青烟电位相反，容易吸附沥青烟气中的污染物，目前国内大部分炭素厂生阳极车间采用炭粉黑法吸附净化技术处理沥青烟气，其工艺流程如图2所示。由于强力冷却机排出的沥青烟气中含有水蒸气并且温度相对较低，沥青液滴与水蒸气容易在烟管内凝结，所以需要在烟管上安装电加热器，通过兑热风保证烟气温度，防止堵塞烟管。

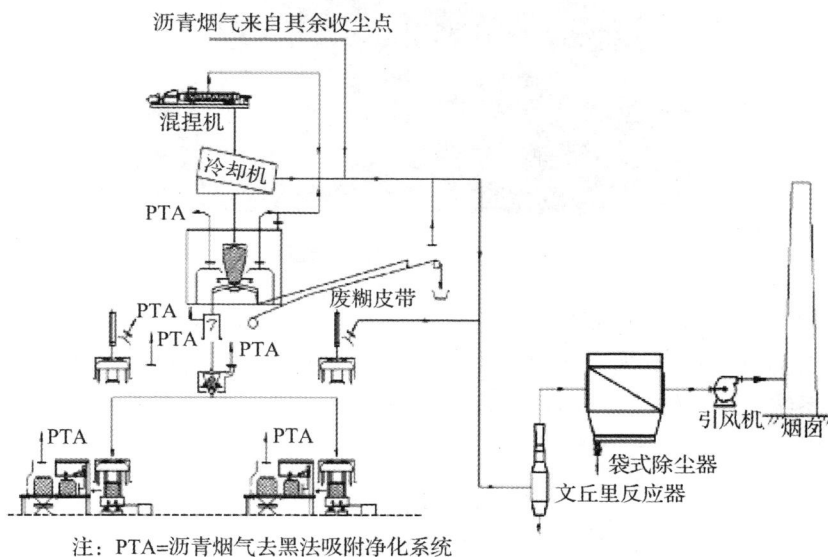

注：PTA=沥青烟气去黑法吸附净化系统

图2　炭粉黑法吸附净化技术流程图

炭粉黑法吸附净化技术对多环芳烃的综合净化效率为 90% - 98%。因为重质多环芳烃更容易被炭粉吸附，重质多环芳烃的净化效率明显高于轻质多环芳烃，其一般净化效率约为 99.5%。但黑法吸附净化技术处理生阳极车间沥青烟气时，经常出现文丘里反应器、袋式除尘器焦油黏结的问题，造成车间停车检修，影响净化设施运转率。

三、蓄热式焚烧炉（RTO）沥青烟净化技术

蓄热式焚烧炉（RTO）最早出现在美国用于去除有机物，随后在欧美国家迅速推广并应用于工业VOC废气的处理。但适用于炭素企业沥青烟气含量高、黏性大的RTO技术还未广泛应用。为了提高沥青

烟气净化效率，减少有害物质排放，沈阳铝镁设计研究院有限公司开发了适用于碳素生产系统的蓄热式焚烧炉（RTO）净化装备及技术。

RTO 工作原理是把沥青烟气加热到 850 - 900℃ 的高温，使沥青烟中多环芳烃与 O_2 氧化反应，最终分解成 CO_2 和 H_2O。为了利用高温烟气的热量，RTO 内装有陶瓷蓄热体，燃料燃烧及沥青烟氧化时产生的热量被陶瓷蓄热体储存起来，用于预热新进入 RTO 的沥青烟气，从而节省升温所需要的燃料消耗，降低运行成本。通过周期性地改变气流方向来完成蓄热体的吸热和放热过程，从而保持炉膛温度的稳定。

RTO 按照结构形式为二室、三室及多室，本公司开发的设备结构形式为三室或多室蓄热式焚烧炉（RTO）。RTO 设备本体包括五个关键的组成部分：燃烧室、陶瓷蓄热体室、阀门组、燃烧系统、烟气循环系统等。蓄热式焚烧炉（RTO）结构如图 3 所示。

图 3　RTO 结构示意

三室蓄热式焚烧炉（RTO）工作原理如图 4 所示，通过三个蓄热体的循环轮换使用，实现对低温烟气的预热以及高温烟气的热回收，并实现烟气在燃烧室内完全燃烧。沥青烟的分解效率随着温度的升高而增加，当 RTO 净化系统正常运转后，对沥青烟的净化效率为 99%，排放指标可达到 $10mg/Nm^3$ 以下。

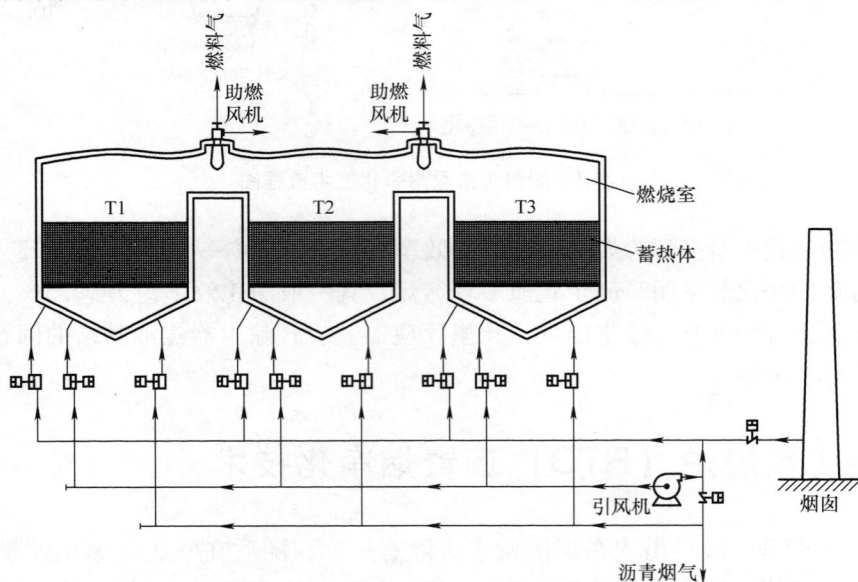

图 4　三室 RTO 工作原理

四、蓄热式焚烧炉（RTO）净化技术应用案列

（一）沥青熔化与储运车间应用案例

某炭素厂沥青熔化与储运车间使用固体沥青作为原料，车间配置一套沥青快速熔化系统，两座直径6m 的液体沥青储槽。原沥青烟净化系统配置电捕焦油器净化技术，车间储罐与熔化槽产生的沥青烟气经管道收集，送往电捕焦油器，净化后的烟气经离心风机通过烟囱排入大气。沥青烟气在进入电捕焦油器前的烟管上设置焦油收集罐，电捕焦油器捕捉的焦油与收集罐收集的焦油集中后统一处理。

该电捕焦油器净化系统使用过程中，净化效率基本满足环保排放要求，但对苯并芘净化效率较低，不能满足厂界排放标准的要求，且该系统需要经常停机检修，会造成沥青烟短期的无组织排放超标，造成环境污染，增加企业运行环保风险。此外，收集下来的焦油属于危废，运输与处置要求较高，增加企业成本。鉴于以上问题，该厂对沥青烟净化系统进行了改造，使用蓄热式焚烧炉（RTO）进行处理。

改造后的蓄热式焚烧炉（RTO）净化系统流程如图 5 所示，来自沥青熔化器及沥青储槽的沥青烟气通过已有烟管接入 RTO 系统，净化后烟气通过引风机接入原有烟囱后排出。RTO 净化系统处理的沥青烟气量为 5000Nm³/h，使用燃料为天然气，天然气消耗量约为 10Nm³/h。该套 RTO 净化系统已连续运行 2 年，运行期间无停车检修，净化效果良好，烟气参数如表 2 所示。根据表 2，确定该炭素厂烟气参数已满足环境排放要求，同时对苯并芘的净化效率大于 99.5%。

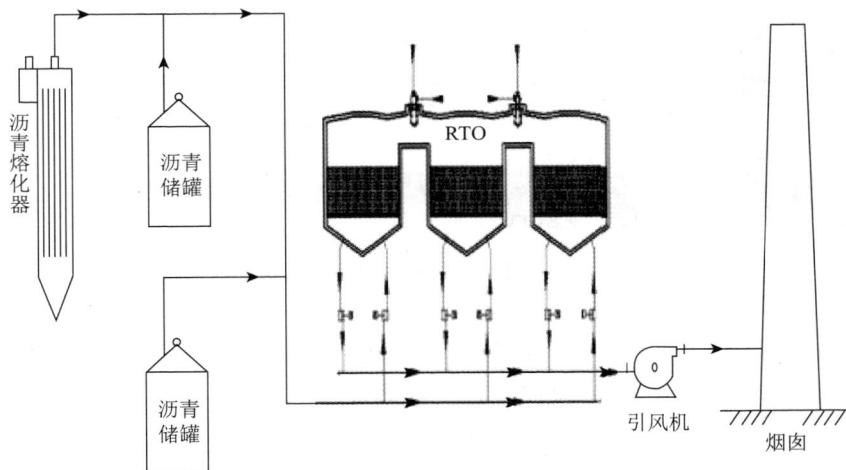

图 5　改造后沥青熔化净化系统流程

表 2　沥青熔化 RTO 净化系统烟气参数

项目	沥青烟进口参数	净化后烟气参数
烟气流量/（Nm³/h）	3845	4022
沥青烟浓度/（mg/m³）	857	4.2
粉尘浓度/（mg/m³）	145	2.7
苯并芘浓度/（mg/m³）	0.747	0.19×10^{-3}

（二）生阳极车间应用案例

某炭素厂生阳极生产规模为250kt/a，系统使用连续式混捏机、爱立许强力冷却机、振动成型机，沥青烟的释放源为混捏系统、振动成型机、沥青高位槽、糊料输送设备等，总沥青烟气量约为40000Nm³/h。

根据该厂沥青烟气的特点，采用RTO与黑法吸附联合处理沥青烟，对净化系统进行改造，其中RTO净化系统处理含水蒸气和沥青烟浓度高的沥青烟气，黑法吸附净化系统处理干沥青烟气。具体如下：

冷却机、高位槽等排放的沥青烟气中含有大量的轻质多环芳烃、水蒸气与焦油等污染物，这部分沥青烟气采用RTO净化技术处理，其烟气量为6000Nm³/h。此外，冷却机排出的沥青烟气中还有水蒸气，为了防止焦油和水蒸气在烟管内凝结，增加了一套加热系统，保证沥青烟气温度始终保持在凝固点以上。

生阳极车间其余部分沥青烟气仍进入黑法吸附净化系统内，但为了解决焦油在烟管内凝结的问题，在每个沥青烟气释放源处增加在线喷炭粉装置，根据释放的沥青烟气量调整炭粉供给量，含有炭粉的沥青烟气汇集到文丘里反应器内进一步净化，烟气通过袋式收尘器后经烟囱排入大气。具体流程如图6所示。

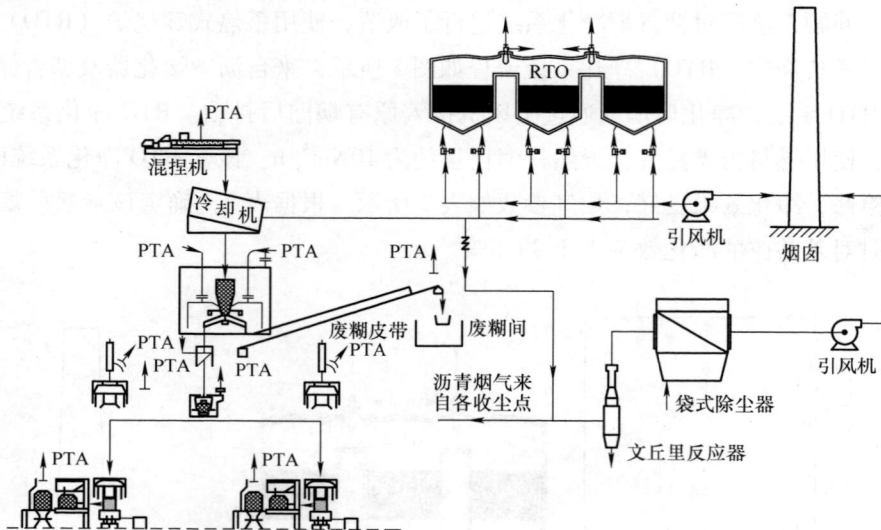

图6　改造后生阳极沥青烟净化系统

该厂改造后的净化系统已经运行一年，设备运转平稳，未出现烟管堵塞、袋式除尘器布袋焦油黏结、堵塞等问题，具体烟气参数如表3、表4所示。在改造项目中，RTO处理部分烟气能耗水平较低，燃料消耗量仅为12Nm³/h，烟气处理成本大幅降低。

表3　生阳极车间RTO净化系统烟气参数

项目	沥青烟进口参数	净化后烟气参数
烟气流量/（Nm³/h）	5801	6095
沥青烟浓度/（mg/m³）	644	4.5
粉尘浓度/（mg/m³）	248	3
苯并芘浓度/（mg/m³）	0.688	0.17×10^{-3}

表 4　生阳极车间黑法吸附净化系统烟气参数

项目	沥青烟进口参数	净化后烟气参数
烟气流量/（Nm³/h）	19855	24935
沥青烟浓度/（mg/m³）	732	7.5
粉尘浓度/（mg/m³）	38597	6.5
苯并芘浓度/（mg/m³）	0.196	1.98×10^{-3}

五、结论

　　蓄热式焚烧炉（RTO）净化技术在碳素生产中对沥青烟的净化效果良好，其利用沥青烟气的可燃性，将沥青烟气在炉内进行焚烧，使沥青烟气中的焦油、苯并芘等有害物被彻底分解。该设备采用蓄热式结构，充分地利用了沥青烟气燃烧产生的热量，有效地降低了补充燃料的消耗量，在烟气达到超净排放的同时，实现节能降耗的目的。随着近年来环保政策越来越严格，对沥青烟排放的要求越来越高，特别对轻质多环芳烃的排放要求越来越严格，使用蓄热式焚烧炉（RTO）净化沥青烟气将是工业发展的必然趋势。

绿色低碳技术应用——烧结机机尾除尘
超低排放关键技术

新疆八一钢铁股份有限公司炼铁厂

2019 年 4 月 22 日，生态环境部等发布了《关于推进实施钢铁行业超低排放的意见》，要求污染物排放浓度大幅降低，其中烧结机机尾颗粒物排放限值由目前的特别排放限值 20mg/m³ 降低到超低排放限值 10mg/m³。新疆八一钢铁股份有限公司炼铁厂（以下简称"八钢"）现有 3 台烧结机机尾电除尘器，分别为 2006 年 12 月投产的 A 烧结 140m² 电除尘器、2008 年 10 月投产的 B 烧结 160m² 电除尘器、2011 年 7 月投产的 C 烧结 300m² 电除尘器。随着国家对烟气外排标准的提高，目前 3 台机尾电除尘器不能满足新的排放标准，因此，八钢对 3 台机尾电除尘器进行了改造。本次改造以 10mg/m³ 的超低排放为目标，选择合适的技术路线，并利用新疆冬季低负荷生产期间开展改造工作，于 2017 年 12 月底开始逐台烧结机分别停产施工，2018 年 4 月初完成改造。

一、电袋复合除尘器的特点

电袋复合除尘器是在一个箱体内合理安装电场区和滤袋区，有机结合静电除尘和过滤除尘两种机理的一种除尘器。通常为前面设置电除尘区，后面设置滤袋区，二者串联布置。前级设置的电除尘区通过阴极放电、阳极除尘，能收集烟气中大部分粉尘，除尘效率大于 80%，同时对未收集下来的微细粉尘电离荷电。后级设置的滤袋除尘区，使含尘浓度低并荷电的烟气通过滤袋过滤而被收集下来。

电袋复合除尘器是一种高效除尘器，有机结合了静电除尘和布袋除尘的特点，能充分发挥电除尘器和布袋除尘器各自的除尘优势，以及两者相结合产生的新性能优势，弥补了电除尘器和布袋除尘器的除尘缺点，具有效率高、稳定、滤袋阻力低、寿命长、节能等优点。其技术特点如下。

一是除尘性能不受粉尘特性等因素影响，可以长期稳定达标排放。电袋复合除尘器的除尘过程由电场区和滤袋区协同完成，出口排放浓度最终由滤袋区掌控，对粉尘成分、比电阻等特性不敏感。因此，适应工况条件更为宽广，出口排放浓度值可控制在 5 - 10mg/m³，并能长期稳定运行。

二是电场区起到预处理器作用。电场区可以收集 80% 的粗颗粒粉尘，并且可沉降烟气中明火颗粒，减少滤袋破损与烧损概率。

三是捕集细颗粒物（PM2.5）效率高。电袋复合除尘器的电场区使微细颗粒物发生电凝，滤袋表面粉尘的链状尘饼结构对其具有良好的捕集效果。

四是运行阻力低。由于电袋复合除尘器在电场区的除尘与荷电作用，进入滤袋区的粉尘量为总量的 20%，滤袋单位面积处理的粉尘负荷量减少；荷电粉尘粉饼结构疏松，透气性好，容易清灰。在相同的工况条件和清灰制度下，与纯袋式除尘器相比，电袋复合除尘器运行阻力上升速度更为平缓，平均运行阻力更低。

五是滤袋使用寿命长。袋式除尘器滤袋破损主要由粉尘冲刷、滤袋之间相互摩擦、磕碰及其他外力所致，电袋复合除尘器进入滤袋区的粉尘浓度较低、粗颗粒粉尘很少，并且清灰频率降低，从而可以有效减缓滤袋的破损，延长滤袋使用寿命。

六是能耗低。电袋复合除尘器的低阻力节省了引风机的电耗，滤袋区清灰周期长节省空压机的电耗。

二、超低排放关键技术

除尘器的设计、安装、运行管理等过程都会影响除尘器的除尘效果与稳定运行，下面分析需要控制的关键技术。

（一）技术路线选择

1. 机尾除尘

机尾除尘器主要负责收集烧结机机尾密封罩、环冷机受料点、环冷机卸料点、板式给矿机、转运站、大烟道与小格卸料点等扬尘点粉尘。机尾除尘的主要特点为烟气温度高、含尘浓度高、含湿量很低、粉尘磨琢性强、可能含有炽热或带火星的粉尘。布袋有可能被高温粉尘烧损。

2. 布袋防烧技术

相关袋式除尘标准提出，处理含炽热颗粒物的含尘气体时，在袋式除尘器前宜设火花捕集器。由于烧结机机尾除尘烟气中可能含有炽热或带火星的粉尘，布袋可能被烧损，因此，对布袋除尘器的进口烟气需采取措施，防止布袋被高温粉尘烧损。目前通常是在布袋除尘器前增设一台预处理器（沉降室或阻火器等）。

预处理器是通过重力作用使尘粒从气流中沉降分离的除尘装置，含尘气流进入预处理器后，由于突然扩大了过流面积，流速迅速下降，此时气流处于层流状态，其中粒径较大的尘粒在自身重力作用下缓慢向灰斗沉降；另外，预处理器内部还设有导流板与折流板，强迫改变尘粒流动方向进而降低其运行速度，从而达到让灰尘沉降的目的。预处理器可以收集30%的粗颗粒粉尘，同时可以扑灭粉尘颗粒的明火、收集炽热或带火星的粉尘，防止烧损布袋。

3. 超低排放技术路线

烧结机机尾电除尘器超低排放改造技术主要有将电除尘器改造为纯布袋除尘器，将电除尘器改造为电袋复合除尘器两种方式。其中，电袋复合除尘器具有效率高、稳定、滤袋阻力低、寿命长、节能等优点而得到大力推广。

电袋复合除尘器的电场区起到预处理器的作用，效果要比预处理器好得多，电场区可以收集80%的粗颗粒粉尘，并且可沉降烟气中明火颗粒，减少滤袋破损与烧损概率。根据国内机尾电除尘改造经验，从运行稳定可靠、改造成本、运行成本等方面考虑，本次电除尘器改造选用电袋复合除尘器。

（二）除尘器结构

电袋复合除尘器有分室结构、直通结构两种形式，分室结构将除尘器内部分成若干个密封袋室，而直通结构不分成独立的袋室。分室结构的烟气经烟气总管分配到各支管，进入各袋室；直通结构的烟气自进口喇叭进入、经气流分布板后，通过一电场后进入滤袋区，一路气流从滤袋间进入袋区，另一路气流从滤袋与灰斗之间的空间进入袋区。

分室结构维护检修方便，当某个室滤袋破损后，把该室进、排风口阀门关闭，即可很方便地更换滤袋或检修，可以离线清灰，但运行阻力高，结构相对复杂。直通结构结构简单，结构阻力较小，改造工程量小，但不能离线清灰、不能离线换袋。综合考虑本改造选用直通式结构。

（三）净气室结构

净气室根据结构组成的不同可以分为顶开盖式和高箱体式。顶开盖式净气室整个顶板为活动盖板式，维修条件好，操作工人打开顶盖就可以在正常的大气环境条件进行维修工作，不受高温及有毒有害气体的影响。但该结构密封性能相对较差，漏风率相对较大，雨水漏进净气室会发生糊袋现象；检修或检查时开盖工作量较大。高箱体式净气室仅在侧部与顶部各设置1个检修人孔门，极大减少了开孔数量，从而降低除尘器的漏风率，检修或检查时开盖工作量大大减少。因此，本次电袋复合除尘器改造采用高箱体式净气室。

（四）气流分布

电袋复合除尘器气流分布的均匀性影响电场区效率，这与电除尘技术相同，同时还影响滤袋过滤精度、压差均匀性和滤袋使用寿命。若气流分布不均，则滤袋之间的过滤风速发生差异，过滤风速高的滤袋过滤精度下降，将影响整体出口排放浓度。同时滤袋的压损较大和外围流速较高，容易引起该区滤袋物理性破损。

本次改造在设计时采用CFD技术对机尾电袋复合除尘器进行了流场辅助分析，图1显示了A除尘器入口到出口中心截面速度场。通过对模型的模拟结果分析发现，除尘器内部烟道气流速度分布比较合理，在气流分布板和第一电场的作用下，有效地防止了气流冲刷布袋，且使进入滤袋区域的烟气流速比较均匀。

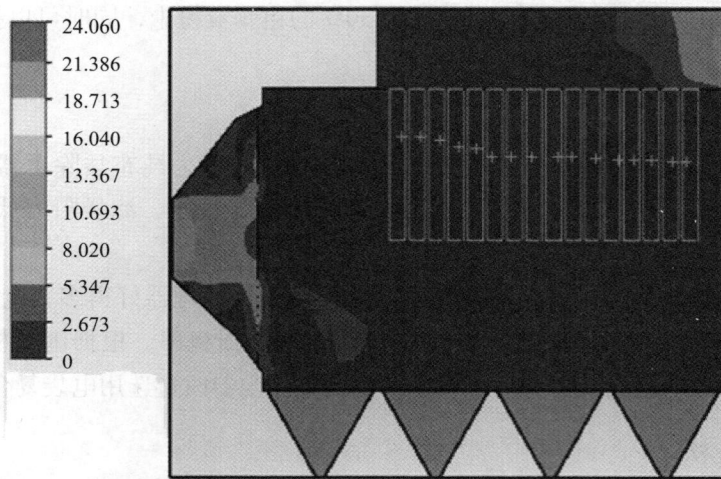

图1　除尘器入口到出口中心截面速度场

（五）过滤风速

为了实现超低排放，过滤风速选取非常关键。过滤风速的选择与粉尘性质、含尘浓度、滤料特性、排放浓度、清灰方式和运行阻力的要求等因素有关。过滤风速越高，净化效率越低，运行阻力越高，但过滤面积越小，设备费用和占地面积越小。因此，过滤风速的选择要综合考虑各种因素。

综合考虑以上6个因素并参考国内其他烧结厂机尾电袋与布袋除尘的经验，本次改造选取的过滤风速为0.85m/min。

（六）滤袋选择

滤料是袋式除尘器的核心材料，滤料的性能直接关系到袋式除尘器的过滤效果、使用范围及经济性。袋式除尘器一般根据含尘气体的性质、粉尘的性质及除尘器的清灰方式的不同选择滤料。机尾烟气的主要特点是烟气温度一般小于130℃、偶尔达到130－150℃，粉尘磨琢性强，采用脉冲喷吹清灰，因而本次改造滤料选择PTFE覆膜亚克力与涤纶复合针刺毡，滤袋规格为Ø160×8000，克重大于550g/m²。

（七）气流上升速度

气流上升速度已经成为国内环保从业者在除尘器设计中需要认真考虑的一个重要参数。气流上升速度指袋式除尘器过滤时，烟气在滤袋之间空间内的流动上升速度。气流上升速度是衡量除尘器结构性能优劣的重要参数，对脉冲袋式除尘器的性能影响较大。实践证明，在相同处理风量的条件下，气流上升速度取得大，说明在有效的袋室空间内滤袋与滤袋之间的间距更小，布置更紧凑，除尘器的外形尺寸更小。但其值过大会引起清灰效果差，烟气在滤袋上负荷分布不均，滤袋磨损大，除尘器的运行阻力也会相应增大；反之取值过小，设备体积大，造价高。

上升速度是烟气量与滤袋空间横截面的比值，可以通过改变气流运动方向而改变横截面积的值，这就是目前大量应用的侧进气方式。侧进气方式是相对于下进气方式而言的，下进气是烟气从滤袋的底部向上运动，而侧进气则是烟气从滤袋的侧部进入。

侧进气方式的优点包括，可以使滤袋做得更长；由于烟气从滤袋的侧面进入，从而使烟气流动方向与粉尘的沉降方向垂直，相比下进气的烟气流动方向与粉尘沉降方向相反而言提高了清灰效果；侧进气方式使滤袋表面的过滤速度和粉尘颗粒分布更均匀；侧进气方式更适合在线清灰方式。

本次改造采用直通式结构，既有侧进气又有下进气，气流上升速度为1.36m/s，按常规数值判断有点偏高，但从运行参数看，运行效果较好。

（八）烟气温度控制

烟气温度一般小于130℃，在电袋除尘器进口管道设置冷风阀，当烟气温度大于设定温度时，中控室有温度显示并报警，冷风阀自动瞬间打开，达到降温目的，保证滤袋不被烧坏。

（九）清灰方式

脉冲喷吹袋式除尘器将压缩空气在短暂的时间内高速吹入滤袋，同时诱导数倍于喷射气流的空气，造成袋内较高的压力峰值和较高的压力上升速度，使袋壁获得很高的反向加速度，从而清落粉尘。

除尘器的阻力是指其进、出口的压差。除尘器阻力增高，处理风量随之下降，烟尘捕集效果变差，当阻力过高时，袋式除尘器将陷于瘫痪；除尘器阻力过低，说明清灰可能过度，粉尘排放浓度将增加。因此，将袋式除尘器阻力控制在一定范围内是保证除尘系统正常运行，并保证烟尘捕集效果的关键。

本除尘器采用脉冲喷吹清灰，清灰介质为压缩空气，压力为 0.2 - 0.3MPa，采用在线清灰方式，采用压差（定阻）和定时控制相结合自动清灰方式。

三、工程应用

本工程将烧结机机尾电除尘器改为电袋复合除尘器，机尾电袋复合除尘器结构如图 2 所示。改造主要内容包括：保留原机尾电除尘器基础、壳体、进口喇叭、灰斗、平台、楼梯等；保留第一电场的阳极系统与阴极系统；拆除第二、第三电场的阳极系统与阴极系统，拆除顶盖，拆除部分保温层，拆除输灰螺旋输送机，拆除出口喇叭；修复第一电场，更换第一电场阳极与阴极系统的振打砧，按标准紧固所有螺栓，检查调整同性极距离、异性极距离等电除尘器关键参数；修复振打装置，确保第一电场功能达标；在第三电场与风机之间新增袋区，在滤袋区增加花板、滤袋、袋笼、净气室、出气烟箱、清灰系统等；利用原风机基础、机壳、风门等，更换风机叶轮组件、进风口，更换电机。改造 1 年多来，除尘器稳定运行，未发生滤袋破损现象，出口含尘浓度小于 5mg/Nm³。

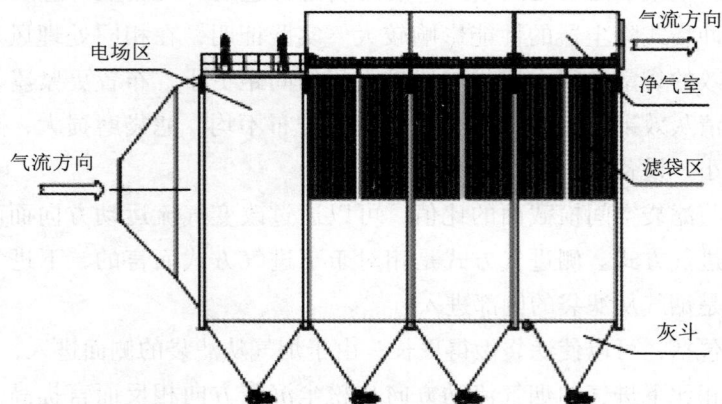

图 2　机尾电袋复合除尘器结构

四、结论

本工程将烧结机机尾电除尘器改为电袋复合除尘器，针对机尾除尘系统的特点，通过对技术路线的选择、除尘器结构、净气室结构的选择、气流分布、过滤风速、滤袋选择、气流上升速度、烟气温度控制、清灰方式等关键技术的研究，实现了机尾除尘器的超低排放。改造 1 年多来，除尘器稳定运行，出口含尘浓度小于 5mg/Nm³。

绿色低碳技术实践——冶金除尘灰技术应用

鞍钢集团钢铁研究院

在钢铁冶金工艺的全过程中，会产生大量的含铁、碳和极具经济价值的粉尘。目前，冶金行业粉尘综合利用方式基本是重新造块，包括重新烧结、造球、压块等，或者直接当作废料外卖，难以充分发挥其经济价值。例如国外的新日铁产生的冶金粉尘约77%送烧结、造块，23%堆放；国内的宝钢产生的冶金粉尘约48%送烧结、造块，42%当作废料外卖，10%深加工或提纯。在大力发展绿色低碳经济的形势下，冶金企业寻求更大的发展空间，必须在节能减排、挖潜增效和全面创新上下功夫，将各种含铁、碳粉尘加以科学综合利用。

一、现有冶金除尘灰再利用方法

冶金粉尘具有三个特点：一是种类多；二是数量大，其发生量一般为钢产量的8%－12%；三是成分波动大，粉尘含铁量在20%－60%波动，含碳量在5%－55%波动。冶金粉尘的处理方式几乎都集中在长工艺的造块，如返烧结、球团化、少许冷压球以待废钢价高时作冷却剂代替废钢；个别用火法或化学浸出法提取 Zn、Na、K、Pb。

（一）除尘灰返回烧结、球团厂再利用

目前，除尘灰返回烧结、球团厂重新参与配料造块进行利用是含铁粉尘的主要利用方式，但其循环率高，缺点较为明显，科学性不强。主要体现在以下几个方面。

一是对烧结矿或球团矿的强度及其他热态性能指标的稳定和提高无益。冶金含铁粉尘种类繁多，产量和成分随机性强、波动较大；粒度基本分布在 0.06－1mm 范围内，0.07mm 以下（即160网目以下）约占70%，对烧结工艺而言粒度过细。此外，含铁粉尘的化学成分与精矿或粉矿存在一定的差异，SiO_2 和 CaO 的含量较低，同化性能、液相流动性能、黏结相强度等性能指标都不如铁精矿，使烧结矿和球团矿在焙烧中产生的液相量不足，成品矿强度差。鞍钢长年统计结果表明，除尘灰"返回烧结、球团厂"等造块利用方式，造成约70%的除尘灰在铁前系统内"动态"循环，其再利用成本之高、合理性之差显而易见。

二是不利于粉尘中有害元素的去除。由于有害元素（如 S、K、Na、Zn）含量较高，利用粉尘生产出的人造矿，作为入炉原料由炉顶进入高炉，有害元素必然会有一部分在炉内、从上至下循环和富集，从而加重对高炉炉墙的破坏、结瘤等。

三是不利于清洁环保。目前，尽管粉尘在取出时采用了螺旋打灰器，运输的车辆通常也安装防扬尘的伞布，但从除尘站到原料场直至烧结或球团车间，全程的扬尘依然严重，倒运方式既浪费资源，又污

染环境。

此外，与直接喷吹利用相比，重新造块在内在的有效成分未有增加的情况下，凭空增加了造块工序费用，致使炼铁生产在此环节的成本增加，在鞍钢，这笔费用在 100 元/吨灰左右。

（二）冷压球式再利用

冷压球在成本和利用机理上褒贬不一。冷压球式再利用方式的成球率低（如不加黏结剂仅 20% 左右）、成品球强度低，为改善此种状况，必须外加黏结剂，成球率仅为 35% 左右，也就是说，仅在工艺内就有近 65% 的除尘灰循环。同时，成品球消耗途径过于勉强。冷压球若"先加入承装铁水的鱼雷罐（或铁水罐）或钢包、后加入高温铁水或钢水，虽然可消耗掉极少量除尘灰，但预装入的冷的冷压球，对其所接触的炽热罐体的耐火材质的激冷冲击，将会对罐的使用寿命产生极大的影响，甚至会造成漏铁漏钢烧毁罐车、焊住铁路的重大设备及人身事故；若作为高炉原料，会因其极低的强度造成高炉上部透气性变差，影响高炉顺行；若作为转炉炼钢的冷却剂，虽然在使用消耗的过程上不存在什么问题，但这对制作转炉冷却剂的除尘灰原料有严格要求，否则带入的复杂成分会直接影响所炼钢种的成分。

（三）高炉喷吹再利用

含铁粉尘高炉喷吹再利用有两种主要形式：一是单独建一套粉尘的喷吹系统，与喷煤系统并行，一同到达高炉；二是在磨煤机后加以混合装置，在此处将含铁粉尘与出磨的煤粉混合，然后再进行喷吹。后者虽然基本避免了"返回烧结、球团厂"、冷压球式再利用的缺陷，但同样存在较多不足。

一是扬尘的问题未能解决。二是与煤粉混合不均。三是称量不准，加之含铁粉尘的湿度未加控制，以致喷吹除尘灰所引起的高炉炉缸热的波动量无法准确把握。四是喷吹系统磨损可能加重，含铁粉尘湿度过大将直接影响喷吹操作的顺利进行。五是喷吹系统堵塞现象严重。根据气力输送理论，由阿连公式可知，因为除尘灰中存在大量的片状颗粒，大的颗粒形状指数势必在喷吹管道中形成"片状颗粒形成的气流阻力远大于球状颗粒"，以致频繁地造成喷吹系统的堵塞。综合喷吹效果不很理想。

（四）除尘灰与粉煤一同喷入高炉再利用

除尘灰与粉煤一同喷入高炉的再利用方式是指含铁粉尘与原煤在原煤场混合、经上料皮带一同进入制粉系统后与煤粉一同向高炉进行喷吹的利用方式。此方式基本克服了含铁粉尘重新造块利用方式的主要缺陷，并且通过"粉尘与原煤一同进入磨煤机"的方式消除了自成系统向高炉进行喷吹利用方式中粉尘湿度无法控制的问题，并对混合不均和对喷吹系统的磨损问题也有一定程度的改善。此外，含铁粉尘与粉煤的预混合，使混合粉进入回旋区之前在风口后段燃烧形成高温气体，进而加热并熔化与粉煤伴行的高炉灰，剩余热量可提高回旋区炉渣温度，进而改善回旋区内渣铁的熔融、还原和流动性，最终使高炉喷吹含铁除尘灰操作在回旋区处得以热补偿，有利于高炉的稳定顺行生产。

但这种利用方式仍然存在较为严重的缺陷。在煤粉制粉系统的第一条上煤皮带（现场一般称为 K1 皮带）两端都配有磁铁检铁器。这种方法直接将含铁粉尘上到 K1 皮带上，含铁粉尘会被 K1 皮带上的检铁器吸附，造成制粉车间上煤操作中断。同时，工艺过程扬尘严重，未能考虑含铁粉尘喷吹量控制问题。截至目前，尚未有厂家利用此种方法试验成功。

冶金粉尘再利用方式还有提纯、深加工，但其处理量比例极低，且常伴生严重的次生污染。总的来说，采用"高炉喷吹方式"回收利用含铁粉尘，既省去了重新造块过程的工序能耗，又合理利用了粉尘中的铁和碳。但诸多关键性问题仍需改善。

二、"除尘灰与粉煤同喷"的 DCR 技术

针对冶金粉尘再利用面临的多种问题，鞍钢立足冶金企业各类粉尘的全量处理，在认真调查研究的基础上，开展了以本企业全部冶金粉尘资源化再利用为核心的含铁粉尘与煤同喷、喷煤配比优化、无波动热风炉控制技术、含铁粉尘高喷吹比下高炉操作之入炉焦炭综合物化性质与高炉回旋区状态对应关系模型等一系列技术研究与开发，以期实现在高炉综合喷吹环节实现炼铁工序成本的稳步降低和长远绿色发展，最终首创了 DCR（Metallurgical – dust Cleanly Recycle Technology of Ansteel）技术。

（一）DCR 研发的研发理念

DCR 的研发遵循"RESER"理念：即总量的一次减量化（Reduction）、工艺的环保性（Environment）、技术的科学性（Scientific）、方法的经济性（Economical）及再利用的资源化（Recycle）。

（二）DCR 工艺组成与技术重点

鞍钢从除尘灰资源化再利用的根本性着手开展 DCR 研究，针对除尘灰重返烧结或冷压减量化率低、含铁粉料计量不准、高炉回旋区热补偿量无从把握、大量片状除尘灰颗粒输送易堵、输送使用二次扬尘严重等问题分别开展了关键技术研究，最终确定了"灰与煤比例可控预混 + 制粉系统 + 喷吹系统 + 高炉"工艺路线。

1. 含铁粉尘工程级精准放料技术

通过试验，研发出以"布袋集粉罐下部的下料插板阀适宜开度、星型卸料阀适当槽容和星型卸料阀电动机之减速机调频器频率的适当调整"为关键参数的含铁粉尘工程级（1‰）精准放料技术，实现了对整个 DCR 工艺过程热量把握环节的冷料量把控。

2. 消减除尘灰颗粒输送绕行阻力技术

尘、煤同入制粉系统过程中规整了除尘灰颗粒，加大了颗粒形状系数 ξ，缩小了非球形颗粒的绕流阻力系数 C_R，消减除尘灰颗粒输送绕行阻力，进而使雷诺数 R_e 满足阿连沉降公式，从而巧妙地消除了大量片状除尘灰颗粒在管道中造成的堵塞现象，确保了喷吹系统的顺畅。现场检测结果表明，中速磨磨煤功没有明显增加。

3. 热风炉无波动控制技术

热风炉无波动控制技术通过非固定周期和风机恒压换炉操作，提高风温 24.5℃，风温波动幅度缩窄 19.4%、风压波动缩窄 11.6%，为稳定高炉操作、增大高炉对所喷凉性含铁物料量的适应度、强化了高炉生产的热补偿保障。

4. 无扬尘绿色再利用技术

采用搅笼处粉尘均匀加湿技术，消除了除尘灰从集粉罐向下放料环节的扬尘，同时避免了含铁粉尘

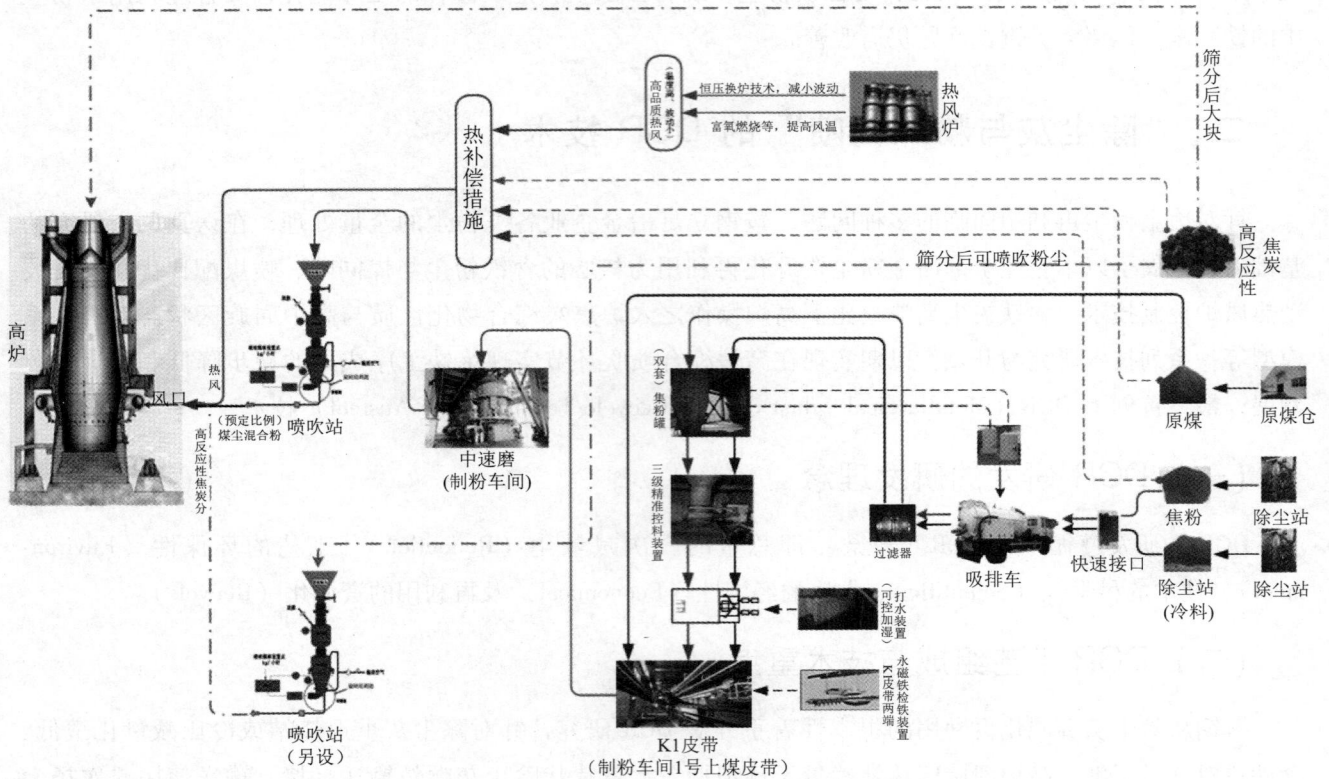

图1　鞍钢高炉喷吹除尘灰工艺（DCR）路线总图

布上制粉车间上料皮带（K1）后被检铁器吸附，加之 DCR 工艺前段吸排车或输送管道的使用，使整个DCR 技术绿色无扬尘。

与此同时，多套集粉罐放料系统可存放多种物料：各类除尘灰，以绿色科学再利用各种冶金粉尘；石灰、镁石、硅石等造渣材料，以调整炉缸处炉渣碱度，实现强化高炉脱碱、脱硫；钒钛粉，以灵活完成炉缸护炉操作；精矿粉，配以多项热补偿手段，可真正实现在高炉回旋区熔融还原与高炉炼铁的革命性结合；废塑料、生活垃圾等多种物料，一定程度上消除白色污染和生活垃圾对土壤和水源等自然生态的污染；氧气，以富氧燃烧提高高炉回旋区理论燃烧温度、平衡公司层面的氧氮平衡、降低消耗等，实现多重工艺目的；废气，一定程度上循环利用冶金废气，减少排放；高活性炭粉，以灵活调剂高炉炉缸处的运行状态，包括理论燃烧温度、炉缸活度（死料柱焦炭粒度组成、死料柱表面温度、死料柱透渣透液性等），最终形成高效灵活的高炉下部多重调剂新手段的有机集成。

5. 入炉焦炭性质与回旋区状态对应关系模型的开发应用

入炉焦炭性质与回旋区状态对应关系模型的开发应用，对含有高比例、种类繁多、数量巨大的冶金除尘灰的全部再利用具有"从容性"：首先探明了含铁粉尘喷吹量上限为 115.1kg/t，其次确定了本企业全部除尘灰在经 DCR 技术工艺加以再利用下的多种热补偿手段的调剂量及方式，然后确定了入炉焦炭性质与回旋区状态（主要体现在炉缸死料柱状态）的对应关系，对本企业的炼焦配煤具有一定的指导意义。该模型现场拟合度达 93.85%。

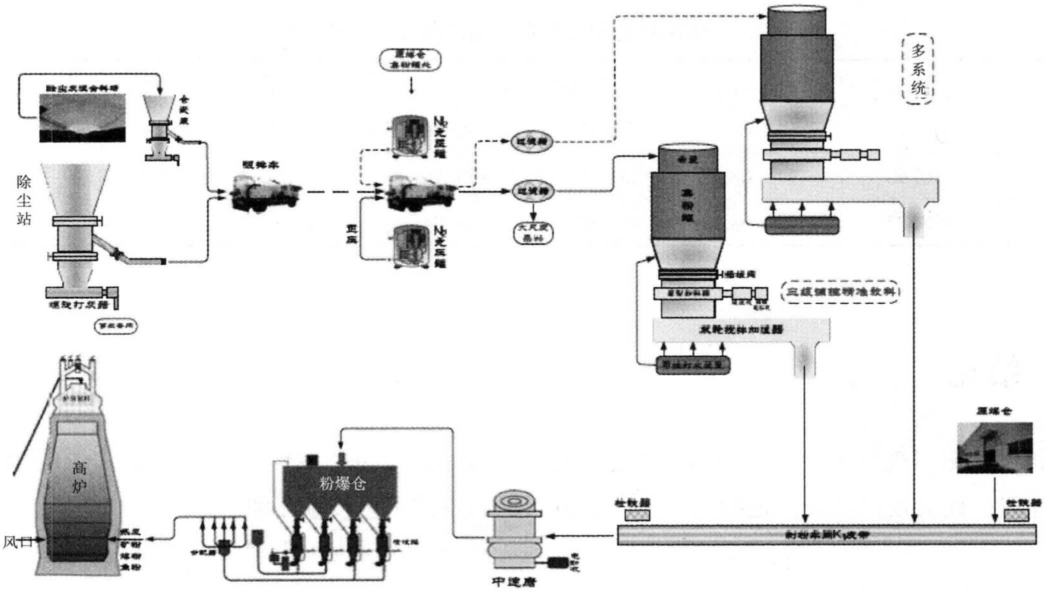

图 2　冶金粉尘高炉喷吹部分工艺流程

三、鞍钢鲅鱼圈炼铁部高炉喷吹除尘灰 DCR 技术应用实践

鞍钢鲅鱼圈炼铁部除尘灰产量约 20 万吨/年，采用"收集 + 吸排车送'强混'运回返烧结"的原始处理方法，存在沿途扬尘严重、资源浪费、工艺流程长，烧结矿性能不稳定，产生次生灰尘，重复烧结与冶炼，再利用率低、矿槽灰与焦槽灰"分除混送"等问题。2017 年 7 月，鞍钢鲅鱼圈炼铁部正式开始采用高炉喷吹除尘灰工艺。实践发现，炼铁除尘灰对高炉燃料比有重要影响。

（一）停配炼铁除尘灰对高炉燃料比的影响

停配炼铁除尘灰后，虽然煤粉的固定碳有所上升，但由于煤粉中缺少了除尘灰中的氧化剂（除尘灰中含有 45% 氧化铁），限制了煤粉的燃烧反应，反而使高炉的燃料比上升 1.97kg/t。风温变化较小，可忽略不计，高炉 Si 上升 0.041%，需消耗燃料比 1.64kg/t（按 Si 提高 1% 需 40kg 焦比计算）。扣除以上影响，高炉停配炼铁矿槽除尘灰后，燃料比实际增加 0.33kg/t。

（二）配炼铁除尘灰对高炉燃料比的影响

配炼铁除尘灰后，风温降低 5.19℃，需增加燃料比 1.3kg/t（100℃ 风温影响 25kg/t 焦比计算）；高炉 Si 下降 0.016%，减少燃料比 0.64kg/t（按 Si 提高 1% 需 40kg/t 焦比计算）。扣除以上影响，高炉配炼铁矿槽除尘灰后，燃料比实际降低 5.98kg/t。煤粉中加入 3.5% 的除尘灰配比，平均可使燃料比降低 3.16kg/t。

鞍钢鲅鱼圈炼铁部高炉喷吹除尘灰，清洁不扬尘，技术成熟。鞍钢年产各种冶金粉尘 230 余万吨，采用本工艺进行处理，可减少近 150 万吨粉尘的循环，同时可增产、节焦，环保效果明显。

表1　停配炼铁除尘灰前后高炉焦比和煤比情况

除尘灰配比/%	焦比 kg/t	煤比 kg/t	燃料比 kg/t	入炉品位%	硫负荷	风温℃	炉温/（Si）%
3.50	346.92	145.66	53731	58.04	3.50	1199.60	0.533
0	350.60	144.08	539.28	58.10	3.50	1199.33	0.574
350	358.27	130.63	533.96	58.04	4.65	1194.14	0.558

四、结论

DCR 技术克服了现行多种冶金粉尘处理方法存在的痼疾，自身普适性强，一次减量率 100%，绿色环保、科学合理，社会效益巨大，是冶金粉尘科学再利用的最佳工艺技术路线。

绿色低碳技术实践——无组织排放管控治一体化智能平台、环保管控治一体化平台

北京易玖生态环境有限公司

一、技术情况

（一）无组织排放管控治一体化智能平台

1. 技术简介

无组织排放管控治一体化智能平台是根据不同产尘源扬尘排放的规律，利用物联网设施实时获取生产设施运行状态数据、网格化颗粒物监测系统了解无组织颗粒物浓度分布动态、视觉 AI 智能识别技术准确捕捉产尘动作、大数据技术分析无组织排放颗粒物的产生及变化规律、智能控制系统根据分析结果对不同的抑尘设备发送对应的抑尘动作指令，从而以最经济高效的方式达到无组织排放的治理效果，为企业节约治理成本。

无组织排放管控治一体化智能平台包括感知层、传输层、存储层、运算层及应用层。其中，感知层包括在原料棚内、物料转运线路、主要生产设施周边、厂区主要产尘道路上布设的总尘（TSP）浓度在线监测仪表、厂界环境布设的 PM2.5 在线监测仪表，以及在原料棚内布设的动作追踪鹰眼视觉监控摄像头，生产设施运行信号采集终端等仪器仪表。由于项目多为改造项目，因此为快速部署，传输层主要采用 4G 无线传输方式，视频流采用光纤传输方式。存储采用企业私有云部署。运算层利用视觉 AI 及大数据技术综合分析，并通过多终端应用提供满足不同层级需求的可视化结果呈现。平台上线后为无组织排放效果的实现提供了可靠保障，且提高了企业整体治理效率、降低了治理成本。

2. 技术创新点

（1）紧扣政策，适度超前。深刻理解并紧扣环保政策要求，不仅满足相关环保政策及标准，设备均选用较为先进的工业级产品，保障系统的长期稳定运行。同时对标国内水泥行业优秀企业，系统具备一定可扩展性，可以逐步升级为企业绿色智慧综合决策平台。

（2）科学设计，稳定高效。感知层仪器仪表均根据水泥企业产尘源的实际情况，以及无组织排放管控的本质要求进行设计选型，在产尘点不固定、涉及范围广的区域采用视觉 AI 技术，有效捕捉产尘动作，为抑尘设备的精准运行提供了可靠指引。平台功能设计方面，为企业提供多终端应用，满足不同层级不同场景的需求，既能帮助企业主动应对环保部门检查，又能让管理人员统览全局，及时、准确地把握全厂环保现状，表明了企业的环保治理决心及社会责任感。

（3）拓展性强，为企业持续提高的信息化管理需求奠定基础。系统具备拓展性和开放性，除实现无组织排放（颗粒物）管控治一体化外，还整合了全厂有组织排放、主要治理设施运行状态监控等现有系统数据，同时对全厂设施进行了数字化建模，为企业未来打通生产、能源、环保数据孤岛，进一步提升信息化管理需求奠定了很好的基础。

（二）环保管控治一体化平台

环保管控治一体化平台是利用云计算、智能 AI 识别、物联网通信技术及大数据统计与分析等主流技术搭建。通过全天候在线监控企业污染物排放情况及污染处理设施运行情况，构建全方位、多层次、全覆盖的企业环境监测网络，全方位响应环保要求，实现企业各类污染物的污染预防、达标排放，提高环境管理工作效率，对监测数据进行深度挖掘与应用，以更精细的动态方式实现企业环境管理和决策的智慧化。

在深刻解读国家政策、地方政策及行业大势基础上，结合客户的需求，瞄准"智慧与绿色"两个大方向，开展产品设计。产品的设计、安装、调试、维护严格依据相关政策以及环保标准的要求。环保集中控制系统平台的设计、评价、运维、升级等充分体现了数字化、信息化、平台化和智能化。为企业高层领导与基层操作人员提供了企业环境监测监控、展示呈现、高效管理的信息化管理工具，对内提高了企业内部环境管理效率，降低了企业环境风险，对外展示了企业环境治理的决心与前瞻性，提升了企业绿色发展的外部形象。

1. 技术创新点

一是紧扣政策，适度超前。项目的设计、安装、调试以及维护将依据国家、山东以及钢铁行业相关政策及环保标准要求，同时不拘泥于当前相关政策及标准的要求，适度超前，做到行业领先。

二是全面统筹，抓住关键。充分结合业主需求和行业发展趋势，系统设计科学合理、可扩展性强，避免无谓的人力财力损失。

三是灵活部署，创新实用。本系统硬件采用可快速部署的安装方式，减少了工程量，且可方便拆装，满足企业在不同厂区的使用和管理需求。机器视觉、人工学习及大数据分析多技术综合运用使系统更加具有创新性和实用性；同时，提供移动端 App，方便企业管理且功能全面。

2. 环保管控治一体化平台特点

大气治理中无组织排放具有点位多、分布广、发生频率高、时间不可控等特点，所以常规的依靠人工去操作治理设施难以实现对污染源的及时治理，因此监测信号与治理设施的联动操作就应运而生。分布在全厂的多种监测终端设备是控制系统的"耳目"，产尘点无组织颗粒物排放数据、生产动态实时数据等实时上传至无组织排放集中控制系统平台，平台作为系统的中枢，不仅要具备运用数学模型算法、大数据分析技术、机器学习技术总览全局，进行分析判断、溯源、预测的功能，还应该具备把结果转变为指令再下发到各个终端治理设施，实现总控全局的功能。

（三）技术应用领域

1. 工业企业环境管理

为水泥、钢铁、冶金、石化、电厂、矿山、港口等工业企业提供末端污染治理综合解决方案，从污染点位到生产全流程进行环境监控，同时监测系统与物流管理系统、生产设施、抑尘设施等联动，建立污染源全生命周期管理，将管、控、治一体化，改善厂区环境质量，帮助工业企业更精准更高效地绿色化发展。

2. 政府部门区域环境管理

打通有组织排放在线监测数据、无组织排放治理数据、省控国控空气质量站数据等多个数据孤岛，让政府决策部门通过三个层级管控区域内重点行业的环境治理。

（1）了解区域的整体环保概况、重点企业的分布、各下属地区的空气质量排名、当月的管控效果。

（2）了解某重点行业的整体情况，包括环保情况和违规情况，进行有针对地行业管控。

（3）了解具体企业环保情况，以企业为单位进行绿色评级和差异化管理。

系统最终将实现层层管理、依次联动，科学有序淘汰落后产能，杜绝环保"一刀切"，差异化管理，正向激励，负向淘汰，促进区域进一步供给侧改革、产业绿色转型升级和空气质量的改善。

二、应用案例分析

（一）无组织排放管控治一体化智能平台案例

无组织排放治理设施（负压收尘＋源头抑尘）和无组织排放管控治一体化智能平台在宏昌水泥实施后，密闭棚通道口或通风处总尘浓度不超过 $2mg/m^3$，主要无组织排放源周边 1 米处总尘浓度不超过 $2mg/m^3$，全厂颗粒物无组织排放总量得到了很好的控制和削减，同时通过信息化和大数据相关技术应用，企业环境管理效率得到了很大提升。

无组织排放管控治一体化智能平台在河北新武安钢铁集团明芳钢铁有限公司、河北兴华钢铁有限公司、河北永洋特钢集团有限公司、河北新峰水泥有限责任公司、山西星原钢铁集团、襄汾县星原集团水泥建材集团等钢铁、焦化、水泥等行业应用。

（二）无组织排放管控治一体化智能平台案例

环保管控治一体化平台在泰山钢铁实施后，通过接入全厂主要生产设备、环保治理设备、环保监测设备、产内外车辆监管的运行信号及监测数据后，能够有效监管，保证生产、治理设备同步运行，并且全厂颗粒物无组织排放总量得到了很好的控制和削减，同时通过信息化和大数据相关技术应用，企业环境管理效率得到了很大提升。

环保管控治一体化平台在山西省宏达钢铁集团有限公司、山西华强钢铁有限共色、山西华鑫源钢铁有限公司、山西东方资源发展有限公司、山西星原钢铁集团、襄汾县星原集团水泥建材集团等钢铁、焦化、水泥等行业企业广泛应用。

三、小结

无组织排放管控治一体化智能平台主要通过企业的末端污染治理，监测系统与物流管理系统、生产设施、抑尘设施等联动，将管、控、治一体化，结合大数据分析及模型拟合，准确、快速地获得污染粉尘的来源、空间分布及其演变趋势，根据分析结果对不同的抑尘设备发送对应的抑尘动作指令，从而以最为经济高效的方式达到无组织排放的治理效果，帮助工业企业更精准更高效地绿色化发展。同时，为管理部门进行源头控制、污染物传输通道分析、追责执法、多维取证以及环保综合治理绩效，提供有效的数据支撑。

环保管控治一体化平台通过接入的监测设备系统，可精准、实时地对工业污染源进行三维立体网格化、高分辨率综合监控，同时通过汇总各类型设备的大量实时监测数据，结合大数据分析及计算模型拟合，准确、快速地获得污染来源、空间分布及其演变趋势。平台通过"在线监测＋监管监控系统"，为管理部门进行源头控制、污染物传输通道分析、追责执法、多维取证、评估以及综合治理方案的制定提供有效的数据支撑，从而提升管理部门关于大气污染的综合监管能力，改善该地区的大气环境质量。

环保管控治一体化平台根据每种污染物处理技术的特点，利用当今智能识别技术、通信技术以及大数据技术，通过智能识别定位技术识别生产动态、三维立体网格化监测系统获取全厂污染物浓度分布、大数据技术机器驯服分析污染源的产生以及变化特点，智能管控不同阶段产生的无组织排放污染物，提高除尘效率的同时降低招标方投资。平台的设计本着"简捷、安全、实用、可靠"的原则，采用目前国际领先的通信技术方式，能及时掌握和了解工艺流程中设备的运行工况、工艺参数的变化，有效优化工艺流程，保证工艺流程的稳定、安全运行，并降低运行成本，提高管理效率，增加长期运行的稳定性。

绿色低碳技术实践——锌电积节能降耗生产实践

云锡文山锌铟冶炼有限公司

锌电积是湿法炼锌的关键过程，该过程利用直流电作用使溶液中的锌离子在阴极析出转变为锌片。锌电积直流电单耗和阴、阳极板单耗是衡量锌电积成本高低的关键指标，也是湿法炼锌企业控制生产成本的重要出发点。

云锡文山锌铟冶炼有限公司（以下简称"文山锌铟"）投产初期吨锌直流电耗持续偏高，在 $3300kW \cdot h$ 以上，且阳极板短路现象严重，造成大量阳极板烧损的同时，产出大量 $1^{\#}$ 锌片，生产极为被动。鉴于此，公司从工艺控制、现场管理和精细化操作方面等进行了优化改进。经过 4 个多月的努力，阴阳极板短路现象逐渐消除，吨锌直流电耗逐渐降低至 $3060kW \cdot h$，$0^{\#}$ 锌产出率实现100%，有效降低了生产成本，增加了企业经济效益。

一、锌电积能耗的影响因素

长周期锌电积能耗的影响因素有很多，如新液的锌浓度、电流密度、槽温、流量、酸锌比、添加剂等，其中直流电耗是其最主要的影响因素。直流电耗与电积工艺技术参数的控制有着密切关系，降低直流电耗的关键是提高电流效率、降低槽电压。影响电流效率的主要因素有新液的质量、新液温度、澄清时间等，影响槽电压的主要因素有阳极泥厚度、槽温、酸锌比等。

二、降直流电耗的措施

（一）提高新液质量

新液质量的波动是影响电积直流电耗最直接和最重要的因素。新液中影响电耗的杂质有 Co、As、Sb、Ge、Cu 等，任何一种杂质超标都易引起电积不同程度的"烧板"现象，使电流效率大大降低。若产生烧板，吨锌电耗会高达 $3500kW \cdot h$ 以上，甚至会影响阴阳极板的寿命。净液除需保证优质的新液以外，还需给电积提供充足的新液澄清时间，另外还应对新液罐和循环槽及时清理，尽可能保证电积系统的稳定生产。

1. 控制钴含量

公司对杂质 Co 含量要求最高，要尽可能降低，因为 Co 含量对于电积有着至关重要的作用。一般要求新液 Co 含量低于 $0.0004g/L$，100% 优质供给，以降低杂质离子烧板的可能性。

2. 温度控制

必须保证新液温度在40℃以下，以使钙镁离子尽量在上一工序析出，减少电积钙镁的压力，降低直流电耗。

3. 加强钙镁底流压滤

净液需保证每班2次沉降底流压滤，沉降槽底流深度尽可能压低，以保证新液的清亮度。此外，及时清理新液罐和循环槽也有助于生产的稳定。

4. 保证澄清时间

随着生产时间增加，电积新液贮槽内部的底流也越来越多，所以需保证8h的澄清时间，以减少杂质离子富集，降低烧板的可能性。

（二）降低槽电压

槽电压由$ZnSO_4$的分解电压、电积液电阻电压降、阴阳极电阻电压降、阳极泥电阻电压降等几部分组成，具体构成见表1。硫酸锌分解电压与电积液锌离子浓度、电流密度、电积液温度等存在一定关系，阴阳极电阻电压降与极板本身材质有关，阳极泥电阻电压降和接触点电阻电压降则与日常操作有关。由表1可以看出，降低任何一部分电压降，均可以减少槽电压，从而达到降低直流电耗的目的。

表1　槽电压平衡

槽电压组成	消耗电压/V	占槽电压比值/%
$ZnSO_4$的分解电压	2.4~2.6	75~80
电积液电阻电压降	0.4~0.6	13~17
阳极电阻电压降	0.02~0.03	0.7~0.8
阴极电阻电压降	0.01~0.02	0.3~0.5
阳极泥电阻电压降	0.15~0.2	5~6
接触点电阻电压降	0.03~0.05	1~1.4

1. 加强掏槽和拍平

随着电积沉积的进行，电积槽底部的阳极泥会越来越深，附着于阳极板的阳极泥也会越来越厚。缩短掏槽周期，控制在16-20d以内，且保证电积槽底部阳极泥低于15cm，阳极板表面则无明显阳极泥且板面平直。

2. 保证搭接和极间距

当阴极行车起吊再次放入槽内时，阴极板和槽间导电铜排会存在偏差，需及时进行调整保证极板的搭接，避免出现错牙板现象；同时极板起吊之后必须保证极间距，以降低极板短路的情况。

3. 合理控制酸锌比

由于生产用高酸高电流密度电积，所以酸锌比的掌控非常重要。在保证废液含酸不超170g/L的前提下，酸锌比需控制在 3.4 - 3.6，以降低电积液锌离子浓度，减小电阻。

4. 控制槽温

通过对生产进行实时监测，发现电积电流大小、废液经过冷却塔数量、废液循环量是影响电积液温度最重要的原因。对电积液温度进行适当调整，可以降低直流电耗。阳极电位随温度的减小值为 3.2 mV/℃，如果将液温由 36℃ 提高到 46℃，那槽电压将会减小 32mV。

世界各国的许多电锌厂都在努力提高废液温度，尤其在日本，饭岛已将废液温度从 34℃ 提至 44℃，秋田从 40℃ 提至 50℃。文山锌铟将废液温度从 30℃ 提至 38 - 41℃ 后，产量明显增加，电效从 80% 提至到了 93%。通过采取以上措施，在 420A/m² 电流密度下，槽电压由 3.50 - 3.55V 降至 3.40V。整改前后槽电压生产参数如表 2 所示。

表 2　槽电压生产数据

日期	时间	温度/℃	酸锌比	槽电压/V
改进前	2018 年 10 月	30	33	3.54
	2018 年 11 月	30	3	3.53
	2018 年 12 月	33	3.2	3.5
改进中	2019 年 1 月	35	3.2	3.47
	2019 年 2 月	37	3.3	3.45
	2019 年 3 月	38	3.4	3.43
	2019 年 5 月	39	3.5	3.42
改进后	2019 年 7 月	40	3.6	3.40
	2019 年 9 月	40	3.6	3.40
	2019 年 10 月	40	3.6	3.40

三、降低阴阳极单耗的措施

（一）优化阳极绝缘

在阳极板梁、板面、侧壁分别安装绝缘套、绝缘子和绝缘夹，采取全方位的绝缘防护措施，以避免短路现象，同时还可避免因阴、阳极短路导致的析出锌含铅高问题，以保证开槽期间和投产初期产出的锌片品质达到 0# 锌标准。

（二）优化阴极防腐涂层

3.2m² 的大极板对防腐涂层要求很高，生产过程中发现阴极板一般的防腐涂层只能使用 3 个月，但经过不断改进防腐涂层的选用和搭配，目前已能使用 10 - 15 个月。

（三）优化维修模式

阳极板在使用过程中易发生板梁弯曲、板面损坏的情况，公司自制了校梁工具，可及时校正阳极板梁。阴极板在使用过程中，黏边条易脱落、板面易弯、梁易损坏、导电头易脱落，消耗较大，在使用过程中，可以将极板未损坏部位重新组合，废物利用，以降低阴极板和阳极板的单耗，节约生产成本。

四、精细化操作

（一）实现全自动剥锌

文山锌铟是国内第一个实现全自动剥锌的冶炼厂，整个剥锌过程都是机械自动开口，自动剥离，不会对阴极板造成损坏，延长了阴极板使用寿命。

（二）加强刷板操作

如果阴极板面未刷洗干净，析出锌易出现串酸板，而加强刷板作业可改善析出情况，并可降低直流单耗。生产过程中，阴极板导电头极易被铜绿和结晶覆盖，文山锌铟在刷板过后增加了蒸汽吹扫作业，将结晶物质吹扫干净，同时再用不锈钢钢丝刷刷洗导电头铜绿，以确保导电头的光滑度，增大导电头与槽间导电铜排的接触面。

（三）严格入槽检查

严禁附着残余锌片的阴极板入槽，否则会导致下次出槽残锌处发生质变，导致锌片难以剥离；严禁弯板入槽，否则会导致极间距发生突变，造成阴阳极短路，增大直流电耗，甚至发生在入槽过程中短路起火等情况；严禁绝缘条脱落极板入槽，否则会导致极板侧面析出锌，导致剥离困难并腐蚀极板。

五、效果分析

改进前后，锌电积能耗及产品质量对比情况见表3，经济效益分析如下所述。

表3　改进前后参数对比

技改状态	槽电压/V	吨锌直流电耗/kW·h	1#锌产量/t	0#锌产量/t	阳极板烧损率/%
改进前	3.5	3360	13587	0	1
改进后	3.4	3060	0	13587	0

（1）改进前后相比，2019年度析出吨锌直流电耗为3060kW·h，比改进前降低了300kW·h，2019年生产10万t锌片，以每度电0.33元计算，共计节约生产成本费用：$300 \times 0.33 \times 100000 = 9900000$元。

（2）改进后投产前三个月，共产出0#锌片13587t，若1#锌和0#锌价差按100元/t计，累计增效

1358700.00 元。

（3）投产初期投入阳极板 11040 片，阳极板单价 9800 元/片，按常规开槽 1% 的阳极损耗率计，此处可节约 1081920.00 元（11040×1%×9800，正常生产期间的阳极单耗节约未计入）。

六、结论

直流电单耗是锌电积生产中最重要的经济技术指标。降低直流电耗是公司和车间的首要任务。文山锌铟投产初期，吨锌直流电耗持续偏高，并对生产造成极大影响，公司从工艺控制、现场管理和精细化操作等方面进行优化改进，经过 4 个多月的调整，吨锌直流电耗逐渐降低至 3060kW·h，实现了 100% 的 $0^{\#}$ 锌产出率，大幅降低了生产成本，增加了企业经济效益。

绿色低碳技术实践——广西大新锰矿
地采废水处理研究

中信大锰矿业有限责任公司

一、地采水污染现状

广西大新锰矿（以下简称"大新锰矿"）始建于 1963 年，已探明的锰矿地质储量 1.31 亿 t，其中氧化锰储量 51 万 t，碳酸锰储量 1.2 亿 t。目前，大新锰矿开采已全面转为地下开采，年开采量为 150 万 t/a，按已探明储矿量预计可开采 30 年以上。地采采用胶带斜井 + 副井（竖井）开拓方式，目前已经建设至 220m 阶段，生产阶段为 280m。矿区水文地质复杂，随着地采的不断深入，地采水出水量呈递增趋势，目前，地采水日出水量约为 3000m³。

由于处于锰矿矿山区，土壤中含有丰富的锰元素，加之南方降水丰富，补给条件良好，地质环境中的矿物就会释放出大量的锰离子进入水体中，从而导致地采水锰含量偏高，超过行业排放标准，急需采取相关技术工艺解决，避免环境污染。据长期调查收集数据发现，大新锰矿地采废水锰含量随季节变化呈现不同的含量，总体含量均远在行业标准之下，但本着对社会高度负责的态度，除锰工艺亦需提上议程，不断改进。

二、地采锰废水的处理方法

大新锰矿投入大量人力物力研究锰水处理工艺，取得了不错的成效。地采水除锰水体含氧量比较低，pH 值普遍偏高，受铁离子干扰，同时由于受微量元素影响水质较为复杂，目前常用的处置方法有沉淀法、氧化法、生物法、离子交换法等。

（一）沉淀法

1. 混凝沉淀

混凝沉淀采用的原理是利用混凝物质的吸附特性，沉淀过滤水中的含锰杂质，一般选用硫酸亚铁作为混凝物。此法锰化合物的去除率较高，可以达到排放要求，但对锰离子的去除效果并不理想，且耗用原料量大、成本高，企业难以承担，同时会造成二次污染。综合来看，效果并不理想。

2. 化学沉淀法

化学沉淀的本质是向含锰废水水体中添加生石灰、碳酸钠或其他碱性物质，通过化学反应生成的物质提高水体的 pH 值，如此，水体中的微量溶解氧便可将锰离子转化为二氧化锰析出。但除锰后的水体 pH 值偏高，须进一步酸化。

（二）氧化法

氧化法是最早用于地采水除锰的方法，得到了大量实践的验证，工艺较为成熟。其原理是通过曝气使氧气或添加其他氧化剂，将水体中的二价锰离子转化为四价锰离子等高价离子，然后与水中氢氧根形成沉淀性物质，从而达到除锰效果。

1. 自然氧化法

自然氧化法源于欧洲，于 20 世纪初被国内相关企业引进应用。其流程较为简单，通过曝气、氧化反应，后通过沉淀、过滤等相应步骤氧化除锰。但地采水含氧量严重低于地表水，仅仅通过曝气充氧等方法效果不佳，目前已被弃用，转而被化学药剂氧化法所代替。目前，仅有少数地采废水产生企业使用该方法处理废水。

2. 接触氧化法

接触氧化法相较其他处理方法较为简单实用。地采废水经曝气设备充分曝气后可直接排进除锰滤池。滤料表面附有锰质活性氧化膜，通过氧化膜的作用将二价锰离子转化为锰的化合物，生成的化合物吸附在滤料表面，使滤膜不断得到更新，加强处理能力。接触氧化法的优点在于流程简便、曝气要求低、不需要添加化学药物、处理后的废水非常理想等。但存在的问题也不容忽视，化学反应的处理效果易受到其他离子的直接影响，锰质活性滤膜成熟时间长，反冲洗的操作会对处理效果有较大影响。

3. 高锰酸盐氧化法

高锰酸钾相对其他氧化剂氧化效果更加理想。在地采原水 pH 值接近 7 的情况下，二价锰离子可迅速被氧化为四价锰离子。新产生的中间产物水合二氧化锰具有催化性和吸附性，所以原料的投入量会比理论量少，能够节约成本。经调查研究发现，添加后的高锰酸盐，完全反应后不会产生有害物质，且价格低廉，是一种理想的化学剂。

（三）生物法

生物法兴起时间不长，但发展迅速，因其简单有效、清洁干净受到大众追捧。生物法可分为生物滤池法、植物修复法和人工湿地法等，各有优缺点。

1. 生物滤池法

生物滤池法即利用微生物除锰。微生物体内含有的酶可以起到氧化催化作用，同时微生物的存在改变了整体环境，大大降低了锰离子对酸碱性的要求，微生物分泌出的代谢产物还直接参与氧化反应。生物滤池法经简单曝气后，在酸碱值较低的情况下便可发生锰的氧化反应。相较于传统的除锰工艺，生物滤池法有占地面积小、处理效果好、投资小、流程简单等优点，被广泛看好并得到了较多地应用。但其也存在一些问题需解决，如传统的天然滤料鹅卵石、活性炭等效果不太理想，需对其进行针对性改良，寻找新的代替品，或者通过人工合成理想材料。此外，生物滤池法还未得到实践验证，工艺参数掌握不全，需进一步研究温度等因素对反应的影响。

2. 植物修复法

植物修复法是在锰含量较高的水体中种植一种或多种可以大量富集锰元素的水生植物，依靠其吸收积累锰元素来达到除锰的效果。跟踪研究发现，水葫芦、水浮莲和水花生等植物除锰效果较为优越，三者相较，水浮莲除锰效果更为突出，可以高效去除水体中的锰元素。水生植物在适宜环境中生长较为迅速，适应环境和抵抗自然能力较强，覆盖范围较广。利用水生植物处理水体中的锰在各方面的价值都比较高，其应用前景被看好。

3. 人工湿地法

人工湿地是依据自然生态系统，通过人工行为再造一个自然。人工湿地系统工艺是综合性的。一方面，细菌群对二价锰离子进行生物氧化；另一方面，水生植物通过光合作用提高水的 pH 值和溶解氧，为二价锰离子的生物氧化创造更有利的物理化学环境。此外，大型植物对锰离子的氧化沉淀也起到了一定作用。人工湿地法的整体处理效果和经济效益均比较理想。

（四）离子交换法

离子交换是应用离子交换剂（最常见的是离子交换树脂）分离含电解质的液体混合物的过程，是液固两相间的传质（包括外扩散和内扩散）与化学反应（离子交换反应）过程。通常离子交换反应进行得很快，过程速率主要由传质速率决定。离子交换反应一般是可逆的，在一定条件下被交换的离子可以解吸（逆交换），使离子交换剂恢复到原来的状态，即离子交换剂通过交换和再生可反复使用。同时，离子交换反应是定量进行的，所以离子交换剂的交换容量（单位质量的离子交换剂所能交换的离子的当量数或摩尔数）是有限的。

三、大新锰矿现有处理工艺

目前，大新锰矿地采废水采用接触氧化法进行处理。接触氧化法除铁除锰主要利用 MnO_2 对 Fe^{2+}、Mn^{2+} 氧化反应的催化作用，废水中的 Fe^{2+}、Mn^{2+} 曝气氧化后直接进入滤池，利用滤料中 MnO_2 的催化作用，在滤层中完成氧化和截留。重力式除铁除锰器正是利用该作用机理研制而成的。

大新锰矿地采废水处理系统装置是一体化、自动化的现代处理工艺设备，主要流程为絮凝、沉淀、过滤、排泥等。该设备自动化水平高，无须人员进行操作，减少了人工成本。同时，设备设计巧妙，处理效果好，占地面积少，运行效率高，经济成本优势显著，可有效减轻企业负担。

设备前端设置管道混合器，地采废水在此进行充分混合，当地采废水流进混合器的压力大于0.12MPa，效果会较为理想。一体化设备配置有专门的加药装置，只需按一定比例添加固体药剂，即可配置完成混合液体药剂。配置完成的药剂通过微型水泵抽送到混合器，混合器的内部构造比较复杂，其中专门设置的搅拌装置可以将药液和地采废水充分混合，混合后的废水通过自流方式流进净水器。

地采废水首先进入设备内的反应区，在该区域进行均匀布水，此时水流速度保持一个较低的水平，并在该区域进行充分的混凝反应。设备内部设置导流管，在水位不断上升的过程中，水会顺着导流管的倾斜方向向上流动，汇集到沉淀区域，在此区域反应生成的物质在重力作用下缓慢下沉，落入设备底部的锥形漏斗。而通过斜管澄清后的水汇入净水器上部的出水堰再进入过滤室内，过滤室内部设立过滤层，水流在从上往下流的过程中一些杂质会不断的被拦截过滤。过滤后的水通过滤头汇集至设备底部的清水区，并由连通管返至过滤室顶部的清水箱，然后流入清水池。

进入净水器排泥及反冲洗阶段，处理产生的污泥等杂质经排污系统运转定期排除。同时，设备内部利用虹吸原理对沉积的污泥等物质进行反冲洗，使设备可以保持正常功能，不影响设备的处理效果。

（1）除锰一体化净水器运行参数。设计滤速 8－10m/h，期终水头损失 1.7m；反冲洗强度为 14－15L/s·m²；冲洗历时 5－7min，滤料为石英砂、锰砂；滤层厚度 700－1200mm。

（2）除锰一体化净水器水质参数。进水水质：$Fe^{2+} \leq 15mg/L$，$Mn^{2+} \leq 12mg/L$，$pH \geq 7.5$，水温 $\geq 20℃$，碱度 $\geq 2mg/L$。出水水质：$Fe^{2+} \leq 3mg/L$，$Mn^{2+} \leq 2mg/L$。

从长期取样数据看，接触氧化法在大新锰矿的应用是成功的，出水水质达到了设计要求，符合国家相关行业排放标准。

四、结语

有研究表明，我国20%的地下水锰含量超标。目前，大新锰矿已完全转为地采开采，地采水出水量逐年递增，含锰量也有增加趋势，深化地采废水处理迫在眉睫，需深入研究开发一种操作简单、流程简便、成本较低、处理效果显著的工艺。

绿色工厂示范案例——安徽华润金蟾药业
股份有限公司

一、企业基本情况

安徽华润金蟾药业股份有限公司（以下简称"华润金蟾"）是一家以中药、西药、中药饮片制造、加工、销售为主，兼营中药材种植、养殖及科技成果开发、转让的股份制医药生产经营企业。主导产品为"金蟾牌"华蟾素系列（包括华蟾素注射液、片剂、口服液），该类产品是以我国传统药材——中华大蟾蜍的阴干全皮为主要原料，利用现代高新技术精制而成的纯中药制剂。华润金蟾目前设计产量水针剂 2 亿支，口服液 6000 万支，片剂 1 亿片，硬胶囊剂 3 亿粒，动物药提取 200 吨，配方颗粒提取原药材量 2600 吨，配方颗粒 450 – 600 吨。目前有小容量注射剂、颗粒剂、口服制剂等剂型，所有剂型生产线全部通过了国家 GMP 认证，近年来每年实现 25% 的增长幅度。

华润金蟾建立了省级企业技术中心、国家级博士后科研工作站、安徽省中药动物药工程技术研究中心，先后获评为国家高新技术企业、安徽省优秀技术中心、安徽省产学研示范企业、安徽省科技创新型试点企业、安徽省农业产业化龙头企业，先后承担了国家科技部重大新药创制、国家中医药管理局中药标准化建设、国家工信部中药材扶持项目、省重大科技攻关项目、市应用技术研究与开发科技应用重大项目等科技项目的研发工作。华润金蟾科技成果申请发明专利 36 项，获得发明专利授权 16 项，荣获中国中医药研究促进会科学技术进步一等奖、安徽省科学技术三等奖。

二、绿色工厂创建情况

（一）基础设施情况

华润金蟾工厂施工过程中，最大限度地保护环境和减少污染，节约资源，在确保工程质量的前提下，贯彻环保优先原则，以资源的高效利用为核心，追求环保、高效、低耗，统筹兼顾，实现环保、经济、社会综合效益最大化的绿色施工模式。公司建筑采用了钢结构建筑和金属建材、生物质建材、节能门窗、节能保温材料等绿色建材，在满足生产需要的前提下优化维护结构热工性能等参数，降低厂房内部能耗。

华润金蟾目前各厂区各场所的照明功率密度均符合《建筑照明设计标准》（GB50034 – 2013）的规定，工厂厂区和办公区照明设计时考虑了充分利用自然光，优化窗墙面积比以及厂房屋顶采光透明部分面积比。不同场所的照明应进行分级设计，公共场所及路灯的照明采取分区、分组与定时自动控制等措施，且目前照明灯具均为节能灯。

华润金蟾生产连续化、自动化水平较高，过程控制实现在线检测、在线监控、在位清洗消毒、高密闭和隔离等，全过程质量控制水平较高，从而降低能源与资源消耗，减少污染物排放。

华润金蟾制定了计量检测体系评价标准，建立了计量检测体系，制定了《计量管理制度》。并依据《重点用能单位能源计量审查规范》（JJF1356 - 2012）、《用能单位能源计量器具配备和管理通则》（GB17167 - 2006）、《用水单位水计量器具配备和管理通则》（GB24789 - 2009），对能源和资源计量器具进行规范管理。其中，一级、二级、三级能源计量配备率、完好率都达到100%。

（二）管理体系情况

华润金蟾分别建立、实施并持续改进了ISO9001质量管理体系、ISO14001环境管理体系、ISO18001职业健康安全管理体系，且通过了第三方认证审核。另外，华润金蟾的多种产品都已获得安徽省食品药业监督管理局颁发的药品GMP认证。

（三）能源资源投入情况

1. 能源投入

近年来华润金蟾实施的技术改造项目包括：配方颗粒提取车间颗粒干燥塔更换项目、配方颗粒提取车间单效浓缩器真空系统的改造项目、冷库墙体保温改造项目、大气冷凝器循环水箱改造、园区集中供热替代原有20t燃煤锅炉、光伏发电项目、风能路灯项目、反渗透水处理系统浓水再利用项目、浴室热水系统改造、更换节能灯项目、公司污水处理站消泡用水的改善项目、配方颗粒提取车间带式干燥机真空泵冷却水可循环利用改造项目、污水处理站清水利旧项目、臭气治理项目等。

其中，华润金蟾光伏项目于2017年3月动工建设，2017年6月并网发电。项目充分利用了公司厂房屋顶资源铺设光伏板、在厂区闲置地面建设光伏停车棚。项目总装机容量5.89 MW。在25年运营周期中可实现总发电量1.39亿kW·h，年平均发电量可达到557万kW·h。与同容量燃煤发电厂相比，每年节约标煤2488吨，相应可减排燃煤所产生的SO_2约188吨，减排温室效应气体CO_2约5797吨。该光伏项目的建设对于当地环境保护、减少大气污染具有积极的作用，并有明显的节能、环境和社会效益。

华润金蟾还在全厂范围内进行路灯改造，改造后全厂路灯使用了风能发电带动路灯供电。

2. 资源投入

华润金蟾实施了节水改造项目，效果显著。首先，进行真空系统改造提升产能，利用污水处理站处理后的终水作为水源，向冷水塔水箱不断补水，节约了新鲜水的使用。其次，进行浓水回收利用改造，结合污水处理工艺浓水供陶粒池反冲用水，节约水资源。最后，通过污水处理站清水利旧项目，污水处理站处理好之后的清水再利用，一是接管道直接进入中药提取车间大气冷凝器蓄水池，满足大气冷凝器用水；二是接管道清水用于冲刷清洗中药提取出渣间地面和厂区卫生。每天节约用水80吨。

3. 采购

华润金蟾通过规范内部采购管理及外部相关方管理制度，按照绿色供应链管理的理念进行原材料的采购，并取得一定成效。华润金蟾要求供应商提供的产品必须满足公司的环保要求，对原辅材料的采购增加环境诉求，制定了《相关方管理规定》，力求在满足质量经济的基础上，最大限度降低有害物质的使用。要求供应商使用的原料、包装中不得含有国家禁止的有害物质，同时提供使用材料成分表以及《供应商/分包商社会责任承诺书》。

（四）产品情况

华润金蟾在产品设计中引入生态设计的理念，包括减少所使用材料的种类、使用产品本身的材料或兼容材料进行标识标记、延长产品寿命等。提升原材料利用率是公司重点工作任务之一，通过提高原材料蟾皮等利用率，有利于公司实现节能减排和成本控制目标。

（五）环境排放情况

1. 大气污染物

华润金蟾的大气污染物主要是提取介质乙醇的挥发、污水处理的恶臭以及生产过程中含有异味的气体公司。其中，恶臭排放执行《恶臭污染物排放标准》（GB14554－93）中相应标准；乙醇排放执行《大气污染物综合排放标准》（GB16297－1996）中的非甲烷总烃标准，依据第三方检测机构的大气污染检测报告，华润金蟾的大气污染物排放均达标。

2. 水体污染物

华润金蟾的废水主要是药材清洗废水、提取废水、设备清洗废水、地面清洗废水和员工生活污水。工厂产生的生产废水直接进入厂内的污水处理站处理，生活污水经化粪池处理后进入厂内污水处理站处理。各类污水经厂区污水处理站处理达到《污水综合排放标准》（GB8978－1996）三级标准后，经市政管网排入龙湖开发区污水处理厂处理达到《城镇污水处理厂污染物排放标准》（GB18918－2002）中一级A标准，出水排入龙河。

3. 固体废弃物

华润金蟾产生的固体废弃物主要为提取车间药渣、颗粒制剂车间的固体颗粒片剂废料、中药配方颗粒提取二车间产生的粉尘、实验室产生的动物尸体、药材前处理杂质、污水处理站污泥、包装废料以及生活垃圾等。其中，提取车间药渣、污水处理站污泥、药材前处理杂质、包装废料以及生活垃圾属于一般固废，固体颗粒片剂废料、粉尘、动物尸体属于危险废物。

中药配方颗粒提取粉尘、固体颗粒片剂废料与实验室动物尸体送至淮北市龙铁医疗废物处理有限公司进行安全处置；药材前处理杂质与生活垃圾一起交由环卫部门处理；过滤药渣处置前存放在公司的药渣房，定期送淮北宇能热电有限公司作燃料；污水处理站污泥用作农肥；包装废料外售回收利用。

4. 噪声污染

华润金蟾厂界昼、夜噪声均达到《工业企业厂界环境噪声排放标准》（GB12348－2008）中的2类标准的要求。

三、重点工作

（一）智能化改造

2015年，华润金蟾开始对工厂车间进行智能化改造，2017年5月共投资9669万元，完成了中药配方颗粒提取数字化车间的改造，结合车间控制系统和 ERP 系统，实现中药配方颗粒提取的全自动化、智能化、数字化。为提高公司中药产品提取生产中的工艺品质控制水平，建设一流的数字化提取车间奠定了技术基础。

（二）光伏电站项目

2017 年，华润金蟾于动工建设光伏电站项目，项目总装机容量 5.89 MW。在 25 年运营周期中可实现总发电量 1.39 亿 kW·h，年平均发电量可达到 557 万 kW·h。与同容量燃煤发电厂相比，每年节约标煤 2488 吨，相应可减排燃煤所产生的 SO_2 约 188 吨，减排温室效应气体 CO_2 约 5797 吨。

（三）废气治理项目

2018 年，华润金蟾投资 195 万元建设臭气治理项目，对厂区污水处理站、动物药提取车间进行臭气整治，该措施有效地改善了园区的生产生活环境，进一步提升了公司绿色制造水平，为打造绿色工厂奠定了坚实基础。

绿色工厂示范案例——江苏通鼎光棒有限公司

一、企业基本情况

江苏通鼎光棒有限公司（以下简称"江苏通鼎光棒"）成立于 2011 年，是通鼎互联股份有限公司旗下的核心企业之一。主要从事生产、研发及销售低水峰 G. 652. D 光纤预制棒、弯曲不敏感 G. 657 光纤预制棒以及其他特种光纤预制棒等产品。公司拥有较高水平的光纤预制棒科研平台和系统，同时拥有一批高素质的专家和技术人才。公司核心技术均来自企业自研项目，截至目前，已有 17 项发明专利和 23 项实用新型专利获得授权。公司 2016 年被评为"2016 年度江苏省优秀智能示范车间"，2017 年被评为"苏州市 2016 年度危险化学品安全管理先进单位""智能工业先进企业"，入选"苏州市通鼎光棒全合成光纤预制棒工程技术研究中心""苏州市高新技术企业培育库企业"，2018 年被评为"开发区新地标企业"，2019 年入选第四批国家级绿色工厂。

二、绿色工厂创建情况

（一）基础设施情况

江苏通鼎光棒生产厂房南北向布置，充分利用自然通风，建筑墙体采用钢结构等资源消耗和环境影响小的建筑结构体系。公司厂房采用浅色外表面，可反射夏季太阳辐射热，减少壁面得热。对外墙采取中保温（空心墙空气层中填充保温材料）和外保温（外墙铺设保温材料及饰面层）两大保温方法，并且控制体形系数，没有过多凸凹面。公司增加外墙保温隔热效能，提高热阻，采用高效保温隔热材料设于主体结构外侧，可减缓热量进入墙体，墙内设置空气间层也有良好的保温隔热效果。外墙隔热层及通风设备的设置，可使建筑热能消耗减少 15% 到 20%。生产厂房屋顶、屋面设计为钢筋混凝土屋面，钢筋混凝土屋面上水泥砂浆找平层。建筑物窗户采用密封好，隔热性能优良的铝塑窗；门窗的保温隔热性能（传热系数）和空气渗透性能（气密性）指标达到或高于国家及所在地区的相关标准。

江苏通鼎光棒办公区所有办公用房均设计为东西大面积玻璃窗户的结构，以便最大限度地使用自然光照明。目前公司生产车间均采用 LED 灯，照明设备均采用节能灯具，并制订绿色照明改造计划，逐步采用 LED 灯替代 T5 节能灯，最终实现全厂 LED 灯具更换。公司在办公区域、生产车间照明均采用分区、分组调控，办公走廊照明配备感应控制。

江苏通鼎光棒通过建立冰水系统监控系统、空压系统监控系统、空调箱监控系统等众多系统形成能源管控中心，通过能源管控中心显示界面，监控流量、压力、温度、电能等数据。江苏通鼎光棒严格按照《用能单位能源计量器具配备和管理通则》（GB17167 - 2006）、《用水单位水计量器具配备和管理通则》（GB24789－2009）要求配置计量器具。

（二）管理体系情况

江苏通鼎光棒开展了 ISO 9001、OHSAS 18001、ISO 14001、ISO 50001 四个管理体系的建设工作，四个体系全部通过认证机构认证，并按要求进行定期监督和审核。

（三）能源资源投入情况

1. 能源投入

江苏通鼎光棒制定了能源消耗和利用分析制度，并要求各部门严格按照制度执行，使公司能够更好地分析用能现状，查找问题，挖掘节能潜力，并由各部门积极提出切实可行的节能措施，通过加大节能新技术、新工艺、新设备和新材料的研究开发和推广应用，大力调整企业产品、工艺和能源消费结构，把节能降耗技术改造作为增长方式转变和结构调整的根本措施来抓，促进公司生产工艺的优化和产品结构的升级，从而实现管理节能、技术节能和结构节能。

（1）江苏通鼎光棒注重可再生能源及清洁能源的使用，目前公司已建设 0.85 MW 太阳能光伏电站，年发电约 250 万 kW·h。

（2）江苏通鼎光棒重视自主研发创新，推进生产制造设备的节能改造，采用物联网、云计算等技术，提升工厂生产效率，开展智能制造，以降低单位产品能源资源消耗。

（3）江苏通鼎光棒主要消耗能源为电力（生产中天然气、氢气、氧气、氮气、氩气均作为原材料使用），公司通过建立冰水系统监控系统、空压系统监控系统、空调箱监控系统等众多系统等形成能源管控中心。

2. 资源投入

江苏通鼎光棒按照 GB/T29115 的要求建立节约原材料管理制度，规定管理职责和人员，并制定和实施节约原材料目标和方案，进行原材料消耗的计划、统计、核算、节约绩效考核的工作。

公司注重研发创新，积极探索工艺技术新领域，不断研究评估原材料的回收利用可行性、有害物质及化学品减量使用或替代使用的可行性、工艺节能环保性以及产品的社会效益性等。

3. 采购

江苏通鼎光棒建立了《招标采购管理规定》《供应商管理规定》《供方评定准则》对供应商的引入、评定、定期评价、淘汰等流程进行严格管理，并要求供方提供有害物质使用、可回收材料使用、能效、环保等采购信息；制定了《光棒原辅材料检验规程》《原辅材料采购管理规定》等管理制度，对各类原辅材料采购进行规范，对各种原辅材料的质量、成分、性能、环保等提出了明确要求。原辅材料到厂后，由仓库负责核对包装、到货数量、规格型号、厂家名称等，核对无误后开具入库单入库。公司采购部会同生产部、质量部按《光棒原辅材料检验规程》进行现场抽样检测，待测试合格后，方可投入使用。

江苏通鼎光棒在数据化工厂的基础上，利用互联网技术和设备监控技术加强信息管理和服务，并集绿色智能的手段和智能系统等新兴技术于一体，构建一个高效节能、绿色环保、环境舒适的人性化供应链。

（四）产品情况

江苏通鼎光棒在产品设计开发阶段系统考虑原材料选用、生产、销售、使用、回收、处理等各个环节对资源环境造成的影响，减少有毒有害物质的原材料，减少污染物产生和排放，从而确保产品在设计阶段满足 GB/T 32161 - 2015《生态设计产品评价通则》的相关规定或评价要求。

江苏通鼎光棒采用火焰抛光工艺替代酸洗工艺，火焰抛光后经纯水清洗即可直接成品入库，工艺水平更为先进，可以减少危废产生，提高清洁生产水平。公司开发了低损耗非色散位移单模光纤预制棒，降低了产品原材料消耗量和能源消耗量。

（五）环境排放情况

江苏通鼎光棒建有一套废水处理站，有"两级水洗 + 碱洗 + 电极除尘"废气处理系统 6 套，抽风系统 4 套，各污染物处理设备运行良好。

1. 大气污染物

江苏通鼎光棒光纤预制棒生产过程产生的废气中含有较高浓度的 SiO_2 粉尘、Cl_2 和 HCl 气体，利用"两级水洗 + 碱吸收 + 电极除尘"处理工艺进行处理。光纤预制棒生产设备及捕集系统密闭，且呈负压状态，故废气可 100% 捕集。

江苏通鼎光棒每年定期由第三方检测公司进行检测，各污染物排放指标均达到《大气污染物综合排放标准》（GB16297 - 1996）的要求，指标均低于国家及地区要求的排放标准。

2. 水体污染物

江苏通鼎光棒纯水制备浓水、冷却塔弃水水质较好 COD≤30mg/L、SS≤60mg/L，可达到周边河道地表《水环境质量标准》（GB3838 - 2002）Ⅳ类水标准的要求。公司生产清洗废水以及 VAD、OVD 废气处理装置中产生废水，通过一套废水处理设施进行处理。

江苏通鼎光棒每年定期由第三方检测公司进行检测，废水排放远低于《污水综合排放标准》（GB8978 - 1996）的要求。

3. 固体废弃物

江苏通鼎光棒生产中产生的工业固废主要包括一般固废和危险废弃物。一般工业固废主要包括沉积废料、废靶棒、废包装材料以及水处理污泥等，通过车间收集后，由公司统一出售给苏州聚信环保服务有限公司进行回收处理。危险废弃物包括酸液、部分水处理污泥等，委托给有资质单位——常州市龙顺环保服务有限公司、光大环保（苏州）固废处置有限公司进行处理。

4. 噪声污染

江苏通鼎光棒主要噪声来源于空压机、水泵、风机、冷却塔等，厂界噪声经减振、隔声等措施后满足《工业企业厂界环境噪声排放标准》（GB12348 - 2008）。

三、重点工作

江苏通鼎光棒发展智能制造提升生产效率，倡导低碳环保绿色能源管理，在绿色工厂建设方面开展了一系列工作，主要创建做法及工作亮点包括以下几个方面。

（一）重视生产设备先进性

江苏通鼎光棒自 2016 年投产后，引进美国、德国、韩国最先进的自动化制造设备，许多设备自动化程度达到国际先进水平。主要生产设备：VAD 沉积塔线 22 台，VAD 烧结塔线 20 台，VAD 脱气设备 6 台，OVD 沉积塔线 20 台，OVD 烧结塔线 24 台，OVD 脱气塔 17 台，拉伸塔线 5 台等智能传感与控制设备。

（二）加强技术研发

江苏通鼎光棒拥有较高水平的光纤预制棒科研平台和系统，同时拥有一批高素质的专家和技术人才。到目前为止，江苏通鼎光棒已获得有效专利 40 件，其中发明专利 17 件，实用新型专利 23 件。

（三）建设智能化车间

江苏通鼎光棒引进国内外先进高效设备，建设智能化车间，使公司产品能效处于先进水平，2016 年被评为"2016 年度江苏省优秀智能示范车间"。

（四）建立能源管控中心

江苏通鼎光棒通过建立冰水系统监控系统、空压系统监控系统、空调箱监控系统等众多系统等形成能源管控中心，通过能源管控中心显示界面，监控流量、压力、温度、电能等数据。实现能源在生产过程中的监视、系统故障报警和分析。

（五）建设光伏电站项目

江苏通鼎光棒于 2018 年实施了太阳能光伏发电项目，目前已建设光伏电站发电容量为 0.85 MW，预计年可发电 250 万 kW·h。

绿色工厂示范案例——天津荣程联合钢铁集团有限公司

一、企业基本情况

天津荣程联合钢铁集团有限公司（以下简称"天津荣程"）成立于2001年，其前身是天津市渤海冶金工业有限公司，坐落在天津市津南区葛沽镇冶金工业园区。经过十余年的发展，公司生产模式由原来单一的焦化、高炉、铸铁逐步发展成为集烧结（球团）、炼铁、炼钢、轧钢于一体的全流程大型钢铁联合生产企业。

目前，天津荣程主要产品为 Φ200~450mm 规格圆坯，180×400mm~550mm 规格矩形坯，宽度 450~550mm、500~650mm 带钢卷，Φ5~20mm、Φ5.5~22mm 高速线材以及 Φ45~220mm 合金钢棒材产品。钢种以低合金钢为主，涵盖普碳、低合金和合金钢三个品种，产品被广泛应用于造船、铁路、通信、机械、建筑、工业工程等领域。目前已具有了完善的产品规格体系，包括优质碳素结构钢盘条、预应力钢丝和钢绞线用盘条、焊条焊丝用盘条、预应力钢棒用热轧盘条、冷镦钢盘条、帘线钢用盘条、石油套管用钢、高压管坯用钢、合金结构钢、轴承用钢、齿轮用钢等，实现了品种的系列化、多样化和高端化。

在绿色发展方面，天津荣程通过连续几年的投入和努力，已经成为天津市钢铁行业中唯一实现炼钢转炉干法除尘改造的企业，唯一建设炼钢厂房三次除尘的企业，唯一实现铁水包加盖的企业，唯一实现高炉冲渣水消白并回收热量进行城市供暖的企业，是天津市实施全面超低排放改造最快的企业。同时也成为全国冶金行业中首家获得"全国冶金绿化先进单位"的民营企业，第一家将城市污水处理厂中水用于生产水源的钢铁企业，第一家实现了污水零排放的企业，第一家实现高炉热风炉脱硫的钢铁企业。

二、绿色工厂创建情况

（一）基础设施情况

1. 建筑

天津荣程在新建、改扩建项目时，严格遵守国家"固定投资项目节能评估审查制度""三同时制度"等产业政策和有关标准法规的要求，内部独立设置了危险品、有毒有害物质、废弃物处理站点，厂房与办公场所多数选用了钢结构设计，对资源消耗和环境影响很小。

天津荣程所在地十几年前还是盐碱地，为了改善厂区环境，天津荣程累计投资近两亿元，目前整体绿化率已经超过35%，且在厂区内设有可遮阴避雨的步行连廊，给员工提供了良好的工作环境。

2. 设备设施

根据中国钢铁工业协会发布的《装备等级划分办法》，天津荣程达到国内先进水平的烧结机装备和产能占比为100%，达到国内先进水平高炉座数和产能占比50%，达到国内先进水平的转炉装备和产能占比为100%，达到国内先进水平的轧机装备和产能占比为80%。

在能源计量管理方面，天津荣程严格按照《用能单位能源计量器具配备和管理通则》（GB17167–2006）、《用水单位水计量器具配备和管理通则》（GB24789–2009）、《钢铁企业能源计量器具配备和管理要求》（GBT21368–2008）的要求，制定了《计量管理体系手册》，一级、二级、三级计量器具配备率均达到了100%。

3. 照明情况

天津荣程厂区及各房间或场所的照明通过顶部和四周的采光带最大限度地利用了自然光，灯光照明功率密度均符合GB50034规定现行值。

（二）管理体系情况

天津荣程开展了ISO9001、GB/T28001、GB/T24001、GB/T23331四个管理体系的建设工作，并全部通过了第三方认证，各体系运行良好。

（三）能源资源投入情况

1. 能源投入

天津荣程各主要生产工序都采用了先进适用的节能技术，先后实施了烧结机余热发电、高炉冲渣水余热利用、轧钢加热炉饱和蒸汽发电、加热炉节能改造等近20余项节能项目，实现节能量近20万吨标准煤。

天津荣程在生产过程中充分利用产生的高炉煤气、转炉煤气、蒸汽等二次能源，高炉煤气损失率0.59%，转炉煤气平均回收能量达到26.5kgce/t，自发电比例为44.73%，高炉TRT吨铁平均发电量41.78kW·h，在二次能源利用方面处于行业领先水平。

天津荣程通过建设能源管控中心，完善能源信息的采集、存储、管理和利用，减少能源管理环节，优化能源管理流程，建立客观能源消耗评价体系；减少能源系统运行管理成本，提高劳动生产率；加快能源系统的故障和异常处理，提高对全厂性能源事故的反应能力；通过优化能源调度和平衡指挥系统，节约能源和改善环境。

2. 资源投入

天津荣程坚持节水工作与新改建项目同时规划、同时实施、同时投运"三同时"，围绕节水工艺、节水设备和节水技术，深挖节水潜力。在节水工艺方面，天津荣程各高炉煤气除尘均采用干法除尘工艺、同时将烧结机和球团原有湿法脱硫工艺淘汰，选择半干法脱硫工艺，将炼钢转炉一次除尘原有OG法除尘改为LT法除尘工艺，从源头上大大减少了水资源利用和工业废水的排放。在节水设备方面，天津荣程在水处理设备上采用稀土磁盘机等一系列国家推荐目录的节水设备，进一步提升了用水效率。在节水技术方面，针对地区水资源普遍氯离子含量偏高的情况，天津荣程采用浓盐水深度回用技术，降低水中盐含量，使浓盐水回收再淡化，产生的淡化水回用于生产水系统，产生少量浓盐水送高炉冲渣处理，使浓盐水回收率达到 70% 以上。

日前，在国家工业和信息化部、水利部、国家发展改革委、市场监管总局联合发布的"2020 年重点用水企业水效领跑者"企业名单中，天津荣程凭借优异的水效指标和先进的节水技术成功入选，成为钢铁行业仅有的 4 家荣获 2020 年全国重点用水企业水效领跑者企业之一。

在原材料使用方面，天津荣程坚持精料入炉方针，源头上降低固废产生量；大力推进全流程工艺技术优化，降低资源消耗；加强废弃物循环利用，实施资源节约利用，目前天津荣程生产过程中产生的一般废物的综合利用率达到 100%。2020 年，天津荣程单位产品的钢铁料消耗优于国家发改委、环保部、工信部发布的《钢铁行业清洁生产评价指标体系》中的 I 级基准值 1080kg/t。

3. 采购

天津荣程制定了《荣程集团钢铁产业营销管理制度》《营销公司供应商准入和评审管理制度》《荣程集团中联公司外贸管理制度》等，从供应商调查、评审、考核、档案管理等方面对供应商进行动态评价。专门制定了《天津荣程原辅燃料质量标准》等制度，向供应商提出了包含有害物质使用、可回收材料使用、能效等环保要求。

（四）产品情况

天津荣程多年来深化绿色钢材产品制造理念，以"做精钢铁，多元发展，绿色企业，生态家园"为企业愿景，坚持环境经营、绿色发展，并不断加大节能环保投入，打造绿色钢铁企业，生产更节省资源能源，减少污染物排放，减少或改善对环境和社会的影响的钢铁产品。产品质量方面，天津荣程严格把关产品品质，并不断研发新工艺、新技术，配备新装备对产品的研发、生产进行不断升级。通过大力推行"人才强企"战略，推动绿色产品的研发和生产。天津荣程以客户需求为导向，不断深入了解下游用户对钢材材料性能的要求，为用户提供更高性能、更少资源能源消耗和污染物排放的绿色产品。如线材生产线，天津荣程为下游用户提供免酸洗机械剥壳 SWRH77B、SWRH82B 热轧盘条，节省下游酸洗工序；棒材生产线方面，矿山球磨用钢为易耗品，会随着球磨机运转磨削消耗，且产生大量粉尘，增大磨球用钢耐磨性和硬度能够直接降低钢球消耗。近年来，天津荣程不断加大矿山球磨机用钢球、钢棒的新产品研发力度，陆续开发出更高硬度和耐磨性能等级的 B3、B2Q 用钢代替 B2 系列，目前已开发 B3、B2Q 等系列钢球钢约十个品种，年均产量逾万吨，有效提高产品性能，减少资源能源消耗；带钢生产线方面，Q345B 热轧带钢系低合金高强度结构钢，Mn 是钢中主要的合金强化元素。天津荣程在 2015 年完成带钢车间层流冷却系统的升级改造后，增强了生产线的控轧控冷能力。在此基础上，炼钢和轧钢通过工艺优化，Q345B 硅锰合金消耗吨钢降低 2 千克以上，在提高质量的前提下，节约了合金成本。

（五）环境排放情况

1. 大气污染物

天津荣程各相关排放口的大气污染物排放浓度符合《钢铁烧结、球团工业大气污染物排放标准》（GB28662-2012）、《炼铁工业大气污染物排放标准》（GB28663-2012）、《炼钢工业大气污染物排放标准》（GB28664-2012）、《轧钢工业大气污染物排放标准》（GB28665-2012）中特别排放限值的要求，即上述标准中的最严要求。天津荣程对照国家超低排放 A 级企业的要求，建立了全厂无组织管控治一体化系统。该系统基于物联网技术、图像识别技术、人工智能算法结合大数据的应用，并融合了企业管理制度，采用系统化、智能化的方式，实现无组织污染向有组织集中管控的转化，最终实现无组织治理的高效、可持续、可迭代。目前，天津荣程厂区有组织排放已实现超低排放改造并通过评估监测。

2. 水体污染物

天津荣程配套有完备的净浊环水处理系统，投资 2.1 亿元建设了一座日处理规模 4.8 万吨/天的污水处理厂，采用当前国内最先进的"水解酸化—絮凝—沉淀—连续微过滤—反渗透"深度处理工艺，同时还承担着厂区所在地葛沽镇居民城市污水处理重任，将居民生活污水和厂区工业废水深度处理后全部回用于生产，并利用周边城市污水处理厂深度处理后的中水作为部分生产水源，在全国冶金行业率先实现了污水零排放，成为第一家利用城市污水处理厂中水用于生产水源的钢铁企业。

3. 固体废弃物

天津荣程一般固体废弃物主要是高炉渣、含铁尘泥、钢渣等，固体废物资源利用率达到 100%。企业的危险废物主要是各工序产生的废矿物油和废油桶，均交给天津市有危险废物处置资质的单位进行处置。

4. 噪声污染

天津荣程共有 42 套噪声控制治理设施。每季度对厂界噪声进行监测，厂界噪声均控制在国家标准限值内。

三、重点工作

天津荣程在绿色工厂建设方面开展了一系列的工作，通过建立合理的绿色工厂组织架构，从领导到基层员工均参与其中，并担负企业的主体责任，贯彻实施各项法律、法规，使工厂规范化、正规化；通过先进的管理理念使绿色工厂持续、健康、稳健的发展；加强人才引进、资金投入开发新产品、应用新技术使工厂发展水平处于行业领先地位。主要创建做法及工作亮点包括以下几个方面。

（一）坚持回馈，"五心"履责

秉承责任心、感恩心、进取心、包容心、尊敬心的"五心"理念，长期坚持回馈社会，天津荣程秉承张祥青董事长大爱无疆的精神，在董事会主席张荣华女士的带领下，积极投身社会公益事业。截至目前，荣程集团累计捐款已达 8 亿余元，无论是汶川地震、玉树地震还是 2020 年初新冠肺炎疫情，荣程集团总能挺身而出，扛起社会责任，为国家尽自己的绵薄之力。面对来势汹汹的新冠肺炎疫情，荣程集团再次出手，第一时间捐款一亿元，竭尽全力驰援抗疫，与全国人民一道共克时艰！

（二）实施节能减排，践行全生命周期清洁生产

为了持续提升节能环保水平，2016 年，天津荣程钢铁开始推进两化融合项目，加快智能制造项目建设步伐，大幅提升了企业产品质量和整体效益，实现从制造到"智"造升级。自 2018 年开始，天津荣程钢铁主动淘汰了原有脱硫脱硝设施，采用最先进的技术对 $265m^2$、$230m^2$ 烧结机和 150 万吨/年球团全面实施超低排放改造。烟尘是影响空气质量的重要因素，为了实现高效除尘，天津荣程钢铁建成了天津市首

套炼钢转炉三次除尘系统。为从生产源头上抑尘降尘，天津荣程钢铁建设了总面积16.84万平方米的封闭料场，成为天津市两家全面实现料场全封闭的企业之一。2018年，为调整运输结构，天津荣程钢铁启动了大宗原材料运输"公转铁"。截至2020年11月，天津荣程大宗物料铁路运输比例已达64.53%，天津荣程大宗原材料运输"公转铁"已走在天津市钢铁企业前列。

目前，天津荣程钢铁通过科学处理企业发展与节能减排、环境保护的关系，累计投资45亿元配套相关节能环保设施，全力以赴推动超低排放改造，先后获得环境保护优秀企业、天津工业旅游示范企业、天津市节能减排先进单位和国家级绿色工厂等荣誉称号，绿色高质量发展水平不断提高。

（三）产城和谐共生

天津荣程提出打造与城市和谐共生的钢铁制造业的理念，并且要主动融入，尤其是提出"安全、环保、质量"三条生命线。在荣程，这一理念深入人心，渗透到每个荣程人的血液里，指导员工工作实践。

天津荣程近几年共投资了2亿元用于工厂的绿色化改造，努力融入周边的生态，将过去的盐碱地改造成绿色花园。荣程员工集思广益，开启智慧，变废为宝，利用天荣公司钢铁产品边角废料制作出文化工艺品，美化厂区，扮亮家园，致力成为周边生态的一分子。

天津荣程钢铁将炼铁、烧结环冷、炼钢闷渣等低温热水、烟气、热风、蒸汽余热回收利用为厂区供暖的同时，也为附近168万平方米的居民供暖。

天津荣程钢铁投资2.1亿元建设了日处理规模4.8万吨/天的污水处理厂，在处理厂区废水的同时，还承担厂区所在地葛沽镇居民城市污水处理重任，并将居民生活污水和厂区工业废水深度处理后全部回用于生产。

绿色工厂示范案例——伊犁川宁生物技术股份有限公司

一、企业基本情况

伊犁川宁生物技术股份有限公司（以下简称"川宁生物"）为四川科伦药业股份有限公司上市后在新疆伊犁投资建设的全资子公司。科伦集团创立于1996年，现已成为拥有四川科伦药业、科伦药物研究院、川宁生物、美国科伦、哈萨克斯坦科伦等海内外100余家子分公司，年销售收入超过400亿元的大型现代化医药集团。2010年6月，科伦药业在深交所上市后立即开始实施"三发驱动、创新增长"的发展战略。作为科伦上市"百亿投资计划"的最后决战之地，川宁生物秉承"树立抗生素行业环保典范"的理念，坚持"环保优先，永续发展"的经营战略，积极推行企业环保"三废"循环经济、清洁生产及节能减排工作，着力在行业内建立起抗生素环保"三废"治理的标杆性企业，其配套建设的环保"三废"设施系统占地面积超过300亩，环保投资超过27亿元，环保投入占总投资75亿元的25%以上，是中国医药行业有史以来最大的单体环保投资项目。

二、绿色工厂创建情况

（一）基础设施情况

1. 建筑设施

川宁生物占地面积1219亩，投资强度控制指标超过5600万元/公顷，容积率为0.93，建筑系数为30.05%，行政办公及生活服务设施用地所占比重为7%，绿地率大于20%。川宁生物厂房建筑均采用资源消耗和环境影响小的钢结构建筑。

2. 计量设备

在能源计量管理方面，川宁生物严格按照《用能单位能源计量器具配备和管理通则》（GB17167 – 2006）、《用水单位水计量器具配备和管理通则》（GB24789 – 2009）的要求。

3. 照明配置

川宁生物厂区及各房间或场所的照明通过顶部和四周的采光带最大限度地利用了自然光，灯光照明功率密度均符合GB50034规定限行值。

（二）管理体系情况

川宁生物为新疆维吾尔自治区二级安全生产标准化企业，正在全面建立、实施并保持 GB/T 19001（GMP）质量管理体系、GB/T 28001（ISO45001）职业健康安全管理体系、GB/T 24001 环境管理体系和 GB/T 23331 能源管理体系。

川宁生物作为上市公司科伦药业的全资子公司，按规定要求每年发布社会责任报告，说明履行利益相关方责任的情况，特别是环境社会责任的履行情况。

（三）能源资源投入情况

1. 能源、资源投入

川宁生物建有能源管理中心，厂区建设有光伏电站、智能微电网，通用用能设备均采用节能型产品或效率高、能耗低的产品，使用沼气等低碳清洁的新能源，使用可再生能源逐步替代不可再生能源。生产过程中有害物质、化学品的减量或替代使用工作全面进行中。

2. 采购

川宁生物制定并实施选择、评价和重新评价供方的准则，并定期组织实施供应商审计，确保供方能够提供符合工厂环保要求的材料、元器件、部件或组件，满足绿色供应链评价要求。

3. 节约能源、资源投入项目情况

川宁生物建成并投运有废碱回收系统、母液回收系统、废水减量及水循环利用、废水"近零"排放系统。

川宁生物遵循"环保优先、永续发展"理念，完成了对热电联产机组高温、高压抽汽凝汽式汽轮机背压技术改造，节能效率提升显著；投资近 8000 万元，实施了热电锅炉脱硫、脱硝及除尘系统超低排放改造，减排绩效明显。

（四）产品情况

川宁生物产品生态设计秉持"绿色生态理念"，实现"绿色产品设计、减量化、无害化、产品能效及水效、利用清洁能源、资源化、生命周期"绿色产品目标，从"原材料采购—产品生产—终端处理"三个环节践行绿色生态理念，如玉米、大豆等绿色农产品原料的采购、抗生素发酵生产采用 500 立方米全球最大的节能高效发酵大罐、抗生素菌渣无害化处理后资源化定向种植工业玉米大豆等，确保满足绿色产品（生态设计产品）评价要求，产品能效达到国家、行业或地方发布的产品能效标准中的先进值要求以及行业前 20% 的水平，满足国家对产品中有害物质限制使用的要求。

（五）环境排放情况

川宁生物确立了"环保优先、永续发展"的理念，万吨抗生素中间体项目作为当前中国医药行业有史以来最大的单体环保投资项目，执行最严格的环保"三废"治理标准，确保污染物排放达到并超过现行相关法律法规及标准要求，积极主动承担企业的环保社会责任，实现废水"近零"排放、废气主要污染物"近零"排放、固废无害化处理与资源化利用的"近零"排放，走无害化、资源化、循环利用的可

持续发展之路。

废气方面，川宁生物确定了"源头减量、密闭收集、分类处理、综合补强"四项原则，采取"引进、吸收、消化、集成、再创新"的技术路线，最终采用"负压密闭收集 + 预处理 + 分子筛/活性炭吸附浓缩 + 高温氧化燃烧"的高端集成工艺技术，对尾气进行系统性处理，攻克了长期以来困扰抗生素行业的尾气 VOCs（异味）治理难题。

川宁生物作为发酵类抗生素原料药中间体生产企业，尾气年排放量高达 180 亿立方。川宁生物技术有限公司万吨抗生素中间体项目，总投资超过 65 亿元，环保投资近 27 亿元，其中尾气 VOCs（含异味）治理投资近 10 亿元。

废水方面川宁生物污水处理系统原生化出水直接进入 MVR 蒸发系统，由于废水中的 COD 偏高、悬浮物含量高、硬度高，使得 MVR 需要频繁清洗，导致 MVR 整套系统处理能力不到设计能力的 80%。

为了提高中水处理能力，将废水进水深度处理，回到生产工艺，川宁生物首先采用 V 型滤池除 SS，采用 DTL 技术除盐和有机物。V 型滤池出水进入一级 DTL 反渗透系统进行第一步的除盐及浓缩减量，一级 DTL 反渗透的浓水经过化学软化除硬后，进入浓水 DTL 反渗透系统进行第二步的浓缩减量，以满足系统回收率的要求。一级 DTL 产水和浓水 DTL 产水汇集后进入二级卷式反渗透系统进行二级除盐，以满足系统回用水的水质要求。分盐主要采用了"热量回收系统 + 预处理 + DTNF 分盐 + DTRO 浓缩减量"的先进处理技术。其主要以纳滤膜系统为核心，并充分考虑到水质成分，彻底将 NaCl 与 Na_2SO_4 分离出来，最大限度地实现了废水中盐的资源回收价值。

三、重点工作

川宁生物将在现有绿色工厂建设的基础上，持续推进完善绿色工厂制度建设、四个管理体系建设、能管中心建设，并按照绿色供应链评价体系的要求，对现有供应链进行升级改造，持续开展产品碳足迹核查。进一步加强绿色工厂和绿色集成体系的教育培训，对绿色工厂评价指标进行量化和责任落实。围绕绿色发展中关键技术的重点研发，推进循环经济和节能减排，力争实现环保"三废"治理绿色化关键工艺技术突破和集成应用，以及环保"三废"主要污染的"近零"排放，走资源节约、低碳节能、循环利用、环境友好的绿色可持续发展之路，打造抗生素生产行业绿色发展的有效模式，树立绿色循环经济行业发展标杆，行成绿色制造体系行业示范引领作用。

（一）建设能源管理中心

川宁生物建有能源管理中心，通用用能设备均采用节能型产品或效率高、能耗低的产品，使用沼气等低碳清洁的新能源，使用可再生能源逐步替代不可再生能源。

（二）实施能源资源节约技改项目

实施节能改造项目。川宁生物建成并投运有废碱回收系统、母液回收系统、废水减量及水循环利用系统。川宁生物完成了对热电联产机组高温、高压抽汽凝汽式汽轮机背压技术改造，节能效率提升显著；投资近 8000 万元，实施了热电锅炉脱硫、脱硝及除尘系统超低排放改造，减排绩效明显。

加强高盐废水分盐资源化利用。川宁生物对 MVR 浓缩液和中水回用系统膜浓缩液进行零排放处理，

DTNF 分盐系统使一价盐和二价盐分离，硫酸根截留 95% 以上，95% 的盐资源化。按照年运行 350 天计算，年回收 NaCl 1.01 万吨，回收 Na_2SO_4 1.25 万吨。

采用中水回用系统。川宁生物采用特种分离膜 DTLRO 对生化出水进行深度处理，将处理的清水回用到生产阶段，膜系统进行入分盐系统。实施后，DTL – RO 反渗透减量：回收率高（80% – 90%）并且可调，抗污染性能卓越；纯化膜 COD 去除率 80% 以上，无污泥产生，提高结晶盐品质；废水按 95% 回用率计算，每年节约企业取水资源 399 万吨。

信息统计

国际能源数据

近十年世界一次能源消费量*

一次能源消费量（单位：艾焦）	2009年	2010年	2011年	2012年	2013年	2014年	2015年	2016年	2017年	2018年	2019年	年均增长率 2019年	年均增长率 2008—2018年	占比 2019年
美国	89.92	92.97	92.09	89.69	92.1	93.05	92.15	92.02	92.33	95.6	94.65	-1.00%	0.10%	16.20%
加拿大	12.74	13.01	13.61	13.47	13.88	14.03	13.99	13.94	14.11	14.35	14.21	-0.90%	0.60%	2.40%
墨西哥	7.1	7.31	7.66	7.71	7.74	7.7	7.69	7.79	7.9	7.83	7.72	-1.40%	0.90%	1.30%
北美洲总计	109.76	113.29	113.35	110.86	113.72	114.78	113.83	113.74	114.34	117.79	116.58	-0.01	0.002	0.2
阿根廷	3.07	3.23	3.29	3.38	3.52	3.51	3.59	3.58	3.57	3.54	3.46	-2.20%	1.30%	0.60%
巴西	9.98	10.98	11.48	11.69	12.13	12.4	12.23	11.92	12.06	12.13	12.4	2.20%	1.90%	2.10%
智利	1.32	1.33	1.44	1.48	1.49	1.46	1.5	1.57	1.58	1.66	1.66	-0.30%	2.10%	0.30%
哥伦比亚	1.33	1.42	1.49	1.59	1.61	1.7	1.71	1.81	1.84	1.85	1.92	3.90%	2.90%	0.30%
厄瓜多尔	0.5	0.55	0.58	0.62	0.64	0.67	0.67	0.66	0.69	0.73	0.74	2.50%	3.60%	0.10%
秘鲁	0.71	0.8	0.91	0.92	0.94	0.96	1.02	1.09	1.09	1.14	1.16	1.80%	5.10%	0.20%
特立尼达和多巴哥	0.78	0.84	0.83	0.81	0.83	0.82	0.8	0.71	0.75	0.71	0.71	◆	-1.00%	0.10%
委内瑞拉	3.53	3.33	3.48	3.62	3.53	3.41	3.29	2.99	2.86	2.45	2.23	-9.30%	-3.60%	0.40%
其他中南美洲国家	3.6	3.67	3.76	3.82	3.83	3.82	3.99	4.18	4.18	4.31	4.32	0.20%	1.50%	0.70%
中南美洲合计	24.82	26.16	27.26	27.93	28.53	28.76	28.8	28.5	28.61	28.53	28.61	0.003	0.013	0.049
奥地利	1.43	1.48	1.39	1.45	1.44	1.38	1.39	1.43	1.47	1.44	1.5	4.30%	-0.30%	0.30%
比利时	2.64	2.81	2.62	2.52	2.58	2.4	2.44	2.63	2.66	2.59	2.71	4.80%	-0.90%	0.50%
捷克共和国	1.76	1.84	1.8	1.78	1.75	1.71	1.68	1.66	1.73	1.73	1.71	-1.30%	-0.60%	0.30%

续表

一次能源消费量（单位：艾焦）	2009年	2010年	2011年	2012年	2013年	2014年	2015年	2016年	2017年	2018年	2019年	年均增长率 2019年	年均增长率 2008—2018年	占比 2019年
芬兰	1.22	1.33	1.24	1.2	1.21	1.16	1.15	1.18	1.14	1.15	1.1	-4.30%	-1.40%	0.20%
法国	10.34	10.65	10.24	10.22	10.31	9.87	9.92	9.76	9.7	9.87	9.68	-1.90%	-1.00%	1.70%
德国	13.15	13.71	13.2	13.37	13.75	13.17	13.4	13.62	13.78	13.44	13.14	-2.20%	-0.40%	2.30%
希腊	1.43	1.36	1.33	1.26	1.19	1.12	1.13	1.11	1.17	1.16	1.15	-1.30%	-2.40%	0.20%
匈牙利	0.97	0.99	0.99	0.91	0.87	0.87	0.92	0.93	0.98	0.98	0.99	1.00%	-0.70%	0.20%
意大利	7.07	7.28	7.12	6.92	6.59	6.23	6.37	6.43	6.49	6.53	6.37	-2.40%	-1.50%	1.10%
荷兰	3.87	4.1	3.92	3.79	3.68	3.47	3.52	3.58	3.53	3.53	3.51	-0.40%	-1.10%	0.60%
挪威	1.8	1.74	1.76	1.95	1.82	1.87	1.89	1.91	1.92	1.9	1.77	-7.20%	-0.20%	0.30%
波兰	3.92	4.18	4.2	4.08	4.09	3.93	3.98	4.15	4.32	4.38	4.28	-2.40%	0.70%	0.70%
葡萄牙	1.03	1.08	1.03	0.94	1.03	1.03	1.03	1.08	1.07	1.08	1.04	-3.20%	0.50%	0.20%
罗马尼亚	1.41	1.42	1.46	1.4	1.31	1.35	1.36	1.36	1.38	1.41	1.37	-2.70%	-1.40%	0.20%
西班牙	5.97	6.11	6	5.97	5.65	5.54	5.61	5.66	5.74	5.82	5.72	-1.70%	-1.00%	1.00%
瑞典	2.04	2.16	2.13	2.26	2.12	2.11	2.18	2.14	2.21	2.17	2.24	3.50%	-0.30%	0.40%
瑞士	1.26	1.23	1.17	1.23	1.26	1.21	1.18	1.11	1.11	1.13	1.13	0.20%	-1.20%	0.20%
土耳其	4.28	4.5	4.81	5.11	5.07	5.23	5.72	6.01	6.37	6.29	6.49	3.20%	4.10%	1.10%
乌克兰	4.75	5.08	5.27	5.14	4.88	4.29	3.55	3.72	3.46	3.54	3.41	-3.90%	-4.50%	0.60%
英国	8.72	8.94	8.45	8.55	8.51	8.02	8.11	8.01	7.99	7.96	7.84	-1.60%	-1.40%	1.30%
其他欧洲国家	6.48	6.71	6.55	6.27	6.33	6.12	6.25	6.41	6.53	6.66	6.67	0.10%	-0.30%	1.10%
欧洲总计	85.55	88.69	86.66	86.32	85.43	82.1	82.77	83.9	84.76	84.76	83.82	-0.011	-0.007	0.144
阿塞拜疆	0.47	0.47	0.52	0.54	0.55	0.56	0.62	0.61	0.6	0.62	0.66	6.60%	1.40%	0.10%
白俄罗斯	1.03	1.09	1.08	1.17	1.03	1.07	0.97	0.96	0.98	1.05	1.06	0.90%	-0.30%	0.20%
哈萨克斯坦	2.13	2.3	2.53	2.62	2.66	2.7	2.66	2.7	2.86	3.15	3.1	-1.70%	2.90%	0.50%
俄罗斯	26.92	27.99	28.92	28.98	28.61	28.71	28.14	28.76	28.87	30.04	29.81	-0.80%	0.60%	5.10%

续表

一次能源消费量（单位：艾焦）	2009年	2010年	2011年	2012年	2013年	2014年	2015年	2016年	2017年	2018年	2019年	年均增长率 2019年	年均增长率 2008—2018年	占比 2019年
土库曼斯坦	0.83	0.9	1	1.09	0.97	1	1.2	1.19	1.17	1.31	1.45	10.10%	9.90%	0.20%
乌兹别克斯坦	1.88	1.86	1.95	1.9	1.91	1.99	1.89	1.78	1.79	1.83	1.78	-2.50%	-0.20%	0.30%
其他独联体国家	0.65	0.67	0.71	0.74	0.71	0.72	0.72	0.72	0.75	0.81	0.83	2.80%	1.80%	0.10%
独联体国家总计	33.92	35.28	36.71	37.04	36.43	36.74	36.19	36.73	37.02	38.81	38.68	-0.003	0.009	0.066
伊朗	8.91	8.94	9.34	9.41	9.85	10.28	10.22	10.79	11.3	11.83	12.34	4.30%	3.20%	2.10%
伊拉克	1.36	1.45	1.54	1.63	1.76	1.68	1.68	1.94	1.91	2	2.23	11.10%	5.10%	0.40%
以色列	0.94	0.99	1.02	1.06	0.98	0.97	1.02	1.04	1.08	1.09	1.13	3.70%	1.10%	0.20%
科威特	1.3	1.41	1.42	1.57	1.63	1.49	1.62	1.69	1.58	1.57	1.64	4.20%	2.40%	0.30%
阿曼	0.73	0.86	0.94	1.03	1.15	1.14	1.21	1.21	1.34	1.49	1.51	1.90%	7.30%	0.30%
卡塔尔	1.04	1.21	1.4	1.59	1.71	1.84	2.05	2	1.92	1.99	2.02	1.60%	6.80%	0.30%
沙特阿拉伯	8.13	8.92	9.2	9.76	9.8	10.5	10.83	10.98	11.01	10.91	11.04	1.20%	3.50%	1.90%
阿联酋	3.35	3.51	3.7	3.89	4.09	4.08	4.48	4.66	4.72	4.8	4.83	0.60%	3.50%	0.80%
其他中东国家	2.45	2.45	2.31	2.19	2.09	2.07	1.93	1.93	1.97	1.93	2.04	6.00%	-2.40%	0.30%
中东地区总计	28.22	29.74	30.86	32.12	33.06	34.05	35.04	36.23	36.83	37.61	38.78	0.031	0.032	0.066
阿尔及利亚	1.62	1.57	1.67	1.83	1.93	2.11	2.22	2.22	2.24	2.42	2.54	4.90%	4.70%	0.40%
埃及	3.12	3.28	3.33	3.5	3.48	3.47	3.55	3.74	3.84	3.92	3.89	-0.80%	2.70%	0.70%
摩洛哥	0.63	0.7	0.73	0.75	0.77	0.78	0.79	0.8	0.84	0.86	0.95	9.80%	2.90%	0.20%
南非	5.24	5.29	5.21	5.14	5.15	5.22	5.05	5.3	5.25	5.3	5.4	2.00%	0.10%	0.90%
其他非洲国家	4.97	5.23	5.18	5.48	5.81	6.08	6.3	6.32	6.62	6.9	7.1	2.90%	3.50%	1.20%
非洲总计	15.57	16.07	16.13	16.69	17.14	17.66	17.91	18.38	18.79	19.39	19.87	0.025	0.024	0.034
澳大利亚	5.48	5.5	5.7	5.63	5.67	5.75	5.84	5.88	5.87	6	6.41	6.90%	0.80%	1.10%
孟加拉国	0.88	0.9	0.98	1.05	1.08	1.13	1.32	1.34	1.39	1.48	1.76	18.60%	6.30%	0.30%
中国	97.52	104.28	112.54	117.05	121.37	124.2	125.38	126.95	130.83	135.77	141.7	4.40%	3.80%	24.30%

续表

一次能源消费量（单位：艾焦）	2009年	2010年	2011年	2012年	2013年	2014年	2015年	2016年	2017年	2018年	2019年	年均增长率 2019年	年均增长率 2008—2018年	占比 2019年
中国香港	1.11	1.16	1.19	1.14	1.17	1.14	1.18	1.21	1.29	1.3	1.24	-4.70%	2.50%	0.20%
印度	21.52	22.55	23.88	25.11	26.08	27.86	28.77	30.07	31.33	33.3	34.06	2.30%	5.20%	5.80%
印度尼西亚	5.76	6.32	6.9	7.27	7.57	7.09	7.1	7.3	7.57	8.23	8.91	8.30%	4.00%	1.50%
日本	19.83	21.13	20.06	19.92	19.75	19.24	18.97	18.65	18.89	18.84	18.67	-0.90%	-1.40%	3.20%
马来西亚	3.25	3.35	3.47	3.73	3.9	3.94	4	4.21	4.27	4.21	4.26	1.30%	2.30%	0.70%
新西兰	0.81	0.83	0.83	0.84	0.84	0.88	0.89	0.89	0.91	0.9	0.92	2.00%	1.00%	0.20%
巴基斯坦	2.64	2.65	2.65	2.47	2.88	2.77	2.92	3.19	3.37	3.48	3.56	2.40%	2.90%	0.60%
菲律宾	1.18	1.22	1.24	1.28	1.38	1.45	1.59	1.73	1.9	1.96	2.02	3.50%	5.30%	0.30%
新加坡	2.67	2.87	2.99	3	3.06	3.15	3.35	3.48	3.59	3.61	3.55	-1.50%	3.80%	0.60%
韩国	10.16	10.94	11.43	11.54	11.55	11.64	11.87	12.16	12.37	12.55	12.37	-1.40%	2.20%	2.10%
斯里兰卡	0.22	0.24	0.25	0.25	0.25	0.23	0.29	0.31	0.33	0.35	0.36	2.80%	5.00%	0.10%
中国台湾	4.42	4.66	4.61	4.61	4.71	4.82	4.77	4.85	4.87	4.93	4.81	-2.40%	0.90%	0.80%
泰国	4.13	4.39	4.56	4.87	4.95	5.09	5.25	5.36	5.45	5.6	5.61	0.30%	3.50%	1.00%
越南	1.65	1.87	2.13	2.24	2.39	2.61	2.9	3.11	3.32	3.72	4.12	10.70%	8.70%	0.70%
其他亚太国家和地区	1.76	1.94	1.93	2.02	1.99	2.16	2.25	2.44	2.5	3.14	3.22	2.60%	5.00%	0.60%
亚太地区总计	184.99	196.8	207.33	214.02	220.6	225.15	228.63	233.13	240.07	249.35	257.56	0.033	0.033	0.441
世界总计	482.82	506.02	518.31	524.98	534.91	539.25	543.17	550.6	560.42	576.23	583.9	0.013	0.016	1
其中：经合组织	224.69	233.04	230.63	228.16	230.26	228.31	228.75	229.64	231.84	235.39	233.43	-0.80%	◆	40.00%
非经合组织	258.13	272.99	287.68	296.82	304.65	310.94	314.42	320.96	328.58	340.84	350.47	2.80%	3.00%	60.00%
欧盟	71.58	74.15	71.69	71.04	70.45	67.71	68.52	69.14	69.91	69.81	68.81	-1.40%	-0.80%	11.80%

* 在本统计年鉴中，一次能源只包括商业交易的燃料，包括用于发电的现代可再生能源。

◆ 低于 0.05%。

2018—2019年世界能源消费总量及构成 *

一次能源消费量（单位：艾焦）	2018年							2019年						
	石油	天然气	煤炭	核能	水电	可再生能源	总计	石油	天然气	煤炭	核能	水电	可再生能源	总计
美国	37.11	29.52	13.28	7.6	2.59	5.5	95.6	36.99	30.48	11.34	7.6	2.42	5.83	94.65
加拿大	4.59	4.26	0.65	0.9	3.45	0.5	14.35	4.5	4.33	0.56	0.9	3.41	0.52	14.21
墨西哥	3.48	3.15	0.57	0.12	0.29	0.22	7.83	3.29	3.26	0.51	0.1	0.21	0.35	7.72
北美洲总计	45.18	36.93	14.5	8.62	6.33	6.22	117.79	44.78	38.07	12.41	8.59	6.03	6.7	116.58
阿根廷	1.2	1.75	0.05	0.06	0.37	0.1	3.54	1.19	1.71	0.02	0.08	0.33	0.14	3.46
巴西	4.69	1.29	0.7	0.14	3.48	1.83	12.13	4.73	1.29	0.66	0.14	3.56	2.02	12.4
智利	0.75	0.23	0.31	—	0.21	0.16	1.66	0.76	0.23	0.28	—	0.19	0.19	1.66
哥伦比亚	0.69	0.48	0.16	—	0.51	0.02	1.85	0.7	0.48	0.26	—	0.46	0.02	1.92
厄瓜多尔	0.51	0.03	—	—	0.19	0.01	0.73	0.49	0.02	—	—	0.22	0.01	0.74
秘鲁	0.5	0.29	0.03	—	0.28	0.05	1.14	0.51	0.3	0.02	—	0.28	0.05	1.16
特立尼达和多巴哥	0.09	0.63	—	—	—	†	0.71	0.08	0.63	—	—	—	†	0.71
委内瑞拉	0.8	1.14	†	—	0.51	†	2.45	0.71	0.95	†	—	0.56	†	2.23
其他中南美洲国家	2.68	0.29	0.18	0.2	0.89	0.27	4.31	2.69	0.33	0.24	0.22	0.77	0.29	4.32
中南美洲合计	11.92	6.12	1.43	0.2	6.43	2.44	28.53	11.86	5.95	1.48	0.22	6.37	2.73	28.61
奥地利	0.54	0.31	0.12	—	0.34	0.13	1.44	0.55	0.32	0.13	—	0.36	0.14	1.5
比利时	1.42	0.61	0.13	0.26	†	0.17	2.59	1.38	0.63	0.13	0.39	†	0.19	2.71
捷克共和国	0.43	0.29	0.65	0.27	0.01	0.08	1.73	0.43	0.3	0.6	0.27	0.02	0.08	1.71
芬兰	0.41	0.08	0.18	0.2	0.12	0.18	1.15	0.39	0.07	0.15	0.2	0.11	0.18	1.1
法国	3.17	1.54	0.35	3.7	0.57	0.54	9.87	3.15	1.56	0.27	3.56	0.52	0.61	9.68
德国	4.63	3.09	2.9	0.68	0.16	1.97	13.44	4.68	3.19	2.3	0.67	0.18	2.12	13.14
希腊	0.65	0.17	0.19	—	0.05	0.1	1.16	0.68	0.19	0.14	—	0.04	0.11	1.15
匈牙利	0.37	0.35	0.09	0.14	†	0.04	0.98	0.37	0.35	0.08	0.15	†	0.05	0.99
意大利	2.6	2.49	0.37	—	0.42	0.64	6.53	2.49	2.55	0.3	—	0.4	0.64	6.37

续表

一次能源消费量（单位：艾焦）	2018 年							2019 年						
	石油	天然气	煤炭	核能	水电	可再生能源	总计	石油	天然气	煤炭	核能	水电	可再生能源	总计
荷兰	1.68	1.27	0.34	0.03	†	0.19	3.53	1.65	1.33	0.27	0.03	†	0.23	3.51
挪威	0.41	0.16	0.03	—	1.24	0.05	1.9	0.39	0.16	0.03	—	1.12	0.07	1.77
波兰	1.33	0.72	2.08	—	0.04	0.21	4.38	1.34	0.73	1.91	—	0.04	0.25	4.28
葡萄牙	0.48	0.21	0.11	—	0.11	0.16	1.08	0.51	0.22	0.06	—	0.08	0.18	1.04
罗马尼亚	0.43	0.42	0.21	0.1	0.16	0.09	1.41	0.45	0.39	0.19	0.1	0.14	0.1	1.37
西班牙	2.72	1.13	0.46	0.5	0.31	0.7	5.82	2.72	1.3	0.21	0.52	0.22	0.75	5.72
瑞典	0.56	0.04	0.08	0.61	0.56	0.32	2.17	0.57	0.04	0.08	0.6	0.59	0.36	2.24
瑞士	0.43	0.12	†	0.22	0.31	0.04	1.13	0.44	0.12	†	0.21	0.31	0.04	1.13
土耳其	2	1.7	1.71	—	0.54	0.34	6.29	2.03	1.56	1.7	—	0.79	0.41	6.49
乌克兰	0.41	1.1	1.15	0.76	0.09	0.02	3.54	0.44	1.02	1.1	0.74	0.06	0.05	3.41
英国	3.17	2.85	0.32	0.58	0.05	0.99	7.96	3.11	2.84	0.26	0.5	0.05	1.08	7.84
其他欧洲国家	2.61	1.09	1.41	0.33	0.7	0.51	6.66	2.63	1.08	1.43	0.34	0.62	0.56	6.67
欧洲总计	30.46	19.73	12.92	8.37	5.79	7.5	84.76	30.4	19.95	11.35	8.28	5.66	8.18	83.82
阿塞拜疆	0.21	0.39	†	—	0.02	†	0.62	0.21	0.42	†	—	0.01	†	0.66
白俄罗斯	0.31	0.7	0.04	—	†	†	1.05	0.32	0.69	0.04	—	†	†	1.06
哈萨克斯坦	0.67	0.68	1.7	—	0.09	†	3.15	0.69	0.64	1.67	—	0.09	0.01	3.1
俄罗斯	6.5	16.36	3.63	1.83	1.71	0.01	30.04	6.57	16	3.63	1.86	1.73	0.02	29.81
土库曼斯坦	0.29	1.02	—	—	†	†	1.31	0.31	1.14	—	—	†	†	1.45
乌兹别克斯坦	0.09	1.6	0.09	0.02	0.05	†	1.83	0.09	1.56	0.07	0.02	0.06	†	1.78
其他独联体国家	0.18	0.21	0.09	—	0.32	0.02	0.81	0.18	0.2	0.12	—	0.32	†	0.83
独联体国家总计	8.24	20.96	5.54	1.85	2.19	0.02	38.81	8.37	20.65	5.53	1.88	2.21	0.03	38.68
伊朗	3.54	8.07	0.06	0.06	0.1	†	11.83	3.92	8.05	0.05	0.06	0.26	†	12.34
伊拉克	1.46	0.53	—	—	0.02	†	2	1.49	0.72	—	—	0.02	†	2.23

续表

一次能源消费量（单位：艾焦）	2018年							2019年						
	石油	天然气	煤炭	核能	水电	可再生能源	总计	石油	天然气	煤炭	核能	水电	可再生能源	总计
以色列	0.49	0.38	0.2	—	†	0.02	1.09	0.5	0.39	0.21	—	†	0.03	1.13
科威特	0.8	0.76	0.01	—	—	†	1.57	0.78	0.85	0.01	—	—	†	1.64
阿曼	0.58	0.9	†	—	—	†	1.49	0.61	0.9	0.01	—	—	†	1.51
卡塔尔	0.5	1.49	—	—	—	†	1.99	0.54	1.48	—	—	—	†	2.02
沙特阿拉伯	6.86	4.04	†	—	—	†	10.91	6.92	4.09	†	—	—	0.02	11.04
阿联酋	2.01	2.68	0.1	—	—	0.01	4.8	1.95	2.74	0.1	—	—	0.04	4.83
其他中东国家	1.06	0.81	0.02	—	0.01	0.03	1.93	1.08	0.89	0.02	—	0.02	0.03	2.04
中东地区总计	17.31	19.65	0.39	0.06	0.13	0.07	37.61	17.8	20.1	0.4	0.06	0.3	0.12	38.78
阿尔及利亚	0.83	1.56	0.02	—	†	0.01	2.42	0.88	1.63	0.02	—	†	0.01	2.54
埃及	1.53	2.15	0.09	—	0.12	0.03	3.92	1.5	2.12	0.08	—	0.12	0.06	3.89
摩洛哥	0.55	0.04	0.22	—	0.02	0.04	0.86	0.57	0.04	0.28	—	0.01	0.06	0.95
南非	1.16	0.16	3.76	0.1	0.01	0.11	5.3	1.18	0.15	3.81	0.13	0.01	0.12	5.4
其他非洲国家	4.01	1.45	0.32	—	1.02	0.1	6.9	4.14	1.46	0.28	—	1.04	0.17	7.1
非洲总计	8.07	5.36	4.41	0.1	1.17	0.29	19.39	8.28	5.4	4.47	0.13	1.18	0.41	19.87
澳大利亚	2.16	1.49	1.84	—	0.16	0.35	6	2.14	1.93	1.78	—	0.13	0.42	6.41
孟加拉国	0.38	0.99	0.1	—	0.01	†	1.48	0.37	1.24	0.14	—	0.01	†	1.76
中国	26.58	10.19	79.83	2.64	10.73	5.81	135.77	27.91	11.06	81.67	3.11	11.32	6.63	141.7
中国香港	0.93	0.11	0.26	—	—	†	1.3	0.87	0.11	0.26	—	—	†	1.24
印度	9.95	2.09	18.56	0.35	1.25	1.1	33.3	10.24	2.15	18.62	0.4	1.44	1.21	34.06
印度尼西亚	3.38	1.6	2.84	—	0.15	0.25	8.23	3.38	1.58	3.41	—	0.15	0.39	8.91
日本	7.63	4.17	4.99	0.44	0.72	0.89	18.84	7.53	3.89	4.91	0.59	0.66	1.1	18.67
马来西亚	1.54	1.48	0.93	—	0.24	0.03	4.21	1.57	1.52	0.9	—	0.24	0.03	4.26
新西兰	0.36	0.16	0.05	—	0.24	0.09	0.9	0.36	0.17	0.06	—	0.23	0.1	0.92

中国绿色工业年鉴（2020）

续表

一次能源消费量（单位：艾焦）	2018年							2019年						
	石油	天然气	煤炭	核能	水电	可再生能源	总计	石油	天然气	煤炭	核能	水电	可再生能源	总计
巴基斯坦	1.02	1.57	0.5	0.09	0.26	0.05	3.48	0.9	1.64	0.55	0.08	0.32	0.06	3.56
菲律宾	0.89	0.15	0.68	—	0.08	0.15	1.96	0.91	0.15	0.73	—	0.09	0.15	2.02
新加坡	3.13	0.44	0.02	—	—	0.01	3.61	3.06	0.46	0.03	—	—	0.01	3.55
韩国	5.37	2.08	3.63	1.19	0.03	0.24	12.55	5.3	2.01	3.44	1.3	0.02	0.29	12.37
斯里兰卡	0.23	—	0.06	—	0.06	0.01	0.35	0.25	—	0.06	—	0.04	0.01	0.36
中国台湾	2.04	0.85	1.7	0.25	0.04	0.06	4.93	1.93	0.84	1.63	0.29	0.05	0.07	4.81
泰国	2.68	1.8	0.8	—	0.07	0.24	5.6	2.72	1.83	0.71	—	0.06	0.29	5.61
越南	1.02	0.35	1.59	—	0.76	†	3.72	1.07	0.35	2.07	—	0.58	0.04	4.12
其他亚太国家和地区	0.97	0.41	1.23	—	0.53	0.01	3.14	1.03	0.37	1.25	—	0.56	0.01	3.22
亚太地区总计	70.27	29.92	119.62	4.96	15.31	9.29	249.35	71.54	31.32	122.22	5.77	15.9	10.81	257.56
世界总计	191.45	138.66	158.79	24.16	37.34	25.83	576.23	193.03	141.45	157.86	24.92	37.66	28.98	583.9
经合组织	90.32	63.24	36.19	17.62	12.75	15.27	235.39	89.63	64.84	32.1	17.77	12.32	16.77	233.43
非经合组织	101.13	75.42	122.61	6.54	24.59	10.55	340.84	103.4	76.61	125.75	7.16	25.34	12.21	350.47
欧盟	26.49	16.46	9.37	7.4	3.12	6.97	69.81	26.39	16.9	7.69	7.33	2.94	7.54	68.81

* 在本统计年鉴中，一次能源和进行商业交易的燃料和用于发电的现代可再生能源。
† 低于0.05。

318

近十年世界二氧化碳排放量

二氧化碳排放量（单位:百万吨二氧化碳）	2009年	2010年	2011年	2012年	2013年	2014年	2015年	2016年	2017年	2018年	2019年	年均增长率 2019年	年均增长率 2008—2018年	占比 2019年
美国	5289.1	5485.7	5336.4	5090	5249.6	5254.6	5141.4	5042.4	4983.9	5116.8	4964.7	-3.00%	-1.10%	14.50%
加拿大	503.8	530.1	541	526.3	544.1	553.5	546.2	537.8	549.1	565.6	556.2	-0.017	0.004	0.016
墨西哥	433.5	442.6	465.8	474	472.8	459.6	463.1	468.8	476.9	466.6	455	-0.025	0.008	0.013
北美洲总计	6226.4	6458.4	6343.3	6090.3	6266.5	6267.7	6150.8	6049	6009.9	6149	5975.9	-2.80%	-0.80%	17.50%
阿根廷	154.5	166	168.7	175.3	182.8	182.7	186	185.8	182.8	180.4	174.9	-0.031	0.012	0.005
巴西	350.5	398.3	423.8	442.9	482.9	503.8	487	450.4	457.2	442.3	441.3	-0.002	0.017	0.013
智利	74.4	76.1	87	89.4	91.1	88.4	88.9	94.1	92.4	94.3	92.4	-0.02	0.02	0.003
哥伦比亚	65.2	72.6	71.2	79.7	83.5	89.2	89.8	95.1	89.4	90	100.6	0.118	0.029	0.003
厄瓜多尔	27.9	32.1	32.8	34.3	36.5	38.5	37.6	35.4	34.3	37	35.6	-0.038	0.03	0.001
秘鲁	34.5	39.4	45.6	45.3	46.5	47.2	50.6	54.8	51.6	53.4	53.7	0.007	0.045	0.002
特立尼达和多巴哥	23	25.2	24.8	24.7	26	25.8	24.3	22	21.5	20.4	20.1	-0.013	-0.019	0.001
委内瑞拉	172.9	167.2	172	182.1	177	171.1	164.4	151.4	142.7	119.6	102.4	-0.144	-0.036	0.003
其他中南美洲国家	193.8	196.1	200.7	201.1	200.4	201.4	212.2	219.4	217.5	225.9	233.9	0.035	0.012	0.007
中南美洲总计	1096.5	1173	1226.7	1274.7	1326.6	1348	1340.8	1308.4	1289.4	1263.1	1254.9	-0.007	0.011	0.037
奥地利	63.7	68	64.9	62.5	63.1	58.9	60.9	61.9	64.7	62.8	64.7	0.03	-0.011	0.002
比利时	127.5	136.4	123	119	120	111.7	118.3	120.1	122.1	125.1	124.5	-0.005	-0.013	0.004
捷克共和国	113.6	116.5	113.2	109.4	105.1	102.1	103.2	105	103.1	102.2	98.8	-0.033	-0.016	0.003
芬兰	57.4	65.5	57.7	51.5	52.6	48.1	45.2	48.6	45.5	46.8	43	-0.082	-0.025	0.001
法国	354.8	360.4	334.1	335.6	334.9	301.3	306.7	312.1	318.1	307.2	299.2	-0.026	-0.018	0.009
德国	753.6	783.2	763.7	773	797.6	751.1	755.6	770.5	760.9	731.3	683.8	-0.065	-0.01	0.02
希腊	104.2	96.1	95.5	89.8	81.4	77.8	75.2	72	76.6	74.4	71.7	-0.036	-0.038	0.002
匈牙利	48	48.7	49.3	45.1	42.6	41.9	44.3	45.2	47.3	47.5	47.4	-0.001	-0.013	0.001

续表

二氧化碳排放量 （单位：百万吨二氧化碳）	2009年	2010年	2011年	2012年	2013年	2014年	2015年	2016年	2017年	2018年	2019年	年均增长率 2019年	年均增长率 2008—2018年	占比 2019年
意大利	391.6	396.4	386.4	369.9	340.5	317.7	329.8	329.9	333.4	332.1	325.4	-0.02	-0.028	0.01
荷兰	217.7	226.5	219.4	212.2	208.2	197.6	206.7	209.8	202.9	198.2	192	-0.031	-0.014	0.006
挪威	36.1	36.8	36.3	36	36	35.4	35.5	34.3	34.1	34.8	33.6	-0.035	-0.004	0.001
波兰	305.3	323.8	324	308.1	310.4	293.3	293.3	306	315.5	319.5	303.9	-0.049	◆	0.009
葡萄牙	56.9	51.5	51.4	50.7	49.3	48.6	53.1	52.5	57.8	54.6	51.4	-0.059	-0.005	0.002
罗马尼亚	80.6	78.2	85.1	81.7	69.8	71.1	71.9	69.5	72.9	73.2	70.5	-0.037	-0.026	0.002
西班牙	317.4	301.5	309.9	308	276.2	273.6	289.2	282.2	299.8	293.6	278.5	-0.051	-0.019	0.008
瑞典	53.2	56.7	51.8	48.9	47.9	46.1	46.5	46.6	45.8	45	46.3	0.029	-0.021	0.001
瑞士	44.2	42.1	40.1	41.4	43.6	38.7	39.5	38	38.8	37.2	38.2	0.027	-0.016	0.001
土耳其	275.3	276.3	298.8	314.4	303.3	335.1	340.6	359	397.1	392.1	383.3	-0.022	0.036	0.011
乌克兰	271.5	286.8	302.9	297.4	284.8	244.8	192.3	213.2	185.8	193.1	185.4	-0.04	-0.048	0.005
英国	513.5	530.1	495.6	512.1	500	458.1	439.7	415.8	404.1	396.9	387.1	-0.025	-0.034	0.011
其他欧洲国家	387.3	399.9	400.5	377.3	370.5	352.4	362.1	370.2	379.1	378.6	382.2	0.01	-0.009	0.011
欧洲总计	4573.5	4681.2	4603.7	4544	4437.9	4205.4	4209.5	4262.5	4305.4	4246.1	4110.8	-3.20%	-1.50%	12.00%
阿塞拜疆	25.9	24.9	28.5	29.6	30.2	31	33.6	33.1	32.1	32.8	34.9	0.065	0.01	0.001
白俄罗斯	57.1	60.2	57	58.5	58.1	57.1	53	53.3	54.4	58.4	59	0.01	-0.002	0.002
哈萨克斯坦	170.9	183.9	202.5	209.7	211	212.5	207.5	208.5	219.4	243.8	239.9	-0.016	0.026	0.007
俄罗斯	1445	1492.2	1555.8	1569.1	1527.7	1530.8	1491	1504.8	1486.9	1548.4	1532.6	-0.01	◆	0.045
土库曼斯坦	50.3	54.3	59.9	65.2	58.3	60.5	71.5	70.9	70.2	78.2	85.8	0.098	0.093	0.003
乌兹别克斯坦	103.2	101.3	107.5	104.5	105.7	109.6	104.1	97.3	97.5	101.8	98.5	-0.032	-0.002	0.003
其他独联体国家	23.6	23.1	24.6	26.6	25.5	27.1	28.2	28.7	28.8	32.3	34.7	0.073	0.028	0.001
独联体国家总计	1876.1	1939.7	2035.9	2063.1	2016.5	2028.6	1989	1996.7	1989.3	2095.7	2085.3	-0.50%	0.50%	6.10%

续表

二氧化碳排放量 （单位：百万吨二氧化碳）	2009年	2010年	2011年	2012年	2013年	2014年	2015年	2016年	2017年	2018年	2019年	年均增长率		占比
												2019年	2008—2018年	2019年
伊拉克	516.7	518.1	531.6	535.1	564.6	578.2	570.2	596.6	612.6	644.1	670.7	0.041	0.025	0.02
伊朗	93.2	99.1	104	111.1	119.5	115.6	115.7	132.7	130.7	136.3	148.6	0.09	0.052	0.004
以色列	68.4	71.6	72.8	78.9	69.3	66.7	69.8	69.1	71	70.7	73.1	0.034	-0.001	0.002
科威特	81.2	87	85.9	96	100.5	90.4	98.5	102.9	94.7	94.3	97.3	0.032	0.017	0.003
阿曼	42.1	48.9	52.3	57.5	65.6	65.1	68.6	69	77.4	84.7	86.7	0.024	0.072	0.003
卡塔尔	51.4	60.3	68.7	77.8	84.7	92.2	104	101.5	97	100.2	102.5	0.023	0.07	0.003
沙特阿拉伯	443.8	486.3	501.7	526.4	535.3	570.9	588.4	599.5	593	573.8	579.9	0.011	0.03	0.017
阿联酋	205.5	215.3	222.3	233.5	248.9	245.1	267.1	276.9	280.7	285	282.6	-0.008	0.03	0.008
其他中东国家	155.7	152.1	145.3	137.7	130.5	130.1	119.9	118	120.1	117.2	122.8	0.048	-0.028	0.004
中东地区总计	1658	1738.5	1784.6	1854	1918.9	1954.4	2002.1	2066.3	2077.3	2106.2	2164.1	2.80%	2.60%	6.30%
阿尔及利亚	95.7	94.2	100.6	108.9	115.4	123.6	129	127.7	130.7	140.4	147.1	0.047	0.045	0.004
埃及	177.2	188.8	189.5	200.4	199	203.5	207.6	216.7	218.8	221.3	217.4	-0.017	0.026	0.006
摩洛哥	45.2	49.1	52.9	53.9	54.3	56.5	56.7	57	60	61.6	68.2	0.108	0.024	0.002
南非	475	476.7	467.8	463.8	464.2	469.1	451.7	470.5	465.8	470.4	478.8	0.018	-0.001	0.014
其他非洲国家	277.2	292.4	291.8	309.9	329.3	345.4	355.9	359.3	375.6	390.8	396.9	0.016	0.037	0.012
非洲总计	1070.2	1101.1	1102.6	1136.9	1162.2	1198	1200.9	1231.1	1250.9	1284.5	1308.50%	1.90%	2.00%	0.038
澳大利亚	410.5	402.6	409.7	402.6	399	405.7	411.3	411.8	409.6	411.1	428.3	0.042	-0.002	0.013
孟加拉国	49.2	50.6	56.5	60.4	62.7	65.5	79.6	80.4	84.1	90.5	106.5	0.177	0.074	0.003
中国	7710.1	8143.4	8824.3	9001.3	9244	9239.9	9186	9137.6	9298	9507.1	9825.8	0.034	0.026	0.288
中国香港	86.5	88.3	92	88.7	91.5	89.7	90.5	92.7	98.9	99.5	94.7	-0.048	0.023	0.003
印度	1596.2	1660.7	1735.2	1848.1	1929.4	2083.5	2149.4	2242.9	2329.8	2452.5	2480.4	0.011	0.053	0.073
印度尼西亚	388.3	428	480.1	513	532.9	486.1	497.9	502	527	580.7	632.1	0.088	0.044	0.018

续表

二氧化碳排放量 （单位：百万吨二氧化碳）	2009年	2010年	2011年	2012年	2013年	2014年	2015年	2016年	2017年	2018年	2019年	年均增长率 2019年	年均增长率 2008—2018年	占比 2019年
日本	1130	1201.8	1210.3	1296.1	1282.9	1249.3	1209.9	1193.2	1187.5	1164.2	1123.1	-0.035	-0.011	0.033
马来西亚	190.3	213	213.6	226.8	233.1	242.2	245.7	251.4	241.4	243.5	244.5	0.004	0.021	0.007
新西兰	34.8	34.7	34.6	36.2	35.6	35.7	36.5	35.6	37.4	37	38.4	0.038	-0.002	0.001
巴基斯坦	146	145.7	144.1	145.5	145.1	152.3	159.9	175.7	189.6	197.7	198.3	0.003	0.031	0.006
菲律宾	74.5	79.9	80.7	83.1	91.9	97.3	106.2	116.4	128.9	133.7	140.1	0.047	0.061	0.004
新加坡	176.7	185.3	192.7	192	191.4	190.9	202.7	217	228.9	225.3	218.9	-0.028	0.033	0.006
韩国	534.2	590.9	617.7	614.6	619.5	614.9	624.2	629.6	645.2	662.2	638.6	-0.036	0.022	0.019
斯里兰卡	13.2	13.1	14.8	16.1	14	14.2	17.9	20.2	21.7	21.6	23.4	0.086	0.055	0.001
中国台湾	251.2	264.2	270	266.2	269.2	275.2	271.7	280.3	288.4	287	278.6	-0.029	0.01	0.008
泰国	236.5	248.7	253.5	270.6	273.9	280.7	291.4	298.2	299	306.1	301.7	-0.014	0.026	0.009
越南	102.4	121.9	135	132.7	140.8	157.4	183.4	195.5	196.1	237	285.9	0.206	0.086	0.008
其他亚太国家和地区	113.9	120.5	112	116.5	109.7	121.9	129.8	141.5	145.5	206.7	210.3	0.018	0.048	0.006
亚太地区总计	13244.5	13993.5	14876.6	15310.6	15666.9	15802.6	15894.1	16022.1	16357.1	16863.3	17269.5	2.40%	2.70%	50.50%
世界总计	29745.2	31085.5	31973.4	32273.5	32795.6	32804.7	32787.2	32936.1	33279.5	34007.9	34169	0.50%	1.10%	100.00%
其中:经合组织	12507.6	12957.5	12783.1	12580.3	12661.9	12441.5	12347.8	12270.1	12300.2	12372.3	12012	-0.029	-0.008	0.352
非经合组织	17237.6	18128	19190.3	19693.2	20133.6	20363.3	20439.4	20666	20979.1	21635.6	22157	0.024	0.025	0.648
欧盟	3830.3	3922.9	3800.4	3737.7	3653.5	3445.4	3486.9	3498.5	3527.1	3466.5	3330.4	-0.039	-0.018	0.097

◆ 低于 0.05%。

备注：以上碳排放数据来自石油、天然气和煤的燃烧相关活动，是基于"燃料的默认二氧化碳排放因子"得出。该因子由政府间气候变化专门委员会（IPCC）发布的《2006 版国家温室气体清单的指导原则》中，这其中并未考虑二氧化碳捕获，其他二氧化碳排放源，其他温室气体的排放。因此，上述数据不应与国家官方数据进行比较。

国内能源数据

近十年国内生产总值

指标	2019 年	2018 年	2017 年	2016 年	2015 年	2014 年	2013 年	2012 年	2011 年	2010 年
国民总收入（亿元）	988528.9	896915.6	820099.5	737074.0	683390.5	642097.6	588141.2	537329.0	483392.8	410354.1
国内生产总值（亿元）	990865.1	900309.5	820754.3	740060.8	685992.9	641280.6	592963.2	538580.0	487940.2	412119.3
第一产业增加值（亿元）	70466.7	64734.0	62099.5	60139.2	57774.6	55626.3	53028.1	49084.5	44781.4	38430.8
第二产业增加值（亿元）	386165.3	366000.9	332742.7	296547.7	282040.3	277571.8	261956.1	244643.3	227038.8	191629.8
第三产业增加值（亿元）	534233.1	469574.6	425912.1	383373.9	346178.0	308082.5	277979.1	244852.2	216120.0	182058.6
人均国内生产总值（元）	70892	64644	59201	53680	50028	47005	43684	39874	36302	30808

注：1. 1980 年以后国民总收入与国内生产总值的差额为国外净要素收入。

2. 三次产业分类依据国家统计局 2012 年制定的《三次产业划分规定》。第一产业是指农、林、牧、渔业（不含农、林、牧、渔服务业）；第二产业是指采矿业（不含开采辅助活动）、制造业（不含金属制品、机械和设备修理业）、电力、热力、燃气及水生产和供应业，建筑业；第三产业即服务业，是指除第一产业、第二产业以外的其他行业。

3. 按照我国国内生产总值（GDP）数据修订制度和国际通行做法，在实施研发支出核算方法改革后，对 2016 年及以前年度的 GDP 历史数据进行了系统修订。

2020 年前三季度国内生产总值

指标	2020 年第三季度（7 月—9 月）	2020 年第二季度（4 月—6 月）	2020 年第一季度（1 月—3 月）
国内生产总值（亿元）	239176.0	225495.5	183669.3
第一产业增加值（亿元）	20528.5	13992.8	8014.6
第二产业增加值（亿元）	94684.4	93094.7	67968.9
第三产业增加值（亿元）	123963.2	118408.0	107685.8

近十年三次产业对 GDP 贡献率

指标	2019 年	2018 年	2017 年	2016 年	2015 年	2014 年	2013 年	2012 年	2011 年	2010 年
三次产业贡献率（%）	100.0	100.0	100.0	100.0	100.0	100.0	100.0	100.0	100.0	100.0
第一产业对 GDP 的贡献率（%）	3.8	4.2	4.8	4.1	4.5	4.6	4.2	5.0	4.1	3.6
第二产业对 GDP 的贡献率（%）	36.8	36.1	35.7	38.2	42.5	47.9	48.5	50.0	52.0	57.4
第三产业对 GDP 的贡献率（%）	59.4	59.7	59.6	57.7	53.0	47.5	47.2	45.0	43.9	39.0

2020 年前三季度三次产业对 GDP 贡献率

指标	2020 年第三季度（7 月—9 月）	2020 年第二季度（4 月—6 月）	2020 年第一季度（1 月—3 月）
三次产业贡献率（%）	100.0	100.0	100.0
第一产业贡献率（%）	6.9	6.6	2.0
第二产业贡献率（%）	47.7	60.8	53.9
第三产业贡献率（%）	45.4	32.7	44.2

近十年能源生产总量

指标	2019 年	2018 年	2017 年	2016 年	2015 年	2014 年	2013 年	2012 年	2011 年	2010 年
能源生产总量（万吨标准煤）	397000.00	377000	358500	346037.31	361476	361866	358783.76	351040.75	340177.51	312124.75
原煤生产总量（万吨标准煤）	272342.00	261261	249516	240816	260985.67	266333.38	270522.96	267493.05	264658.1	237839.06
原油生产总量（万吨标准煤）	27393.00	27144	27246	28372	30725.46	30396.74	30137.84	29838.46	28915.09	29027.6
天然气产总量（万吨标准煤）	22629.00	20735	19359	18338	17350.85	17007.7	15786.49	14392.67	13947.28	12797.11
水电、核电、风电生产总量（万吨标准煤）	74636.00	67860	62379	58134.27	52414.02	48128.18	42336.48	39316.56	32657.04	32460.97
焦炭生产量（万吨）	47126.16	43819.96	43142.55	44911.48	44822.54	47980.86	48179.38	43831.45	43433	38657.83
原油生产量（万吨）	19101.41	18932.42	19150.61	19968.52	21455.58	21142.90	20991.90	20747.80	20287.6	20301.4
汽油生产量（万吨）	—	—	—	—	—	—	—	8975.6	7917.9	7360.47

续表

指标	2019 年	2018 年	2017 年	2016 年	2015 年	2014 年	2013 年	2012 年	2011 年	2010 年
煤油生产量（万吨）	—	—	—	—	—	—	—	2131.4	1932.4	1924.39
柴油生产量（万吨）	—	—	—	—	—	—	—	17063.7	15689.7	14924.38
燃料油生产量（万吨）	—	—	—	—	—	—	—	1929.1	2301.8	2536.97
天然气生产量（亿立方米）	1761.74	1602.65	1480.35	1368.65	1346.1	1301.57	1208.58	1106.08	1053.37	957.91
发电量（亿千瓦小时）	75034.28	71117.73	66044.47	61331.6	58145.73	57944.57	54316.35	49875.53	47130.19	42071.6
水力发电量（亿千瓦小时）	13044.38	12342.28	11978.65	11840.48	11302.7	10728.82	9202.92	8721.07	6989.45	7221.72
火力发电量（亿千瓦小时）	52201.48	50963.18	47546.00	44370.68	42841.88	44001.11	42470.10	38928.10	38337.02	33319.28

注：电力折算标准煤的系数根据当年平均发电煤耗计算。

2019 年全国电力工业统计数据

指标名称	计算单位	全年累计	
		绝对量	增长
全国全社会用电量	亿千瓦时	72255	4.5
其中：第一产业用电量	亿千瓦时	780	4.5
第二产业用电量	亿千瓦时	49362	3.1
工业用电量	亿千瓦时	48473	2.9
第三产业用电量	亿千瓦时	11863	9.5
城乡居民生活用电量	亿千瓦时	10250	5.7
全口径发电设备容量	万千瓦	201066	5.8
其中：水电	万千瓦	35640	1.1
火电	万千瓦	119055	4.1
核电	万千瓦	4874	9.1
并网风电	万千瓦	21005	14
并网太阳能发电	万千瓦	20468	17.4
6000 千瓦及以上电厂供电标准煤耗	克/千瓦时	307	− 0.7

续表

指标名称	计算单位	全年累计	
		绝对量	增长
全国线路损失率	%	5.9	-0.4
6000 千瓦及以上电厂发电设备利用小时	小时	3825	-54
其中：水电	小时	3726	119
火电	小时	4293	-85
电源基本建设投资完成额	亿元	3139	12.6
其中：水电	亿元	814	16.3
火电	亿元	630	-20
核电	亿元	335	-25
电网基本建设投资完成额	亿元	4856	-9.6
发电新增设备容量	万千瓦	10173	-20.4
其中：水电	万千瓦	417	-51.4
火电	万千瓦	4092	-6.6
新增 220 千伏及以上变电设备容量	万千伏安	23042	3.7
新增 220 千伏及以上输电线路回路长度	千米	34022	-17.2

注：1. 全社会用电量指标是全口径数据。

2. 三次产业划分按照 2018 年 3 月《国家统计局关于修订〈三次产业划分规定（2012）〉的通知》（国统设管函〔2018〕74 号）相应调整，为保证数据同口径可比，上年同期数据根据新标准重新进行了分类。

大事记

2020 年大事记

12 月

2020 年 12 月 31 日，财政部、工信部、科技部、发展改革委四部委联合印发《关于进一步完善新能源汽车推广应用财政补贴政策的通知》

部署进一步完善新能源汽车推广应用财政补贴政策，要求各有关单位坚持平缓补贴退坡力度，保持技术指标门槛稳定；做好测试工况切换衔接，实现新老标准平稳过渡；进一步强化监督管理，完善市场化长效机制；切实防止重复建设，推动提高产业集中度。

2020 年 12 月 31 日，生态环境部发布《关于推进危险废物环境管理信息化有关工作的通知》

《通知》要求，全面应用固体废物管理信息系统开展危险废物管理计划备案和产生情况申报、危险废物电子转移联单运行和跨省（自治区、直辖市）转移商请、持危险废物许可证单位年报报送、危险废物出口核准等工作，有序推进危险废物产生、收集、贮存、转移、利用、处置等全过程监控和信息化追溯。

2020 年 12 月 30 日，水利部、工信部关于印发水泥等八项工业用水定额的通知

涉及建筑卫生陶瓷、平板玻璃、预拌混凝土及水泥制品、有机硅、赖氨酸盐、乳制品、化学制药产品行业。

2020 年 12 月 30 日，生态环境部发布《2019－2020 年全国碳排放权交易配额总量设定与分配实施方案（发电行业）》

《方案》指出，根据发电行业（含其他行业自备电厂）2013－2019 年任一年排放达到 2.6 万吨二氧化碳当量（综合能源消费量约 1 万吨标准煤）及以上的企业或者其他经济组织的碳排放核查结果，筛选确定纳入 2019－2020 年全国碳市场配额管理的重点排放单位名单，并实行名录管理。

2020 年 12 月 26 日，《中华人民共和国长江保护法》发布

这是我国第一部流域法律，包括总则、规划与管控、资源保护、水污染防治、生态环境修复、绿色发展、保障与监督、法律责任、附则九章内容，于 2021 年 3 月 1 日起施行。

2020 年 12 月 25 日，工信部、科技部、生态环境部联合发布《国家鼓励发展的重大环保技术装备目录（2020 年版）》

《目录）》包括开发类与应用类共计 162 项，涉及大气污染防治、水污染防治等环保技术装备。

2020 年 12 月 24 日，生态环境部发布《关于加强生态保护监管工作的意见》

《意见》提出完善生态监测和评估体系、切实加强生态保护重点领域监管、加强生态破坏问题监督和查处力度、深入推进生态文明示范建设等任务。

2020 年 12 月 21 日，中国国务院新闻办公室发布《新时代的中国能源发展》白皮书

白皮书系统介绍了中国能源发展取得的历史性成就，以及中国积极参与全球能源治理、携手应对全球气球变化、推动构建人类命运共同体的理念和行动。

2020 年 12 月 21 日，工信部、生态环境部印发《关于进一步做好水泥常态化错峰生产的通知》

《通知》指出，推动全国水泥错峰生产地域和时间常态化，其中辽宁、吉林、黑龙江、新疆每年自 11 月 1 日至次年 3 月底；北京、天津、河北、山西、内蒙古、山东、河南每年自 11 月 15 日至次年 3 月 15 日；陕西、甘肃、青海、宁夏每年自 12 月 1 日至次年 3 月 10 日。所有水泥熟料生产线都应进行错峰生产。

2020 年 12 月 15 日，生态环境部发布《生态环境标准管理办法》

《管理办法》指出强制性生态环境标准必须执行。推荐性生态环境标准被强制性生态环境标准或者规章、行政规范性文件引用并赋予其强制执行效力的，被引用的内容必须执行，推荐性生态环境标准本身的法律效力不变。自 2021 年 2 月 1 日起施行。

2020 年 12 月 14 日，生态环境部发布《关于进一步规范城镇（园区）污水处理环境管理的通知》

《通知》指出，城镇（园区）污水处理涉及地方人民政府（含园区管理机构）、向污水处理厂排放污水的企事业单位（以下简称纳管企业）、污水处理厂运营单位（以下简称运营单位）等多个方面，依法明晰各方责任是规范污水处理环境管理的前提和基础。与此同时，要推动各方履职尽责。

2020 年 12 月 13 日，生态环境部发布关于印发《污染影响类建设项目重大变动清单（试行）》的通知

为进一步规范环境影响评价重大变动管理，生态环境部制定了《污染影响类建设项目重大变动清单（试行）》，适用于污染影响类建设项目环境影响评价管理。

2020 年 12 月 11 日，国家能源局发布《关于加强生物质发电项目信息监测的通知》

《通知》明确，为保证 2021 年生物质发电补贴相关工作公平、公正，今年未能及时完成填报，无法反映核准、开工情况的项目，将统一作为 2021 年新核准、新开工项目，按《实施方案》有关要求通过竞争方式配置并确定上网电价。

2020 年 12 月 8 日，生态环境部与国家市场监督管理总局联合发布《一般工业固体废物贮存和填埋污染控制标准》等三项固体废物污染控制标准

为贯彻《中华人民共和国环境保护法》《中华人民共和国固体废物污染环境防治法》，改善生态环境质量，防治环境污染，规范固体废物环境管理，生态环境部与国家市场监督管理总局联合发布《一般工业固体废物贮存和填埋污染控制标准》《危险废物焚烧污染控制标准》《医疗废物处理处置污染控制标准》。

2020 年 12 月 1 日，"一带一路"绿色发展国际联盟政策研究专题发布暨研究院启动活动在北京举行

会议正式启动了"一带一路"绿色发展国际研究院，发布了联盟《"一带一路"绿色发展案例报告（2020）》《"一带一路"项目绿色发展指南》基线研究报告以及"一带一路"与生物多样性、绿色能源、碳市场、绿色供应链等报告。

11 月

2020 年 11 月 30 日，生态环境部发布《建设项目环境影响评价分类管理名录（2021 年版）》

《名录》包括 7 条正文和包括 55 个一级行业、173 个二级行业的表格，于 2021 年 1 月 1 日起施行。

2020 年 11 月 25 日，国家发改委印发关于《国家生态文明试验区改革举措和经验做法推广清单》的通知

本次推广的国家生态文明试验区改革举措和经验做法共 90 项，包括自然资源资产产权、国土空间开发保护、环境治理体系、生活垃圾分类与治理、水资源水环境综合整治、农村人居环境整治、生态保护与修复、绿色循环低碳发展、绿色金融、生态补偿、生态扶贫、生态司法、生态文明立法与监督、生态文明考核与审计等 14 个方面。

2020 年 11 月 24 日，四部门联合发布《关于全面禁止进口固体废物有关事项的公告》

《公告》中提出，明确禁止以任何方式进口固体废物，禁止我国境外的固体废物进境倾倒、堆放、处置。

2020 年 11 月 23 日，工信部公布《第二批工业产品绿色设计示范企业名单》

珠海格力电器股份有限公司等 67 家企业榜上有名。工信部要求示范企业切实发挥引领带动作用，持续提升绿色产品供给能力和市场影响力；同时将进一步加强对名单的监督管理，建立动态管理机制，适时对示范企业进行复核，对不再符合示范企业要求的单位予以除名。

2020 年 11 月 18 日，财政部印发《关于加快推进可再生能源发电补贴项目清单审核有关工作的通知》

《通知》要求抓紧审核存量项目，分批纳入补贴清单。明确 2006 年及以后年度按规定完成核准（备案）手续并且完成全容量并网的所有项目均可申报进入补贴清单。

2020 年 11 月 12 日，生态环境部印发《关于进一步加强产业园区规划环境影响评价工作的意见》

《意见》提出，国务院及其有关部门、省级人民政府批准设立的经济技术开发区、高新技术产业开发区、旅游度假区等产业园区以及设区的市级人民政府批准设立的各类产业园区，在编制开发建设有关规划时，应依法开展规划环评工作，编制环境影响报告书。

2020 年 11 月 6 日，生态环境部印发《经济、技术政策生态环境影响分析技术指南（试行）》

《指南》列举了适用的政策类型，提出了一般性分析程序和技术路线，提供了推荐性指标体系和技术方法，政策制定部门在开展环境影响分析工作过程中可根据实际情况增补或调整指标体系，选择或创新技术方法。

2020 年 11 月 5 日，工信部公布《国家工业节能技术装备推荐目录（2020）》《"能效之星"产品目录（2020）》《国家绿色数据中心先进适用技术产品目录（2020）》

为加快推广应用高效节能技术、装备和产品，引导绿色生产和绿色消费，工信部组织编制并发布了以上三项目录。

2020 年 11 月 2 日，2020 全球能源互联网（亚洲）大会在京召开

大会主题为"绿色低碳可持续发展"，旨在深化全球及亚洲能源电力合作，加快能源变革转型，推动全球能源互联网中国倡议落地实施，为"一带一路"和人类命运共同体建设发挥作用。

2020 年 11 月 1 日，三峡工程完成整体竣工验收

水利部、国家发改委公布三峡工程日前完成整体竣工验收全部程序。根据验收结论，三峡工程建设任务全面完成，工程质量总体优良，运行持续保持良好状态，防洪、发电、航运、水资源利用等综合效益全面发挥。

10 月

2020 年 10 月 29 日，中国共产党第十九届中央委员会第五次全体会议通过《中共中央关于制定国民经济和社会发展第十四个五年规划和二·三五年远景目标的建议》

2020 年 10 月 29 日，中国共产党第十九届中央委员会第五次全体会议深入分析国际国内形势，就制定国民经济和社会发展"十四五"规划和二·三五年远景目标提出 60 条建议，提出要加快推动绿色低碳发展。

2020 年 10 月 28 日，生态环境部就《全国碳排放权交易管理办法》和《全国碳排放权登记交易结算管理办法》征求意见

新的管理办法强化企业责任，由重点排放单位对排放报告的真实性、完整性和准确性负责，生态环境主管部门对其监测计划和排放报告质量进行核查和监督检查。

2020 年 10 月 23 日，工信部发布《2020 年符合环保装备制造业规范条件企业名单》公告

其中符合《环保装备制造行业（大气治理）规范条件》企业名单（第四批）10 家；符合《环保装备制造行业（污水治理）规范条件》企业名单（第二批）35 家；符合《环保装备制造行业（环境监测仪器）规范条件》企业名单（第二批）20 家；符合《环保装备制造业（固废处理装备）规范条件》企业名单（第一批）19 家。

2020 年 10 月 23 日，2020 年度工业节能技术装备推荐、"能效之星"产品、绿色数据中心先进适用技术产品目录公布

为加快推广应用高效节能技术、装备和产品，引导绿色生产和绿色消费，工信部组织编制了《国家工业节能技术装备推荐目录（2020）》《"能效之星"产品目录（2020）》《国家绿色数据中心先进适用技术产品目录（2020）》。

2020 年 10 月 20 日，国务院办公厅印发《新能源汽车产业发展规划（2021－2035 年）》

《规划》提出，到 2025 年，我国新能源汽车市场竞争力明显增强，动力电池、驱动电机、车用操作系统等关键技术取得重大突破，安全水平全面提升。力争经过 15 年的持续努力，我国新能源汽车核心技术达到国际先进水平，质量品牌具备较强国际竞争力。

2020 年 10 月 16 日，工信部办公厅公布第五批绿色制造名单

名单包括绿色工厂 719 家、绿色设计产品 1073 种、绿色工业园区 53 家、绿色供应链管理企业 99 家。

2020 年 10 月 15 日，生态环境部办公厅、发展改革委办公厅发布《关于深入推进重点行业清洁生产审核工作的通知》

《通知》提出，要积极推进清洁生产审核模式创新，强化资金保障与政策支持。要求企业用于清洁生产审核和培训的费用，可以列入企业经营成本。对达到国际清洁生产领先水平的企业，在政府绿色采购、企业信贷融资等方面给予优先支持，纳入监督执法正面清单等。

2020 年 10 月 13 日，2020 年重点用水企业水效领跑者名单公布

为贯彻落实《国家节水行动方案》，持续提升工业用水效率，按照《关于组织开展 2020 年重点用水企业水效领跑者遴选工作的通知》（工信厅联节函〔2019〕288 号）要求，工业和信息化部、水利部、发展改革委、市场监管总局组织开展了 2020 年重点用水企业水效领跑者引领行动，遴选出 30 家具备引领示范

和典型带动效应的水效领跑者。水效领跑者称号自发布之日起有效期 2 年。

2020 年 10 月 10 日，工信部公布《2020 年度第二批工业节能诊断服务任务清单》

《清单》确定为 2653 家企业提供工业节能诊断服务。

9 月

2020 年 9 月 29 日，三部门发布《关于促进非水可再生能源发电健康发展的若干意见》有关事项的补充通知

为进一步明确相关政策，稳定行业预期，三部门发布《关于促进非水可再生能源发电健康发展的若干意见》有关事项的补充通知。

2020 年 9 月 22 日，中国在第七十五届联合国大会上提出将提高国家自主贡献力度，采取更加有力的政策和措施，二氧化碳排放力争于 2030 年前达到峰值，努力争取 2060 年前实现碳中和

2020 年 9 月 11 日，三部门联合印发《完善生物质发电项目建设运行的实施方案》

为做好 2020 年生物质发电项目建设运行管理，合理安排 2020 年中央新增生物质发电补贴资金，推动行业持续健康发展，2020 年 9 月 11 日，国家发改委、财政部、国家能源局联合印发《完善生物质发电项目建设运行的实施方案》。

8 月

2020 年 8 月 26 日，工信部印发《工业企业节能诊断服务指南》

编制了钢铁、水泥、电子、纺织、食品、造纸等 6 个重点行业节能诊断服务指南，主要包括企业生产经营和能源消费的基本情况，节能诊断服务的需求、任务和主要内容，企业诊断统计期内的能源消费指标、能源利用效果评价，企业节能潜力分析，节能改造建议及预期效果等。

2020 年 8 月 24 日，《生态环境部约谈办法》印发

《办法》明确规定了约谈情形和对象，以及约谈准备、约谈实施、约谈整改等具体要求。《办法》所指约谈，是指生态环境部约见未依法依规履行生态环境保护职责或履行职责不到位的地方人民政府及其相关部门负责人，或未落实生态环境保护主体责任的相关企业负责人，指出相关问题、听取情况说明、开展提醒谈话、提出整改建议的一种行政措施。

2020 年 8 月 19 日，工信部公布《2020 年度首批工业节能诊断服务任务清单》

首批确定由 483 家节能诊断服务机构为全国 7486 家企业提供工业节能诊断服务。

2020 年 8 月 3 日，市场监管总局、住建部、工信部联合印发《关于加快推进绿色建材产品认证及生产应用的通知》

部署加快推进绿色建材产品认证及生产应用，要求重点做好扩大绿色建材产品认证实施范围、做好绿色建材产品分级认证及业务转换、组建绿色建材产品认证技术委员会、培育绿色建材示范企业和示范基地、加快绿色建材推广应用、加强对绿色建材产品认证及生产应用监督管理等六方面工作。

7 月

2020 年 7 月 24 日，工信部发布《新能源汽车生产企业及产品准入管理规定》

《规定》自 2020 年 9 月 1 日起施行。

2020 年 7 月 20 日，生态环境部印发《2020 年排污单位自行监测帮扶指导方案》

《方案》要求按照"时间随机、对象随机"的原则，组织市县级生态环境部门开展排污单位自行监测评估、抽测和比对监测工作。

2020 年 7 月 18 日，商务部、发改委、工信部等七部委联合发布《报废机动车回收管理办法实施细则》

《实施细则》对报废机动车回收拆解活动的监督管理体系、资质认定和管理、回收拆解过程、回收利用行为和违规的法律后果等方面进行了详细说明，于 2020 年 9 月 1 日起施行。

2020 年 7 月 6 日，财政部下达清洁能源发展专项资金预算

财政部下达清洁能源发展专项资金预算 42330 万元。清洁能源发展专项资金是通过中央一般公共预算安排，用于支持可再生能源、清洁化石能源以及化石能源清洁化利用等能源清洁开发利用的专项资金。

2020 年 7 月 3 日，工信部印发《京津冀及周边地区工业资源综合利用产业协同转型提升计划（2020 –2022 年）》

《计划》提出到 2022 年，区域年综合利用工业固废量 8 亿吨，主要再生资源回收利用量达到 1.5 亿吨，产业总产值突破 9000 亿元，形成 30 个特色鲜明的产业集聚区，建设 50 个产业创新中心，培育 100 家创新型骨干企业；区域协同机制较为完善，基本形成大宗集聚、绿色高值、协同高效的资源循环利用产业发展新格局。

6 月

2020 年 6 月 29 日，工信部节能司组织开展 2020 年"节能服务进企业"云启动活动

相关单位承诺，2020 年将同业界共同努力，围绕钢铁、石化、化工、建材、有色等重点用能行业，电机、变压器等重点通用用能设备，以及数据中心等重点用能领域，灵活采用线上与现场活动等形式，大力组织开展"节能服务进企业"系列活动，促进先进节能技术、装备和管理模式与企业精准对接，积极服务广大企业。

2020 年 6 月 24 日，生态环境部发布《2020 年挥发性有机物治理攻坚方案》

《方案》提出通过攻坚行动，VOCs 治理能力显著提升，VOCs 排放量明显下降，夏季 O3 污染得到一定程度的遏制，重点区域、苏皖鲁豫交界地区及其他 O3 污染防治任务重的地区城市 6–9 月优良天数平均同比增加 11 天左右，推动"十三五"规划确定的各省（区、市）优良天数比率约束性指标全面完成。

2020 年 6 月 21 日，生态环境部发布《生态环境监测规划纲要（2020–2035 年）》

《纲要》提出要全面深化我国生态环境监测改革创新，全面推进环境质量监测、污染源监测和生态状况监测，系统提升生态环境监测现代化能力。

2020 年 6 月 19 日，财政部、生态环境部联合发布《关于核减环境违法垃圾焚烧发电项目可再生能源电价附加补助资金的通知》

《通知》指出电网企业应核减其相应焚烧炉违法当日上网电量的补贴金额。

2020 年 6 月 17 日，国家发改委、工信部等十四部门印发《关于开展 2020 年全国节能宣传周和全国低碳日活动的通知》

《通知》明确今年 6 月 29 日至 7 月 5 日为全国节能宣传周，7 月 2 日为全国低碳日，并对做好今年节能宣传周和低碳日活动进行了部署。

2020 年 6 月 8 日，第二次全国污染源普查公报发布

普查对象为我国境内排放污染物的工业污染源、农业污染源、生活污染源、集中式污染治理设施、移动源。

2020 年 6 月 5 日，国家能源局印发《2020 年能源工作指导意见》

《意见》指出，2020 年主要预期目标为：能源消费：全国能源消费总量不超过 50 亿吨标准煤。煤炭消费比重下降到 57.5% 左右；供应保障：石油产量约 1.93 亿吨，天然气产量约 1810 亿立方米，非化石能源发电装机达到 9 亿千瓦左右；质量效率：能源系统效率和风电、光伏发电等清洁能源利用率进一步提高。西部地区具备条件的煤电机组年底前完成超低排放改造；惠民利民：新增清洁取暖面积 15 亿平方米左右，新增电能替代电量 1500 亿千瓦时左右，电能占终端能源消费比重达到 27% 左右。光伏扶贫等能源扶贫工程持续推进，完成"三区三州"和抵边村寨农网改造升级；改革创新：深入推进电力现货市场连续结算试运行，具备条件的地区正式运行。电网主辅分离改革进一步深化。完善油气勘查开采管理体制，健全油气管网运营机制。能源革命试点深入推进。稳妥有序推进能源关键技术装备攻关，推动储能、氢能技术进步与产业发展。

2020 年 6 月 3 日，生态环境部印发《关于在疫情防控常态化前提下积极服务落实"六保"任务坚决打赢打好污染防治攻坚战的意见》

《意见》提出，顺应疫情防控常态化新形势，积极服务落实"六保"任务，精准扎实推进生态环境治理，确保如期完成全面建成小康社会、"十三五"规划以及污染防治攻坚战阶段性目标任务。

2020 年 6 月 3 日，国家发改委、自然资源部印发《全国重要生态系统保护和修复重大工程总体规划（2021－2035 年）》

总结我国生态保护和修复工作成效；揭示生态保护和修复工作存在的主要问题，包括生态系统质量功能问题突出，生态保护压力依然较大，生态保护和修复系统性不足，水资源保障面临挑战，多元化投入机制尚未建立，科技支撑能力不强等；还提到重要生态系统保护和重大修复工程内容。

5 月

2020 年 5 月 21 日，国家发展和改革委员会、科学技术部、工信部、生态环境部、中国银行保险监督管理委员会、中华全国工商业联合会发布《关于营造更好发展环境 支持民营节能环保企业健康发展的实施意见》

《意见》指出在石油、化工、电力、天然气等重点行业和领域，进一步引入市场竞争机制，放开节能环保竞争性业务，积极推行合同能源管理和环境污染第三方治理。

2020 年 5 月 19 日，生态环境部发布《废铅蓄电池危险废物经营单位审查和许可指南（试行）》

进一步规范废铅蓄电池危险废物经营许可证审批和证后监管工作，提高废铅蓄电池污染防治水平，指南自公布之日起施行。

2020 年 5 月 18 日，工信部印发《关于组织开展 2020 年工业节能诊断服务工作的通知》

《通知》要求各省级工业和信息化主管部门结合本地区实际和行业特点，研究制订 2020 年工业节能诊断服务工作计划，确定本地区拟接受节能诊断服务的企业数量及所属的行业；鼓励有关行业协会、大型企业集团面向本行业企业或下属单位，组织开展针对主要工序工艺、重点用能系统、关键技术装备等的节能诊断服务；鼓励绿色园区、产业聚集区组织为区域内企业提供全覆盖节能诊断服务。

2020 年 5 月 18 日，国家发改委、国家能源局联合印发《关于各省级行政区域 2020 年可再生能源电力消纳责任权重的通知》

《通知》明确各省（区、市）2020 年可再生能源电力消纳总量责任权重、非水电责任权重的最低值和激励值。

2020 年 5 月 14 日，国家发改委、工信部、财政部、商务部、生态环境部、住房建设部、市场监管总局七部门联合印发《关于完善废旧家电回收处理体系推动家电更新消费的实施方案》

《方案》重点围绕完善废旧家电回收处理体系，促进家电消费等工作进行部署。

4 月

2020 年 4 月 29 日，《中华人民共和国固体废物污染环境防治法》公布，自 2020 年 9 月 1 日起施行

2020 年 4 月 27 日，中共中央办公厅、国务院办公厅印发《省（自治区、直辖市）污染防治攻坚战成效考核措施》

考核结果作为党政领导干部奖惩任免的重要依据和生态环保财政资金分配的参考依据。

2020 年 4 月 23 日，财政部、工信部、科技部、国家发改委四部门发文完善新能源汽车推广应用财政补贴政策

提出延长补贴期限、平缓补贴退坡力度和节奏，适当优化技术指标、促进产业做优做强，完善资金清算制度、提高补贴精度，调整补贴方式、开展燃料电池汽车示范应用，强化资金监管、确保资金安全，完善配套政策措施、营造良好发展环境等六项举措。

2020 年 4 月 23 日，生态环境部发布《关于推进生态环境监测体系与监测能力现代化的若干意见》

《意见》提出，经过 3 - 5 年努力，陆海统筹、天地一体、上下协同、信息共享的生态环境监测网络基本建成，政府主导、部门协同、企业履责、社会参与、公众监督的监测格局建立健全，科学独立权威高效的监测体系基本形成，监测数据真、准、全得到有效保证，生态环境监测能力显著增强的目标。

2020 年 4 月 21 日，生态环境部印发《关于实施生态环境违法行为举报奖励制度的指导意见》

指导各地建立实施生态环境违法行为举报奖励制度。

2020 年 4 月 20 日，生态环境部发布关于加强环境影响报告书（表）编制质量监管工作的通知

要求坚决遏制环评文件编制过程中不负责任、粗制滥造和弄虚作假等行为，提高环评文件质量，确保环评制度的有效性和公信力。

2020 年 4 月 7 日，国家发改委、财政部、住房城乡建设部、生态环境部、水利部联合印发《关于完善长江经济带污水处理收费机制有关政策的指导意见》

进一步完善污水处理成本分担机制、激励约束机制和收费标准动态调整机制，健全相关配套政策。

3 月

2020 年 3 月 11 日，国家发改委印发《关于 2020 年光伏发电上网电价政策有关事项的通知》

公布了 2020 年光伏发电上网电价政策，有利于充分发挥市场机制作用，科学合理引导新能源投资，推动光伏发电产业健康有序发展。

2020 年 3 月 11 日，国家发改委、司法部印发《关于加快建立绿色生产和消费法规政策体系的意见》

《意见》提出，推行绿色设计、强化工业清洁生产、发展工业循环经济、加强工业污染治理、促进能源清洁发展、推进农业绿色发展、促进服务业绿色发展、扩大绿色产品消费、推行绿色生活方式等多项任务。

2020 年 3 月 3 日，中办、国办印发《关于构建现代环境治理体系的指导意见》

《意见》详细划分了领导责任体系和企业责任体系。

2 月

2020 年 2 月 24 日，国家卫生健康委、生态环境部、国家发改委等十部门联合印发《医疗机构废弃物综合治理工作方案》

要求加强集中处置设施建设，在 2020 年底前实现每个地级以上城市至少建成 1 个符合运行要求的医疗废物集中处置设施；到 2022 年 6 月底前，实现每个县（市）都建成医疗废物收集转运处置体系。

2020 年 2 月 20 日，财政部、生态环境部联合印发《关于加强污染防治资金管理 支持打赢疫情防控阻击战的通知》

《通知》要求各地要充分认识当前疫情防控形势下做好污染防治工作的重要性，加强部门间协同配合，发挥财政支持打好污染防治攻坚战重要作用。

2020 年 2 月 10 日，工信部发布《环保装备制造业（固废处理装备）规范条件》

本规范条件适用于已建成投产的固废处理装备制造企业，是鼓励行业技术进步和规范发展的引导性文件，不具有行政审批的前置性和强制性。

2020 年 2 月 1 日，生态环境部印发《关于做好新型冠状病毒感染的肺炎疫情医疗污水和城镇污水监管工作的通知》及《新型冠状病毒污染的医疗污水应急处理技术方案（试行）》

安排部署医疗污水和城镇污水监管工作，规范医疗污水应急处理、杀菌消毒要求，防止新型冠状病毒通过粪便和污水扩散传播。

1月

2020年1月23日，**国家发改委、工信部联合印发《关于完善钢铁产能置换和项目备案工作的通知》**

《通知》进一步深化钢铁行业供给侧结构性改革，持续巩固去产能成果，防范出现新的产能过剩，促进行业高质量发展。

2020年1月22日，**财政部发布《节能减排补助资金管理暂行办法》（2020修正）**

《办法》进一步规范资金使用管理。

2020年1月20日，**财政部、国家发改委、国家能源局联合发布《关于促进非水可再生能源发电健康发展的若干意见》**

《意见》明确对相关项目的财政补贴办法。

2020年1月20日，**财政部、国家发改委和国家能源局联合发布印发《可再生能源电价附加资金管理办法》**

规范可再生能源电价附加资金管理，提高资金使用效率，明确补助资金由可再生能源电价附加收入筹集。

2020年1月17日，**交通运输部、国家发改委、生态环境部、住房城乡建设部联合联合印发《长江经济带船舶和港口污染突出问题整治方案》**

深入贯彻习近平生态文明思想，坚决贯彻落实党中央、国务院决策部署，全面系统提升长江经济带船舶和港口污染防治能力，打好污染防治攻坚战，加快推进航运绿色发展。

2020年1月17日，**财政部、生态环境部等六部门印发《土壤污染防治基金管理办法》**

规范土壤污染防治基金的资金筹集、管理和使用，自印发之日起实施。

2020年1月17日，**工信部印发《2020年工业节能监察重点工作计划》**

明确对重点高耗能行业能耗、阶梯电价政策执行、重点用能产品设备能效提升、数据中心能效等进行专项监察。

2020年1月16日，**国家发改委、生态环境部发布《关于进一步加强塑料污染治理的意见》**

《意见》明确到2020年底，分步骤禁止生产和销售一次性发泡塑料餐具、一次性塑料棉签；禁止生产含塑料微珠的日化产品。

2020年1月10日，**工信部召开全国工业节能监察工作电视电话会议**

总结"十三五"以来工业节能监察工作，部署2020年重点任务。